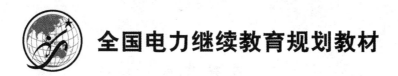

全国电力继续教育规划教材

火电厂电气设备及其系统

主　编　谭绍琼　周秀珍

副主编　刘建月　杜远远

参　编　张志东　贾　慧

主　审　吴斌兵

U0250892

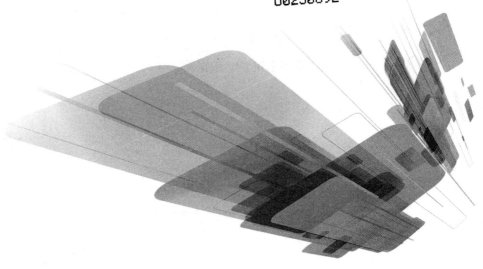

中国电力出版社

CHINA ELECTRIC POWER PRESS

内 容 提 要

本书为全国电力继续教育规划教材，共分十七章，内容包括概述，同步发电机，变压器，异步电动机，电力系统中性点的运行方式，开关电器，互感器，母线、绝缘子与电缆，电气主接线，厂用电接线，配电装置，接地和防雷装置，电气二次图的基本知识，直流系统，发电厂的控制与信号回路，测量监察装置，同期回路等。

本书可作为发电厂及电力系统等相关专业的教材，也可用于电力企业专业技术人员拓展专业知识、提升专业素质，同时可作为在校大学生或新入职职员的课外读物和上岗前培训教材，还可作为在职员工转岗、轮岗的适应性培训教材。

图书在版编目（CIP）数据

火电厂电气设备及其系统/谭绍琼，周秀珍主编 . —北京：中国电力出版社，2016.8

全国电力继续教育规划教材

ISBN 978 - 7 - 5123 - 9468 - 1

Ⅰ . ①火… Ⅱ . ①谭… ②周… Ⅲ . ①火电厂-电气设备-继续教育-教材 Ⅳ . ①TM621.3

中国版本图书馆 CIP 数据核字（2016）第 140749 号

中国电力出版社出版、发行

（北京市东城区北京站西街 19 号 100005 http://www.cepp.sgcc.com.cn）

三河市百盛印装有限公司印刷

各地新华书店经售

＊

2016 年 8 月第一版 2016 年 8 月北京第一次印刷

787 毫米×1092 毫米 16 开本 21.25 印张 516 千字

定价 45.00 元

前　言

　　本书是为贯彻落实《国家中长期教育改革和发展规划纲要》（2010—2020 年）要求，加快发展继续教育的文件精神，满足电力行业产业发展对高技术技能型人才的需求，充分发挥校企各自的优势组织编写的。本书内容的取舍主要取决于成人教育的现状和现场实际需求，在内容上反映了当前电力行业"四新"技术的要求，适应经济社会发展和科技进步的需要。

　　本书体现了继续教育的性质、任务和培养目标，符合继续教育相关职业岗位（群）任职资格的技术要求，理论知识与实践内容相结合，以电力生产岗位（群）所需要的综合职业能力为依据，内容以够用、实用为本，在满足在职、新员工及在读大学生对理论知识要求的同时，体现相关领域的新知识、新技术、新设备、新工艺，紧密结合现场实际，教材具有针对性、实用性和可操作性。体系合理，循序渐进，符合学生的心理特征和认知、技能养成的规律，有利于体现教师的主导性和学生的主体性。

　　本书可作为发电厂及电力系统专业的继续教育教材，也可用于电力企业专业技术人员拓展专业知识、提升专业素质，同时可作为在校或新入职大学毕业生课外读物和上岗前培训教材，还可作为在职员工转岗、轮岗的适应性培训教材。

　　全书共分十七章，第一、二、三、四章由国电太原第一热电厂周秀珍编写，第五、六、七、九、十章由山西电力职业技术学院谭绍琼编写，第十一、十二章由山西电力职业技术学院贾慧编写，第八、十六章由国网山西省电力公司检修公司张志东编写，第十三、十四章由山西电力职业技术学院杜远远编写，第十五、十七章由山西电力职业技术学院刘建月编写。全书由谭绍琼统稿，由吴斌兵主审。

　　本书在编写过程中，参考了有关专家、学者的一些文献，谨在此表示衷心的感谢。

　　限于编者水平和时间，书中疏漏和不足之处在所难免，敬请广大读者批评指正。

编　者

2016 年 4 月

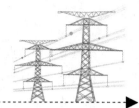

目　录

第一章 概 述

电能是社会的特殊商品，广泛应用于现代工农业、交通运输、国防科技及人民生活中。电能是能量的一种形式，易于生产和输送，易于转变为其他形式的能量，且易于实现自动化和远动化控制。电能已经成为现代社会使用最广、需求增长最快的能源，在社会经济发展、人民生活质量提高和技术进步中起着极其重要的作用。电力工业发展水平是衡量一个国家和地区经济发展的重要标志。我国能源开发利用以电力为中心，以大型煤电基地、大型水电基地、大型核电基地和大型可再生能源发电基地为重点，高效清洁开发利用煤炭，积极开发利用水能，安全开发利用核能，大力发展新能源可再生能源。

本章主要从发电总装机容量、电网建设等方面介绍我国电力工业发展简史，简要介绍发电厂的类型和生产过程，主要电气设备的种类及作用、主要电气设备的图形符号和文字符号、电气设备的基本参数。

第一节 我国电力工业发展简史

一、单机容量

1882年7月，第一个发电厂是上海大马路（今南京东路）建设电灯厂，装机只有11.88kW（16马力）。

1912年4月，第一个水电厂是云南省昆明市郊的石龙坝水电厂，装机容量为480kW。

1952年9月，第一台2.5万kW汽轮机发电机组在辽宁阜新电厂建成投产。

1959年11月，第一台10万kW高温高压汽轮机发电机组在北京热电厂建成投产。

1969年4月，第一台容量超过20万kW的水电机组在甘肃刘家峡水电站建成投产。

1972年12月，国产第一台20万kW汽轮发电机组在辽宁朝阳电厂建成投产。

1974年11月，国产第一台30万kW临界汽轮发电机组在江苏望亭电厂建成投产。

1985年12月，第一台60万kW汽轮发电机组在内蒙古元宝山发电厂建成投产。

1993年3月，第一座核电站——秦山核电站在浙江建成投产。

2006年11月，第一台100万kW超临界汽轮发电机组在浙江玉环电厂建成投产。

2014年7月，世界最大单机容量75MW的贯流式水轮发电机组在巴西运行，由中国东方电气集团东方电机有限公司提供。

2014年11月，国内单机容量最大的5MW风力发电机组在位于张北县的国家风光储输示范工程基地成功吊装。据悉，这是目前我国安装作业海拔最高、设备运行方式最为完善、直接投入风场建设运行的最大风机。

2015年4月，由安徽院设计、安徽电建一公司参建的淮南平圩电厂三期1000kV送出工程是世界首个"单机容量百万千瓦、主变压器百万等级、外送线路百万特高压"的"三个一百工程"的重要组成部分，实现了超大容量电源的"直发直送"。

2016 年 5 月，我国单机容量最大的抽水蓄能机组——仙居电站首台机组，在浙江仙居并网发电，标志着我国已完全掌握抽水蓄能机组的核心技术，为今后大规模建设抽水蓄能电站提供了技术支撑。

二、总装机容量

1949 年，总装机容量为 185 万 kW，发电量 43 亿 kWh，分别居世界第二十一位和第二十五位。

1960 年，全国发电装机容量突破 1000 万 kW，居世界第九位。

1978 年底，全国发电装机容量达到 5712 万 kW，年发电量达到 2566 亿 kWh，居世界第七位。

1978 年改革开放后，我国电力工业持续以超过年均 10% 的速度发展，取得了世人瞩目的成就。

1987 年，全国发电装机容量突破 1 亿 kW，居世界第五位。

1995 年 3 月，全国发电装机容量达到 2 亿 kW，居世界第四位。

1996 年，全国发电装机容量达到 2.37 亿 kW，发电装机容量和发电量跃居世界第二位，基本上扭转了长期困扰我国经济发展和人民生活需要的电力严重短缺局面。

2000 年 3 月，全国发电装机容量又跨上 3 亿 kW 的新台阶，长期严重缺电的状况得到相对缓解，基本上适应了国民经济和社会发展的需要。

2005 年，全国发电装机容量突破 5 亿 kW。

2006 年，全国电力工业继续保持快速增长势头，在不到一年的时间内，全国发电装机容量再上新台阶，突破了 6 亿 kW。

2006 年底，全国发电装机容量达到 6.22 亿 kW，连续十年居世界第二位。

2010 年 9 月 20 日，国家能源局和中国电力企业联合会（简称中电联）在人民大会堂共同为中广核集团岭澳核电站二期工程 1 号机组成为我国电力装机容量突破 9 亿 kW 标志性机组授牌，标志着我国电力工业特别是非化石能源发电上了一个新台阶，截至 2010 年底，我国发电装机容量达到 9.66 亿 kW，是世界第二大电力生产国。

2014 年，中国风电产业发展势头良好，新增风电装机量刷新历史纪录。据统计，全国（除台湾地区外）新增安装风电机组 13 121 台，新增装机容量 23 196MW，同比增长 44.2%；累计安装风电机组 76241 台，累计装机容量 11.46 亿 kW，同比增长 25.4%。

截止到 2015 年底我国光伏发电累计装机总容量成为全球第一。

2016 年一季度中国火电总装机已突破 10 亿 kW。

预计到 2020 年，我国发电装机容量将达到 18.6 亿～20.1 亿 kW。

三、电力系统

中国电力系统是随着中国电力工业的发展而逐步形成的，它的发展可分为以下三个阶段。

（1）1882—1937 年。1882 年 7 月 26 日上海第一台发电机组发电到 1936 年抗日战争爆发前夕，全国共有 461 个发电厂，发电装机总容量为 630MW，年发电量为 17 亿 kWh，初步形成北京、天津、上海、南京、武汉、广州、南通等大、中城市的配电系统。

（2）1937—1949 年。1937 年抗日战争开始后，江苏、浙江等沿海城市的发电厂被毁坏或拆迁到后方；西南地区的电力工业出于战争的需要，有一定的发展。日本帝国主义以东北为基地，为战争生产和提供军需物资，从而使东北电力系统也有一定的发展。1949 年中华人民共和国成立时，全国发电装机容量为 1848.6MW，年发电量约 43 亿 kWh，居世界第 25位。当时中国已形成的电力系统有：①东北中部电力系统，以丰满水电站为中心，采用154kV 输电线路，连接沈阳、抚顺、长春、吉林和哈尔滨等地区；②东北南部电力系统，以水丰水电厂为中心，采用 220kV 和 154kV 输电线路，连接大连、鞍山、丹东、营口等供电区；③东北东部电力系统，以镜泊湖水电站作为中心，采用了 110kV 输电线路，连续鸡西、牡丹江、延边等供电区；④冀北电力系统，以 77kV 输电线路连接北京、天津、唐山等供电区和发电厂。

（3）1949 年以来，中国的电力工业有很大的发展。1996 年中国大陆部分的发电装机容量达 2.5 亿 kW，年发电量为 11350 亿 kWh，居世界第 2 位。从 1993 年起，发电量每年平均以 6.2% 的速度增长。但是，就人均用电量、电力系统自动化水平和发输配电的经济指标而言，我国的电力工业与世界先进水平还有较大差距。

（4）随着中国国民经济的迅速发展，中国的电力工业得到相应的增长，逐步形成以大型发电厂和中心城市为核心，以不同电压等级的输电线路为骨架的各大区、省级和地区的电力系统。全国电网已经基本上形成 500kV 和 330kV 的骨干网架。1999 年以三峡为中心的全国联网工程开始启动，我国电网进入了远距离、超高压、跨大地区输电的新阶段，大电网已基本覆盖全部城市和大部分农村。

1987 年全国发电装机容量跃上了 1 亿 kW 的台阶。经过短短几年的努力，1995 年 3 月又突破 2 亿 kW 大关。1990 年，在发电装机容量中水力发电机组的容量为 36045MW，占总容量的 26.1%；火力发电机组的容量为 101845MW，占总容量的 73.9%。发电容量超过 500MW 的发电厂有 66 个，其中 18 个超过 1000MW（3 个水电厂，15 个火电厂）。全国最大的火力发电厂是谏壁发电厂，发电容量为 1625MW，最大的水力发电厂是葛洲坝水电厂，容量为 2715MW。中国的核电厂有浙江的秦山发电厂，大亚湾核电厂 2 台 900MW 机组已建成发电。在输电线路建设方面，自 1981 年中国的第一条 500kV 输电线路投入运行以来，500kV 的线路已逐步成为各大电力系统的骨架和跨省跨地区的联络线。中国的输电电压等级为 1000、750、500、300、220、110、（60）、35kV，其中 60kV 仅限于东北地区的电力系统。到 1988 年末，110kV 以上的线路总长度为 201872km，其中 500kV 和 330kV 的线路分别为 7117km 和 4024km，中国自行设计和建造的 ±100kV 直流高压输电线（从浙江省的镇海到舟山岛），全长 53.1km（其中海底电缆 11km），已于 1988 年投入运行。自葛洲坝水电站到上海全长 1080km 的 500kV 高压直流输电线路也已于 1989 年建成投入运行。晋东南—南阳—荆门特高压交流 1000kV 试验示范工程已建成投入运行。

随着电力工业的发展，2008 年逐步形成了发电装机容量在 2000MW 以上的电力系统 11个，其中华北、东北、华东、华中四大电力系统的容量在 1990 年均已超过 18000MW。

由于中国的水力资源 70% 以上在西南和西北部，煤炭资源的大部分蕴藏在华北和西北部，而负荷中心则在东部和南部沿海地区，所以随着黄河、长江、红水河等巨大流域水力资源的开发和煤炭基地火电厂的建设，预计在 2020 年前后，除新疆、西藏、台湾外，全国各跨省电力系统和省级电力系统（包括香港和澳门地区）之间将逐步形成互联电力系统。

（5）中国的主要电力系统。包括如下几个电力系统：

大地区跨省电网：东北电网、华北电网、华中电网、华东电网、西北电网、南方互联电网、西南互联电网；

直属省级电网：山东、福建、云南、贵州、四川、新疆、西藏和海南省电网及包括香港、澳门地区电网。

四、电力的发展趋势

2002 年电力体制改革以来，我国电力工业发展从确保电力供应为主要目的，发展到更加注重发电质量、更加注重绿色发展、更加注重资源优化配置的新阶段。电源结构不断优化调整，火电机组向大容量、高参数、环保型发展。截至目前，我国水电装机超过 3 亿 kW，占全球水电总装机容量的 25%，是世界上水电装机规模最大的国家。核电装机已经突破要 3 千万 kW。中国 2015 年新增风电装机容量为 30753MW，占据了全球新增风电装机容量的 28.4%。成为全球风电新增装机容量最大的国家，并助推了全球风电产业的强势增长。

我国能源资源约束的现状，要求加快电力工业结构调整，而科技创新正是转变电力工业发展方式的中心环节。目前来看，科技创新已经渗透到我国电源发展、电网建设和新能源建设等各个领域，成为电力工业节能减排的重要手段，成为发展可再生能源的动力源泉，成为建设一流电力系统的根本保障，全面推动了我国电力工业的进步。解决深层次矛盾关键在科技创新，从 1978—2009 年，经过三十余年的努力，我国电力工业已经初步形成较为完整的科技开发与技术创新体系，在电力的发、输、配、用等环节和电力环保、信息工程等方面的关键技术上不断取得新突破，促使我国电力工业的总体规模和整体水平迈上了一个新的台阶，科技创新的整体水平与国际先进水平的差距大大缩小。然而，必须清醒地看到，我国电力发展依然面临着深层次的结构矛盾和突出问题。比如，电力有限供给与电力消费快速增长，能源资源高强度开发与生态环境压力加大，经济发展方式粗放与电力供应紧张等，这些矛盾与突出问题，更需要通过科技创新来解决。在《国家中长期科学和技术发展规划纲要（2006—2020）》中，我国把能源技术尤其是电力技术放在优先发展位置，按照自主创新、重点跨越、支撑发展、引领未来的方针，加快推进电力技术进步。

近年来，电力技术越来越体现出高技术与传统技术交叉、融合的趋势。信息技术、电子技术和新材料技术的突飞猛进将大大促进电力产业的发展。世界电力技术发展呈现出向高技术、环保、新能源发展的趋势，电力将向优化电力、高效利用、可持续发展的方向迈进。21世纪电力技术发展趋势如下：

(1) 新型发电技术预计会有重大突破。太阳能发电、风力发电、生物质能发电和燃料电池发电技术，有希望成为大规模应用的新型发电方式。光伏发电技术（即用太阳能电池将太阳光能直接转变为电能的技术）被认为是 21 世纪最有希望得到工业规模应用的可再生能源利用技术之一。

(2) 核电正进入复苏阶段，世界核电的发展步伐已开始加快。随着新型反应堆，即固有安全堆的实用化导致核造价降低，核电技术在 21 世纪有可能东山再起并占据重要份额。估计在 2050 年以后，可控热核聚变有可能取得突破发展，最终解决人类能源供应问题。

(3) 能源的高效利用技术将广泛应用。这些技术包括联合循环、联电联产、热泵节能灯、建筑节能技术、电力电子技术、能源效益审计等，这些技术的广泛应用对节约资源和能源会产生巨大作用。

（4）与环境兼容的能源利用技术日显重要。作为 21 世纪能源领域最关键技术之一的洁净煤技术将会得到长足发展。此外，温室效应气体液化及储存利用技术、降低高压输电线路对环境影响的技术、核废料的分离处理及储存技术也会有重要发展。

（5）电网新技术的应用将引起电网的重要变革。未来的电网新技术包括灵活的交流输电技术和新一代直流输电技术，更加有效的电网状态测定和控制技术，现代化大都市供电新技术等。

（6）输变电设备向紧凑型、高可靠性方向发展，配电、用电设备向数字化、智能化、信息化发展。电网设备向超高压、大容量方向发展，城网设备向紧凑型、无污染、高可靠、智能化、组合化方向发展。高压大容量变频变压调速、高低压配电与电控装置的智能化与远程通信将得到快速发展与提高。电气设备总的发展方向是大容量、超高压、组合化、无油化、智能化、抗短路、高可靠、免维护。

第二节　发 电 厂 概 述

发电厂是把各种一次能源（如化学能、水能、原子能、太阳能、风能等）转换为二次能源（即电能）的工厂。变电站是变换电压和传输电能的场所。在从发电厂向用户供电的过程中，为了提高供电的可靠性、经济性和安全性，广泛通过升压、降压变电站。

按使用的能源不同或转换能源的特点，发电厂主要有以下类型。

一、火力发电厂

火力发电厂简称火电厂，是利用化石燃料（煤、石油、天然气、油页岩等）作为燃料生产电能的工厂。它的基本生产过程是：燃料在锅炉中燃烧加热水使其成蒸汽，将燃料的化学能转变成热能，蒸汽压力推动汽轮机旋转，热能转换成机械能，然后汽轮机带动发电机旋转，将机械能转变成电能。火力发电厂包括燃料燃烧释热和热能电能转换以及电能输出的所有设备、装置、仪表器件，以及为此目的设置在特定场所的建筑物、构筑物及所有有关生产和生活的附属设施。

（一）火力发电厂的分类

1. 按使用燃料分

燃煤电厂：燃煤有无烟煤、半烟煤、烟煤、褐煤和低质煤五大类。

燃油电厂：燃油有重油、柴油和原油；一般不发展燃油电厂。

燃气电厂：燃气有天然气、人工煤气和地下气化煤气。

余热发电厂：以垃圾及工业废料为燃料的发电厂。

2. 按使用性质分

基本负荷电厂：承担电网中基本负荷的电厂。

调峰负荷电厂：承担电网中调峰负荷（中间负荷或尖峰负荷）的电厂。

3. 按供电方式分

孤立电厂：不与电网相联而独立供电的电厂。

联网电厂：接入电网联合供电的电厂。

4. 按企业性质分

区域电厂：地区性的主要电厂。

自备电厂：企业自备电厂。

热电厂：同时供电和供热的电厂。

5. 按原动机分

按原动机分为凝汽式汽轮机发电厂、燃气轮机发电厂、内燃机发电厂、蒸汽—燃气轮机发电厂等。

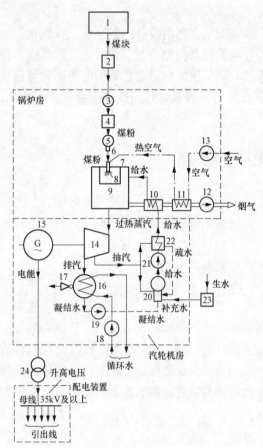

图 1-1　凝汽式火电厂生产过程

1—煤场；2—碎煤机；3—原煤仓；4—磨煤机；
5—煤粉仓；6—给粉机；7—燃烧器；8—炉膛；
9—锅炉；10—省煤器；11—空气预热器；
12—引风机；13—送风机；14—汽轮机；
15—发电机；16—凝汽器；17—抽气器；
18—循环水泵；19—凝结水泵；20—除氧器；
21—给水泵；22—加热器；23—水处理设备；
24—升压变压器

（1）凝汽式火电厂。凝汽式火电厂生产过程如图 1-1 所示。燃料在锅炉炉膛中燃烧，将燃料的化学能转换为热能，使锅炉中的水加热变为过热蒸汽经管道送到汽轮机，冲动汽轮机旋转，将热能转换为机械能，汽轮机带动发电机转子旋转，将机械能转换为电能。当发电机转子绕组中通入励磁电流，产生励磁磁场，在定子绕组中感应出电动势，外电路接通后就有电能输出。在汽轮机中做过功的蒸汽排入凝汽器，被循环冷却水迅速冷却而凝结为水后重新送回锅炉。由于在凝汽器中大量的热量被循环冷却水带走，因此，凝汽式火电厂的效率较低，只有 30%～40%。

凝汽式火电厂一般建在能源基地附近，如坑口电厂，装机容量较大，发电机发出的电能，一小部分由厂用变压器降压后经厂用配电装置供给厂用机械（如给水泵、循环泵、风机等）和电厂照明用电；其余大部分电能经变压器升压后输入电力系统。

（2）燃气轮机发电厂。燃气轮机发电厂是用燃气轮机或燃气—蒸汽联合循环中的燃气轮机和汽轮机驱动发电机的发电厂。前者一般用作电力系统的调峰机组，后者一般用来带中间负荷和基本负荷。这类发电厂可使用液体或气体燃料。以天然气为燃料的燃气轮机和联合循环发电，具有效率高、污染物排放低、初投资少、工期短、易于调节负荷等优点，近年来得到迅速发展。

燃气轮机的工作原理与汽轮机相似，不同的是其工质不是蒸汽，而是高温高压气体，空气经压气机压缩增压后送入燃烧室，燃料经燃料泵打入燃烧室，燃烧产生的高温高压气体进入燃气机中膨胀做功，推动燃气轮机旋转，带动发电机发电，做过功的尾气经烟囱排出或分流用于制热、制冷。单纯用燃气轮机驱动发电机的发电厂热效率只有 35%～40%。为提高热效率，常采用燃气—蒸汽联合循环系统，如图 1-2 所示是模式之一。燃气轮机的排气进入余热锅炉，加热其中的给水并产生高温高压蒸汽，送到汽轮机中做功，带动发电机再次发电，从汽轮机中抽取低压蒸汽（发电机停止发电时启动备用燃气锅炉提供汽源），通过蒸汽型溴冷机（溴化锂作为吸收剂）或汽-水交换器制取冷、热水。这种电、冷、热三联供模式的联合循环系统的热效率可达 56%～85%。

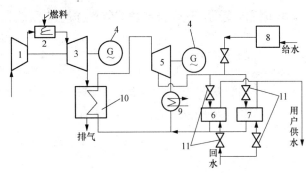

图 1-2 燃气—蒸汽联合循环系统

1—压气机；2—燃烧室；3—燃气轮机；4—发电机；5—汽轮机；
6—蒸汽型溴冷机；7—汽-水热交换器；8—备用燃气锅炉；
9—凝汽器；10—余热锅炉；11—制冷采暖切换阀

6. 按输出能源分

按输出能源可分凝汽式发电厂（只发电）、热电厂（发电兼供热）两种。

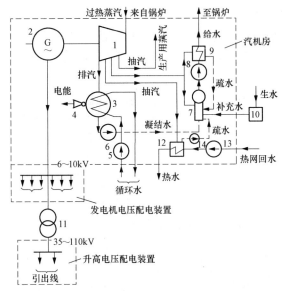

图 1-3 热电厂生产过程

1—汽轮机；2—发电机；3—凝汽器；4—抽气器；
5—循环水泵；6—凝结水泵；7—除氧器；
8—给水泵；9—加热器；10—水处理设备；
11—升压变压器；12—加热器；13—回水泵

热电厂生产过程如图 1-3 所示。热电厂与凝汽式火电厂的不同之处是将汽轮机中一部分做过功的蒸汽从中段抽出来直接供给热用户，或经加热器将水加热后给用户供热水。这样可减少被循环水带走的热量，提高效率，热电厂的效率可达到 60%～70%。由于供热网络不能太长，所以热电厂总是建在热用户附近。为了使热电厂维持较高的效率，一般采用"以热定电"的运行方式，即当热力负荷增加时，热电机组相应要多发电，当热力负荷减少时，机组相应要少发电。因此，热电厂运行方式不如凝汽式电厂灵活。

7. 按蒸汽压力和温度分

按蒸汽压力和温度分为中低压发电厂（3.92MPa，450℃）、高压发电厂（9.9MPa，540℃）、超高压发电厂（13.83MPa，540℃）、亚临界压力发电厂（16.77MPa，540℃）、超临界压力发电厂（22.11MPa，550℃）。

8. 按装机容量分

按装机容量分小容量发电厂（100MW 以下）、中容量发电厂（100～250MW）、大中容量发电厂（250～1000MW）和大容量发电厂（1000MW 以上）。

（二）火力发电厂主要设备

现代火电厂主要有锅炉、汽轮机、发电机三大核心设备，如图 1-4 所示。

由于外界负荷变化频繁，汽轮机必须有一套自动调节装置，以便根据外界负荷变化来控制调速气门的开度，及时改变汽轮机的进汽量，使其功率随时与外界负荷相适应，保证转速在很小范围内变化，这套自动调节装置称调速系统。

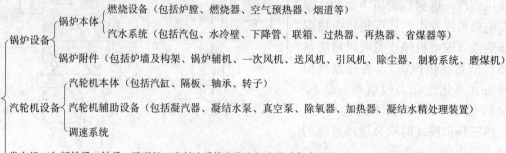

图 1-4　火力发电厂主要设备

发电机工作的机理是通过励磁机对发电机转子产生磁场，通过转子的旋转，对定子绕组产生切割磁力线作用，从而在定子绕组上感应产生电流。

二、水力发电厂

水力发电厂是把水的位能和动能转换成电能的工厂，简称水电厂或水电站。根据 2005 年全国水能资源复查结果，我国水电经济可开发装机容量为 4 亿 kW，技术可开发容量为

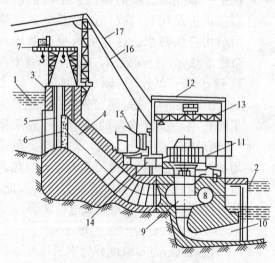

图 1-5　坝后式水电站断面图

1—上游水位；2—下游水位；3—坝；4—压力进水管；
5—检修闸门；6—闸门；7—吊车；8—水轮机蜗壳；
9—水轮机转子；10—尾水管；11—发电机；
12—发电机间；13—吊车；14—发电机电压配电装置；
15—升压变压器；16—架空线；17—避雷线

5.4 亿 kW，截至 2011 年底，我国水电开发仅为 43% 左右，未来开发潜力巨大。水电站通过水轮机将水能转换为机械能，再由水轮机带动发电机将机械能转换为电能。水电站的装机容量与水流量及水头（上游与下游的落差）成正比，可以用人工方法造成较大的集中落差。按照是否建造拦河坝，水电站可分为坝式水电站、引水式水电站和抽水蓄能水电站。

1. 坝式水电站

坝式水电站是在河流上适当的地方建筑拦河坝，形成水库，抬高上游水位，使坝的上、下游形成较大的落差。坝式水电站适宜建在河道坡降较缓且流量较大的河段，按厂房与坝的相对位置又可分为以下几种：

（1）坝后式水电站。图 1-5 所示为坝后式水电站断面图，其厂房建在拦河坝非溢流坝段的后面（下游侧），不承受水的压力，压力长管道通过坝体，适用于高、中水头。发电机与水轮机同轴相连，水由上游沿压力管进入水轮机蜗壳，冲动水轮机转子旋转，带动发电机转动发出电能，做功的水通过尾水管流到下游，电能经变压器升压后沿架空输电线路经屋外配电装置送入电力系统。

（2）溢流式水电站。溢流式水电站的厂房建在溢流坝段的后面（下游侧），泄洪水流从

厂房顶部越过泄入下游河道,适用于河谷狭窄、水库下泄洪水量大、溢洪与发电分区布置有一定困难的情况。

(3)岸边式水电站。岸边式水电站的厂房建在拦河坝下游河岸边的地面上,引水管道及压力管道铺于地面或埋没于地下。

(4)地下式水电站。地下式水电站的厂房和引水道都建在坝侧地下。

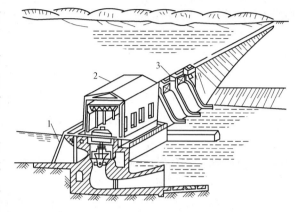

(5)坝内式水电站。坝内式水电站的厂房和压力管道都建在混凝土坝的空腔内,且常设在溢流坝段内,适用于河谷狭窄、下泄洪水流量大的情况。

(6)河床式水电站。河床式水电站的厂房与拦河坝相连接,成为坝的一部分,厂房承受水的压力,适用于水头小的水电站,如图1-6所示,溢洪坝、溢流洪道是为了宣泄洪水、保证大坝安全。

图1-6 河床式水电站
1—进水口;2—厂房;3—溢流坝

2. 引水式水电站

由引水系统将天然河道的落差集中进行发电的水电站,称为引水式电站,如图1-7所示,在河流适当地段建低堰(挡水低坝),水经引水渠和压力水管引入厂房,从而获得较大的水位差。引水式水电站适宜建在河道多弯曲或河道坡降较陡的河段,用较短的引水系统可集中较大的水头,也适用于高水头水电站,避免建设过高的挡水建筑物。

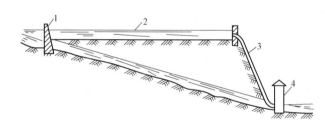

图1-7 引水式水电站
1—堰;2—引水渠;3—压力水管;4—厂房

3. 抽水蓄能水电站

抽水蓄能水电站是利用电力系统低谷负荷时的剩余电能抽水到高处蓄存,在电力高峰负荷时放水发电的水电站,具有运行方式灵活和反应快速等特点,在电力系统中可以发挥削峰填谷、调频、调相、紧急事故备用和黑启动等多种功能。在以火电、核电为主的电力系统中,建设适当比例的抽水蓄能水电站可以提高电力系统运行的经济性和可靠性。预计到2020年,我国抽水蓄能电站规模将达到6000万kW,2030年将达到7500万kW。抽水蓄能

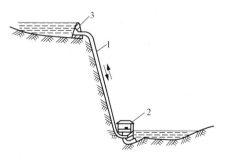

图1-8 抽水蓄能水电站
1—压力水管;2—厂房;3—坝

水电站可能是堤坝式或引水式,如图1-8所示。当电力系统处于低谷负荷时,其机组以电动机-水泵方式工作,利用电力将下游的水抽至上游蓄存起来,把电能转换为水能,这时它是

电力用户；当电力系统处于高峰负荷时，其机组按水轮机—发电机方式工作，将所蓄存的水放出用于发电，满足电力系统调峰需要，这时它是发电厂。

三、核电站

核电站是将原子核的裂变能转换为电能的发电站。核电站的生产过程与火电厂相似，用核反应堆和蒸汽发生器代替火电厂的锅炉，燃料主要是 U235。U235 在慢中子的撞击下裂变，释放出巨大能量，同时释放出新的中子。按所用的慢化剂和冷却剂不同，核反应堆可分为以下几种：

（1）轻水堆：以轻水（普通水）作慢化剂和冷却剂，又分为压水堆和沸水堆，分别以高压欠热轻水及沸腾轻水作慢化剂和冷却剂。核电站中以轻水堆最多。

（2）重水堆：以重水作慢化剂，重水或沸腾水作冷却剂。重水中的氢为重氢，其原子核中多一个中子。

（3）石墨气冷却堆及石墨沸水堆：均以石墨作慢化剂，分别以二氧化碳（或氦气）及沸腾轻水作冷却剂。

（4）液态金属冷却快中子堆：无慢化剂，常以液态金属钠作冷却剂。

图 1-9 为压水堆核电厂，整个系统分为两大部分，即一回路系统和二回路系统。一回路系统中压力为 15MPa 的高压水在主泵的作用下不断循环，经过反应堆时被加热后进入蒸汽发生器，并将自身的热量传递给二回路系统的水；二回路系统的水吸收一回路系统的水的热量后沸腾，产生蒸汽进入汽轮机膨胀做功，推动汽轮机并带动发电机发电。二回路的工作过程与火电厂相似。压水堆核电厂反应堆体积小，建设周期短，造价较低，一回路系统和二回路系统彼此隔绝，大大增加核电厂的安全性，需处理的放射性废气、废液、废物少，因此在核电厂中占主导地位。

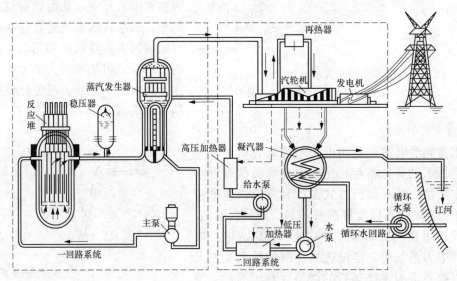

图 1-9　压水堆核电厂

图 1-10 所示为沸水堆核电站，堆芯产生的饱和蒸汽经分离器与干燥器除去水分后直接送入汽轮机做功。与压水堆相比，省去了大又贵的蒸汽发生器，但有将放射性物质带入汽轮机的危险。

核电站是一个复杂的系统，集中了当代许多高新技术，核电厂的系统由核岛和常规岛组成。为了使核电厂安全、稳定、经济运行，核电厂还需设置各种辅助系统、控制系统和安全设施。

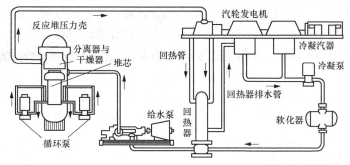

图 1-10 沸水堆核电站

四、新能源发电

1. 风力发电

将风能（流动空气所具有的能量）转换为电能的发电方式，称为风力发电。全球可利用的风能约为 200 亿 kW，我国风能开发潜力约 25 亿 kW，其中陆地 50m 高度 3 级以上的风能资源潜在开发量约为 23.8 亿 kW，近海 5～25m 深水区 50m 高度 3 级以上的风能资源潜在开发量约为 2 亿 kW，我国风能资源总的技术开发利用量可达 7 亿～12 亿 kW。风能属于可再生能源，是一种过程性能源，不能直接储存，而且具有随机性。在风能丰富的地区，按一定排列方式成群安装风力发电机组，组成集群，机组可达成百上千台，是近年来大规模开发利用风能的有效形式。我国风电开发规模快速增长，截至 2011 年底，我国风电装机容量达 6270 万 kW，占我国发电装机容量的 4.3%。我国已建成多个连片开发、装机规模达数百万千瓦的风电基地。预计到 2020 年，我国千万千瓦级风电基地规模将达到 12000 万 kW，2030 年将达到 20900 万 kW。

风力发电装置如图 1-11 所示，风力机将风能转换为机械能（属于低速旋转机械），升速齿轮箱将风力机轴上的低速旋转变为高速旋转，带动发电机转动发出电能，经电缆送至配电装置送入电网。风力发电机组的单机容量为几十瓦至几兆瓦，100kW 以上的风力发电机为同步或异步发电机，大中型风力发电机组都配置微机或可编程控制器组成的控制系统，以实现控制、自检、显示等功能。

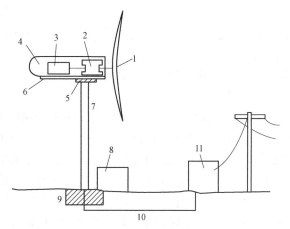

图 1-11 风力发电装置
1—风力机；2—升速齿轮箱；3—发电机；4—控制系统；
5—驱动装置；6—底板和外罩；7—塔架；
8—控制和保护装置；9—土建基础；
10—电缆线路；11—配电装置

2. 太阳能发电

太阳能是从太阳向宇宙空间发射的电磁辐射能，到达地球表面的太阳能为 8.2×10^9 万 kW，能量密度为 $1kW/m^2$。据估算，我国陆地表面每年接受的太阳辐射能相当于 4.9 万亿 t 标准煤。

截至 2015 年底,我国太阳能发电并网装机容量达到 4318 万 kW,太阳能发电有热发电和光伏发电两种方式,我国目前以光伏发电为主。

(1) 太阳能热发电。通过集热器收集太阳辐射热能,产生蒸汽或热空气,再推动传统的蒸汽发电机或涡轮发电机来产生电能,又分为集中式和分散式两种。

1) 集中式太阳能热发电(又称塔式太阳能热发电)。其热力系统流程如图 1-12 所示,在很大面积的场地上整齐布设大量定日镜(反射镜)阵列,且每台都配有跟踪系统,准确地将太阳光反射集中到一个高塔顶部的吸收器(又称接收器,相当于火电厂锅炉)上,把光能转换为热能,使吸热器内的水变为蒸汽,经管道送入汽轮机,驱动发电机组发电。

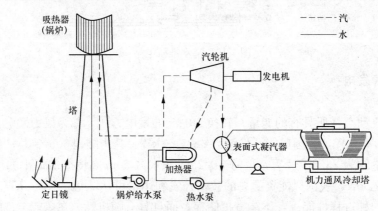

图 1-12　集中式太阳能发电热力系统流程

2) 分散式太阳能热发电。在大面积的场地上安装许多套相同的小型太阳能集热装置,通过管道将各套装置的热能汇集起来,进行热电转换而发电。

(2) 太阳能光伏发电。不通过热过程而直接将太阳的光能转变成电能,把照射到太阳能电池(是一种半导体器件,受光照射会产生伏打效应,也称光伏电池)上的光直接变换成电能输出。

太阳能光伏发电出力具有显著的间歇性和不稳定性,白天阴晴变化会引起出力大幅波动,阴雨天和夜间无法运行。太阳能热发电可以配置技术上相对成熟、成本较低的大容量储热装置,实现出力的平衡性和可控性,不但不需要额外配置调峰电源,而且可以作为调峰电源为风电、光伏发电等提供辅助服务,此外,太阳能热发电还具有机组的惯性,对电力系统的稳定运行有良好作用。因此,太阳能热发电是较有发展前景的太阳能大规模利用方式之一。目前,太阳能热发电由于在集成优化设计、高温部件制造维护等方面存在瓶颈,仅建设了一些试验示范项目。

3. 海洋能发电

海洋能是指海洋中的各种物理或化学过程中产生的能量,主要来源于太阳辐射及天体间的引力变化,海洋能可分为潮汐能、波浪能、海流能、温差能、盐差能等,具有可再生、资源量大和对环境的不利影响小等优点,同时也存在不够稳定、能量密度小、运行环境较为恶劣和开发利用经济性差等问题。海洋能的主要利用形式为发电,我国海洋能可开发利用量约为 10 亿 kW。潮汐发电就是利用潮汐发的位能来发电,即在潮差大的海湾入口或河口筑堤构成水库,在坝内或坝侧安装水轮发电机组,利用堤坝两侧的潮差驱动水轮发电机发电。通常分为单库单向式、单库双向式和双库式。

单库单向式潮汐发电站如图1-13所示，电站只建一个水库，安装单向水轮发电机组（发电机安装于密封的灯泡体内），在落潮时发电。当涨潮至库内水位时，开闸向水库充水，至库内外在更高的水位齐平时关闸，等潮水逐渐下降至库内外水位达到机组启动水头时开闸发电，直到库内外水位差小于机组发电所需的最低水头，再次关闸等待，转入下一周期。

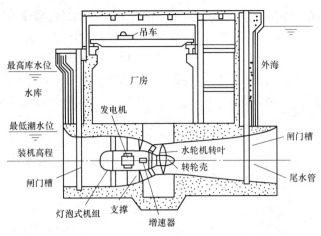

图 1-13 单库单向式潮汐发电站

单库双向式潮汐发电站如图 1-14 所示，电站也只建一个水库，安装双向水轮发电机组，在潮涨潮落时都能发电。当潮涨到一定高度时，打开控制闸 A、B 将潮水引入冲动发电机组发电；当涨潮即将结束时，打开控制闸 E、F，使水库充满水后即关闸；当落涨至一定水位差时，打开控制闸 C、D 再次冲动发电机发电。

双库式潮汐电厂是建两个毗连的水库，水轮发电机组装于两水库之间的隔坝内，高库设有进水闸，在潮位较库内水位高时进水（低库不进水），低库设有泄水闸，在潮位较

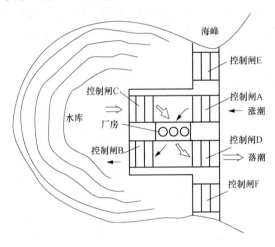

图 1-14 单库双向式潮汐发电站

库内水位低时放水，两库之间终日有水位差，可连续发电。

4. 地热发电

地热发电是利用地下蒸汽或热水等地球内部热能资源发电。地球内部的总热能量约为全球煤炭储量的 1.7 亿倍。目前地热发电最大单机容量为 15 万 kW。地热蒸汽发电的原理和设备与火力发电厂基本相同。利用地下热水发电分为闪蒸地热发电系统和双循环地热发电系统。

闪蒸地热发电系统（又称减压扩容法）如图 1-15 所示，此方法是使地下热水变为低压蒸汽供汽轮机做功。扩容蒸发又称闪蒸，当具有一定压力及温度的地热水注入压力较低的容器时，由于水温高于容器压力的饱和温度，一部分热水急速汽化为蒸汽，并使温度降低，直到水和饱和蒸

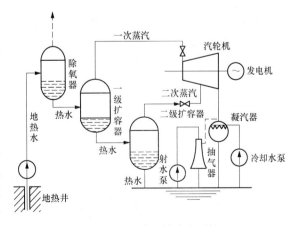

图 1-15 闪蒸地热发电系统

汽都达到该压力下的饱和状态为止；当地热进口流体为湿蒸汽时，则先进入汽水分离器，分离出的蒸汽送入汽轮机，剩余的水再进入扩容器。地下热水经除氧器除氧后，进入第一级扩容器减压扩容，产生一次蒸汽（约占热水量的 10%），送入汽轮机的高压部分做功；余下的热水进入第二级扩容，再进行二次减压扩容，产生二次蒸汽（其压力低于一次蒸汽），送入汽轮机低压部分做功。一般采用的扩容级数不超过四级，我国羊八井地热电站为两级扩容。

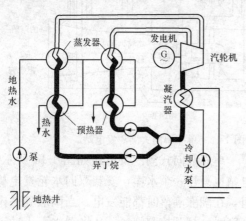

图 1-16　双循环地热发电系统

双循环地热发电系统（又称中间介质法）如图 1-16 所示，地热水用深井泵抽到蒸发器内，加热某种低沸点工质（如氟利昂、异丁烷、正丁烷等），使其变成低沸点工质蒸汽，推动汽轮发电机发电；汽轮机的排汽经凝汽器冷却凝结为液体，用工质泵再打回蒸发器重新加热循环利用。为充分利用地热水的余热，从蒸发器排出的地热水经预热器先预热来自凝汽器的低沸点工质液体。这种系统的热水和工质各自构成独立的系统，故称为双循环系统。

5. 生物质能发电

生物质能是绿色植物通过叶绿素将太阳能转化为化学能而储存在生物质内部的能量，属于可再生能源。薪柴、农作物秸秆、人畜粪便、有机垃圾及工业有机废水等，是主要的生物质能资源。据估算，我国可利用的废弃生物质能资源到 2030 年将达到 5 亿 t 标准煤/年。生物质能发电是利用生物质能为能源来发电，如垃圾焚烧发电、沼气发电、蔗渣发电等。预计到 2020 年，我国生物质能发电装机容量将达到 1500 万 kW，2030 年将达到 2500 万 kW。

6. 磁流体发电

磁流体发电亦称等离子体发电，是利用有极高温度并高度电离的气体高速（1000m/s）流经强磁场而直接发电。这时气体中的电子受磁力作用和气体中活化金属粒子（钾、铯）相互碰撞，沿着磁力线成垂直的方位流向电极而发出直流电。

五、火力发电厂主要生产过程

火力发电厂主要生产系统包括汽水系统、燃烧系统和电气系统。

1. 燃烧系统

燃煤，用输煤皮带从煤场运至煤斗中。大型火电厂为提高燃煤效率都是燃烧煤粉。因此，煤斗中的原煤要先送至磨煤机内磨成煤粉。磨碎的煤粉由热空气携带经排粉风机送入锅炉的炉膛内燃烧。煤粉燃烧后形成的热烟气沿锅炉的水平烟道和尾部烟道流动，放出热量，最后进入除尘器，将燃烧后的煤灰分离出来。洁净的烟气在引风机的作用下通过烟囱排入大气。助燃用的空气由送风机送入装设在尾部烟道上的空气预热器内，利用热烟气加热空气。这样，一方面除使进入锅炉的空气温度提高，易于煤粉的着火和燃烧外，另一方面也可降低排烟温度，提高热能的利用率。从空气预热器排出的热空气分为两股：一股去磨煤机干燥和输送煤粉，另一股直接送入炉膛助燃。燃煤燃尽的灰渣落入炉膛下面的渣斗内，与从除尘器分离出的细灰一起用水冲至灰浆泵房内，再由灰浆泵送至灰场。

2. 汽水系统

火力发电厂在除氧器水箱内的水经过给水泵升压后通过高压加热器送入省煤器。在省煤器内，水受到热烟气的加热，然后进入锅炉顶部的汽包内。在锅炉炉膛四周密布着水管，称为水冷壁。水冷壁水管的上下两端均通过联箱与汽包连通，汽包内的水经由水冷壁不断循环，吸收着煤粉燃烧过程中放出的热量。部分水在冷壁中被加热沸腾后汽化成水蒸气，这些饱和蒸汽由汽包上部流出进入过热器中。饱和蒸汽在过热器中继续吸热，成为过热蒸汽。过热蒸汽有很高的压力和温度，因此有很大的热势能。具有热势能的过热蒸汽经管道引入汽轮机后，便将热势能转变成动能。高速流动的蒸汽推动汽轮机转子转动，形成机械能。

释放出热势能的蒸汽从汽轮机下部的排汽口排出，称为乏汽。乏汽在凝汽器内被循环水泵送入凝汽器的冷却水冷却，重新凝结成水，此水称为凝结水。凝结水由凝结水泵送入低压加热器并最终回到除氧器内，完成一个循环。在循环过程中难免有汽水的泄漏，即汽水损失，因此要适量地向循环系统内补给一些水，以保证循环的正常进行。高、低压加热器是为提高循环的热效率所采用的装置，除氧器是为了除去水含的氧气以减少对设备及管道的腐蚀。

3. 电气系统

汽轮机的转子与发电机的转子通过联轴器连在一起。当汽轮机转子转动时便带动发电机转子转动。在发电机转子的另一端带着一台小直流发电机，叫励磁机。励磁机发出的直流电送至发电机的转子线圈中，使转子成为电磁铁，周围产生磁场。当发电机转子旋转时，磁场也是旋转的，发电机定子内的导线就会切割磁力线感应产生电流。这样，发电机便把汽轮机的机械能转变为电能。电能经变压器将电压升压后，由输电线送至电用户。

从能量转换的角度看发电厂的生产过程是一种简单的能量转换过程，即燃料的化学能→蒸汽的热势能→机械能→电能。在锅炉中，燃料的化学能转变为蒸汽的热能；在汽轮机中，蒸汽的热能转变为转子旋转的机械能；在发电机中机械能转变为电能。

除了上述的主要系统外，火电厂还有其他一些辅助生产系统，如燃煤的输送系统、水的化学处理系统、灰浆的排放系统等。这些系统与主系统协调工作，它们相互配合完成电能的生产任务。火电厂装有大量的仪表，用来监视这些设备的运行状况，同时还设置有自动控制装置，以便及时地对主辅设备进行调节。现代化的火电厂，已采用了先进的计算机分散控制系统。这些控制系统可以对整个生产过程进行控制和自动调节，根据不同情况协调各设备的工作状况，使整个电厂的自动化水平达到了新的高度。自动控制装置及系统已成为火电厂中不可缺少的部分。

第三节　电力系统概述

电力系统由电源（发电厂）、变电站（升压变电站、负荷中心变电站等）、输电线路、配电线路和负荷中心构成。各电源点还互相连接以实现不同地区之间的电能交换和调节，从而提高供电的安全性和经济性。输电线路与变电站构成的网络通常称电力网。电力系统的信息与控制系统由各种检测设备、通信设备、安全保护装置、自动控制装置以及监控自动化、调度自动化系统组成。电力系统的结构应保证在先进的技术装备和高经济效益的基础上，实现电能生产与消费的合理协调。

根据电力系统中装机容量与用电负荷的大小，以及电源点与负荷中心的相对位置，电力系统常采用不同电压等级输电（如高压输电或超特高压输电），以求得最佳的技术经济效益。根据电流的特征，电力系统的输电方式还分为交流输电和直流输电，交流输电应用最广。直流输电是将交流发电机发出的电能经过整流后采用直流电传输。

由于自然资源分布与经济发展水平等条件限制，电源点与负荷中心多处于不同地区。由于电能目前还无法大量储存，输电过程本质上又是以光速进行的，电能生产必须时刻保持与消费平衡。因此，电能的集中开发与分散使用，以及电能的连续供应与负荷的随机变化，就成为制约电力系统结构和运行的根本特点。

一、电力系统的组成

电力系统是由发电厂、电力网络（简称电网）和用户组成的统一整体。

（电力系统＝发电机＋电网＋电力用户）

电网是由变电站、输电线和配电系统组成。（电网＝输配电线路＋变电站）

动力部分——在电力系统的基础上，把发电厂的动力部分（例如锅炉、汽轮机和水力发电厂的水库、水轮机以及核动力发电厂的反应堆等）包含在内的系统。

（动力系统＝电力系统＋火电厂热力部分、水电站水力部分、核反应堆等动力部分）

图 1-17 所示为电网、电力系统和动力系统结构示意。

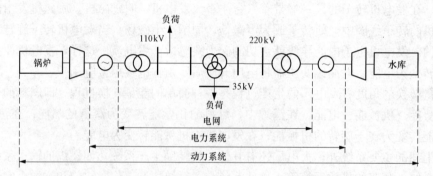

图 1-17　电网、电力系统、动力系统结构示意

二、电网的分类及特点

电网的分类及特点见表 1-1。

表 1-1　　　　　　　　　　　　　　　电网的分类及特点

分类方法	分类	特点及性质	分类方法	分类	特点及性质
按电压高低分	低压网	1kV 以下电网	按电网在系统中的作用分	系统联络网	又称网架，为系统运行调度服务
	中压网	1~10kV 电网		供电网	为用户服务
	高压网	35~220kV 电网	按计算与分析的需要分	地方网	110kV 以下，电压较低，输送功率小，线路距离短，主要供给地方负荷
	超高压网	330~750kV 电网		区域网	110kV 以上，电压较高，输送功率大，线路距离长，主要供给大型区域性变电站
	特高压网	1000kV 以上电网			
按电网接线方式分	开式网	一端电源供电网络			
	闭式网	两端电源供电网络		远距离输电网	输电线路超过 300km，电压 330kV 及以上
	复杂网	多端电源供电网络			

三、变电站的类型

变电站是联系发电厂和用户的中间环节,起着变换电压和传输分配电能的作用。变电站有多种分类方法,可以根据电压等级、升压、降压及在电力系统中的地位和作用分类。图1-18所示是某电力系统各类变电站原理接线示意,图中系统接有大容量的火电厂和水电厂,其中水电厂发出的电能经500kV超高压输电线路送到枢纽变电站,220kV电网构成三角环网,可提高供电可靠性。根据变电站在电力系统中的地位和作用可以分为以下几类。

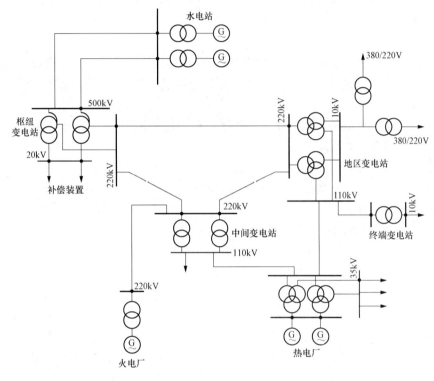

图 1-18　电力系统各类变电站原理接线示意

1. 枢纽变电站

枢纽变电站位于电力系统枢纽点,连接电力系统高、中压的几个部分,汇集多个电源的多回大容量联络线,变电容量大,电压(指高压侧,下同)为 330~500kV。全站停电时将引起系统解列,大面积停电。

2. 中间变电站

中间变电站一般位于电力系统的主要环路线路中或主要干线的接口处,汇集有 2~3 个电源,高压侧以交换潮流为主,同时又降压供给当地用户,主要起中间环节作用。电压等级为 220~330kV。全站停电时将引起区域电网解列。

3. 地区变电站

地区变电站以对地区供电为主,是一个地区或城市的主要变电站,电压等级一般为110~220kV。全站停电时将使该地区停电。

4. 终端变电站

终端变电站位于输电线路终端,接近负荷点,经降压后直接向用户供电,不承担功率转送任务，电压等级为 110kV 及以下。全站停电时仅使其所供的用户停电。

5. 企业变电站

企业变电站是供大、中型企业专用的终端变电站，电压等级一般为 35～110kV，进线 1～2 回。全站停电时将引起该企业停电。

四、发电厂和变电站电气设备

为了满足电能的生产、传输和分配的需要，发电厂和变电站中安装有各种电气设备。电气设备按电压等级可分为高压设备（1kV 及以上的设备）和低压设备；按其作用可分为一次设备和二次设备。

1. 一次设备

直接生产、传输、分配、交换、使用电能的设备称为一次设备。主要有以下几种。

（1）生产和转换电能的设备：发电机、变压器和电动机，它们都是按电磁感应原理工作的，统称电机。

（2）开关电器：断路器、隔离开关、负荷开关、熔断器、重合器、分段器、组合开关和刀开关，它们是用来接通或断开电路的电器。

（3）限流电器：普通电抗器和分裂电抗器，作用是限制短路电流，使发电厂和变电站能选择轻型开关电器和选用小截面的导体，提高经济性。

（4）载流导体：母线、架空线和电力电缆。母线用来汇集、传输和分配电能或将发电机、变压器与配电装置相连；架空线路和电力电缆用来传输电能。

（5）补偿设备：调相机、电力电容器、消弧线圈和并联电抗器。调相机是一种不带机械负荷的同步电动机，是电力系统的无功电源，用来向系统输出无功功率，以调节电力系统的电压；电力电容器有并联补偿和串联补偿两种，并联补偿是将电容器与用电设备并联，也是无功电源，它发出无功功率，供给就地无功需要，避免长距离输送无功功率，减少线路电能损耗和电压损耗，提高电力系统供电能力；串联补偿是将电容器与架空线路串联，抵消系统的部分感抗，提高系统的电压水平，同时减少系统的功率损失；消弧线圈是用来补偿小接地电流系统（35kV 及以下系统）的单相接地电容电流，以利于熄灭电弧；并联电抗器一般装在某些 330kV 及以上超高压线路上，主要是吸收过剩的无功功率，改善沿线路的电压分布和无功分布，降低有功损耗，提高输电效率。

（6）互感器：电流互感器和电压互感器。电流互感器是将一次标准的大电流变成二次标准的小电流（5A 或 1A），供电给测量仪表和继电保护的电流线圈；电压互感器是将一次标准高电压变成二次标准低电压（100V 或 $100/\sqrt{3}$V），供电给测量仪表和继电保护的电压线圈。它们使测量仪表和保护装置标准化和小型化，使二次设备与一次设备高压部分隔离，且互感器二次侧可靠接地，保证了设备和工作人员的安全。

（7）防御过电压设备：避雷线（架空地线）、避雷器、避雷针、避雷带和避雷网等。避雷线可将雷电流引入大地，保护输电线路免受雷击；避雷器可防止雷电过电压及内部过电压对电气设备的危害；避雷针、避雷带和避雷网可防止雷电直接击中配电装置的电气设备或建筑物。

（8）绝缘子：线路绝缘子、电站绝缘子和电器绝缘子。用来支持和固定载流导体，并使载流导体与地绝缘或使装置中不同电位的载流导体间绝缘。

（9）接地装置：接地体和接地线。用来保证电力系统正常工作或保护人身安全。

常用一次设备的图形符号和文字符号见表 1-2。

表 1-2 常用一次设备的图形符号和文字符号

名 称	图形符号	文字符号	名 称	图形符号	文字符号
交流发电机		G	三绕组自耦变压器		T
双绕组变压器		T	交流电动机		M
三绕组变压器		T	断路器		QF
隔离开关		QS	调相机	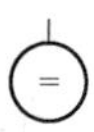	G
熔断器		FU	消弧线圈		L
普通电抗器		L	双绕组、三绕组电压互感器		TV
分裂电抗器		L	具有两个铁芯和两个二次绕组，一个铁芯和两个二次绕组的电流互感器	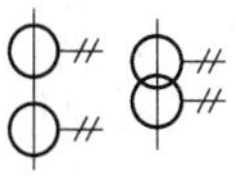	TA
负荷开关		QL	避雷器		F
接触器的主动合、主动断触头		KM	火花间隙		F
母线、导线和电缆		W	接地		E
电缆终端头		—			
电容器		C			

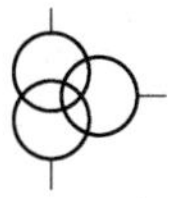

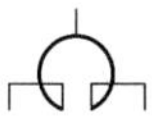

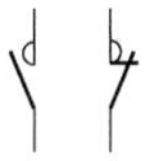

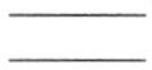

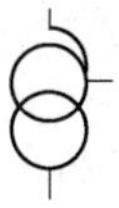

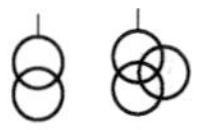

2. 二次设备

对一次设备进行监视、测量、控制、调节、保护以及为运行、维护人员提供运行工况或产生指挥信号所需要的辅助设备，称为二次设备。

（1）测量表计：电流表、电压表、功率表、电能表、频率表和温度表等。用来监视、测量电路的电流、电压、功率、电能、频率及设备的温度等参数。

（2）绝缘监察装置：交流绝缘监察装置和直流绝缘监察装置，用来监察交、直流电网的绝缘状况。

（3）控制和信号装置：控制是采用手动（通过控制开关或按钮）或自动（通过继电保护或自动装置）方式通过操作回路实现断路器的分、合闸。断路器都有位置信号灯，有些隔离开关也有位置指示器。主控制室内设有中央信号装置，用来反映电气设备的正常、异常或事故状态。

（4）继电保护和自动装置：继电保护装置的作用是当一次设备发生事故时，作用于断路器跳闸，自动切除故障元件；当一次系统出现异常时发出信号，提醒工作人员注意。自动装置是用来实现发电机的自动并列、自动调节励磁、自动按事故频率减负荷、电力系统频率自动调节、按频率自动启动水轮机组，实现发电厂或变电站的备用电源自动投入、输电线路自动重合闸、变压器分接头自动调整、并联电容器自动投切等。

（5）直流电源设备：包括蓄电池组和硅整流装置，用作开关电器的操作、信号、继电保护及自动装置的直流电源，以及事故照明和直流电动机的备用电源。

（6）塞流线圈（又称高频阻波器）是电力载波通信设备不可缺少的部分，与耦合电容器、结合滤波器、高频电缆、高频通信机等组成输电线路高频通信通道。塞流线圈起阻止高频电流向变电站或支线泄漏、减小高频能量损耗的作用。

第四节　电气设备主要参数

一、额定电压（U_N）

定义：额定电压是国家根据国民经济发展的需要、技术经济合理性以及电机、电器制造水平等因素所规定的电气设备标准的电压等级。

电气设备在额定电压下工作时，其技术性能与经济性能最佳。

我国的额定电压分三类。

第一类：100V 及以下的电压，主要用于安全照明、蓄电池及其他特殊设备。

第二类：100～1000V 之间的电压，广泛用于工业与民用的低压照明、动力与控制。

第三类：1000V 及以上的电压，主要用于电力系统的发电机、变压器、输配电线路及高压用电设备。

我国所制定的各种电气设备的额定电压见表 1-3。

表 1-3　　　　　　　　各种电气设备的额定电压　　　　　　　单位：kV

用电设备的额定电压	发电机的额定电压	变压器的额定电压		用电设备的额定电压	发电机的额定电压	变压器的额定电压	
		一次绕组	二次绕组			一次绕组	二次绕组
0.22	0.23	0.22	0.23	110		110	121
0.38	0.40	0.38	0.40	220		220	242
3	3.15	3、3.15	3.15、3	330		330	363
6		6、6.3	6.3、6.6	500		500	550
10		10、10.5	10.5、11	750		750	825
35		35	38.5	1000		1000	1100

电能在传输过程中，由于线路及电气设备有阻抗，会产生电压损耗，因此，同一电压等级下各电气设备的额定电压不尽相同。

（1）电力网的额定电压：通常采用线路首端和末端电压的算术平均值。根据 GB/T 156—2007《标准电压》的规定，目前我国电力网的交流额定电压等级为：0.22、0.40、3、6、10、35、110、220、330、500、750、1000kV 等。其中 220V 为单相交流电，其余都为三相交流电。60kV 只在东北电力系统中采用，并且不再采用 110kV 和 35kV 电压等级；330kV 只在西北电力系统中采用；750kV 输电线路于 2004 年开始投建，2005 投入运行；1000kV 输电线路于 2007 年开始投建，2009 年投入运行。

直流输电网的额定电压等级标准为：±500kV、±600kV、±800kV。

（2）用电设备的额定电压：用电设备的额定电压等于其所在电力网的额定电压。为保证用电设备的正常工作，用电设备的工作电压一般允许偏移额定电压 $\pm5\%$。

（3）发电机的额定电压：发电机的额定电压比所在电力网的额定电压高 5%，目的是保证末端用电设备的工作电压偏移不超出允许范围。

（4）变压器的额定电压：升压变压器的一次绕组的额定电压比所在电力网额定电压高 5%，即与发电机的额定电压相同，降压变压器的一次绕组的额定电压与所在电力网额定电压相同；变压器二次绕组的额定电压视所接线路的长短及变压器阻抗电压大小比所接电力网额定电压高 5%（线路较短、变压器阻抗电压较小）或 10%（线路较长、变压器阻抗电压较大），主要是考虑所接线路的电压损耗（一般按 10% 考虑）及变压器本身的电压降（一般为 5%）。

二、额定电流（I_N）

额定电流是指在规定的基准环境温度下，允许长期通过设备的最大电流值，此时设备的绝缘和载流部分长期发热的最高温度不会超过规定的允许值。

我国采用的基准环境温度：电器，$+40℃$；导体，$+25℃$。

三、额定容量（S_N）

其规定条件与额定电流相同。在三相制中，如额定电压（线电压）为 U_N，线电流为 I_N，则额定容量为

$$S_N = \sqrt{3}U_N I_N \tag{1-1}$$

发电机一般用有功功率（kW）表示，即

$$P_N = \sqrt{3}U_N I_N \cos\phi_N \tag{1-2}$$

变压器一般用视在功率（kV・A）表示，即

$$S_N = \sqrt{3}U_N I_N \tag{1-3}$$

电动机一般也用有功功率（kW）表示，即

$$P_N = \sqrt{3}U_N I_N \cos\phi_N \eta \tag{1-4}$$

 习　题

1-1　发电厂的作用是什么？有哪些类型？

1-2　火力发电厂的类型有哪些？有什么特点？

1-3 水力发电厂的类型有哪些？有什么特点？

1-4 什么是新能源发电？包括哪些形式？

1-5 核电站的电能生产过程及特点是什么？

1-6 变电站的作用是什么？有哪些类型？

1-7 什么是一次设备？哪些设备属于一次设备？

1-8 什么是二次设备？哪些设备属于二次设备？

1-9 什么是额定电压？一次设备的额定电压是如何规定的？

第二章　同步发电机

同步电机是一种应用很广的交流电机，主要被用作发电机运行，是发电厂用以产生电能的机械。同步电机的转速总是和定子绕组产生的旋转磁场转速相同，故称为同步电机。

同步发电机与其他电机一样，由定子和转子两部分组成。它的定子是将三相交流绕组嵌置于由硅钢片叠压而成的铁芯里，它的转子通常由磁极铁芯及励磁绕组构成。

如果用原动机拖动同步电机的转子，以 $n\mathrm{r/min}$ 的速度旋转，同时在转子上的励磁绕组中经过滑环，通入一定的直流电励磁，那么转子磁极就产生磁场，这磁场随转子一起以 $n\mathrm{r/min}$ 的速度旋转，它对定子有了相对运动，就在定子绕组中感应出交流电势，在定子绕组的引出端可以得到交流电势。如果定子是三相绕组，那么就可以得到三相交流电势。

我国电网的标准频率 $f=50\mathrm{Hz}$，是一个固定的数值。因此同步电机的转速 n 与极对数 p 成反比例关系。当 $p=1$（两极电机）时，$n=3000\mathrm{r/min}$，$p=2$（四极电机）时，$n=1500\mathrm{r/min}$。$p=3$（六极电机）时，$n=1000\mathrm{r/min}$；$p=4$（八极电机）时，$n=750\mathrm{r/min}$，依此类推。对于一台已经造好的同步电机，极对数 p 为定值，因此同步电机的转速是一个恒定不变的数值，它的大小与负载无关。

在火力发电厂中，应用汽轮机作为原动机，拖动同步发电机，整个机组称为汽轮发电机组。由于汽轮机在高转速时运行较为经济，所以汽轮发电机应有尽可能高的转速，现在的汽轮发电机都是两极或四极的。同步电机除作为发电机运行外，还可以作为电动机运行，亦可作为调相机等特殊用途运行。

本章主要介绍同步发电机的工作原理及结构、同步发电机励磁系统、同步发电机的正常运行与操作。

第一节　基本工作原理及结构

一、同步发电机基本工作原理

同步发电机是根据电磁感应原理实现机电能量转换的电力机械设备，它从转子侧吸收了汽轮机的机械功率，通过电磁感应，转换为定子侧的三相交流电功率，并输送至电网。目前，交流电能几乎全部由同步发电机提供。

由汽轮机的运行特性可知，汽轮机在高速运行时较为经济，我国汽轮发电机的转速较高，为 3000r/min。因受机械强度的限制，汽轮发电机的转子采用隐极式结构，如图 2-1 所示。

为了减小磁路的磁阻，发电机的定子、转子均由铁磁材

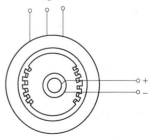

图 2-1　隐极同步发电机结构

料制成，定子、转子之间的气隙长度相对很小，仅为零点几毫米到几十毫米。磁力线经过转子铁芯、气隙、定子铁芯、气隙闭合回路构成了发电机的主磁路。同步电机的电路分为两个独立的部分，一部分是嵌放于定子铁芯槽内的三相对称绕组，其作用是感应交流电势，流过三相交流，并产生电枢旋转磁动势，是发电机能量转换的重要部件，称为电枢绕组。另一部分是嵌放于转子铁芯槽内的直流励磁绕组，在励磁绕组中通直流电流，便可形成恒定的磁场。当汽轮机带动发电机转子旋转时，就在气隙中形成了机械旋转磁场。该磁场以转子同步速度依次切割定子三相电枢绕组，于是在电枢绕组中就感应出交流电动势。如果定子绕组和负荷构成闭合回路，便产生三相对称电流，负荷上可得到三相交流电功率。

设气隙磁场沿空间按正弦规律分布，则电枢绕组中可感应出正弦基波电动势。又由于定子三相绕组结构对称，因此，三相绕组中的电动势大小相等、相位互差120°电角度，其瞬时值表达式为

$$\left.\begin{array}{l} e_{\mathrm{U}} = E_{0m}\sin\omega t \\ e_{\mathrm{V}} = E_{0m}\sin(\omega t - 120°) \\ e_{\mathrm{W}} = E_{0m}\sin(\omega t - 240°) \end{array}\right\} \tag{2-1}$$

式中　E_{0m}——定子每相绕组电动势的幅值；

　　　ω——角频率，$\omega = 2\pi f$。

各相电动势的有效值用 E_0 表示为

$$E_0 = 4.44 f N_1 K_{\mathrm{N1}} \Phi_0 \tag{2-2}$$

式中　$N_1 K_{\mathrm{N1}}$——定子每相绕组的有效串联匝数；

　　　Φ_0——励磁磁通基波每极磁通量；

　　　f——定子绕组感应电动势的频率，Hz。

感应电动势的频率与发电机的极对数 p 和转子的转速 n 有关。设转子圆周共有 p 对磁极，当转子匀速旋转时，每转过一圈，定子绕组就切割 p 对磁极，感应电动势变化 p 个周波。转子每秒钟的转速为 $\frac{n}{60}$，因此，定子绕组中感应电动势每秒钟变化的周波数，即频率为

$$f = \frac{pn}{60} \tag{2-3}$$

总结：

1. 电磁过程

转子冲转到额定转速（汽轮发电机 3000r/min）→转子绕组加励磁电流（直流）→产生旋转磁场 →定子绕组切割磁力线产生三相对称感应电动势→发电机出线端感应产生三相对称电压。

2. 电动势的调节

根据 $E_0 = 4.44 f_{\mathrm{N1}} k_{\mathrm{N1}} \Phi_0$ 和 $I_f \rightarrow \Phi_0$ 可知，调节励磁电流 I_f，可改变磁通 Φ_0，从而改变定子绕组感应电动势 E_0。即 $I_f \uparrow \rightarrow E_0 \uparrow$；$I_f \downarrow \rightarrow E_0 \downarrow$。

3. 频率的调节

转子转速越高，定子绕组感应电动势 E_0 的频率越高。即 $n \uparrow \rightarrow f \uparrow$。所以，要产生 50Hz 的交流电压，对于汽轮发电机（$p=1$）来说，必须使转速保持 3000r/min。

4. 相序

相序决定于转子的转向。从励磁端看，汽轮发电机的转向为逆时针方向。

二、同步发电机类型

同步发电机的分类方式有多种,常见的有以下几种分类方式。

按原动机的类型不同分:汽轮发电机、水轮发电机、燃气轮发电机、柴油发电机、风力发电机、太阳能发电机等。

按转子结构不同分:凸极式和隐极式。

按安装方式不同分:卧式和立式。

按冷却介质不同分:空气冷却、氢气冷却、水冷却。

三、同步发电机的铭牌

同步发电机的铭牌一般有以下几项。

1. 型号

(1)一台汽轮发电机的型号为 QFSN-300-2,表示含义为:

QF—汽轮发电机;SN—水内冷,表示发电机的冷却方式为水氢氢;300—发电机输出的额定有功功率,MW;2—发电机的磁极个数。

(2)一台水轮发电机的型号为 TS-900/135-56,表示含义为:

T—同步;S—水轮发电机,900—定子铁芯外径,cm;135—定子铁芯长度,cm;56—磁极个数。

2. 额定电压 U_N

指额定运行时,定子三相绕组上的额定线电压,单位为 V 或 kV。

3. 额定电流 I_N

指额定运行时,流过定子绕组的线电流,单位为 A。

4. 额定功率 P_N

指额定运行时,电机的输出功率,单位为 kW 或 MW。

5. 额定功率因数 $\cos\phi_N$

指额定运行时,电机的功率因数。

6. 额定转速 n_N

指同步发电机的同步转速,单位为 r/min。

7. 额定频率 f_N

我国标准工业频率为 50Hz,故 $f_N=50Hz$。

此外,电机铭牌上还常列出绝缘等级,额定励磁电压和额定励磁电流。

四、同步发电机的结构

目前我国火力发电厂皆采用二极、转速为 3000r/min 的卧式结构的发电机。发电机最基本的组成部件是定子和转子,如图 2-2 所示为 300MW 汽轮发电机外形,图 2-3 所示为 300MW 汽轮发电机侧视图。图 2-4 所示为 500MW 水氢氢冷却汽轮发电机结构。图 2-5 所示为发电机定子外形,图 2-6 所示为发电机转子外形。

(一)定子

汽轮发电机的定子主要由机座、定子铁芯、定子绕组、端盖等部件组成。定子铁芯和定子绕组固定在机壳(座)上,转子由轴承支撑置于定子铁芯中央,转子绕组上通以励磁电流。为监视发电机定子绕组、铁芯、轴承及冷却器等各重要部位的运行温度，在这些部位埋植了多只测温元件，通过导线连接到温度巡检装置，在运行中监控，通过微机进行监视和打印。

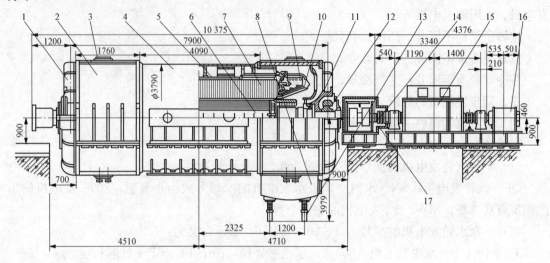

图 2-2　300MW 汽轮发电机外形

1—端盖；2—端罩；3—冷却器；4—定子机座；5—轴向弹簧板；6—转子；7—定子铁芯；
8—定子出线罩；9—定子引线；10—定子绕组；11—油密封；12—轴承；13—定子出线；
14—碳刷架；15—交流主励磁机；16—永磁副励磁机；17—隔声罩

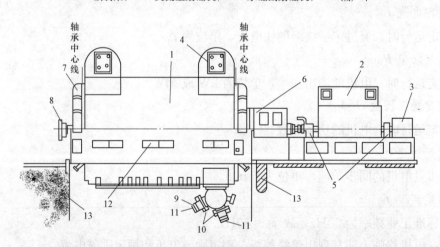

图 2-3　300MW 汽轮发电机侧视图

1—发电机主体；2—主励磁机；3—永磁副励磁机；4—气体冷却器；5—励磁机轴承；
6—碳刷架隔音罩；7—电机端盖；8—连接汽轮机背靠轮；9—电机接线盒；
10—电路互感器；11—引出线；12—测温引线盒；13—基座

1. 定子铁芯

定子铁芯是构成发电机磁路并固定定子绕组的重要部件。为了减少铁芯的磁滞和涡流损耗，现代大容量发电机定子铁芯常采用磁导率高、损耗小、厚度为 0.35～0.5mm 的优质冷轧硅钢片叠装而成。每层硅钢片由数张扇形片拼成一个圆形，每张扇形片都涂了耐高温的无极绝缘漆。B 级硅钢绝缘漆能耐温 130℃，一般铁芯许可温度为 105～120℃。涂 F 级绝缘漆可耐受更高的温度。

定子铁芯的叠装结构与其通风散热方式有关。大容量电机铁芯的通风冷却有三种方式：铁芯轴向分段径向分区通风、铁芯内轴向通风、铁芯半轴向通风。

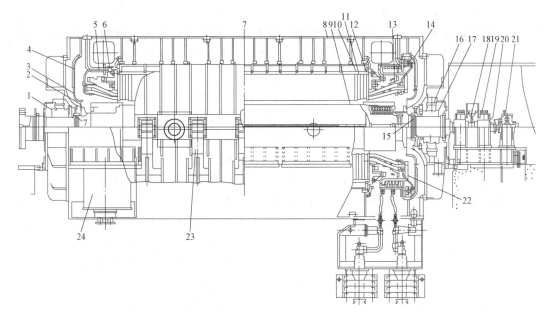

图 2-4　500MW 水氢氢冷却汽轮发电机结构
1—汽端轴承；2—风扇叶片；3—风扇环状喷嘴；4—内护环；5—绝缘引水管；6—水母管；7—氢密封件；
8—定子壳体；9—转子；10—定子铁芯；11—间隔填料；12—铁芯端部齿压板；13—定子绕组；
14—内护罩；15—氢密封件；16—轴承圈绝缘；17—轴承；18—集电环冷却风扇；19—电刷架；
20—集电环；21—支撑轴承；22—定子绕组连接环；23—垂直弹簧板；24—氢冷却器

图 2-5　发电机定子外形

图 2-6　发电机转子外形

为了减少铁芯端部漏磁和发热，制造厂主要采取下列措施：

（1）把靠两端的铁芯段均采用阶梯形结构，用逐步扩大气隙以增大磁阻的办法来减少轴向进入定子边段铁芯的漏磁通。

（2）在铁芯端部个阶梯段的扇形叠片的小齿上开了 1~2 个宽为 2~3mm 的小槽，如图 2-7 所示，以减少齿部的涡流损耗和发热。

（3）铁芯端部的齿连接片及其外侧的压圈或连接片采用电阻系数低的非磁性钢，利用其中涡流的反磁作用，以削弱进入端部铁芯的漏磁通。

（4）压圈外侧加装环形电屏蔽层，用导电率高的铜板或铝板制成。因铁芯端部采用阶梯形后，压圈处的漏磁会有所增多，利用电屏蔽层中的涡流就能有效阻止漏磁进入压圈内部，以防压圈局部出现高温或过热。

（5）铁芯压紧不用整体压圈而用分块铜质连接片（铁芯不但要用定位筋，还要用穿心螺栓锁死），这种连接片本身也起电屏蔽作用，分块后也可减少自身的发热。有的还在分块后连接片靠铁芯侧再加电屏蔽层。

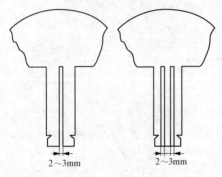

图 2-7　阶梯铁芯扇形片齿上开槽

（6）在压圈和铁芯齿连接片之间加装磁屏蔽，用硅钢片冲成无磁的扇形叠成，形成一个磁分路，能减少齿根和压圈上的漏磁集中现象。

（7）转子绕组端部的护环采用非磁性的锰铬合金制成，利用反磁作用，减小转子端部漏磁对定子铁芯端部的影响。

（8）在冷却系统中，加强对端部的冷却。

2. 定子绕组

（1）定子绕组结构。定子绕组嵌放在定子铁芯内圆的定子槽中，分三相布置，互成120°电角度，以保证转子旋转时在三相定子绕组中产生互成120°相位角的电动势。大容量发电机定子绕组和一般交流发电机定子绕组的共同点，都采用三相双层短节距分布绕组，目的是改善感应电动势的波形，即消除绕组的高次谐波电动势，以获得近似的正弦波电动势。

定子绕组采用叠式绕组，每个绕组都是由两根条形线棒各自做成半匝后，构成单匝式结构，然后在端部线鼻处用对接或并头套焊接成一个整单匝式绕组。绕组按双层单叠的方式构成的一个极相组。600MW发电机的定子绕组都采用单匝短距上层叠绕，三相绕组接成双星形（YY）。

定子绕组每匝的端部（伸出铁芯槽外部分）都向铁芯的外侧倾斜，按渐开的形式展开。端部绕组向外倾斜角为15°～30°，形式似花篮，故称篮形绕组，如图2-5所示。水内冷定子绕组线棒采用聚酯双玻璃丝包绝缘实心扁铜线和空心裸铜线组合而成。一般由一根空心导线和2～4根实心绝缘线编成一组，一根线棒由许多组构成，分成2～4排。国产600MW发电机定子线棒空心、实心导线的组合比为1：2，如图2-8所示，为一种600MW水内冷定子线棒在定子槽中的断面。

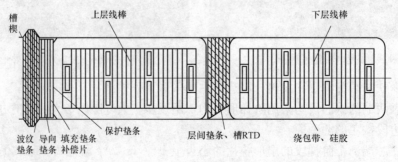

图 2-8　定子线棒在定子槽中的断面

为了平衡股间导线的阻抗，抑制集肤效应，减少直线及端部的横向漏磁通在各股导体内产生环流级附加损耗，使每根子导线内电流均匀，线棒在槽内各股线（包括空心线）要进行换位。大容量的电机定子线棒（如国产600MW汽轮发电机）一般采用540°换位。

（2）定子绕组绝缘。定子绕组绝缘包括股间绝缘、排间绝缘、换位部位的加强绝缘和线棒的主绝缘。

主绝缘是指定子导体和铁芯间的绝缘，亦称对地绝缘或线棒绝缘。主绝缘是线棒各种绝缘中重要的一种绝缘，它是最易受到磨损、碰伤、老化和电腐蚀及化学腐蚀的部分。主绝缘在结构上可分为两种：一种是烘卷式；另一种是连续式。大容量发电机都采用连续式绝缘。

国内外大容量发电定子绕组的绝缘材料，普遍采用以玻璃布为补强材料的、环氧树脂为黏合剂或浸渍剂的粉云母带，最高允许温度为130℃。其优点是耐潮性高，老化慢，电气、机械及热性能好，但耐磨和抗电腐蚀能力较差。

现今流行的大型电机绝缘是多胶环氧粉云母带（含胶量为35.5%～36.5%），连续式液压或烘压成型。

（3）定子绕组在槽内的固定。发电机运行时，定子线棒的槽内部分受到各种交变电磁力的作用。上下层线棒之间的相互作用和定子铁芯的影响所产生的径向力起主要作用。短路时线棒上所受的电磁力可达每厘米几千牛顿，线棒若不压紧就会在槽内出现双倍频率（100Hz）的径向振动。线棒电流与励磁磁通的相互作用还会产生一个与转子旋转方向相同的切向力，使线棒压向槽壁。如果出现振动，就会使线棒和槽壁发生摩擦。这不仅会使绝缘磨损，而且还会使绝缘产生积累变形，股线疲劳，导致绕组寿命降低。

不能使用金属部件绑扎固定绕组的端部，因为：

1）金属结构部件中将感应涡流，这会产生附加损耗，可能会出现局部发热点。

2）金属结构部件也会产生振动，会导致松动，使周围的媒介物磨损。

因此，通常采用非金属支撑部件，如玻璃纤维模压板。大的支撑托架用螺栓固定在铁芯端压板上。支撑托架给玻璃纤维锥形箍环提供支撑。绕组端线的振动必须受到限制，因其会使绕组铜导线产生疲劳裂纹。如果水内冷绕组导线发生疲劳裂纹，则氢气将会泄漏到冷却水系统，由此导致特别严重的后果。通过加速度计监控因支撑松弛导致的绕组端接振动的增加。振动幅度在很大程度上取决于电流。一段时间运行之后产生的支撑松动，可以通过紧固螺栓、插入或紧固槽楔或在线棒导体之间的绝缘中充入热固树脂消除。

3. 机座与端盖

机座的作用主要是支撑和固定定子铁芯和定子绕组，同时在结构上还要满足电机的通风和密封要求。如果用端盖轴承，它还要承受转子的质量和电磁力矩。氢冷发电机的机座除了满足上述一般发电机要外，还要能防止漏氢和承受氢气的爆炸力。

机座由高强度优质钢板焊接而成，如图2-9所示。机壳和定子铁芯背部之间的空间是电机通风（氢气）系统的一部分，它的结构随通风系统的不同而异。对定子为轴向通风的系统，机壳与铁芯背部之间的空间为简单风道。对定子轴向分段、径向通风冷却的系统，常将

图 2-9 机座

机壳与铁芯背部之间的空间沿轴向分隔成若干段，每段形成一个环形校风室，各小风室相互交替地为进（冷）风区和出（热）风区。各进风区之间和各出风区之间分别用圆形或椭圆形钢管连通，也有的将每个进风区都设有独自的进风管道，以减小个进风区的压力差。为了减少氢冷发电机通风阻力和缩短风道，冷却氢气的冷却器常安装在机座内的矩形框内。冷却器一般为2~4组，其布置位置主要有立放在电机两端的两侧、立放在电机中部的两侧、横卧在电机上部两侧（背包式）三种方式。

端盖是电机密封的一个重要组成部分，为了安装、检修、拆装方便，一般端盖由水平分开的上下两半构成，采用钢板焊接结构或铝合金铸造而成，大容量的发电机常采用端盖轴承，轴承装在高强度的端盖上。

发电机的轴承与密封支座都安装在轴承上，这样做可以缩短转轴长度比，具有良好的支撑刚度，由于轴承中心线距机座断面较近，使得端盖在支撑质量和承受机内氢压时，变心最小，以保证可靠的气密性。

端盖与机座、出线盒和氢冷却器外罩一起组成"耐爆"压力容器。端盖为厚钢板拼焊而成，为气密性焊缝，焊后进行焊缝的气密性实验和退火处理，并要承受水压试验。上、下半端盖和缝面的密封及机座把合面的密封均为密封槽填充密封胶的结构。为了提高端盖和缝面的刚度，端盖和缝面采用双排连接螺栓。

4. 定子出线和发电机出线盒

定子出线导线杆是装配在出现瓷套管内的，组成了出线瓷套端子。出线穿过转子出线盒上的瓷套端子，将定子绕组出线引出机座外，并保证不漏氢、漏水。出现瓷套端子共有6个，均为水内冷。其中3个主出线端子，3个中性点出线端子。出线瓷套端子对机座和水路都是气密的。

以每个出现瓷套端子为中心，从出线盒向下吊装着若干组穿心式电流互感器，分别供给测量仪表和继电保护使用。

5. 氢冷却器

发电机的氢冷却器放在机座两侧或顶部的外罩内。每只氢冷却器有独立的水支路。当停运一只水支路时，冷却器能带80%~100%的负荷运行。

氢冷却器外罩为钢板焊接结构，对称布置安装在发电机机座的两端或顶部。这样既可减少发电机轴向长度，又可运输时另行包装，减少定子运输尺寸和质量。

（二）转子

发电机的转子主要由转子铁芯、励磁绕组（转子线圈）、护环、中心环和风扇等组成。

由于发电机转速高，转子受到的离心力很大，所以转子都呈细长形，且制成隐极式，以便更好地固定励磁绕组。

1. 转子铁芯

大容量的汽轮发电机转子铁芯采用机械强度高、导磁性能好的优质合金钢锻件（如镍铬钼钒、镍铬钒、钒镍钼等），经检验合格后，经加工制成，如图2-10所示。转子的直径最大已达1.25m，其中心孔的切向应力已接近目前

图2-10　氢冷发电机转子

锻件允许应力的极限。

　　转子上沿轴向铣有安放转子励磁绕组的凹槽。转子槽形有矩形槽、梯形槽、阶梯形槽，这三种槽形在大容量发电机上都有采用。槽的排列方式一般为辐射式，如图 2-11 所示，槽与槽之间的部分为齿，未加工的部分通称为大齿，其余称小齿。大齿作为磁极的极身，是主要磁通回路。

　　二极转子表面铣出嵌线槽后，磁极轴线上的大齿部分刚度比极间开槽区的大，当转子旋转时，受自重和惯性转矩影响，依转子位置的不同，转轴弯曲程度也不相同。转子每转一圈，弯曲程度的大小要变化两个周期，将产生双倍频振动。为此，对大型的细长转子，常在大齿表面上沿轴向铣出一定数量的圆弧形横向月牙槽，使大齿区域和小齿区域两个方向的刚度接近相等，降低转子双倍频振动，如图 2-11 所示。

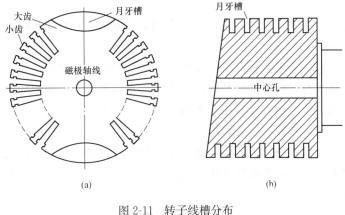

图 2-11　转子线槽分布
(a) 转子磁极横断面；(b) 转子轴线剖视

　　2. 励磁绕组

　　励磁绕组线圈的每一匝都是由半匝或多根半匝导线构成的，在线匝的端部中间或底部引出接头。在每个半匝嵌入槽中后，用铜焊将接头焊接在一起，形成一个串接的线圈。励磁绕组的线圈是用含有少量银的高导电率铜线绕制而成的，可以改善铜线的抗蠕变性能。冷却气体通过径向排列的转子槽排出。励磁绕组放在槽内后，绕组的直线部分用槽楔压紧，端部径向固定采用护环，轴向固定采用云母块和中心环。励磁绕组的引出线经导电杆接到集电环（滑环）上再经电刷引出。

　　3. 转子护环

　　护环对转子绕组端部起着固定、保护、防止变形的作用。承受着转子的弯曲应力、热套应力和绕组端部及本身的巨大离心力。护环通常用非磁性高合金奥氏体钢锻制而成，所以钢种大多属 Mn-Cr 系列。鉴于过去常用的 18Mn5Cr、18Mn4Cr 护环钢在湿度较高环境中易于发生应力腐蚀产生裂纹。近年来的发展已证明，含有 18％锰（Mn）及 18％铬（Cr）的奥氏体合金钢可以避免应力腐蚀裂纹。必须指出的是，护环的破裂会导致发电机的严重损坏，至少需要几个月的停机检修。

　　护环的嵌装有以下三种基本形式：

　　(1) 护环只通过中心环嵌装，护环端头与转子本体脱离，叫作分离式嵌装。

　　(2) 护环同时嵌装在转子本体和中心环上，叫作两端固定式嵌装。

　　(3) 护环只嵌装在转子本体上，叫作悬挂式嵌装。

　　分离式嵌装的护环边端与绕组之间有相对位移，只适用与小容量发电机。两端固定式嵌装的护环，采用弹性中心环后，可用于较大容量的发电机。大容量汽轮发电机常采用悬挂式嵌装的护环。

4. 风扇

两个同样的风扇装于发电机转子的两侧，用以加快氢气在定子铁芯和转子部位的循环，以提高冷却效果。通常采用离心式或轴流式风扇。

5. 中心孔

转轴内部通有长轴向中心孔，对应与本体部分的中心孔用导磁中心轴填塞，以减少铁轭部磁阻。

第二节　同步发电机励磁系统

同步发电机运行时，必须在励磁绕组中通入直流电流，建立励磁磁场。将供给励磁电流的整体装置称为励磁系统。励磁系统是发电机的重要组成部分，它对电力系统及发电机本身的安全稳定运行有很大的影响。

一、励磁系统的作用

在电力系统正常运行或事故运行中，发电机的励磁系统起着重要的作用。优良的励磁控制系统不仅可保证发电机的可靠运行，提供合格的电能，且可有效地提高系统的稳定性技术指标。

1. 电压控制

电力系统在正常运行时，负荷总是经常波动的，发电机的输出功率也就相应地变化。随着负荷的波动，励磁系统供给发电机励磁电流，并根据发电机负荷变化做出相应调整，以维持发电机端或系统中某一点的电压为一定水平。

2. 控制并列运行的各发电机间无功功率的合理分配

在电力系统的实际运行中，母线的电压将随着负荷的波动而改变。发电厂输出的无功电流与它的母线电压水平有关，改变其中一台发电机的励磁电流不但影响发电机的电压和无功功率，且将影响与之并联运行机组的无功功率，其影响程度与系统情况有关。发电机的励磁系统还起着并列运行机组间无功功率合理分配的作用。

3. 提高发电机并列运行的静态、暂态稳定性

(1) 励磁对静态稳定的影响。根据发电机的功率特性，静态稳定极限功率与发电机的空载电势 E_0 成正比，而空载电势与励磁电流有关。根据发电机的功角特性 $P = m\dfrac{E_0 U}{x_t}\sin\delta$，励磁对发电机静态稳定有很大影响。对装有励磁调节单元的励磁系统，则可视为保持发电机电压为恒定运行，在功角为 90° 运行时，可提高发电机输出功率极限或提高系统的稳定储备。由于励磁调节单元能有效地提高系统静态稳定的功率极限，因而要求所有运行的发电机组都要装设励磁调节单元。

(2) 励磁对暂态稳定的影响。电力系统遭受大的扰动后，发电机组能否继续保持同步运行，这是暂态稳定问题。由于继电保护装置能快速切除故障，一般的励磁自动控制系统对暂态稳定的影响不如它对静态稳定的影响那样显著，但在一定条件下，当励磁系统既有快速响应特性，又有高强励磁倍数时，对改善电力系统暂态稳定有明显的作用。

4. 改善电力系统的运行条件

(1) 改善异步电动机的自启动条件。电网发生短路等故障时，电网电压降低，使大多数

用户的电动机处于制动状态。故障切除后，由于电动机自启动时需要吸收大量无功功率，以至延缓了电网电压的恢复过程。发电机强行励磁的作用可以加速电网电压的恢复，有效地改善电动机的运行条件。

（2）为发电机异步运行创造条件。发电机失去励磁时，需要从系统中吸收大量的无功功率，造成系统电压大幅度下降，严重时甚至危及系统的安全运行。在此情况下，如果系统中其他发电机组能提供足够的无功功率，以维持系统电压水平，则失磁的发电机可在一定的时间内以异步运行方式维持运行，不但可确保系统安全运行，且有利于机组热力设备的运行。

二、同步发电机励磁系统的形式

（一）直流励磁机励磁系统

由直流发电机（直流励磁机）提供励磁电源的励磁系统叫直流励磁机励磁系统。直流励磁机一般与发电机同轴，发电机的励磁绕组通过装在大轴上的滑环及固定电刷从励磁机获得直流电流，如图2-12所示。这种励磁方式具有励磁电流独立、工作比较可靠和自用电消耗量小等优点，是过去几十年间发电机常用的励磁方式，具有较成熟的运行经验。缺点是励磁调节速度较慢，维护工作量大，并且由于直流励磁机是与主发电机同轴旋转，对于汽轮发电机来说，速度较高，受换向器（整流子）的限

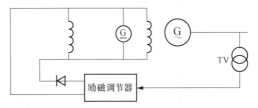

图 2-12 直流励磁机励磁系统原理

制，容量不能做得太大。国产使用直流励磁机励磁系统的汽轮发电机的最大容量为125MW。对于水轮发电机来说，速度较低，直流励磁机的容量可以做得大一些，国产使用直流励磁机励磁系统的水轮发电机的最大容量达到300MW。随着电力电子技术的发展和在电力工业中的应用，我国新投产的100MW及以上的发电机已不再使用直流励磁机励磁系统。按照励磁机励磁绕组供电方式的不同，可分为自励式和他励式两种。

（二）自励式静止励磁系统

在励磁方式中不设置专门的励磁机，而从发电机本身取得励磁电源，经整流后再供给发电机本身励磁，称自励式静止励磁。自励式静止励磁可分为自并励和自复励两种方式。自并励方式它通过接在发电机出口的整流变压器取得励磁电流，经整流后供给发电机励磁，这种励磁方式具有结构简单、设备少、投资省和维护工作量少等优点。静止励磁系统如图2-13所示，它由机端励磁变压器供电给整流器电源，经三相全控整流桥直接控制发电机励磁。它特别适合大型发电机组，尤其是水轮发电机组，国外某些公司把这种方式列为大型机组的定型励磁方式。

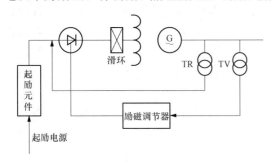

图 2-13 静止励磁系统

（三）交流励磁机励磁系统

目前在100MW以上的同步发电机组都普遍采用交流励磁机励磁系统，同步发电机的励磁机也是一台交流同步发电机，其输出电压经大功率整流器整流后供给发电机转子。交流励

磁机励磁系统的核心设备是励磁机，它的频率、电压等参数是根据需要特殊设计的，其频率一般为 100 Hz 甚至更高。

1. 交流励磁机静止整流器励磁系统

如图 2-14 所示的励磁系统是由与主轴同轴的交流励磁机、副励磁机和调节器等组成的。该系统中发电机的励磁电流由频率为 100 Hz 的交流励磁机经整流器供给，交流励磁机的励磁电流由晶闸管可控整流器供给，其电源由副励磁机提供。此励磁系统中，通过励磁调节器控制晶闸管的控制角，来改变交流励磁机的励磁电流，以达到控制发电机励磁的目的。

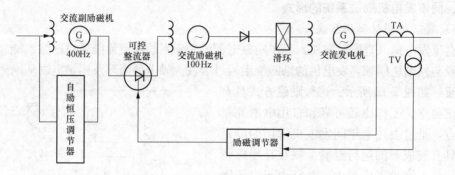

图 2-14 交流励磁机静止整流器励磁系统

2. 无刷励磁系统

交流励磁机静止整流器励磁系统是国内运行经验最丰富的一种系统，但是它有一个薄弱环节——滑环。滑环是一种滑动接触元件，随着发电机容量的增大，转子电流也相应增大，这给滑环的正常运行和维护带来了困难。为了提高励磁系统的可靠性，就必须设法取消滑环，使整个励磁系统都无滑动接触元件，无刷励磁系统应运而生。

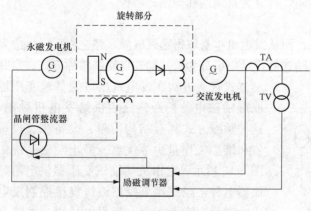

图 2-15 无刷励磁系统原理

如图 2-15 所示为无刷励磁系统原理，它的副励磁机是永磁发电机，其磁极是旋转的，电枢是静止的，而交流励磁机正好相反。交流励磁机电枢、硅整流元件、发电机的励磁绕组都在同一根轴上旋转，所以它们之间不需要任何滑环与电刷等接触元件，这就实现了无刷励磁。无刷励磁系统没有滑环与碳刷等滑动接触部件，转子电流不再受接触部件技术条件的限制，因此特别适合大容量发电机组。

交流励磁机励磁系统还有自励交流励磁机静止可控整流器励磁和自励交流励磁机静止整流器励磁等两种励磁方式，由于不常用不再详细介绍。

三、励磁系统的工作原理

同步发电机的励磁系统主要由励磁功率单元和励磁调节器（装置）两大部分组成。整个励磁自动控制系统是由励磁调节单元、励磁功率单元和发电机构成的一个反馈控制系统，如图 2-16 所示。励磁功率单元向发电机转子提供直流电流，即励磁电流，在发电机的气隙中产生一个恒定的旋转磁场。励磁调节器根据输入信号和给定的调节准则控制励磁功率单元的输出，以稳定发电机机端电压并实现无功的合理分配。励磁系统的自动励磁调节器对提高电力系统并列运行机组的稳定性具有很大的作用，

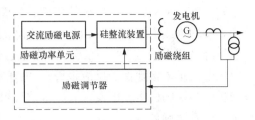

图 2-16　励磁控制系统构成

尤其是现代电力系统的发展导致机组稳定极限降低的趋势，也促使励磁技术不断发展。

第三节　同步发电机正常运行与操作

发电厂通过机组正常运行控制参数限额规定，监视、调整机组运行工况，使主要参数符合规定；按照电网负荷需求，及时调整机组负荷，维持机组运行工况正常，满足电、热负荷需求，保证机组安全稳定运行，保持运行参数正常，提高运行效率及经济性。

同步发电机运行包括正常运行方式、非正常运行方式和特殊运行方式三种。

正常运行方式是指发电机按铭牌及运行规程规定的额定参数运行的方式，又叫额定运行方式，即同步发电机并列在电网中运行，发电机的电压、电流、功率因数、出力、冷却介质温度和压力都是额定值，稳定地向系统输送有功功率和无功功率，具有损耗少、效率高、转矩均匀等较好的性能。非正常运行方式常见的是指同步机处于过负荷、不对称、异步运行状态，此时，部分参量出现异常，如定子、转子电流超过额定值，电压不对称，产生某种频率的感应电流，局部过热。这种运行方式只允许短时运行。特殊运行方式是指由于种种原因，发电机运行方式变为过励磁、进相、调相运行方式，此时，某些参量也出现异常或和故障过渡过程相似的运行状态。此时允许发电机较长时间运行，不要求立即切除故障，但需严密监视发电机运行，以防危及机组和系统安全。

一、发电机主要参数监视

发电机运行中的监视主要通过 DCS 的数据实时监视实现。主要监视发电机的有功功率（MW）、无功功率（Mvar）、定子电压（kV）、定子电流（kA）、转子电压（V）、转子电流（A）、频率（Hz）、转子电压（V）、电流（A）等。另外还有自动励磁调节器的有关数据。当发电机在额定工况下运行时，上述各表计均应指示在相应额定值附近，AVR 为 AC 运行，DC 跟踪，平衡电压表应始终保持在零或零值附近偏差很小的范围内。正常运行中，值班人员应严密监视发电机各表计、自动记录装置的工作情况，除应监视各数据指示不超过规定数值外，还应根据运行资料及时分析各数据有无异常指示。如：在一定的有、无功负荷时，定子电流及转子电压、电流的指示应对应，即不应出现个别数据指示异常升高或降低情况；在冷却条件相似的条件下，发电机各部位温度应无不正常指示升高等。监盘过程中，根据有功负荷、电网电压等情况，及时做好无功负荷、发电机电压、电流及励磁系统参数的调整，使机组在安全、经济的最佳状态下运行。

此外，还应通过运行资料和历史数据分析，针对各表计的指示值，不断监视和掌握发电机的运行工况，及时分析、判断有无异常并采取相应措施。例如对发电机定子、转子绝缘的

监视，转子电压的正常指示值为正、负极之间的电压。当转子某极接地时，转子绕组对地绝缘电阻为零，另一极对地电压等于正、负极之间的电压。定子各相对地电压正常时应相等且平衡，即均为相电压。当一相对地电压降低而另两相升高时，则说明对地电压低的一相对地绝缘下降（如果低至 0V，而另外两相对地电压升高至线电压时，则表明发生了金属性接地，此时发电机定子接地保护反应报警）。上述维护、检查的周期，应根据设备的具体情况而定，一般投产初期的机组或已发现有异常的机组其周期应短一些，这在各厂的现场运行规定和制度中均应有明确规定。

二、发电机运行允许温度

发电机在长期连续运行时的允许出力，主要受机组的允许发热条件限制。汽轮发电机的额定容量，是在一定冷却介质（空气、氢气和水）温度和氢压下，在定子绕组、转子绕组和定子铁芯的长期允许发热温度的范围内确定的。发电机定子和转子绕组的温度和温升对发电机安全运行有着决定性的意义。发电机带负荷运行时，其绕组和铁芯中存在功率损耗，从而引起相应部分发热。在一定冷却条件下运行时，发电机各部分的温度和温升与损耗及其所产生的热量有关，负荷越大，损耗越大，产生的热量也多，温度和温升就越高。发电机的绝缘由于电场的影响和各种机械力（如机组振动、电流在绕组导线间产生的电动力、冷却介质对绝缘表面的摩擦等）的作用以及污垢、潮湿、氧化、受热等原因，逐渐老化而损坏。对于绝缘的老化，影响最大的是绝缘的受热温度。温度越高，延续时间越长，老化就越快，使用期限就越短，有时甚至由于温度过高而导致机组烧毁。A 级绝缘运行温度每升高 8℃，C、B 级每升高 10℃，F 级每升高 12℃，使用寿命就会下降一半。因此，发电机运行必须遵照制造厂家的规定，各部位最高温度均不得超过其允许限值，以确保正常的使用寿命。

因此，在运行中，必须特别注意发电机各部分的温度、温升，使其不超过允许值，以保证机组安全运行。发电机的绕组和铁芯的长期发热允许温度，与采用的绝缘等级有关。大容量发电机一般都采用耐热等级为 B 级或 F 级的绝缘，定子、转子绕组的绝缘采用 F 级的绝缘材料。B 级绝缘允许最高温度为 130℃，F 级绝缘允许最高温度为 155℃。

发电机允许温度极限值是指使用规定测量方法测得的最高允许值。发电机定子绕组的温度是利用埋于定子槽内线棒间、槽底或槽楔下的电阻温度计所测出的温度，这些温度经过测量装置反映在温度表上。这些温度并不能反映绕组最热点的温度，而发电机的允许负荷是以绕组最热点温度不超过绝缘材料的允许温度确定的，因此，为了准确地知道发电机最热点温度，一般只能通过用试验和运行中的测量方法测出的温度，并考虑最热点的可能温升来修正，从而得出绕组最热点温度，看其是否超过绝缘材料的允许温度。也可以通过带电测温装置用比较法测得发电机运行中定子绕组的平均温度。

转子绕组的温度一般根据冷热状态下的电阻变化测量或根据转子电压表、转子电流表的指示计算得出。

电阻法测量转子绕组温度应采用 0.2 级的电压表和电流表，温度计算式为

$$T_2 = \frac{(234.5 + T_1) \times R_2}{R_1} - 234.5 \qquad (2\text{-}4)$$

式中　T_1——转子绕组冷态温度，℃；

　　　T_2——转子绕组热态温度，℃；

　　　R_1——转子绕组冷态直流电阻，Ω；

R_2——转子绕组热态直流电阻，Ω。

即使在相同的绝缘等级允许温度下，由于各种发电机通风结构不同，其温升的不均匀系数存在差异，因此，采用相同的测量方法，发电机各部分的允许温度可能有些不同，见表2-1和表2-2。

表 2-1　　　　氢气间接冷却的汽轮发电机定子、转子绕组及定子铁芯
允许运行温升限值（按 B 级绝缘材料考核）

部　件	测量位置和测量方法	冷却介质为 40℃时的温升限值
定子绕组	槽内上、下层绕组埋置检温计法	氢气绝对压力： 0.15MPa 及以下　　　85℃ 0.15～0.2MPa　　　80℃ 0.2～0.3MPa　　　78℃ 0.3～0.4MPa　　　73℃ 0.4～0.5MPa　　　70℃
转子绕组	电阻法	85℃
定子铁芯	埋置检温计法	80℃
不与绕组接触的铁芯及其他部件	这些部件的温升在任何情况下都不应达到使绕组或邻近的任何部位绝缘或其他材料有损坏的数值	
集电环	温度计法	80℃

表 2-2　　　　氢气和水直接冷却的汽轮发电机定子、转子绕组及定子铁芯
允许运行温升限值（按 B 级绝缘材料考核）

部　件	测量位置和测量方法	冷却方法和冷却介质	温升限值（℃）
定子绕组	直接冷却有效部分的出口处的冷却介质可检温计法	水	90
		氢气	110
	槽内上、下层绕组埋置检温计法	水、氢气	90
转子绕组	电阻法	氢气直接冷却转子全长上径向出风区数目： 1 和 2 3 和 4 5～7 8～14 14 以上	100 105 110 115 120
定子铁芯	埋置检温计法		120

运行中带基本负荷的汽轮发电机，基本上是满负荷的，大容量机组的进风温度，常保持额定温度，一年运行要达到 8000h 以上，其使用寿命在正常情况下，能达到 30 年左右。

大容量汽轮发电机，定子绕组端部结构是关键。不但要降低附加损耗及发热，还要能承受运行中电磁力引起的振动及瞬时冲击，不致发生磨损而影响绝缘。

现代的发电机，其端部固定，一般采用可重复紧固结构，就是考虑在事故后的检修中，能处理可能产生的松动及磨损并重新紧固。

在汽轮发电机运行中，机内的潮湿及污染，对发电机定子绕组绝缘的耐电压性能，也会有很大的影响，有些运行中的发电机，曾因机内氢气含湿量大或渗、漏水，再加上绝缘又有薄弱环节，在定子端部绕组鼻端发生短路烧坏的重大事故。汽轮发电机定子绕组的绝缘寿命，在正常情况下，对采用环氧粉云母复合绝缘材料及有适当的冷却者，可达 30 年以上。如运行中承受过定子绕组出线端突然短路及错相合闸等情况，事故后又未能及时停机检修维护，则发电机定子绕组绝缘的寿命就要受到影响。

三、冷却条件变化对发电机允许出力的影响

大容量水氢氢冷汽轮发电机，定子绕组采用水内冷、转子绕组采用氢内冷、定子铁芯为氢冷。

QFSN-600 型汽轮发电机组采用卧式布置。发电机冷却方式采用"水氢氢"冷却即定子绕组（包括定子引线，定子过渡引线和出线）采用水内冷，转子绕组采用氢内冷，定子铁芯及端部结构件采用氢气表面冷却。集电环采用空气冷却。机座内部的氢气由装于转子两端的轴流式风扇驱动，在机内进行密闭循环。

冷却条件变化主要是指氢和冷却水的有关参数不同于其额定值。

1. 氢气温度变化的影响

如果负荷不变，当氢气入口（或冷端）风温升高时，绕组和铁芯温度升高，会加速绝缘老化、降低寿命。当冷却介质的温度升高时，要求减小汽轮发电机的出力，使绕组和铁芯的温度不超过在额定方式下运行时的最大监视温度。

对于水氢氢冷汽轮发电机，冷端氢温不允许高于制造厂的规定值，也不允许低于制造厂的规定值。在这一规定温度范围内，发电机可以按额定出力运行。

当冷端氢温降低时，也不允许提高出力。这是因为，定子的有效部分分别用不同介质冷却，定子绕组水内冷、铁芯氢冷。这些冷却介质的温度，彼此间互不相依。

水氢氢冷汽轮发电机，当氢气温度高于额定值时，按照氢气冷却的转子绕组温升条件限制出力（额定氢压 0.4MPa 和冷却水温度 33℃下，功率因数 0.9）。

氢气冷却器的设计，在 1 个冷却器因故停用时，发电机仍能承担 90% 额定功率连续运行，而不超过允许温升。

2. 氢气压力变化的影响

氢气压力提高，氢气的传热能力增强，氢冷发电机的最大允许负荷也可以增加。但当氢压低于额定值时，氢气传热能力减弱，发电机的允许负荷亦应降低。氢压变化时，发电机的允许出力由绕组最热点的温度决定，即该点的温度不得超过发电机在额定工况时的温度。

当氢压高于额定值时，对水氢氢冷发电机的负荷不允许增加，这是因为定子绕组的热量是被定子线棒内的冷却水带走的，所以，提高氢压并不能加强定子线棒的散热能力。故发电机允许负荷就不能增大。当氢压低于额定值时，由于氢气的传热能力减弱，必须降低发电机的允许负荷。

3. 氢气纯度变化的影响

氢气纯度变化时，对发电机运行的影响主要是安全和经济两个方面。

在氢气和空气混合时，若氢气含量降到 5%～75%，便有爆炸的危险，所以，一般都要求发电机运行时的氢气纯度应保持在 96% 以上，低于此值时应进行排污。

从经济观点上看，氢气的纯度越高，混合气体的密度就越小，通风摩擦损耗就越小。当机壳内氢气压力不变时，氢气纯度每降低 1%，通风摩擦损耗约增加 11%，这对于高氢压、

大容量的发电机是很可观的。

特别要指出的是，大容量氢冷发电机，从启动到额定转速甚至进行试验时，不允许在机壳内有空气或二氧化碳，以防止风扇叶片根部的机械应力过高。

4. 定子绕组进水量和进水温度变化的影响

水氢氢冷式汽轮发电机，在额定条件下，定子绕组铜线和铁芯之间的温差并不大，为15～20℃，而铁芯的温度高些。

当冷却水量在额定值的±10％范围内变化时，对定子绕组的温度实际上影响不大。大量增加冷却水量，会导致入口压力过分增大，在由大截面流向小截面的过渡部位可能发生气蚀现象，使水管壁损坏，故不建议提高流量。

降低除盐水量，将使绕组入口和出口水温差增大，绕组出口水温度增高。这样会造成绕组温升极不均匀，是不允许的。在设计中，一般采用绕组进出口的水温差不超过30～35℃，以便当入口水温度等于45℃时，相当于出口水温等于80℃，以防止出口处产生汽化。一般，绕组入口的水温与额定值的偏差，允许范围是±5℃。这时，汽轮发电机的视在功率不变。

如果定子绕组冷却水完全停止循环，从绕组的温升条件来看是危险的，若除盐水的电阻值过低，可能沿水管内壁发生闪络。

当发电机定子绕组的冷却水停止循环后，其容许运行的持续时间，要根据水的电阻率来确定。

如果绕组冷却水停止循环以前，它的电阻率小于 200MΩ·m，在定子绕组的冷却水停止循环后，应在 3min 内将发电机与电网解列。如果绕组冷却水停止循环之前，它的电阻率大于 200MΩ·m，允许发电机带不超过 30％额定负荷，运行 1h。这种允许值的规定，对运行极为方便，可以在机组不停的情况下，采取措施恢复绕组冷却水的循环。但是，这就要求在正常运行过程中保持除盐水有较高的电阻值。

根据上述可知，采用调节定子绕组水量的方法，以保持定子绕组的水温是不适当的。关于绕组冷却水温度，在任何情况下，绕组出口的水温不应超过85℃，以免汽化。

当绕组进水温度在额定值（多为 45～46℃）附近变化±5℃以内时，可不改变额定出力。但不同发电机的技术规定可能与此有些差别。

当绕组入口水温超过规定范围上限时，应减小出力，以保持绕组出水的温度不超过额定条件下的允许出水温度。

入口水温也不允许低于制造厂的规定值，以防止定子绕组和铁芯的温差过大或可能引起汇水母管表面的结露现象。

四、电压、频率不同于额定值的运行

1. 电压不同于额定值时的运行

发电机正常运行的端电压，容许在额定电压±5％范围内变化，而发电机的视在功率可以保持在额定值不变。根据 $P = \sqrt{3}UI\cos\Phi$，若要 P 保持不变，当定子电压降低 5％时，定子电流可增加 5％；当电压升高 5％时，定子电流增加可达 1.05 倍额定值，此时定子绕组和铁芯的温升可能高于额定值，但实践证明，绕组和铁芯的温升不会超过额定值5℃，因而不会超过允许温升。

发电机连续运行的最高允许电压，应遵守制造厂的规定，但最高不得大于额定电压值 110%。

当发电机电压超过额定值的 5% 时，必须适当降低发电机的出力。因为电压升高到 105% 时，就会引起励磁电流和发电机的磁通密度显著增加，而近代大容量内冷发电机在正常运行时，其定子铁芯就已在比较高的饱和程度下工作，所以，即使电压继续提高不多，也会使铁芯进入过饱和，并导致定子铁芯温度升高和转子及定子结构中附加损耗增加。

当电压降低值超过额定值的 5%，即电压低于 $95\% U_N$ 时，定子电流不应超过额定值的 5%，此时，发电机要减小出力，否则定子绕组的温度将超过允许值。

发电机的最低运行电压，应根据系统稳定运行的要求来确定，一般不应低于额定值的 90%，因为电压过低，不仅会影响并列运行的稳定性，还会使发电厂厂用电动机的运行情况恶化、转矩降低，从而使机炉的正常运行受到影响。

对 600MW 汽轮发电机的技术要求：发电机在额定出力时，允许电压偏差为 ±5%，而温升不应超过允许限值。

2. 频率不同于额定值时的运行

按我国的运行规程，发电机运行的频率范围不超过额定频率（50Hz）的 ±0.5Hz，即为额定频率的 ±1% 时，发电机可按额定容量运行。

实际中，电力系统的负荷是随机变化的，而发电机功率的调整往往受原动机的影响而迟缓，不能快速满足系统负荷的变化，所以频率波动不可避免。

当发电机运行频率比额定值偏高较多时，由于发电机的转速升高，转子上承受的离心力增大，可能使转子的某些部件损坏，因此频率增高主要受转子机械强度的限制。随着频率的升高，转子表面损耗和铁芯损耗增加，但通风量增大，冷却条件却得到改善（风压与转速平方成正比），虽然在一定电压下，磁通可以小些，铁损耗也可能有所降低，但总的来说，此时发电机的效率是下降的。

当系统有功不足时，系统频率就要下降。发电机在电网频率降低情况下运行时，由于转速降低，发电机通风量减小，冷却条件变坏。另外，频率降低时，为维持额定电压不变，就得增加磁通，如同电压升高时的情况一样，由于漏磁增加而产生局部过热使转子绕组温度升高。频率降低还可能使汽轮机叶片损坏，厂用电动机也可能由于频率下降，使厂用机械出力受到严重影响。因此，在电网频率下降时，发电机出力要适当减小。

总之，频率变动时，各发电厂按系统要求和规定适当调整出力，过高和过低则按事故处理规定进行处理。因此，《发电机运行规程》明确规定频率变化范围不超过 ±0.5Hz。我国有关规程进一步规定，对 300MW 以上电网，要求频率偏差不超过 ±0.2Hz。国外资料认为，频率变化在 ±2.5% 范围内时，发电机的温升实际上不受影响，此时可不改变负荷，如果长时间运行频率偏差超过 ±2.5% 时，则必须通过试验来确定允许的功率。

国外资料认为，频率（相应转速）偏差在 ±2.5% 范围内时，发电机的温升实际上不受影响。所以，当频率偏差在 ±2.5% 以内时，发电机可保持额定出力运行。

不少发电机，允许频率偏差为 ±5%，例如 ABB 公司 600MW 汽轮发电机就有此技术规定。

由于上述原因，不希望发电机在偏离频率额定值较多的情况下运行。在系统运行频率变化 ±0.5Hz 的允许范围内（对于 300MW 以上的电网，要求频率偏差为 ±0.2Hz），由于发电机设计留有裕度，可不计上述影响，容许发电机保持额定出力（MVA）长期连续运行。

发电机具有频繁启停等的调峰运行能力。为此，定子、转子设计结构采取有效的技术措施，如定子端部结构轴向伸缩度能满足调峰要求，转子槽内和护环下加滑移层等，保证调峰机组能启停 1 万次而不变形和损坏。

机组能安全连续地在 48.5～51.0Hz 频率范围内运行，当频率偏差大于上述频率值时，允许的时间不低于表 2-3 所示值。

表 2-3 频率变化允许运行时间

频率 （Hz）	允许时间	
	每次（s）	累计（min）
51.0～51.5	>30	>30
48.5～51.0	连续运行	
48.5～48.0	>300	>300
48.0～47.5	>60	>60
47.5～47.0	>20	>10
47.0～46.5	>5	>2

五、发电机的功角特性与稳定概念

1. 汽轮发电机的功率和功角关系

设发电机与无限大容量系统母线并联运行（$U=$ 常数），在略去发电机定子电阻，并假设发电机处于不饱和状态，则其等值电路如图 2-17（b）所示。

从等值电路可写出电压方程

$$\dot{E}_q = \dot{U} + \mathrm{j}\dot{I}X_d \tag{2-5}$$

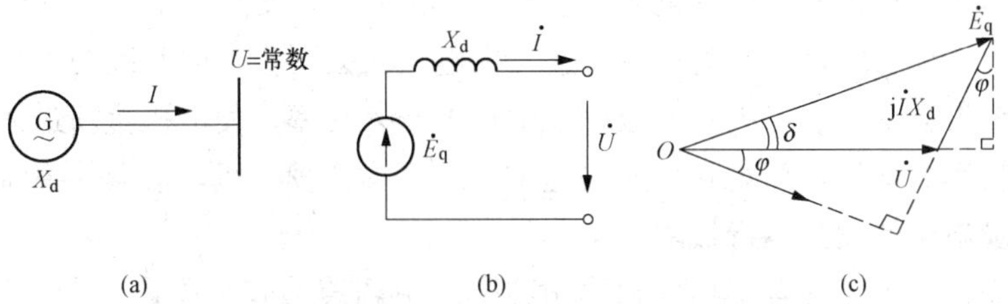

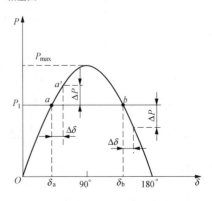

图 2-17 发电机与无限大容量系统母线并联运行
（a）接线图；（b）等值电路；（c）相量图

当发电机端电压不变时，X_d 亦不变。若励磁电流不变，则发电机电动势 E_q 也不变。因此，由式（2-5）可知，当发电机端电压 U 和励磁电流都不变，而只改变原动机转矩时，发电机的输出功率 P 与功角 δ 之间的关系为一正弦函数变化关系，如式（2-6）所示，其关系曲线称为同步发电机的功角特性，如图 2-18 所示。

$$P_e = \frac{UE_q}{X_q}\sin\delta \tag{2-6}$$

当 $\delta=90°$ 时，电磁功率达最大值，其值为

$$P_{max} = \frac{E_q U}{X_d} \tag{2-7}$$

图 2-18 汽轮发电机的功角特性曲线

2. 静态稳定概念

发电机与无限大容量系统并联运行，汽轮机输出功率为 P_1 时，电磁功率 P_e 即发电机的输出功率 P。与功角 δ 之间的关系为一正弦函数变化的功角特性曲线。它们有两个交点，即 a 点和 b 点，如图 2-18 所示，相应的功角分别为 δ_a 和 δ_b。

假定原动机输入功率保持不变（调速器不动作），发电机在受到小的扰动（如负荷变动）后，引起 δ 的变化，而 δ 角能否自行恢复到原来的平衡状态，则为静态稳定问题。例如，当系统运行在 a 点出现小扰动使电磁功率增加时，电磁功率大于机械功率，发电机转子减速，δ 将减小。由于运动过程中的阻尼作用，经过一系列的微小振荡系统又运行到 a 点。当系统运行在 a 点出现小扰动使电磁功率减小时的情况类似。当系统运行在 b 点出现小扰动使电磁功率减小时，电磁功率小于机械功率，发电机转子增速，δ 将进一步增大，系统不再回到 b 点运行。由此可见，系统保持静态稳定的判据是 $\dfrac{\mathrm{d}P_{em}}{\mathrm{d}\delta}>0$。

实际中，发电机的额定功率要比极限功率小得多。极限功率与额定功率之比称为发电机过负荷系数。通常，过负荷系数取 1.7~3，而额定运行时取功角 30°左右。

同步机作为发电机运行时，功角 δ 与 P_e 对应，发电机处于稳定运行状态。如果这时逐步增加原动机输入的机械功率，发电机功率平衡打破，从而使发电机转子加速，功角 δ 增大，电磁功率增加。当原动机功率与电磁功率再次平衡时，转子停止加速，电机重新进入稳态运行。这种平衡过程是逐渐增加输入的机械功率实现的，属于静态性质。可见，对于并网运行的同步发电机要调节其输出功率，只需改变原动机输入的机械功率即可。

如果在 $\delta>90°$ 时增加原动机的输入，δ 增大，电磁功率反而小了，这就会出现更多的剩余功率，使 δ 进一步增大，转速进一步加速，发电机失去同步，即系统失去静态稳定。

如果发电机失去静稳定，则立即减少原动机的输入功率，使电机重新进入稳定状态。否则，由于剩余功率的增加，功角和转速快速增大，将损坏发电机，甚至使系统瓦解。

六、同步发电机的安全运行极限

同步发电机正常工作的有功功率和无功功率是由调速器和励磁调节器进行自动调节的，维持在稳定值。运行人员可根据调度命令和机组安全性要求加以干扰，这种安全性要求表现在机组所发出的有功功率和无功功率受到严格的限制。这就是发电机的安全运行极限，P-Q 曲线如图 2-19 所示。

图中首先做出发电机在额定运行条件下的运行相量图，图中相量 $jX_d \dot{I}'_N$ 正比于定子额定电流，也可按比例表示发电机的额定视在功率 S，其在纵、横轴上的投影即为有功功率 P 和无功功率 Q；相量 $\dot{E}$ 正比于转子的额定电流。据此相量图做出了发电机的安全运行极限图。运行极限图表明在不同功率因数下受发电机定子额定电

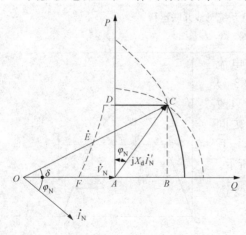

图 2-19　发电机 P-Q 曲线

流（额定视在功率）、转子额定电流（空载电势）、原动机出力（额定有功功率）等的限制，发电机应发有功功率和无功功率的限额。图中，以 A 为圆心、AC 为半径的圆弧表示定子额定电流的限制；以 O 为圆心、OC 为半径的圆弧表示转子额定电流的限制；水平线 DC 表示原动机出力的限制；曲线 DF 表示当发电机超前功率因数运行即进相运行时，发电机静态稳定性和定子端部温升的限制。发电机应发有功功率和无功功率的限额在图中体现为曲线段 $\overset{\frown}{AB}$、$\overset{\frown}{BC}$、$\overset{\frown}{CD}$、$\overset{\frown}{DF}$ 包围的面积。即发电机发出的有功功率和无功功率所对应的运行点位于这一面积时，发电机组可保证安全运行。发电机只有在额定电压、额定电流、额定功率因数下运行时，视在功率才能达额定值，其容量才能最充分利用。当发电机发出的有功功率小于额定值时，发出的无功功率允许大于额定值。

七、发电机运行中监测

（一）监测点设置

发电机的监测点包括温度、振动、对地绝缘电阻、漏水、氢气湿度、无线电射频监测和局部过热监测等。

测温元件是发电机运行中一个重要的设备。监测发电机内部温度的测温元件分为电阻型和电偶型两大类。它们既可通过温度巡测仪，自动显示并记录温度，也有一小部分可与其他参数，如氢压、氢气纯度、轴振和 $P\text{-}Q$ 曲线的监控等，一起接到汽轮机自动控制（ATC），通过电液调速装置（DEH），自动监测或监控汽轮发电机组运行状态。氢、油、水系统的一些开关量，则从氢油水系统监测柜的端子引出，由 ATC 报警。此外，励磁系统的一些开关量参数也通过 DEH 显示或报警。

发电机需要监测的参数主要有：发电机定子各部温度；定子绕组冷却水总进出水管水温；氢冷却器的氢温；轴承温度；轴系振动；轴承座、轴承止动销、轴瓦绝缘衬块、密封支座、中间环、高压进油管及外挡油盖的绝缘电阻；发电机漏水；机内局部放电的无线射频装置；机内氢气的含湿量。

（二）发电机监测项目

1. 准备启动

发电机准备启动，其转子处于静止状态，此时应投入有关的辅助系统，如氢系统、水系统、密封油系统。为转子盘车和低速运行做好准备，因此必须监测以下内容：

（1）轴承润滑油、密封油的油温、油压和油质（包括励磁机轴承的油温、油压以及机内的空气温度）。

（2）定子绕组冷却水的压力、温度和流量，以及定子冷却水的水质。

（3）轴承、高压进油管、密封支座和中间环等绝缘电阻。

（4）氢气的温度、纯度、湿度和压力。

以上情况正常，应调节有关参数，维持氢压大于水压，定子冷却水温高于氢温，密封瓦进油处氢气侧油压微大于空气侧油压，以防止氢纯度下降，同时确保继电保护正确投入运行。

在进行气体置换的过程中，则尚须收集、掌握 CO_2 和氢气的纯度和压力等，并确认正确的取样位置，以确保气体置换的安全性。

不论是升速之前，还是在机组解列降速之后，或为某种维修工作的需要而使转子进入低速盘车状态，以上各参数均应尽可能地与转子准备启动的静态状况保持一致。

2. 发电机启动

此时必须监测下述参数，将其维持在规定的范围内。

（1）轴瓦乌金温度及出油温度（包括励磁机）。

（2）轴振及轴承座振动（包括励磁机）。

（3）密封油温、密封油进入密封支座在空气侧和氢气侧的压力和温差。

（4）发电机冷氢温度（在升速过程中必须经常测试并调节控制冷氢温度和各冷却器出风的温差和励磁机的冷风、热风温度）。

（5）定子线棒层间温度及出水温度。

注意以下事项：

1）上层线棒之间或下层线棒之间的温度差，各出水支路上冷却水之间的温度差，应不超过原数值。当有不正常情况时，必须在并网之前，予以检查并消除。

2）定子绕组冷却水的电导率不合格或冷却水流量不足，不得投励磁升电压或并网。

3）要严密监测机内有无漏水、漏油和漏氢等缺陷，必要时迅速予以消缺。

4）要用每个冷却器出水回路上的调节阀控制水量，水压不要超越规定的上限值以免漏水。各冷却器出风处冷氢温度差要控制在12℃之内。

3. 带负荷运行

除了维持"准备启动"和"启动"两种模式中的各种参数水平外，尚须监测以下参数：

（1）发电机负荷出力，使发电机出力总是处于 P-Q 曲线的限值之内。

（2）带负荷时，定子线棒槽内层间温度及出水温度、温升、温差和总出水管温升。

（3）带负荷时，氢气的平均冷风温度和湿度，以及热氢温度（包括氢冷却器进、出口氢气温度差）。

（4）定子绕组水流量、压降及电导率。

（5）对集电环装置运行工况的监测。

注意以下事项：

1）不得在机座内充空气的状态下投励磁升电压或并网。

2）发电机的输出，必须限制在各种氢压下发电机的 P-Q 曲线的限值之内。

3）在任何负荷下，如定子绕组上层或下层的出水温差达到12℃，或线棒层间的温差达到14℃，必须立即降低负荷，以验明读数的真伪，如读数是真的，当温差再次达到限值时，则必须立即跳闸解列，否则会严重损伤定子绕组。

4）在调试阶段测量轴振及轴承振动。

4. 正常运行

（1）定子绕组温度。经常监视槽内线棒层间的温度和上、下层线棒的出水温度。从两者温度的变异，判断定子水支路有无异常迹象。

（2）定子的差胀。定子绕组的输出负荷不仅受到温度的限制，也受到定子绕组和定子铁芯之间周期性差胀的影响。差胀与绕组的温升有关。这就要限制发电机的最大负荷，以限制差胀。发电机的 P-Q 曲线表示了发电机运行负荷的限值，在这限值之内，差胀是许可的。

（3）定子铁芯温度。在超前功率因数下运行，即欠励磁运行，发电机的漏磁通集中分布在定子铁芯的两端，局部区域会产生很大的损耗。

在这种情况下，不是定子或转子绕组的温度，而是定子铁芯的局部温度，可能成为限制运行的因素。

（4）冷氢温度及湿度。发电机内部的冷氢温度，是由氢气冷却器吸取和带走热量的能力决定的，应当监视氢气平均温度和冷却水平均温度之差，两者温差取决于所吸取的损耗。这样，当发电机的负荷增大时，不改变氢气压力或冷却水的条件，氢气和冷却水之间的温差必然增大，冷氢温度随之升高。

当负荷一定时，如果氢气压力增大，发电机内的氢气温升降低，通过冷却器的氢温降亦有所减小，这将使冷却氢气的温度略微降低。氢气的湿度过高，特别是在停机时可能会引起结露，将严重威胁定子绝缘及转子护环的安全运行。机内湿度，折算到大气压力下，应控制露点在$-5 \sim -25℃$之间。

在正常运行情况下，应投用氢气干燥器，或补入干燥的新氢气以降低湿度。新氢气的露点不得高于$-50℃$。

（5）定子绕组进水温度。如供给定子水冷却器的冷却水，其流量与温度保持不变，定子绕组的水流量也不变，则其进水温度由冷却器本身热交换器性能参数所决定。因此，定子冷却水的最高、最低进水温度，在各种不同的负荷下，都可以通过改变水冷却器的冷却水量，以维持在规定限值范围内。

（6）定子绕组内冷水。在发电机带负荷时，定子绕组内必须有冷却水循环流通。正常情况下，定子绕组一旦通水，发电机中的氢压，都必须维持高于水压，以防止漏水的潜在危险。

但在密封油系统出故障，只能维持低氢压运行时，必须保持最低水压不低于$0.15MPa$，此时即使水压大于氢压，亦允许作短暂运行，但不推荐长期运行。

定子内冷水的冷却器共有两台，并联连接，互为备用。每台水冷却器都能承担额定工况运行的冷却能力。投入备用水冷却器之前，必须先放开阀门排气。

八、发电机的操作

（一）启动和并列

机组在启动前的准备工作完成后，如果没有特殊情况发生，则进入机组启动阶段。所谓启动阶段是指该机组包括所属单元制热力系统从锅炉点火→升温升压→汽轮机暖管→低速暖机→升速至额定转速，并经有关校验合格使发电机具备并网条件的全过程。在这一过程中，电气运行应按照现场规定的程序进行下列工作：

1. 发电机恢复备用

发电机恢复备用时，应将发电机励磁系统各设备和附属设备开关全部送入工作位置。操作、信号、保护、自动装置电源全部送电，发电机及附属设备，全部冷却系统投入工作。氢气、冷却水全部化验合格，压力、压差正常。对冷态机组，上述工作在恢复备用过程中逐步进行。对热态机组，由于冲转至全速仅10min时间，所以电气运行所有工作在冲转前完成。从锅炉点火至汽轮机开始冲转，发电机应逐步恢复备用。具体工作有：

2. 锅炉点火阶段

在锅炉点火（启动开始阶段）要进行下列工作：

（1）完成对一、二次设备全面检查和发电机绝缘的测量工作，这一工作与启动前的准备工作内容一致，但运行工作的特点是相互交接的，特别是上一次执行启动距本次启动时间间隔较长的机组，更有必要进行。运行经验表明：在这较长时间内，由于各种人为因素和环境因素都可能使设备状态发生变化，甚至影响机组的正常启动，为了及早发现问题，采取相应的措施，所以在机组起始阶段必须做好对一、二次设备及回路全面检查和发电机组的绝缘测量工作。

（2）进行整流柜风机备用电源自动投入装置校验工作，并将整流柜投入运行。由于整流柜中的硅整流元件在运行中需不断进行冷却（风冷方式），为了保证机组投运后自投装置能可靠工作，在整流柜投运前，应将回路进行校验。

（3）将所属变压器冷却系统投入运行。因为 300MW 发电机与变压器的连接为单元连接，因此在发电机启动过程中，与之对应的主变压器也应具备启动条件。冷却装置投运后也应详细检查。

（4）将发电机由冷备用改为热备用。所谓热备用是指将发电机的电压互感器改为运行状态，即高压侧全部送电，发电机中性点消弧线圈闸刀合上，装有隔离开关的，此时也应合上。

（5）进行主变压器高压侧断路器和发电机灭磁开关的联锁校验。这一工作进行前，必须查明断路器两侧的隔离开关全部在断开位置，否则后果不堪设想。联锁校验即指运行中灭磁开关跳闸后，联跳断路器，以免运行中发电机发生无励磁运行。校验时，先合上灭磁开关，再合上断路器，然后拉开灭磁开关，如断路器能联锁自动跳闸，则认为联锁回路正常，否则必须查明原因并消除该缺陷。

3. 汽轮机低速暖机阶段

这一阶段针对冷态机组而言。汽轮机高压内缸的金属温度在 200℃ 以下属冷态。热态机组（在 420℃ 以上）由于冲转至全速的时间仅 10min 左右，电气运行的所有工作均应在汽轮机冲转前完成。对冷态机组，电气应将励磁系统改为热备用状态，即灭磁开关不合，其余设备均投入。同时，还应将该发电机连接的高压厂用变压器改为热备用。

4. 机组低速暖机结束至升速阶段

这一阶段仍针对冷态机组，内容是将主变压器高压侧改为热备用，并合上其中性点接地隔离开关，大容量变压器多为分级绝缘，为保证运行中不致因单相接地时中性点电压升高而损坏变压器的绝缘，一般采用中性点恒接地方式；但当一个电厂同一电压母线上这种变压器超过一台或系统继电保护不允许多台恒接地时，则采用在变压器中性点经隔离开关接地方式，以便根据调度要求或系统规程规定进行切换操作。在进行发电机并解列操作时，为防止高压断路器因个别相未合上或未拉开而损坏变压器，应事先合上变压器中性点隔离开关，待操作结束后再根据需要保留或拉开。

5. 发电机启动

锅炉点火后，汽轮机冲转过程中，汽轮机带动发电机组低速启动，在转速为 200r/min 以下时，应检查发电机的机械部分有无摩擦、碰撞，在确证无摩擦碰撞后，才允许升高转速并迅速通过一阶临界转速区域（1230r/min）。当发电机转速达 1500r/min 时，电气值班人员应检查滑环和电刷有无异常情况，如有，应查明原因，迅速消除。同时，在转速升高的过程中，汽轮机值班员应监视发电机轴承振动情况，如振动值小于允许值，可继续升高转速至额定转速（3000r/min）。

与此同时，检查发电机各部温度是否正常，汽轮机值班员调节冷却器进水量，使发电机定子绕组与引出线进水温度应为 25～46℃。

6. 发电机并列

汽轮机运行人员在转速达到额定转速后汇报值长，由值长命令电气运行人员进行机组并列操作。电气运行人员得到值长"发电机并列操作"命令时，按固定操作票进行发电机并列前操作和并列操作。

大容量发电厂机组采用 DCS 控制时，一般每台机组专设一套自动准同步装置（ASS），ASS 通过接口接入网络总线中。此时，发电机的断路器合闸有两个途径。一个途径是由 DCS 的机组程序启动来实现的，即 DCS 发出机组启动指令后，按程序要求由汽轮机电液调节器（DEH）对汽轮机进行调速，达到接近同步转速时，DCS（有些 DCS 由 DEH 来实现）发出指令，自动将灭磁开关合闸，并投入自动电压调整装置（AVR），由 AVR 自动调节励磁电流，使发电机机端电压接近额定值；随后，DCS 发出指令接通 ASS，ASS 对运行和待并机组的在线参数进行判断，给 DEH 和 AVR 脉冲，自动调节发电机转速和电压，ASS 按断路器的实际合闸时间整定越前时间，当满足同步条件时，将发电机断路器合闸，操作的全过程由 DCS 自动完成。另一个途径是当发电机转速和电压接近同步条件时（可由 DEH 和 AVR 自动调节，也可由运行人员手动调节），运行人员投入 ASS，ASS 按上述途径将发电机断路器合闸，这个途径是当机组运行前 DCS 未调整好或 DCS 机组程序启动故障或停运时，运行人员干预进行同步操作。

发电机并列后，运行人员立即调节发电机运行工况，防止发生进相运行或功率因数超限（即有功功率增加时，无功功率仍很低）。同时，还应观察三相定子电流平衡，确认三相断路器已合闸。发电机并网后，还应对发电机本体及一次回路进行详细检查。

7. 发电机并列后接带负荷

以 300MW 机组为例，发电机在与系统并列后，立即将无功负荷加至 50Mvar，有功负荷加至 50MW 时，投入线路空负荷保护及发电机甩负荷保护压板。当负荷加至 150MW 时，DCS 发出命令倒高压厂用变压器运行，高压厂用电源联动开关投入（可投入备用电源自投装置或快速切换装置）。当负荷带至 50％额定负荷后，可在 2h 内逐渐增加负荷直至带满额定负荷。有功负荷的接带及调整，正常情况下由汽轮机值班员按汽轮机负荷曲线规定和蒸汽参数调整。无功负荷的调整，则按保证功率因数不得过大或过小进行。

（二）发电机的解列和停机

解列和停机是两个不同含义的操作。前者是指将发电机与电网在电气回路上断开；后者则是在已经解列的前提下，将该机所属电气系统、热力系统（包括汽轮机、锅炉及其辅助设备）停用。这里所指的是电气系统。

解列和停机操作一般在下列情况下进行：

（1）机组需要进行计划性检修时——解列、停机。

（2）当电网负荷下降，上级调度要求——解列、停机。（调度停机）

（3）机组发生需要停机的异常情况时——解列，并视检修的具体时间确定是否停机。

（4）由于系统或本身发生故障，继电保护动作跳闸，或热机设备故障，紧急停机或停炉后联锁使发电机跳闸——已自动解列、停机。

发电机解列分正常解列和异常事故解列。

1. 正常解列

正常情况下，发电机解列前必须先通过 DCS 控制减少发电机所带的有功功率降为零和功率因数接近至零，当负荷降至 150MW 及以上，DCS 倒换厂用高压工作电源为备用电源运行，当负荷接近零后，才允许断开发电机主开关，并调节发电机励磁将发电机电压减至零，切断调节器励磁开关。正常解列及解列后操作步骤按固定操作票进行。完成解列操作后发电机可由汽轮机带动降低转速，在转速下降至 200r/min 时投入高压油及装置。其操作票为：

（1）解列前的准备工作。切换厂用备用电源，由锅炉运行逐步降低机组的有功负荷，随着有功负荷的降低，无功负荷和定子电压将相应升高，电气运行人员应根据定子电压和无功负荷的上升情况逐步降低励磁电流，在有功负荷降低至一定数值后（300MW 机组一般 10～15MW），由值长通知，改由电气运行继续减负荷。

（2）调节发电机有功、无功负荷至零。实际执行中，无功负荷应保留 5Mvar 左右，其理由是：防止在调节过程中发生进相运行导致失磁保护误动；主变压器高压侧断路器均为 220kV 或以上电压分相操作断路器，为及早发现解列后是否三相全部断开。保留的 5Mvar 无功负荷可在三相定子电流表上反映，如果拉开断路器前有、无功负荷均降至零的话，就不易及时发现并可能造成意外情况。

有功负荷必须降至零，否则在拉开高压断路器 QF 后，汽轮机很可能超速而发生"飞车"事故。

（3）拉开主变压器高压侧断路器。拉开断路器后，应从断路器的位置信号和发电机的三相定子电流确认三相断路器都已经拉开。

（4）降低发电机转子电流至零后，退出励磁系统。

（5）拉开发电机灭磁开关。

（6）拉开主变压器高压侧断路器两侧隔离开关。

（7）解列后，应进行发电机及励磁回路的绝缘测量。

如果是调度要求的短时解列，励磁系统可保持在热备用状态。但如准备检修时，则应将励磁系统改为冷备用，并停用主变压器的冷却装置，并应按工作票要求将所属设备改为检修状态。

2. 异常事故解列

发电机可带任何负荷紧急停机，停机时应注意高压厂用工作电源和备用电源的联动情况，若时间允许，可先倒换厂用高压电源由工作至备用电源供电。

紧急停机步骤为：

（1）手动按下紧急停机按钮，断开主断路器。

（2）断开调节器灭磁开关。

（3）检查备用电源联动是否正常。

（4）恢复各开关、电阻位置。

（5）检查发电机系统及灭磁保险。

一般，发电机在下列情况下需紧急停运：

（1）需要停机的人身事故。

（2）发电机组（包括励磁系统）振动突增 0.05mm 或超过 0.1mm。

（3）发电机组内有摩擦和撞击声，氢气爆炸、冒烟、着火。

（4）发电机组内部故障，保护或开关拒动。

（5）发电机无保护运行（直流系统瞬时性接地或直流保险熔断，接触不良等立即恢复正常者除外）。

（三）发电机运行中的调节

1. 发电机出口电压的调节

正常运行中 DCS 应投入自动调节励磁，并检查出口电压在允许范围之内（$95\%U_N\leqslant U\leqslant 105\%U_N$）。如果发电机出口高电压运行（$U>105\%U_N$）时应按电压下降的比例降低发电机的总出力（MVA）。

2. 频率的调节

正常运行时，运行人员应经常检查频率在允许范围之内。当频率升至 50.5Hz 以上时，应将发电机有功降至最低，当频率降至 49.5Hz 以下时，应将发电机有功升至最大，并报告中调。

低频率运行时，要注意调整出口电压使 $U/f\leqslant 1.05$。

3. 发电机三相电流的调节

由于三相电流不平衡产生的负序电流不得超过其额定电流的 10%，且每相电流不超过额定值，否则应减小发电机励磁使其符合要求。

当发电机定子电压为 $95\%U_N$ 时，允许定子带 105% 的额定电流连续运行。

4. 功率因数的调节

正常运行时，应使发电机功率因数维持在允许的范围之内。调节功率因数应根据发电机所接高压电网的母线电压曲线决定，应注意低功率时转子电流不应大于额定值。

如果发电机必须进相运行时，应不超过由试验决定的最大进相深度。

5. 发电机负荷的调节

发电机出力应尽量满足系统的需要，运行人员应创造一切条件满足要求。

发电机运行中负荷的调节包括有功和无功负荷调节，目前机组采用的多是机电炉集控方式，即锅炉、汽轮机、发电机为一个独立的系统，所以有功负荷的调节由锅炉运行人员负责。但当电力系统出现振荡且该机处于高频率系统需要立即减荷；或发电机出现失步现象需要立即降低该机有功负荷；或发电机三相定子电流不平衡超过允许值需要降低时，电气运行人员可通过值长直接调节有功负荷。在现场运行规程中均有具体规定。

无功负荷由电气运行负责调节。

（1）发电机运行中调节的原则。

1）有功负荷。正常时，按上级调度的命令进行，即由上级调度根据系统负荷的变化和需要，通知各厂增加或降低出力，即 DCS 发出使锅炉运行相应调整燃料、水量和风量稳定运行。这一过程中电气运行人员应时刻监视该机数据显示，以保证发电机的正常工作。

事故时，电气运行可根据具体情况直接进行有功负荷的调节，并尽量联系锅炉运行协同进行。

2）无功负荷。正常时，根据电网给定的电压曲线按规定要求由电气运行人员通过改变 AVR 的工作点进行调节。

事故时，根据事故处理要求进行调节。例如发电机失步时应增加无功负荷，三相定子电流不平衡超过规定时降低无功负荷等。

（2）调节有功、无功负荷时发电机表计的变化。

1）单纯调节有功负荷，例如降低：有功（MW）下降；三相定子电流（kA）平衡下降；无功（Mvar）略有上升，有些发电机仅装设功率因数表，则在滞后范围内下降。

2）单纯调节无功负荷，例如增加：无功上升，或功率因数滞后下降；三相定子电流平衡上升；转子电流（A）、电压（V）上升；定子电压（kV）略有上升；主励转子电压、电流上升。

（3）调节过程中的注意事项。

1）调节幅度应控制得小一些为好，以免被调节对象大起大落。

2）调节时，必须先认清欲调对象的操作设备。根据运行经验，曾多次发生过因搞错操作对象而造成机组异常运行的事例。

3）调节过程中，必须严密监视数据变化情况，切忌在调节的同时一心多用，例如和他人谈话等，更不应该在调节时眼睛不看监视设备。实践中，曾不止一次发生过眼睛注视的监视设备与调节对象不一致，而操作者又恰巧搞错了调节设备，等到偏差过大时才发现，已客观上造成了误操作，事后虽然对不正确操作作了纠正，但这一错误操作所造成的后果是无法挽回的。

4）调节过程中，还应综合观察和分析数据显示的变化情况。例如，三相定子电流是否平衡变化；转子电流、电压是否相应变化等。另外，调节后，特别是增加后，应对发电机的各部分温度加强监视。正常工况下，各部温度应稍有上升并且不会超过允许值，但是，如果由于冷却条件影响而发生温度异常升高时，应认真分析，找出可能原因并汇报上级，采取措施，包括降低有功、无功负荷，使机组运行在允许范围内。

（4）定子电流的增加速度。这一问题针对发电机并网后的调节，因为正常情况下发电机本身已承担额定负载。并网后，定子电流可直接增加至额定值的50%，然后在1h内均匀地增至额定值。事故情况下，定子电流的增加速度可不作限制。增加过程中应对发电机各部温度进行监视和分析。

习　题

2-1　同步发电机是如何工作的？其感应电动势频率与转速、极对数间有何关系？

2-2　说出 QFSN-300-2 的型号意义。

2-3　同步发电机由哪几部分组成？各有何作用？

2-4　同步发电机励磁系统有什么作用？同步发电机励磁系统的形式有哪些？

2-5　同步发电机运行方式有哪几种？

2-6　发电机运行中监视的主要参数有哪些？

2-7　发电机运行中为什么要监视温度和温升？

2-8　运行电压偏高或偏低对发电机有什么影响？

2-9　频率变化对发电机有什么影响？

2-10　什么是发电机有功功率功角特性？画出汽轮发电机有功功率特性曲线，并指出静态稳定的判断是什么？

2-11　汽轮发电机启动和并列包括哪些过程？

2-12　如何进行发电机正常解列、事故紧急停机？

2-13　运行中如何调节发电机有功功率、无功功率？

第三章　变　压　器

电力变压器是一种静止的电力设备，依据电磁感应原理实现交流电功率的传递，把一种电压、电流的交流电能变成为同频率的另一种电压、电流的交流电能。解决了电力系统中发电、输电和用电之间的矛盾。

例如，发电厂利用升压变压器，可以将发电机出口端的电压（10.5～20kV）升高到输电电压（220～1000kV），在传输功率一定时，升高电压可降低输电电流，从而有效地减小了线路损耗和线路电压降。在用户端，为了保证用电的合理性和安全性，又采用降压变压器和配电变压器，将高压输电线的电压降低到用户所需的电压等级（3～6kV，或 380/220V）。因此，电力系统中变压器的总容量应大于发电机总容量（约为 6～8 倍），变压器在电力系统中占有重要的地位。本章主要介绍变压器的工件原理及结构、变压器的基本技术特性、变压器的并列运行及故障分析处理。

第一节　变压器的工作原理及结构

一、变压器的基本原理

两个相互绝缘且匝数不等的绕组，套装在由良好导磁材料制成的闭合铁芯上，其中一个绕组接到交流电源，另一个绕组接负荷。接交流电源的绕组称为一次侧绕组，也称为一次侧；接负荷的绕组称为二次侧绕组，也称二次侧。

当一次侧绕组接到交流电源时，一次侧绕组中流过交流电流，并在铁芯中产生交变磁通，其频率与电源电压频率相同。铁芯中的磁通同时交链一次侧、二次侧绕组，根据电磁感应定律，一次侧、二次侧绕组中分别感应出相同频率的电动势，二次侧绕组接上用电设备，便有电能输出，实现了电能的传递。

如图 3-1 所示为单相变压器空载时的示意，变压器的一次侧、二次侧绕组在电路上互不相连，依靠铁芯中的主磁通交变产生电磁感应并传递功率。

将一次侧绕组接入交流电网 U_1，若二次侧开路时，称为空负荷状态，此时，一次绕组的电流 $I_1 = I_0$；在 I_0 的作用下产

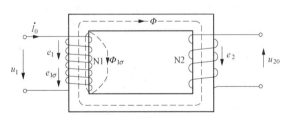

图 3-1　单相变压器空载时的示意

生了两部分磁通，其中绝大部分（约占 95%）的磁通 Φ 沿铁芯闭合，它们同时交链 N1、N2 两个绕组，称为主磁通或互感磁通；另一小部分磁通 $\Phi_{1\sigma}$ 只链绕 N1 绕组，并沿变压器油或空气闭合，称为自感漏磁通，它不参与能量传递。根据电磁感应定律，当铁芯中的主磁通交变时，必然在一次侧、二次侧绕组中感应电动势，其瞬时值为

$$e_1 = -N_1 \frac{d\Phi}{dt} \left. \right\}$$
$$e_2 = -N_2 \frac{d\Phi}{dt}$$

$$(3\text{-}1)$$

式中　$N_1 、 N_2$——一次侧、二次侧绕组的匝数。

设主磁通按正弦规律变化，则有

$$\Phi = \Phi_m \sin(\omega t) \qquad (3\text{-}2)$$

代入式（3-1），得

$$e_1 = -N_1\Phi_m\cos(\omega t) = E_{1m}\sin\left(\omega t - \frac{\pi}{2}\right) \left. \right\}$$
$$e_2 = -N_2\Phi_m\cos(\omega t) = E_{2m}\sin\left(\omega t - \frac{\pi}{2}\right)$$

$$(3\text{-}3)$$

式中　Φ_m——主磁通的幅值；

　　　ω——交流电的角频率，$\omega = 2\pi f$；

$E_{1m}、E_{2m}$——一、二次侧电动势的最大值。

电动势的有效值为

$$E_1 = \frac{E_{1m}}{\sqrt{2}} = \frac{2\pi f N_1 \Phi_m}{\sqrt{2}} = 4.44 f N_1 \Phi_m \qquad (3\text{-}4)$$

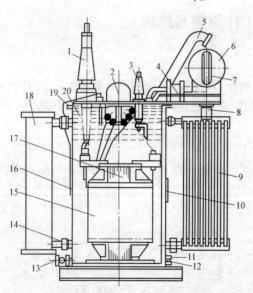

图 3-2　油浸电力变压器的结构

1—高压套管；2—分接开关；3—低压套管；
4—气体继电器；5—安全气道（防爆管）；
6—储油柜；7—油表；8—呼吸器（吸湿器）；
9—散热器；10—铭牌；11—接地螺栓；
12—油样活门；13—放油阀门；14—活门；
15—绕组（线圈）；16—信号温度计；17—铁芯；
18—净油器；19—油箱；20—变压器油

同理　　$E_2 = 4.44 f N_2 \Phi_m$　　　$(3\text{-}5)$

由以上各式可见，一、二次侧的电动势波形相同、频率相同，但有效值不等。令 k 为变压器的变比，即

$$k = \frac{E_1}{E_2} = \frac{4.44 f N_1 \Phi_m}{4.44 f N_2 \Phi_m} = \frac{N_1}{N_2} \qquad (3\text{-}6)$$

变压器的变比为一、二次侧的相电势有效值之比。工程上，常采用相电压之比近似计算，即

$$k = \frac{E_1}{E_2} = \frac{U_1}{U_{20}} \qquad (3\text{-}7)$$

同理，漏磁通在变压器铁芯中交变也感应出漏电势 $e_{1\sigma} = -N_1 \dfrac{d\Phi_{1\sigma}}{dt}$，由于漏磁通经过非铁磁材料，磁导率是常数，以后漏电势通常用漏抗压降去表示。即

$$E_{1\sigma} = -jI_1 X_{1\sigma} \qquad (3\text{-}8)$$

二、变压器的基本结构

图 3-2 所示为油浸电力变压器的结构。变压器的基本结构可分为铁芯、绕组、绝缘结构、油箱和其他附件。

（1）铁芯。铁芯的作用是构成主磁路，分

为铁芯柱和铁轭。铁芯柱上套有绕组，铁轭将铁芯柱连接起来，使之形成闭合磁路。为了提高磁路的导磁性能，并降低铁芯内的涡流损耗，铁芯采用 0.35mm 厚的硅钢片叠制。铁芯柱的横截面做成阶梯形，以便与圆筒形绕组相配合。对于大容量变压器，铁芯叠片之间留有油道，以利于散热。

（2）绕组。绕组的作用是构成两个独立的电路，一般用绝缘铜导线沿高度方向绕成圆筒状，套在铁芯柱上。根据线圈的绕制特点，可分为圆筒式、饼式、连续式、纠结式和螺旋式等类型。低压绕组靠近铁芯，高压绕组套在低压绕组外面。为保证线圈的散热，大容量变压器沿高度方向留有间隙。铁芯和绕组的组合体称为器身，是变压器的主体，其结构示意如图 3-3 所示。

（3）绝缘结构。变压器的绝缘可分为外部绝缘和内部绝缘。外部绝缘是指油箱盖外的绝缘，主要是使高、低压绕组引出的瓷制绝缘套管和空气间绝缘。内部绝缘是指油箱盖内部的绝缘，主要是线圈绝缘、内部引线绝缘等。绕组和绕组之间、绕组与铁芯及油箱之间的绝缘叫作主绝缘，绕组的匝间、层间及线段之间的绝缘叫作纵绝缘。

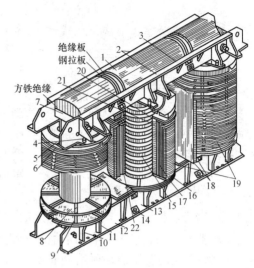

图 3-3 变压器器身构造

1—铁轭；2—上夹件；3—上夹件绝缘；4—压钉；
5—绝缘纸圈；6—压板；7—方铁；8—下铁轭绝缘；
9—平衡绝缘；10—下夹件加强筋；11—下夹件上肢板；
12—下夹件下肢板；13—下夹件腹板；14—铁轭螺杆；
15—铁芯柱；16—绝缘纸筒；17—油隙撑条；18—相同隔板；
19—高压绕组；20—角环；21—静电环；22—低压绕组

主绝缘是采用油与绝缘板结构，匝间绝缘主要是用导线绝缘，在小型变压器中用漆包绝缘。大型变压器中用电缆纸包绝缘。线圈的端部线匝要加强绝缘，以提高耐受冲击电压波的能力。层间绝缘采用电缆纸、电工纸板或油隙。线饼、线段绝缘一般均用油隙，即用绝缘垫块将线段与线段之间或饼与饼之间分隔开。

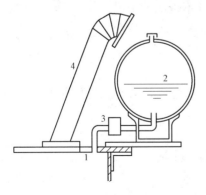

图 3-4 储油柜

1—主油箱；2—储油箱；
3—气体继电器；4—安全气道

（4）油箱和其他附件。铁芯绕组组成变压器的器身，器身放置在装有变压器油的油箱内，在油浸变压器中，变压器油既是绝缘介质，又是冷却介质。

变压器油要求介电强度高、发火点高、凝固点低、灰尘等杂质和水分少。变压器油中只要含有少量水分，就会使绝缘强度大为降低。此外，变压器油在较高温度下长期与空气接触时将被老化，使变压器油产生悬浮物，堵塞油道并使酸度增加，以致损坏绝缘，故受潮或老化的变压器油须经过过滤等处理，使之符合标准。

为使变压器油能较长久地保持良好状态，一般在变压器油箱上面装置圆筒形的储油柜，如图 3-4 所示。储油柜通过连通管与油箱相通，柜内油面高度随着变压器油的热胀冷缩而变动。储油柜使油与空气的接触面积减少，从而减少油的氧化与水分的侵入。储油柜上面还装有吸湿器，外面的空气必须经过吸湿器才能进入储油柜。储油柜底部还有放水塞，便于定期放出水分和沉淀杂物。

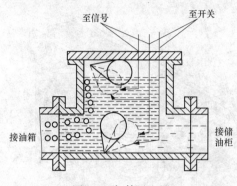

图 3-5　气体继电器

在油箱与储油柜的连通管中装有气体继电器，如图 3-5 所示，当变压器发生故障时，内部绝缘物分解产生气体，使气体继电器动作，以便运行人员进行处理，或使断路器自行跳闸。

较大的变压器油箱盖上还装有压力释放阀，当变压器内部发生严重故障而气体继电器失灵时，油箱内部压力迅速升高，当压力超过某一限度时，气体即从压力释放阀喷出，以免造成重大事故。

油箱的结构与变压器的容量和发热情况密切相关。变压器容量越大，发热问题变越严重。在小容量变压器中采用平板式油箱。容量稍大一些的变压器，在油箱壁上焊有扁形散热器油管以增加散热面积，称为管式油箱。对容量为 3000～10000kVA 的变压器，所需油管数目很多，箱壁布置不下，因此把油管先做成散热器，再把散热器接到油箱上，这种油箱称为散热器式油箱。容量大于 1 万 kVA 的变压器，需要采用风吹冷却的散热器，为提高冷却效果，利用油泵把变压器热油排到油箱外专门的油冷却器，在冷却器内利用风吹或水冷后再把它送回油箱，称为强迫油循环冷却。

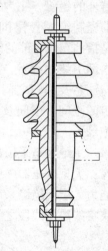

图 3-6　35kV 充油式绝缘套管

变压器的引出线从油箱内部引到箱外时，必须穿过瓷质的绝缘套管，使带电的导线与接地的油箱绝缘。绝缘套管的结构取决于电压等级。1kV 以下的采用实心瓷套管；10～35kV 采用空心充气式或充油式套管；110kV 及以上时采用电容式套管。为增加放电距离，高压绝缘套管外部做成多级伞形，电压越高，级数越多。图 3-6 所示为 35kV 充油式绝缘套管。

为了对电压进行适当调整，变压器还装有分接开关，用来改变绕组的匝数，以实现分级调压。若在变压器一次侧、二次侧都不带电的情况下，切换分接开关，称为无励磁调压，所使用的分接开关称为无励磁分接开关。若在变压器带负载情况下切换分接开关，则称为有载调压，所使用的分接开关称为有载分接开关。

分接开关一般装在高压侧，调压范围一般为 $U_N\pm5\%$，容量较大时，可以是 $U_N\pm2\times2.5\%$，其中 2 是分接级数。

第二节　变压器的基本技术特性

一、变压器的型号

每台变压器都在醒目的位置上装有一个铭牌，上面标明了变压器的型号和额定参数。所谓额定参数，是指制造厂按照国家标准，对变压器正常使用时的有关参数所做的限额规定。

在额定参数下运行，可保证变压器长期可靠地工作，并具有优良性能。

变压器的型号由字母和数字两部分组成，字母代表变压器的基本结构特点，数字代表额定容量（kVA）和高压侧的额定电压（kV），如：

O S S P S Z—120000/220

各部分依次代表为：O—自耦；S—三相；S—水冷；P—强迫油循环；S—三绕组；Z—有载调压；120000—额定容量为120MVA；220—高压侧额定电压为220kV。

二、变压器冷却方式

油浸式电力变压器的冷却系统包括两部分：①内部冷却系统，它保证绕组、铁芯产生的热散入油中；②外部冷却系统，保证油中的热散到变压器外。

按油浸变压器的冷却方式，冷却系统可分为：油浸自冷式、油浸风冷式、强迫油循环风冷式、强迫油循环水冷式等几种。

（1）油浸自冷式。油浸自冷式冷却系统没有特殊的冷却设备，油在变压器内自然循环，铁芯和绕组所发出的热量依靠油的对流作用传至油箱壁或散热器。这种冷却系统的外部结构又与变压器容量有关，容量很小的变压器采用结构最简单的、具有平滑表面的油箱；容量稍大的变压器采用具有散热管的油箱，即在油箱周围焊有许多与油箱连通的油管（散热管）；容量更大些的变压器，为了增大油箱的冷却表面，则在油箱外加装若干散热器，散热器就是具有上、下联箱的一组散热管，散热器通过法兰与油箱连接，是可拆部件。

变压器运行时，油箱内的油因铁芯和绕组发热而受热，热油会上升至油箱顶部，然后从散热管的上端入口进入散热管内，散热管的外表面与外界冷空气相接触，使油得到冷却。冷油在散热管内下降，由管的下端再流入变压器油箱下部，自动进行油流循环，使变压器铁芯和绕组得到有效冷却。

油浸自冷式冷却系统结构简单、可靠性高，广泛用于容量小于1万kVA以下的变压器。

（2）油浸风冷式。油浸风冷式冷却系统，也称油自然循环、强制风冷式冷却系统。它是在变压器油箱的各个散热器旁安装一个至几个风扇，把空气的自然对流作用改变为强制对流作用，以增强散热器的散热能力。它与自冷式系统相比，冷却效果可提高150%～200%，相当于变压器输出能力提高20%～40%。为了提高运行效率，当负荷较小时，可停止风扇而使变压器以自冷方式运行；当负荷超过某一规定值，例如70%额定负荷时，可使风扇自动投入运行。这种冷却方式广泛应用于1万kVA以上的中等容量的变压器。

（3）强迫油循环风冷式。强迫油循环风冷式冷却系统用于大容量变压器。这种冷却系统是在油浸风冷式的基础上，在油箱主壳体与带风扇的散热器（也称冷却器）的连接管道上装有潜油泵。油泵运转时，强制油箱体内的油从上部吸入散热器，再从变压器的下部进入油箱体内，实现强迫油循环。冷却的效果与油的循环速度有关。其油泵装在冷却器下部，泵送油从上至下通过冷却器（带风扇的散热器）。在油泵附近管路上装有流量指示器，用于监视油泵的运转情况，它装在冷却器的下部位置是为了便以观察。油泵与油浸电动机是整体制造在一个全封闭金属壳内，因此油永远不会从轴或其他零件中漏出。装在冷却器与油泵之间的流量指示器，其外壳内的叶片转动是利用磁耦合器传输给外部指针，以指示油流的流量和方向。为了增强散热器（冷却器）的散热能力，在散热管外焊有许多散热片，并在每根散热管的内部有专门机加工的内肋片。每个冷却装置上安装有多台风扇，冷却风扇固定在冷却风扇箱中，它们将风扇箱内散热器附近的高温空气抽出。

壳式变压器有两个并联的磁路，铁芯水平布置，狭窄的铁芯上未设置冷却油道。在这种变压器中，绕组线圈（线盘）间距较大，构成较大的垂直方向的油流通道，泵送的油在油箱内主要通过绕组线圈，因而冷却效率高。

（4）强迫油循环水冷式。强迫油循环水冷式冷却系统由潜油泵冷油器、油管道、冷却水管道等组成。工作时，变压器上部的热油被油泵吸入后增压，迫使油通过冷油器再进入油箱底部，实现强迫油循环。油通过冷却器时，利用冷却水冷却油。因此，在这种冷却系统中，铁芯和绕组的热先传给油，油中的热又传给冷却水。

三、变压器的技术参数

变压器的技术参数有额定容量 S_N、额定电压 U_N、额定电流 I_N、额定温升 τ_N、阻抗电压百分数 $u_k\%$ 等，这些参数都标在变压器的铭牌上。此外，在铭牌上还标有相数、联结组别、额定运行时的效率及冷却介质温度等参数或要求。

1. 额定容量 S_N

额定容量是设计规定的在额定条件使用时能保证长期运行的输出能力，单位为 kVA 或 MVA，对于三相变压器而言，额定容量是指三相总的容量。对于双绕组变压器，一般一、二次侧的容量是相同的。对于三绕组变压器，当各绕组的容量不同时，变压器的额定容量是指容量最大（通常为高压绕组）的一个容量，但在技术规范中都写明三侧的容量。例如，某厂主变压器，其额定容量为 48/36/12MVA，一般就称这个厂主变压器的额定容量为 48MVA。

2. 额定电压 U_N

额定电压是由制造厂规定的变压器在空负荷时额定分接头上的电压，在此电压下能保证长期安全可靠运行，单位为 V 或 kV。当变压器空负荷时，一次侧在额定分接头处加上额定电压 U_{1N}，二次侧的端电压即为二次侧额定电压 U_{2N}。对于三相变压器，如不作特殊说明，铭牌上的额定电压是指线电压；而单相变压器是指相电压。

3. 额定电流 I_N

变压器各侧的额定电流是由相应侧的额定容量除以相应绕组的额定电压计算出来的线电流值，单位为 A 或 kA。

对于单相双绕组变压器，一、二次侧额定电流分别为

$$I_{1N} = \frac{S_N}{U_{1N}} \tag{3-9}$$

$$I_{2N} = \frac{S_N}{U_{2N}} \tag{3-10}$$

对于三相变压器，如不作特殊说明，铭牌上标的额定电流是指线电流，一、二次侧额定电流分别为

$$I_{1N} = \frac{S_N}{\sqrt{3}U_{1N}} \tag{3-11}$$

$$I_{2N} = \frac{S_N}{\sqrt{3}U_{2N}} \tag{3-12}$$

4. 额定频率 f_N

我国规定标准工业频率为50Hz，故电力变压器的额定频率都是50Hz。

5. 额定温升 τ_N

变压器内绕组或上层油的温度与变压器外围空气的温度（环境温度）之差，称为绕组或上层油的温升。在每台变压器的铭牌上都标明了该变压器的温升限值。我国标准规定，绕组温升的限值为65℃，上层油温升的限值为55℃，并规定变压器周围的最高温度为+40℃。因此变压器在正常运行时，上层油的最高温度不应超过+95℃。

6. 阻抗电压百分数 $u_k\%$

阻抗电压百分数，在数值上与变压器的阻抗百分数相等，表明变压器内阻抗的大小。阻抗电压百分数又称为短路电压百分数。短路电压百分数是变压器的一个重要参数。它表明变压器在满负荷（额定负荷与变压器容量有关。当变压器容量小时，短路电压百分数也小；变压器容量大时，短路电压百分数也相应较大。我国生产的电力变压器，短路电压百分数一般在4%～24%的范围内）。运行时变压器本身的阻抗压降大小。它对于变压器在二次侧发生突然短路时，将会产生多大的短路电流有决定性的意义；短路电压百分数的大小，对变压器的并联运行也有重要意义。

7. 额定冷却介质温度

对于风冷的变压器，额定冷却介质温度指的是变压器运行时，其周围环境中空气的最高温度不应超过+40℃，以保证变压器在额定负荷运行时，绕组和油的温度不超过额定允许值。所以，在铭牌上有对环境温度的规定。

对于强迫油循环水冷却的变压器，冷却水源的最高温度不应超过+30℃，当水温过高时，将影响冷油器的冷却效果。对冷却水源温度的规定值，标明在冷油器的铭牌上。此外还对冷却水的进口水压有规定，必须比潜油泵的油压低，以防冷却水渗入油中，但若水压太低，水的流量太小，将影响冷却效果，因此对水的流量也有一定要求。对不同容量和类型的冷油器，冷却水流量的规定不同。以上这些规定都标明在冷油器的铭牌上。

8. 空负荷损耗

变压器空负荷损耗是以额定频率的正弦交流额定电压施加于变压器的一个绕组上（在额定分接头位置），而其余绕组均为开路时，变压器所吸取的功率，用以供给变压器铁芯损耗（涡流和磁滞损耗）。

9. 空负荷电流

变压器空负荷运行时，由空负荷电流建立主磁通，所以这时空负荷电流就是励磁电流。额定空负荷电流是以额定频率的正弦交流额定电压施加于一个绕组上（在额定分接头位置），而其余绕组均为开路时，变压器所吸取电流的三相算术平均值，以额定电流的百分数表示。

10. 短路损耗

变压器短路损耗是以额定频率的额定电流通过变压器的一个绕组，而另一个绕组接线短路时，变压器所吸收的功率，它是变压器绕组电阻产生的损耗，即铜损耗（绕组在额定分接点位置，温度70℃）。

11. 变压器的联结组别

变压器绕组的首、末端标志见表3-1。

表 3-1   变压器绕组的首、末端标志

绕组名	单相变压器		三相变压器		
	首端	末端	首端	末端	中性点
高压绕组	A	X	A B C	X Y Z	N
低压绕组	a	x	a b c	x y z	n
中压绕组	Am	Xm	Am Bm Cm	Xm Ym Zm	Nn

第三节 变 压 器 的 运 行

变压器是发电厂、变电站中最重要的电气设备之一，它担负着升高或降低电压、进行电力传输和分配的任务。随着电力系统单机容量的增大和电压等级的增高，对电能质量和供电可靠性的要求不断提高，因而对大型变压器的安全运行和检修试验也提出了更高的要求。

一、变压器的并列运行

在发电厂和变电站中，通常将两台或数台变压器并列运行。所谓并列运行是指两台及以上变压器的一、二次侧分别接到两侧公共母线上。并列运行具有以下优点：

（1）提高供电可靠性。当一台变压器发生故障时，与之并列的其他变压器仍可继续运行，以保证重要负荷供电。

（2）有利于变压器检修。当电网调度负荷之后可安排并列中的任意一台变压器检修而不中断对重要负荷的供电；若在检修前并列一台备用变压器，那么检修的变压器退出运行不会影响电网供电。

（3）有利于经济运行。当低负荷时，并列运行中的部分变压器可退出运行，减少功率损耗，保证经济运行。

（4）减少备用容量。由于用电量逐年增加，相应可以逐年根据需要安装并列变压器，从而减少备用容量，节约投资。

变压器并列运行的理想情况是：变压器之间没有环流存在；负荷分配和容量成正比，和短路电压百分值成反比；负荷电流的相位相互一致。要做到上述几点，就必须满足以下条件：

（1）并列运行的变压器一次侧电压相等，二次侧电压也相等（变比相等）。

（2）短路电压百分值相等。

（3）绕组联结组别相同。

上述三个条件中，第一条和第二条不可能绝对相等，一般规定变比偏差不得超过±0.5%，短路电压百分值偏差不得超过±10%。

但是，在某些特殊的情况下，会出现两台不符合并列运行条件的变压器并列运行，这时必须校验其影响，并采取相应措施，以免导致危险的后果。为了便于分析，只讨论两台单相变压器的并列运行情况，其结论可推广到三相变压器。

（一）绕组联结组别不同的变压器并列运行

如图 3-7 所示，绕组联结组别不同的变压器并列运行时，同名相电压的相角 α 等于连接

组号 N 之差乘以 30°，即

$$\alpha = (N_{\mathrm{I}} - N_{\mathrm{II}}) \times 30° \quad (3\text{-}13)$$

此时并联的回路出现电压差 ΔU，即

$$\Delta U = 2U\sin\frac{\alpha}{2} \quad (3\text{-}14)$$

并联后的环流为

$$I_{\mathrm{hl}} = \frac{\Delta U}{Z_{\mathrm{T1}} + Z_{\mathrm{T2}}} \quad (3\text{-}15)$$

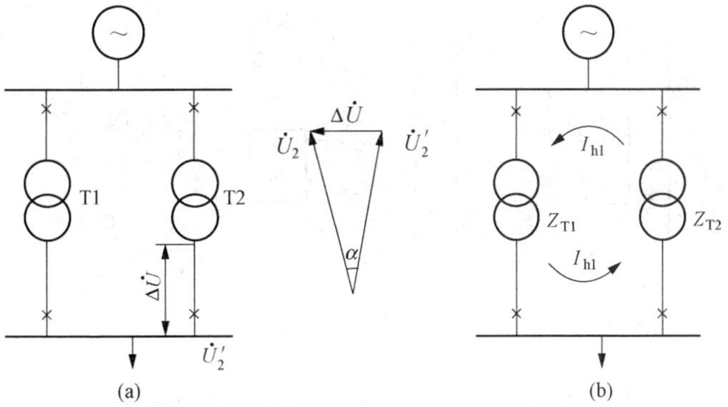

图 3-7 不同联结组别变压器的并列运行

(a) 电压差及相量图；(b) 并列后环境

式中 U——变压器 T1 与 T2 的二次侧电压的归算值，$U_2 = U_2' = U$；

α——二次相电压的相角差；

Z_{T1}、Z_{T2}——运行中的 T1 和待并的 T2 的阻抗。

式（3-15）中略去变压器电阻后，可变为

$$I_{\mathrm{hl}} = \frac{2\sin\dfrac{\alpha}{2}}{\dfrac{u_{\mathrm{k1}}\%}{100 I_{\mathrm{N1}}} + \dfrac{u_{\mathrm{k2}}\%}{100 I_{\mathrm{N2}}}} \quad (3\text{-}16)$$

式中 $u_{\mathrm{k1}}\%$、$u_{\mathrm{k2}}\%$——变压器 T1、T2 的短路电压百分值；

I_{N1}、I_{N2}——变压器 T1、T2 的额定电流。

如果并列运行的变压器容量相同，短路电压百分值相同，只有绕组联结组别不同，则

$$I_{\mathrm{hl}} = \frac{\sin\dfrac{\alpha}{2}}{u_{\mathrm{k}}\%} I_{\mathrm{N}} \times 100\% \quad (3\text{-}17)$$

如果 I_{hl} 用一台变压器出口三相短路电流 $I_{\mathrm{k}}^{(3)}$ 的倍数表示，其比较结果见表 3-2。

表 3-2 变压器联结组别不同时并列后的环流值

α	30°	60°	120°	180°
$\Delta U/U$	0.517	1	$\sqrt{3}$	2
I_{hl}	$I_{\mathrm{k}}^{(3)}/4$	$I_{\mathrm{k}}^{(3)}/3$	$\sqrt{3}I_{\mathrm{k}}^{(3)}/2$	$I_{\mathrm{k}}^{(3)}$

从表中可以看出，当 $\alpha = 120°$、$180°$ 时，变压器中的环流 I_{hl} 已分别与两相短路电流 $I_{\mathrm{k}}^{(2)}$（等于 $\dfrac{\sqrt{3}}{2}I_{\mathrm{k}}^{(3)}$）、三相短路电流 $I_{\mathrm{k}}^{(3)}$ 相等。变压器处于这种状态，将引起变压器短路，一般大约允许运行 2～4s，相应的变压器继电保护装置动作跳闸。否则，如此大的环流超过运行时间，造成变压器绕组过热，有烧坏变压器的危险，最终造成停电事故，影响供电可靠性。

一般情况下，联结组别不同的变压器，不允许并列运行。如果需要将绕组联结组别不同的变压器并列时，应根据联结组别差异的不同，采用将各相易名，始端与末端对换等方法将变压器的接线化为同一联结组别，才能并列运行。

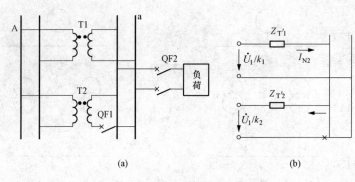

图 3-8　变比不同的变压器并列运行

(a) 接线图；(b) 等值电路

（二）变比不等的变压器并列运行

图 3-8 所示为两台变比不等的变压器并列运行的情况，图中断路器 QF1、QF2 为断开状态。

当变压器 T1、T2 的变比不等（分别为 k_1、k_2），在相同的一次电压作用下，两台变压器二次侧电压归算值不等，即出现压差。当 QF1 合上后在二次侧和一次侧绕组闭合回路中产生环流，根据并列后的等值电路图可求出空负荷时的环流，即

$$\frac{\dot{U}}{k_1} - \dot{I}_{h2}Z'_{T1} = \frac{\dot{U}_1}{k_2} + \dot{I}_{h2}Z'_{T2}$$

得到
$$\dot{I}_{h2} = \frac{\dot{U}_1/k_1 - \dot{U}_1/k_2}{Z'_{T1} + Z'_{T2}} \tag{3-18}$$

略去式（3-18）中的变压器电阻，即有

$$I_{h2} = \frac{U_1(1/k_1 - 1/k_2)}{\left(\dfrac{u_{k1}\%U_{N1}}{100 I_{N1}} + \dfrac{u_{k2}\%U'_{N1}}{100 I'_{N1}}\right)\dfrac{1}{k^2}} \tag{3-19}$$

式中　　Z'_{T1}、Z'_{T2}——变压器 T1、T2 归算至二次侧的等值阻抗；

$u_{k1}\%$、$u_{k2}\%$——变压器 T1、T2 的短路电压百分值；

U_{N1}、I_{N1}、U'_{N1}、I'_{N1}——变压器 T1、T2 一次侧额定电压和额定电流；

k——一台变压器几何平均电压比，$k = \sqrt{k_1 k_2}$。

如果两台变压器的短路电压百分值相同，均为 $u_k\%$，则

$$I_{h1} = \frac{I_{h2}}{k} = \frac{1}{k}\frac{U_1(k_1 - k_2)}{\dfrac{u_k\%}{100}\left(\dfrac{U_{N1}}{I_{N1}} + \dfrac{U'_{N1}}{I'_{N1}}\right)} \tag{3-20}$$

设　$U_{N1} = U'_{N1} = U_1$，$\alpha = \dfrac{I_{N1}}{I'_{N1}} = \dfrac{S_N}{S'_N}$ 即 $\Delta k^* = \dfrac{k_1 - k_2}{k}$

$$\frac{I_{h1}}{I_{N1}} = \frac{\Delta k^*}{\dfrac{u_k\%}{100}(1 + \alpha)} \tag{3-21}$$

从式（3-21）可知，平衡电流决定于 Δk^* 和 $u_k\%$，而变压器的 $u_k\%$ 很小，即使 Δk^* 不大，也可能引起很大的平衡电流。例 $u_k\% = 5\%$，$\Delta k^* = 1$，且 $\alpha = 1$，则 $I_{h1}/I_{N1} = 10\%$。平衡电流不同于负荷电流，在没有带负荷时，便已存在，它占据了变压器的一部分容量。

当变压器有负荷时，环流叠加在负荷电流上，这时将引起一台变压器的负荷减轻，一台的负荷则增大。如果增大的负荷已超过它的额定负荷，则必须校验过负荷能力是否在允许范围内。一般规定并列运行的变压器变比之差（Δk^*）不应超过 0.5%。

短路电压百分值不同的变压器并列运行的等值电路（归算至一次侧）如图 3-9 所示。

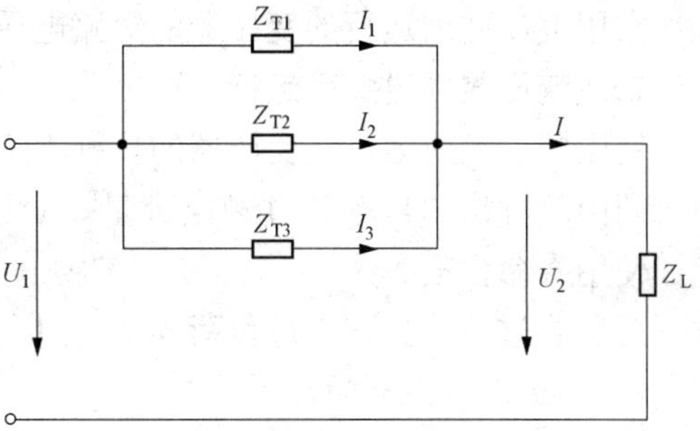

从图 3-9 中可知，短路电压百分值不同的变压器并联相当于不同阻抗 Z_{T1}，Z_{T2}，…，Z_{Tn} 的并联。阻抗两侧在同一电压的作用下，阻抗压降相等，即

$$\dot{U}_1 = \dot{U}_2$$

$$\dot{I}_1 Z_{T1} = \dot{I}_2 Z_{T2} = \cdots = \dot{I}_n Z_{Tn} \quad (3\text{-}22)$$

故

图 3-9 短路电压百分值不同的
变压器并列运行等值电路

$$\dot{I}_1 : \dot{I}_2 : \cdots : \dot{I}_n = \frac{1}{Z_{T1}} : \frac{1}{Z_{T2}} : \cdots : \frac{1}{Z_{Tn}} \quad (3\text{-}23)$$

可见，并列运行的变压器之间的电流分配与短路阻抗成反比。

设各变压器阻抗角相同，即

$$\dot{I}_1 : \dot{I}_2 : \cdots : \dot{I}_n = \frac{I_{N1}}{u_{k1}\%} : \frac{I_{N2}}{u_{k2}\%} : \cdots : \frac{I_{Nn}}{u_{kn}\%} \quad (3\text{-}24)$$

所以第 k 台变压器电流为

$$I_k = \frac{\sum_{i=1}^{n} I_i}{\sum_{i=1}^{n} \frac{I_{N2}}{u_{k1}\%}} \times \frac{I_{Nk}}{u_{kk}\%} \quad (3\text{-}25)$$

式中 I_k——第 k 台变压器负荷电流；

I_{Nk}——第 k 台变压器额定电流；

n——并联变压器台数；

$u_{kk}\%$——第 k 台变压器短路电压百分值。

所以

$$S_k = \frac{\sum_{i=1}^{n} S_i}{\sum_{i=1}^{n} \frac{S_{N2}}{u_{k1}\%}} \times \frac{S_{Nk}}{u_{kk}\%} \quad (3\text{-}26)$$

当两台变压器并列运行时

$$\frac{S_1}{S_2} = \frac{S_{N1}}{S_{N2}} \times \frac{u_{k2}\%}{u_{k1}\%} \quad (3\text{-}27)$$

可见，短路电压百分值不同的变压器间负荷并不按其额定容量成比例分配，而按短路电压百分值反比分配，这可能会使各台变压器间负荷分配不合理，如某些变压器尚欠负荷，而另一些变压器已过负荷。这时，可适当提高短路电压大的变压器二次侧电压（改变变比），让环流电流增加其负荷电流，相应减轻短路电压小的变压器的过负荷。

如果希望各变压器按其容量均衡分配，必须使它们的短路电压百分值相等，要使变压器的容量都得到充分利用，容量大的变压器的 $u_k\%$ 应小于容量小的变压器的 $u_k\%$。但需注意，并列运行的变压器容量比不应超过 3∶1。否则，容量相差太大，容量小的变压器电流有功分量过大，造成各变压器负荷电流不同相，而使变压器容量不能合理利用。

实用上，并列运行的变压器的短路电压百分值的差值不应超过 10%。

二、变压器的过负荷运行

变压器过负荷运行是变压器的一种不正常运行状态。所谓变压器过负荷是指变压器在较短时间内所输出的功率超过额定容量。变压器过负荷引起变压器各部分温度升高、绝缘老化、使用寿命损失。

变压器过负荷分正常过负荷和事故过负荷两种。

（一）变压器温升的计算

变压器运行时，其绕组和铁芯中的电能损耗都将转变为热量，使变压器各部分的温度升高。这些热量由绕组和铁芯内部以传热方式传至导体或铁芯表面，再以对流方式传至变压器油中。对于大容量变压器，这些热量经强风（或水）冷却器，冷却后再用油泵送回变压器。可见，变压器运行时，各部分温度分布极不均匀，其中以绕组的温度最高。通常，变压器各部分温度以平均温升和最大温升计算。绕组或油的最大温升是指其最热点的温升；绕组或油的平均温升是指整个绕组或全部油的平均温升。国家标准规定变压器的额定使用条件为：最高日平均气温＋30℃；最高年平均气温＋20℃；最高气温＋40℃；最低气温－30℃。而且变压器各部分的温升不得超过表 3-3 各值。

表 3-3　　　　　　　　　　　　　　变压器各部分的温升

温　　升	自然油循环、自冷、风冷	强迫油循环风冷
绕组对空气的温升	65℃（平均值）	65℃（平均值）
绕组对油的温升	21℃（平均值）	30℃（平均值）
油对空气的温升	44℃（平均值）	35℃（平均值）
最大温升	55℃（最大值）	45℃（最大值）

（二）变压器的绝缘老化

变压器的绝缘老化，主要是因为温度、湿度、氧气和油中劣化产物的影响，其中高温是促成老化的直接原因。运行中绝缘的工作温度越高，化学反应（主要是氧化作用）进行得越快，引起机械强度和电气强度丧失得越快，即绝缘的老化速度越快，变压器的使用年限也越短。

标准规定，变压器在额定负荷下运行，绕组平均温升为 65℃。通常，绕组最热点温升为 13℃，即 78℃。如果变压器在额定负载和环境温度为 20℃下连续运行，则绕组最热点温度为 98℃。变压器使用的 A 级绝缘（油浸电缆纸）在 98℃下使用，其老化寿命（使用年限）在 20 年以上。这种运行条件下的老化寿命为正常的老化寿命，其每天的寿命损失为正常日寿命损失，根据 Arrenius 的研究结果，在 80～140℃范围内，变压器的老化寿命和绕组最热点温度的关系为

$$Z = Ae^{-p\theta} \tag{3-28}$$

式中　Z——变压器的老化寿命；

　　　θ——变压器绕组最热点温度；

　　　A——常数；

　　　p——系数。

根据式（3-28），变压器的正常老化寿命为

$$Z_e = A e^{-p \cdot 98} \tag{3-29}$$

用 Z/Z_e 表示任意温度 θ 时的相对老化寿命，则

$$Z^* = \frac{Z}{Z_e} = e^{-p(\theta-98)} \tag{3-30}$$

其倒数称为相对寿命损失 γ，即

$$\gamma = e^{p(\theta-98)} \tag{3-31}$$

计算时，常用基数 2 代替 e，即

$$\gamma = 2^{p(\theta-98)/0.693} = 2^{(\theta-98)/\Delta} \tag{3-32}$$

根据研究表明，Δ 约为 6℃，这意味着绕组温度每增加 6℃，老化寿命将缩短一半，此即绝缘老化的 6℃规则。根据式（3-32）可计算绕组在不同的最热点温度下的相对寿命损失，见表 3-4。

表 3-4　　　　　　　　　　绕组在不同的最热点温度下的相对寿命损失

绕组最热点温度 θ（℃）	80	86	92	98	104	110	116	122	128	134	140
γ	0.125	0.25	0.5	1.0	2	4	8	16	32	64	108

综上所述，变压器运行时，其绕组温度维持在+98℃可获得正常的老化寿命。但实际上绕组温度受气温和负荷波动的影响，变动范围很大，因此，如果将绕组最高允许温度规定为 98℃，则大部分时间绕组温度达不到该温度，变压器的负荷得不到充分利用；如果不规定绕组最高允许温度，或者将该值规定过高，变压器又可能得不到正常老化寿命。为了正确解决上述问题，规定在一部分时间内，根据运行要求允许绕组温度大于 98℃，而在另一部分时间内使绕组温度小于 98℃，只要使变压器在温度较高的时间内所多损失的寿命与在变压器在温度较低时间内所少损失的寿命相互补偿，从而使变压器的老化寿命可以和 98℃运行时等值。这就是所谓的等值老化原则。即等值老化原则就是使变压器在一定的时间间隙 T_0（一年或一昼夜）内所损失的寿命等于 98℃变压器所损失的寿命，即

$$\int_0^{T_0} e^{p\theta_t} dt = T_0 e^{p \cdot 98} \tag{3-33}$$

令 $\left(\int_0^{T_0} e^{p\theta_t} dt\right)/T_0 e^{p \cdot 98} = \lambda$，则 λ 称为绝缘老化率。显然，$\lambda \gg 1$，则变压器的老化大于正常老化，老化寿命大为缩短；如果 $\lambda \ll 1$，变压器负荷能力未得到充分利用。因此，在一定时间间隔内，使 λ 接近 1，是制定变压器负荷能力的主要依据。

（三）变压器的正常过负荷

变压器在运行中的负荷是经常变化的，即负荷曲线有高峰和低谷，在高峰时可能使变压器过负荷。变压器过负荷运行时，绝缘寿命损失将增加，而轻负荷时绝缘寿命损失将减小，两者相互补偿仍使变压器获得正常老化寿命损失的过负荷称为正常过负荷。所以变压器的过负荷能力就是以不牺牲变压器的正常寿命为原则而制定的。

正常过负荷（也称"长期急救周期性负荷"）多数出现在以下几种情况：

（1）系统中部分变压器因故障或检修而长期退出运行。

（2）系统运行方式改变，使部分变压器负荷增大。

（3）用户负荷增加，而新的变压器短时间内不能投入。

变压器过负荷运行时，除考虑正常寿命损失，并注意绕组最热点温度不超过允许值外，还应考虑到套管、引线、焊接点和分接开关等组件的过负荷能力以及与变压器连接的各种设备（如电缆、断路器、隔离开关、电流互感器等）的允许过负荷、过电流能力。综合考虑上述因素并结合我国变压器目前的设计结构，推荐正常过负荷的最大值如下：油浸自冷、风冷变压器为额定负荷的 1.3 倍；强油循环风冷，水冷变压器为 1.2 倍；同时绕组最热点温度不超过 120℃，对于载流部分和冷却系统存在缺陷以及全天满负荷运行的变压器不宜过负荷运行。

为了减少停电损失，个别或部分变压器将在较长的时间内周期性地过负荷运行。这时，整个运行期间的平均相对老化率可大于 1，甚至远大于 1，将在不同程度上缩短过负荷变压器的寿命，应尽量减少出现这种运行方式的次数；必须采用时，应尽量缩短运行的时间，降低过负荷倍数。

绕组在不同的最热点温度下，每天允许运行的小时数见表 3-5 或参照制造厂提供的数据。

表 3-5　　　　　　　　　　绕组在不同最热点温度下允许运行小时数

绕组最热点温度 θ（℃）	98	101.5	104	107.5	110	113.5	116	119.5	122	125.5	128	131.5
每天允许小时数	24	16	12	8	6	4	3	2	1.5	1.0	0.75	0.5

事故过负荷多数发生在以下情况：

(1) 一个变电站的某台变压器发生故障，而该变压器的负荷不能全部切除故障或转移到其他变电站，迫使本站其他变压器超负荷。

(2) 系统中发生一个或多个事故，使部分不能切换的负荷转移到某台或几台变压器上。事故过负荷可能出现较高倍数的过电流而导致绕组最热点温度达到危险程度，对绝缘安全有一定风险，因此一旦发生，必须迅速降低负荷或缩短运行时间，以免变压器发生故障。

当系统发生事故时，保证不间断供电是首要任务，变压器绝缘加速是次要的，所以事故过负荷和正常过负荷不同，它是以牺牲变压器寿命为代价的，绝缘老化率允许比正常过负荷时高得多。但是确定事故过负荷时，同样要考虑绕组最热点的温度不要过高，避免引起事故扩大。和正常过负荷一样，事故过负荷时绕组最热点温度不得超过 120℃，过负荷倍数不得超过 1.7。

为了使事故过负荷不至于过分减少变压器的寿命或造成事故，油浸式变压器事故过负荷的允许运行时间按不同的冷却方式和环境温度，可参照表 3-6 和表 3-7 的规定或参照制造厂提供的数据运行。但应注意的是，此时应投入备用冷却器。

表 3-6　　　　　油浸自然循环冷却变压器事故过负荷允许运行时间　　　　　　单位：min

过负荷倍数	环 境 温 度（℃）				
	0	10	20	30	40
1.1	24：00	24：00	24：00	19：00	7：00
1.2	24：00	24：00	13：00	5：50	2：45
1.3	23：00	10：10	5：30	3：00	1：30
1.4	8：30	5：10	3：10	1：45	0：55

续表

过负荷倍数	环 境 温 度（℃）				
	0	10	20	30	40
1.5	4:45	3:10	2:00	1:10	0:35
1.6	3:00	2:05	1:20	0:45	0:18
1.7	2:05	1:25	0:55	0:25	0:09
1.8	1:30	1:00	0:30	0:13	0:06
1.9	1:00	0:35	0:18	0:09	0:05
2.0	0:40	0:22	0:11	0:06	+

表 3-7 　　　　　　　油浸强迫油循环冷却变压器事故过负荷允许运行时间　　　　　　单位：min

过负荷倍数	环 境 温 度（℃）				
	0	10	20	30	40
1.1	24:00	24:00	24:00	14:30	5:10
1.2	24:00	21:00	8:00	3:30	1:35
1.3	11:00	5:10	2:45	1:30	0:45
1.4	3:40	2:10	1:20	0:45	0:15
1.5	1:50	1:10	0:40	0:16	0:07
1.6	1:00	0:35	0:16	0:08	0:05
1.7	0:30	0:15	0:09	0:05	+

三、分裂变压器

由于机组和电力变压器的容量不断扩大，系统中的短路容量随之不断增大，分裂绕组变压器应用越来越广泛。

分裂变压器的结构特点是：在它的低压绕组中，有一个或几个绕组分裂成额定容量相等的几个支路，这几个支路没有电气上的联系，而仅有较弱的磁的联系。在电力系统中用得比较多的是双绕组分裂变压器，它有一个高压绕组和两个分裂的低压绕组，分裂绕组的额定电压和额定容量都相同。芯式分裂变压器分裂绕组布置，如图 3-10 所示。图 3-10（a）是将一次绕组 H 布置在二次分裂绕组 L1 和 L2 之间，呈径向式布置，适当地选择 H-L1 和 H-L2 之间的距离，可以调节两者之间的阻抗电压百分数。图 3-10（b）是将一次绕组分成两个并联的绕组 H1 和 H2，分别对应两个二次分裂绕组 L1 和 L2，上下布置，呈轴向式布置。无论哪种布置，二次分裂绕组 L1 和 L2 之间磁的耦合是较弱的。

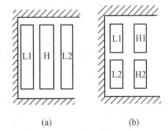

图 3-10　分裂绕组变压器的
绕组和铁芯
（a）径向式布置；（b）轴向式布置

图 3-11 所示为单相双绕组双分裂变压器接线。a1x1 和 a2x2 都是低压侧分裂绕组；AX 是高压侧绕组。低压侧绕组的容量相同，都是高压绕组容量的一半。

分裂变压器有三种运行方式：

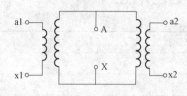

图 3-11　单相双绕组双分裂
变压器接线

（1）分裂运行。两个低压分裂绕组运行，低压绕组间有穿越功率，高压绕组不运行，高、低压绕组间无穿越功率。在这种运行方式下，两个低压分裂绕组间的阻抗称为分裂阻抗。

（2）并联运行。两个低压绕组并联，高、低压绕组运行，高、低压绕组间有穿越功率，在这种运行方式下，高、低压绕组间的阻抗称为穿越阻抗。

（3）单独运行。当任一低压绕组开路，另一个低压绕组和高压绕组运行。在此运行方式下，高、低压绕组间的阻抗称为半穿越阻抗。

分裂阻抗和穿越阻抗之比，一般称为分裂系数。假定以分裂变压器的额定容量为基准值（相当于每个分裂绕组容量的两倍），每个分裂绕组阻抗百分数为 Z，则在上述分裂运行时，相当于两台变压器串联（每台变压器为分裂变压器额定容量的一半），所以，分裂阻抗为 $2Z$；在并联运行中，分裂变压器的穿越阻抗为 $0.5Z$；在单独运行时，半穿越阻抗为 Z，分裂系数等于 $2Z/0.5Z = 4$。

四、通过变压器的声音判断其运行状况

变压器是电力系统中的主要设备，一旦变压器故障将对变压器本身及电力系统造成极大的危害。通过变压器在正常运行或出现故障时发出的不同声音，能对变压器的运行状况有一个更加深刻的认识，促进对变压器的安全管理。

均匀的"嗡嗡"声是变压器正常的声响。当变压器带电后，电流通过铁芯产生交变磁通，就会发出"嗡嗡"的均匀电磁声，音响的强弱正比于负荷电流的大小。

从变压器内发出音响较小的"嗡嗡"均匀电磁声。变压器停运后送电或新安装竣工后投产验收送电，往往发现电压不正常，这是高压瓷套管引线较细，又由于经过长途运输、搬运不当造成运行发热断线。当变压器带电后，电流通过铁芯产生的交变磁通大为减弱，故声音较小。

沉重的"嗡嗡"声。受个别大功率电器设备的启动电流冲击，或者变压器过负荷严重，是变压器油箱上部缺油所致。

闷的"噼啪"声。这是高压引线通过变压器油对外壳放电，属对地距离不够或绝缘油中含有水分。变压器的音响中夹杂有"噼啪噼啪"声，是绝缘油中含水分过高，导致对地放电，是变压器绝缘油的绝缘强度降低油质急剧恶化的表现，可能酿成重大设备事故隐患。而变压器的监视装置、电压表、电流表、温度计的指示值均属正常。常常出现于新组装或吊芯检修后的变压器，由于检修时的疏忽大意，没有将螺钉或铁垫拧紧或掉入了小号铁质部件，在电磁力作用下所致。

蛙鸣的"唧哇唧哇"声。在导线的连接处或 T 接处发生断线、松动，导致氧化、过热，在刮风时时接时断，接触时发生弧光或火花，但声响不均，时强时弱，系经导线传递至变压器内发出之声。变压器的高压套管脏污，表面釉质脱落或裂损时，会发生表面闪络。晚上可以看到火花。

当分接开关调压之后，响声加重，属有载调触头接触不良，是触头有污垢所致。

噪声。变压器绝缘油内杂质，堆积在部分轭铁上，从而在电磁力的作用下产生振动，发出特殊噪声。这还会导致变压器运行中绝缘油机械杂质增多，使油质恶化。

"啪啪"的轻微放电声。变压器的铁芯接地，一般采用吊环与油盖焊死或用铁垫脚方法。当脱焊或接触面有油垢时，导致连接处接触不良，而铁芯及其夹件金属均处在线圈的电场中，从而感应出一定的电位，在高压测试或投入运行时，其感应电位差超过其间的放电电压时，即会产生断续放电声。

变压器的中、低压侧线路短路时，会导致短路电流突然激增而造成"虎啸"声。

变压器绕组发生层间或匝间短路，短路电流骤增，或铁芯产生强热，导致起火燃烧，致使绝缘物被烧坏，产生喷油，冒烟起火。另外，可能是分接开关因接触不良而局部点有严重过热所致。

由于使变压器发生的各种异常声音的因素较多，产生的故障部位也不尽相同，只有不断地积累变压器的运行经验，增强观察力，才能做出准确判断，确保变压器安全、稳定运行。

五、日常检查发现的异常现象及分析处理

(一) 声音异常

变压器正常运行时，其内部声音是均匀的"嗡嗡"声，当声音异常或有其他杂音时，应认真查找原因，进行相应处理。

(1) 由于过电流（如过负荷、冲击负荷启动）和过电压（中性点不接地系统单相接地、铁磁共振）引起异声。这种异音突然发出，不大一会就会消失，恢复正常的"嗡嗡"声，但声音比原来大，且无杂声。有时也可能由于负荷的急剧变化，发出"割割割，割割割"突发的间歇声响，此声音的发出和变压器指示仪表（电流表、电压表）的指针同时动作，易辨别。此时，运行人员可将有载分接开关切换到与负荷电压相适应的挡位，并加强监视和进行详细的检查即可。

(2) 紧固部件松动引起的异音。当夹紧铁芯的螺钉松动造成铁芯松动时，呈现出强烈而不均匀的锤击和刮大风之声，如"叮当"和"呼呼"之声；当负荷突变使个别零件松动时，则发出"叮当"之声；当轻负荷或空负荷使硅钢片端部离开叠层时，发出"营营"之声，此时运行人员应联系后停电检修。

(3) 变压器内部故障引起的异音。当铁芯接地线断开时发出如放电的劈裂声，铁芯着火时发出不正常的鸣音；当绕组匝间短路引起局部过热或有载分接开关故障（如接触不良）引起局部过热时，使油局部沸腾发出"咕噜咕噜"似水开了的声音。以上异音发生时，运行人员也应联系停电检修。

(4) 电晕闪络引起的异声。由于瓷件、瓷套管表面的污秽在大雾天、雪天造成电晕放电或辉光放电，呈现"嘶嘶""嗤嗤"之声，并伴有蓝色小火花。此时，运行人员可加强监视，为防止套管击穿，可带电清洗。

(5) 附件共振引起的异声。当变压器铁芯振动引起油箱、散热器等其他附件的共振、共鸣或由于频率波动引起共振、共鸣时，运行人员应加强监视，并采取措施消除振源。

(二) 温度升高

(1) 变压器运行中运行人员直接监视的温度是上层油温，通过上层油温来控制绕组最热点温度，防止绝缘水平下降、老化。当上层油温明显升高（呈现为"变压器油温升高"报警信号，温度计显示温度值高于允许值）时，应迅速查明原因，采取措施使温升降低。

(2) 过负荷引起温度升高。此时应降低负荷或按油浸式变压器运行导则的限度调整负荷，即按事故过负荷值处理，上层油温超过95℃，必须立即降低负荷。

（3）冷却系统故障引起温度升高。此时应采取措施排除故障（见后"冷却系统故障"一项），如不能及时排除，应按规定减负荷。

（4）漏油引起温度升高。由于漏油引起油量不足造成变压器温度升高，采用的措施见后面"漏油"一项。

（5）温度计损坏。此时可用另一温度计贴在变压器外壁上校验是否正常，如确系温度计损坏，应迅速更换。

（6）变压器内部故障引起温度升高。此时若保护装置因故未动作，应立即将变压器停止运行，以防事故扩大。

（三）油色不正常

变压器油分新鲜油和运行油两种。衡量油质的指标很多，油色是其中之一。新鲜油通常是亮黄色或天蓝色透明的，运行油由于在运行老化过程中形成沥青和污物，油色会变暗，严重时会呈棕色。

当运行人员发现油位计中的油色不正常时，应联系取油样进行化验。当化验后发现油中含有碳粒和水分，酸值增高，绝缘电阻降低，闪光点降低，绝缘强度降低（击穿电压小于30kV）时，说明油质已下降，变压器内部极易发生绕组与外壳间击穿事故，应尽快联系停电检修，若运行中变压器油色骤然恶化，油内出现碳质并有其他不正常现象，应立即停电处理。

（四）油位不正常

（1）变压器储油柜上装有油位计，上面一般示出油温为－30、＋20℃和＋40℃时的三条油位线。当油位不正常（过低或过高）时，应迅速采取措施使油位恢复正常。

（2）过负荷或油温过高引起油面过高或存油从储油柜中溢出。应调整负荷或采取措施（见"温度升高"一项）使油温正常。

（3）吸收器或油标管堵塞，安全气道通气孔堵塞，薄膜保护式储油柜在加油时未将空气排尽等原因引起油面过高（假油面）。此时经联系后将重瓦斯保护改接信号，然后进行相应的疏通及放气处理。

（4）环境温度过高引起油面过高。此时应进行放油处理。

（5）漏油引起油面过低。油面过低轻者使轻瓦斯保护动作，重者使绕组和铁芯暴露在空气中，容易受潮，并可能造成绝缘击穿。此时应禁止将气体继电器改接至跳闸位置，并立即采取措施制止漏油，然后采用真空注入法对运行中的变压器进行加油。如因大量流油使油位迅速降低，低至气体继电器以下或继续下降时，应立即停用变压器。

（6）由于阀门、密封填圈焊接不好引起漏油时，应检查漏油的部位并予以修理；由于变压器内部故障（如防爆管、套管破裂）引起喷油时，应经联系后停电检修；如不是上述原因，即可能为油位计损坏，应立即予以更换。

（7）对于变压器套管油位，由于受气温变化影响比较大，不得满油和缺油，否则也应放油和加油。

（五）过负荷

变压器过负荷时，出现变压器电流指示值超过额定值，出现变压器"过负荷"报警信号。过负荷原因：变压器所带负荷大；变压器负荷侧短路而本侧断路器或保护拒动时短路电流增大引起。此时运行人员应按下列原则进行处理：

（1）检查各侧电流是否超过规定值，并汇报值长。

（2）检查变压器油温、油位是否正常，同时将冷却器全部投入运行（即工作和辅助冷却器）。

（3）及时调整运行方式，如有备用变压器，应投入，负荷降低后解列备用变压器。

（4）联系调度，及时调整负荷的分配情况，联系用户转换负荷。

（5）如属正常过负荷，应根据正常过负荷倍数确定允许运行时间，并加强监视油位、油温，不得超过允许值，若超过时间，则应立即减少负荷。

（6）若属事故过负荷，则过负荷的允许倍数和时间，应依制造厂规定执行。若过负荷倍数和时间超过允许值，按规定减少负荷。

（7）若过负荷系外部短路引起，为短时过负荷，应迅速切除故障。

（8）应对变压器及其有关系统作全面检查，发现异常，立即汇报处理。

（六）轻瓦斯保护动作

轻瓦斯保护动作时，出现"轻瓦斯动作"报警信号。轻瓦斯动作的原因是：变压器本体漏油使油面降低；空气进入变压器内；变压器内部轻微故障产生微弱气体；二次回路故障（如直流系统两点接地）引起误动作。瓦斯保护动作，按下列原则进行处理：

（1）检查储油柜油位是否过低，变压器是否漏油，若是，按前面"油位不正常"中"（5）"处理。

（2）检查直流系统是否有两点接地故障，若有，尽快排除故障。

（3）检查变压器的负荷、温度、声音是否正常，若不正常，尽快采取相应措施。

（4）若经上述检查无异常情况，且轻瓦斯多次动作，动作时间间隔也较短，则判断是否变压器内部故障。此时应吸收变压器的瓦斯气体进行化验，必要时取其油样进行气体色谱法检测，以共同判明故障性质。

利用瓦斯气体判断故障，是通过判别气体颜色、燃点试验及化验气体成分进行的。若瓦斯气体为无色、无味、不可燃气体，说明变压器内部进入空气，此时将气体继电器中的气体放尽，变压器继续运行；若瓦斯气体为白色或青灰色带有臭味的可燃气体，说明变压器纸质绝缘材料故障；若瓦斯气体为黄色不易燃气体，说明变压器的木质材料故障；若瓦斯气体为灰黑色易燃气体，说明变压器油故障分解出碳化物。当瓦斯气体为黄色或可燃时，经联系停运变压器。

需要指出，单纯利用上述方法判断变压器的故障性质不是永远可靠的，特别是在故障初期，瓦斯气体往往是不可燃的，这是因为故障处的气体通过油层时与溶解在油中的空气相混合，改变了它们的成分，所以进入气体继电器的气体往往与故障处的气体成分不一致。所以还必须取气化验，鉴别气体成分，看其中是否包含有氢、一氧化碳及烃类等可燃性气体。

利用气相色谱法检测变压器内部故障，其原理是利用某一物质对其他不同物质的吸附能力不同，经脱气装置而使其他不同物质分别分离出来（如油中脱出溶于其中的气体）。被分离出来的各组物质（如多种气体）的含量用气相色谱仪中鉴定器转换成电信号，经放大后由电子电位差计记录，根据信号出现的时间和大小，进行定性、定量分析，借此判断变压器内有无故障及故障性质。

经气相色谱分析后，可得到下述结论：

（1）氢和烃类的总含量在 0.1% 以下，一氧化碳和二氧化碳含量正常（分别在 0.2% 和

3%以下）时，认为变压器正常。

（2）氢和烃类的含量在 0.1%～0.5%；当氢和烃类含量在 0.1%左右，一氧化碳、二氧化碳含量正常，无乙炔，属正常；当氢和烃含量大于 0.1%，其中乙炔含量较大，表明变压器内部有放电缺陷；当氢和烃含量大于 0.1%，一氧化碳和二氧化碳含量正常，可能是变压器内部金属（如导线和铁芯等）有轻度过热缺陷；当氢和烃含量大于 0.1%，一氧化碳和二氧化碳含量比正常大，可能是固体绝缘材料局部过热或该变压器运行年久绝缘老化严重。

（3）氢和烃含量大于 0.5%，大多数情况表明变压器内部存在缺陷。

一般地说，氢气是变压器内部发生各种不同性质故障时都产生的；烃是变压器内裸金属发热引起油分解产生的；一氧化碳和二氧化碳是固体绝缘材料高温或放电产生的，乙炔是变压器内部高温电弧产生的。

气相色谱法能有效地判断出电气试验不易确定的轻度故障，局部过热、放电等潜伏性故障，但还不能事先判断变压器突发性的绝缘击穿故障，此时还需与电气试验、化学试验结果综合起来分析。

（七）冷却系统故障

（1）冷却器全停。此时"变压器冷却器全停"报警信号出现并可能伴随"某冷却器工作电源故障"的报警信号。故障原因：冷却器工作电源和备用电源同时失电；冷却器工作电源跳闸后备用电源未联动；备用电源所在的厂用配电室或就地三相保险熔断（工作或备用电源一般取自厂用电）。此时采取的相应措施是：准确记录冷却器停用时间；密切监视变压器温度，控制变压器负荷，必要时立即退出冷却器全停保护跳闸压板；查找故障原因，尽快恢复冷却器正常运行；如冷却器全停时间已达到 10min，变压器温度超过 75℃而未自动跳闸，应紧急停用变压器；如变压器温度未上升到 75℃，全停时间已超过整定值 60min，而变压器未自动跳闸，应立即停用变压器。

（2）冷却器工作电源故障。此时"某冷却器工作电源故障"报警信号出现。故障原因：冷却器工作电源所在厂用电母线失电；工作电源所在厂用配电室或就地电源保险熔断；运行人员误拉刀闸；工作电源保险熔断一相或两相。采取的措施是：赴冷却器电源箱检查工作电源已跳闸，备用电源已联动投入，冷却器运行正常；检查故障原因并进行处理；处理完毕后不必恢复原来运行方式，但需做好记录。

（3）冷却器控制电源故障。"冷却器控制电源故障"报警信号出现。故障原因：冷却器控制回路保险熔断；控制电源所在电源箱、照明箱失电。采取的措施是：监视冷却器运行情况，因为此时若冷却器全停，联跳变压器回路将被切除；尽快查找故障原因，恢复控制电源。

（4）备用冷却器自动投入。此时"备用冷却器投入"报警信号出现。故障原因：工作冷却器一组或几组跳闸；工作冷却器风扇或油泵故障；工作冷却器继电器触点闭合（油流继电器坏或油流速减慢）。采用的措施是：检查备用冷却器投入运行正常；检查工作冷却器故障原因，尽快恢复正常运行方式。

（5）备用冷却器投入后故障。此时"备用冷却器投入后故障"报警信号出现。故障原因：备用冷却器投入后跳闸；油流继电器触点未打开。采取的措施是：查明跳闸原因，并根据情况倒换冷却器运行方式；打开油流继电器触点。

六、变压器事故处理

（一）变压器内部故障分析

变压器故障种类多种多样，但对变压器威胁最大的是内部故障。当变压器发生严重内部故障时，相应继电保护动作，使变压器自动跳闸。若继电保护因故未动作，运行人员经外部检查发现的异常现象（异音、高温、油色不正常、轻瓦斯动作）判断为变压器内部故障后，手动跳闸停止变压器运行。不论自动还是手动跳闸，都将造成变压器损坏和停电事故。下面对变压器内部故障进行分析，以达到预防事故的发生和扩大的目的。

1. 绕组故障

（1）匝间短路。绕组匝间短路时，在闭合的短路内形成短路电流，使绕组温度升高。不严重的匝间短路，较难发现，甚至常规的绝缘试验也难发现。较严重的匝间短路，在运行中也能发现。因发热厉害，油温上升，轻瓦斯保护可能动作，同时在故障处发生局部过热，油像沸腾似的，在变压器旁能听到"咕噜咕噜"的声音。在发展到重瓦斯保护动作前，取油样化验，油质一定变坏，取轻瓦斯气体分析，也会发现问题，对于停运的变压器，可通过测变比和直流电阻试验发现匝间短路。

匝间短路如不能及时发现，会使事故逐渐发展扩大，造成喷油，甚至导致变压器烧毁。

造成匝间短路的原因是：局部绝缘的机械损伤；导线上有毛刺造成的损伤；运行中局部高温造成的绝缘老化；外部短路绕组受到短路电流冲击而产生振动，使绝缘磨损；油面降低使绕组露出油面而使绝缘击穿；变压器运行年久或长期过负荷使绝缘老化。

（2）绕组接地。变压器油受潮、油面下降、绝缘老化、大气过电压及操作过电压、外部短路冲击引起绕组变形等均可造成绕组接地故障。绕组接地时，测量仪表摆动，绝缘监测电压表一相指示为零，另两相指示升高；故障较严重时，故障处产生电弧使油分解，轻瓦斯动作，在发展到重瓦斯动作前，取油样及瓦斯气体均会发现问题。对于停下来的变压器，可通过测绕组对地绝缘电阻发现绕组接地故障。

（3）相间短路。绕组匝间短路或接地短路时，保护不动作而使事故扩大造成相间短路。相间短路时强大的短路电流产生电弧，油温上升，并伴有较大的炸裂响声，防爆管防爆破裂向外喷油，瓦斯、差动、过电流等保护动作，变压器停止运行。

对于停下来的变压器，通过测绝缘电阻、绕组直流电阻和变比，可发现绕组的损坏情况。

（4）绕组断线。短路电流机械应力的冲击，导线接头焊接不良、绕组引出线连接不良、匝间短路使线匝烧断等原因均可造成绕组断线。绕组断线时，检测数据摆动，断线处产生电弧使油热分解，油温上升，轻瓦斯动作。在故障发展到重瓦斯动作前，取油样和瓦斯气体分析均会发现问题。

2. 铁芯故障

（1）硅钢片间绝缘损坏。由于外力损伤或绝缘老化等原因使硅钢片间漆皮绝缘损坏，涡流增大，造成局部过热，而后逐渐扩大发热范围，最后烧坏铁芯。

（2）穿心螺杆绝缘损坏。铁芯的穿心螺杆应与硅钢片与铁夹件互相绝缘。由于拧紧螺帽时损伤绝缘或因螺杆本身中的涡流使绝缘经常处于高温下变脆等原因，常使上述绝缘损坏。当穿心螺杆与铁芯有两点连接时，就会引起铁芯硅钢片短路，使铁芯局部过热而损坏。

（3）铁芯接地线故障。由于变压器铁芯硅钢片接地不正确（如人为造成或某种原因造成的铁芯多点接地）可能造成短路，引起铁芯局部过热而损坏。

上述铁芯故障引起的局部过热，在初期时运行中观察不出什么现象，油温看不出上升，保护也不会动作。因为此时油分解生成的气体溶解到其他未分解的油中去了。当铁芯局部过热较严重时，油温上升，轻瓦斯动作，析出可燃性气体，油闪点下降，油色变深，并可闻到焦煳气味。更严重时铁芯局部过热会使重瓦斯动作。

停下来的变压器可通过测空负荷损耗、绝缘电阻试验发现铁芯短路，故障点则通过吊芯查找。

3. 分接开关故障

变压器分接开关接触不良是分接开关中较为常见的故障。分接开关接触不良使接触电阻增大，损耗增大，造成分接开关局部过热，当局部过热较严重时，油的闪点迅速下降，瓦斯保护频繁动作，色谱分析也发现问题。局部过热严重时，重瓦斯动作退出变压器运行。

这种故障一般发生在大修后或分接头切换后，变压器过负荷运行或外部短路也能发生这种情况。造成接触不良的原因是：接触点压力不够；开关动、静触点间有油泥膜；接触面小使触点熔伤；定位指示与开关的接触位置不太对应。

停下来的变压器，通过测三相分头的直流电阻发现故障。

（二）变压器事故处理

变压器自动跳闸后的一般处理步骤：

（1）变压器自动跳闸后，运行人员应进行系统性处理，即投入备用变压器，调整运行方式和负荷分配，使系统和设备处于正常运行状态。

（2）检查何种保护动作及动作是否正确。

（3）了解系统是否有故障及故障性质。

（4）如属运行人员误碰、误操作及保护误动作，或由于过负荷、区外穿越性故障（故障点已隔离）引起变压器自动跳闸，可不经外部检查试送电一次。

（5）如属差动、瓦斯或速断过电流等保护动作，故障时又有冲击，则应对变压器进行详细检测。在未查清原因或未处理好之前，禁止将变压器投入运行。

（6）查清和处理故障后，应迅速恢复正常运行方式。

（三）变压器保护动作的分析处理

1. 重瓦斯动作

重瓦斯动作的主要原因是变压器铁芯局部过热、绕组匝间短路、绝缘劣化和油面下降等故障。

重瓦斯动作跳闸后一般做如下处理：

（1）检查同时是否有差动保护动作。

（2）检查变压器本体是否有漏油、喷油等现象。

（3）检查油温、油色有无异常。

（4）取样化验瓦斯气体判断故障性质。

（5）若上述检查均无问题，应检查二次回路和气体继电器的接线柱及引线绝缘是否良好。若确系二次回路故障引起误动，可在差动保护及过电流保护投入的情况下将重瓦斯保护改接信号或退出，试送电一次，并加强监视。

（6）若（1）～（4）中任何一项有问题，则应进行停电检查和相应的处理，检查试验合格后方可合闸送电。

2. 差动保护动作

差动保护动作的主要原因是变压器绕组接地、匝间短路、层间短路、铁芯局部过热、烧损等故障和变压器各侧外部及引线单相短路和相间短路等故障。

差动保护动作跳闸后一般作如下处理：

（1）检查同时是否有瓦斯保护动作。

（2）检查变压器本体有无漏油、喷油等异常现象，检查差动保护范围内的绝缘子是否有闪络、损坏，引线是否有短路。必要时测变压器高、低压侧绝缘。

（3）如上述检查无明显故障，应检查继电保护和二次回路是否有故障，直流回路是否有两点接地故障。如检查无异常时，应在切除负荷时立即试送一次，不成功时不准再送。

（4）如果是继电器、二次回路、直流两点接地造成的误动，应将差动保护退出运行，将变压器送电后，再处理，处理好后投到"信号"位置。

（5）差动保护及重瓦斯保护同时动作时，不经变压器内部检查和试验，不得将变压器投入运行。

3. 变压器过电流保护动作

对于由外部相间短路引起的变压器过电流，可采用过电流保护为后备保护。

过电流保护动作跳闸后，应作如下处理：

（1）检查母线及母线上设备是否有短路、有树枝及杂物等。

（2）检查变压器及各侧设备是否有短路。

（3）检查中、低压侧保护及各条线路保护是否动作。

（4）确定母线无电压后，应拉开该母线所带的线路。

（5）若系统母线故障，应考虑切换母线或转移负荷。

（6）若确系越级跳闸，应经联系后试送电。试送电良好，逐条检查故障线路。

（7）若是保护范围内短路故障，应在排除故障后才能送电。

4. 变压器着火

变压器着火时，变压器本体冒烟火；变压器的监测数据可能有摆动或冲击；可能有瓦斯、差动、过电流保护装置动作跳闸，或出现变压器温度高、瓦斯信号。

变压器着火时，首先将变压器各侧断路器、隔离开关拉开，然后将冷却系统停止运行并断开其电源，投入备用变压器。

由于变压器套管破裂或本体裂纹、油在储油柜的压力下流出并在箱盖上燃烧时，应将下部放油门打开，使油面低于损坏处，再用泡沫灭火器、砂子等灭火，并用水浇外壳降低油温；如果变压器外壳炸裂并着火时，必须将油全部放入油坑内，再用灭火器灭火；如果变压器由于内部故障引起着火时，则不能放油，以防变压器发生严重爆炸。用灭火器灭火时，最好使用1211灭火器，其次使用二氧化碳、四氯化碳泡沫、干粉灭火器及砂子灭火。对装有自动灭火装置的变压器，应先启动高压水泵，使其水压达 $0.7\sim0.9MPa$，再打开电动喷雾阀门喷雾灭火。

总之，处理变压器着火，必须分析、判断和迅速果断、分秒必争，特别是初起的小火尽可能使其迅速熄灭，避免事故扩大。

习 题

3-1 变压器的作用是什么？工作原理是什么？

3-2 变压器的基本结构有哪些？各有何作用？

3-3 油浸变压器的冷却方式有哪几种？

3-4 有一台三相变压器，额定容量 $S_N = 5000kVA$，额定电压 $U_{1N}/U_{2N} = 10/6.3kV$，Yd 连接。试求：

(1) 一、二次侧的额定电流；

(2) 一、二次侧的额定相电压和相电流。

3-5 变压器并列运行要满足什么条件？试分析当某一条件不满足时的变压器并列情况。

3-6 什么是变压器的正常过负荷？正常过负荷通常发生在什么情况下？

3-7 什么是分裂变压器？分裂变压器的运行方式有几种？

3-8 如何根据变压器运行声音判断变压器的工作状态？

3-9 变压器常见的内部故障有哪些？

3-10 变压器自动跳闸后一般处理步骤是什么？

3-11 变压器差动保护如何处理？

3-12 变压器着火如何处理？

第四章 异步电动机

火力发电厂的异步电动机主要包括油泵电机、空压机、磨煤机以及循环水泵、给水泵、凝结水泵、送风机、引风机、排粉风机等电力机械设备，它们在能量转换过程中担负着连续不断地输送流体介质（水、油、风、烟等）的任务，是发电过程中必不可少的主要辅助设备，影响着发电厂的安全、经济运行。

异步电动机的特点是：

（1）对运行的可靠性要求很高。例如，若给水泵电机故障，会使锅炉缺水；油泵电机故障，可能会使汽轮机被迫停机；送、引风机故障，会使锅炉降低出力，甚至被迫停机等。

（2）电动机的容量很大、电压等级高、台数多，耗电量大（异步电动机的耗电量占到整个异步电量的 80%～90%）。异步电动机一般采用笼型异步电动机。

本章主要介绍异步电动机的基本原理及结构、额定参数和工作特性、异步电动机的启动和调速。

第一节 异步电动机的基本原理及结构

一、笼型异步电动机的基本结构

三相异步电动机是工、农业各部门应用最为广泛的一种电动机，在电网的总负荷中，异步电动机的用电量占 60% 以上。三相笼型异步电动机的主要特点是结构简单、制造成本低、运行可靠、容易维护。笼型异步电动机的基本结构分为定子、转子两大部分，结构如图 4-1 和图 4-2 所示。

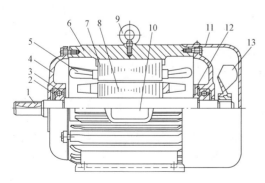

图 4-1 小型笼型异步电动机的结构

1—轴；2—弹簧片；3—轴承；4—端盖；5—定子绕组；
6—机座；7—定子铁芯；8—转子铁芯；9—吊攀；
10—接线盒；11—风罩；12—轴承内盖；13—风扇

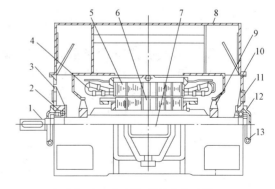

图 4-2 大型笼型异步电动机

1—轴；2—轴承；3—端盖；4—定子绕组；5—定子铁芯；
6—转子铁芯；7—接线盒；8—顶罩；9—风扇；10—机座；
11—轴承内盖；12—轴承外盖；13—排油器

（一）定子部分

定子部分与同步发电机的构造相同，由机座、铁芯和定子绕组构成。

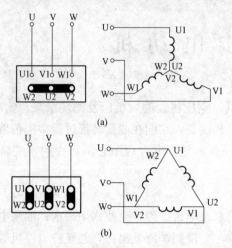

　　机座用来固定和支撑定子铁芯，并承受运行过程中的各种电磁力。

　　铁芯的作用是构成主磁路并放置定子绕组。

　　大型电动机的定子绕组用绝缘铜导线绕制成双层绕组。绕组的接线方式有星形和三角形两种，如图 4-3 所示。定子绕组的作用是构成定子电路并产生磁动势。

（二）转子部分

　　转子部分由转子铁芯、转子绕组（鼠笼条）、转轴等构成。

　　转子铁芯也作为主磁路的一部分，由硅钢片叠制，沿外圆均匀开槽，槽内放置着转子绕组。

图 4-3　笼型异步电动机的接线板

大型异步电动机的转子铁芯套在装有转轴的转子支架上。另外转轴上还装有风扇，便于散热。

　　大型电动机的转子绕组由槽内的铜条和两端的端环焊接而成，中小型电动机采用铸铝绕组，将导条、端环一次铸成整体，其主要特点是工艺简单、成本低。转子绕组在电路上形成了对称的多相闭合回路，由于其外形似"鼠笼"，故称笼型绕组，如图 4-4 所示。笼型绕组的作用是感应电动势并产生转子电流和电磁转矩。

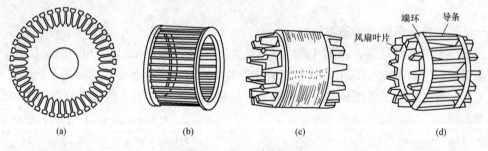

图 4-4　笼型绕组外形

　　笼型异步电动机的转子靠轴承、端盖与定子装配在一起。为了减小励磁电流，必须减小磁路的磁阻，因此，定、转子之间的间隙非常小，仅为零点几到几个毫米。

二、笼型异步电动机的基本工作原理

（一）转子电磁转矩的产生

　　定子三绕组接入三相对称交流电源，在三相绕组中流过正弦电流 $\dot{I}$（三相对称电流），并共同产生圆形旋转磁动势 $\overline{F_1}$（单位：安匝/极），其有效值为

$$F_1 = \frac{1.35}{p} I_1 W_1 k_{w1} \tag{4-1}$$

式中　p——电动机的极对数；

　　　I_1——定子相电流有效值；

　　$W_1 k_{w1}$——每相定子绕组的有效串联匝数。

在旋转磁动势的作用下，建立了电动机的气隙主磁场，于是主磁通 $\dot{\Phi}_1$ 从定子侧穿过气隙进入转子，在空间以同步转速旋转，基波磁场的转速为

$$n_1 = \frac{60f}{p} \tag{4-2}$$

式中　f——定子电源频率。

最初处于静止状态的笼型转子以 n_1 的相对速度切割主磁场，在转子中感应出正弦电动势 $\dot{E}_2$，并在闭合绕组中形成电流 $\dot{I}_2$。转子电流 $\dot{I}_2$ 又与主磁场相互作用，产生电磁力，使得转子圆周上所有的导体对转轴中心形成电磁转矩 T。在电磁转矩的作用下，转子开始顺着旋转磁场 n_1 的方向旋转，直到稳定。此时定子上输入的交流电功率通过电磁感应，转换成电动机轴上的机械功率。当电动机空负荷时，轴上所需电磁转矩很小，因此定子输入的电功率很小，主要用于建立气隙主磁场；转子上的机械负荷增大时，根据电磁感应关系，从定子侧输入的电功率自动增大。

（二）异步电动机的转差率

转差率是异步电动机的一个基本变量，用 s 表示，即

$$s = \frac{\Delta n}{n_1} = \frac{n_1 - n}{n_1} \tag{4-3}$$

式中　n_1——旋转磁场的同步转速；

　　　n——电动机转子的转速，n 与 n_1 同方向。

异步电动机转子绕组中的感应电动势和电流与转差率 s 有关。当 $n=0$、$s=1$，称为堵转点或启动点，此时转子上并未获得机械功率；当 $n=n_1$、$s=0$，称为理想同步点，此时转子绕组和旋转磁场同速、同向旋转，不会感应出电动势和电流。正常运行的异步电动机必须满足条件 $n_1>n>0$，即 $\Delta n \neq 0$，用转差率表示为 $1>s>0$，说明转子的转速总是异于磁场的转速，因此，笼型电动机又称为异步电动机。

当转轴上的机械负荷变化时，转差率也随之改变。异步电动机额定运行时的转差率记作 s_N，$s_N=0.01\sim0.06$，而空负荷运行时，转差率仅为 0.005 左右。例如，三相四极电机，同步转速 $n_1 = \frac{60f}{p} = 1500 \text{r/min}$，额定转速 $n_N = (1-0.05)n_1 = 1424 \text{r/min}$，空负荷转速 $n_0 = (1-0.005)n_1 = 1493 \text{r/min}$。

（三）三相感应电动机的电压方程和等效电路

1. 电压方程式

设三相对称，则只需分析其中一相即可。

（1）定子电压方程式

$$\dot{U}_1 = \dot{I}(R_1 + jX_1) - \dot{E}_1 \tag{4-4}$$

$$\dot{E} = -\dot{I}_m Z_m$$

（2）转子电压方程式。由于转子频率与定子频率的关系为 $f_2 = sf_1$，当转子转动时，转子每相感应电动势为 $\dot{E}_{2s}$，有效值为 E_{2s}，即

$$E_{2s} = 4.44 s f_1 N_2 k_{w2} \Phi_m \tag{4-5}$$

当转子静止（$s=1$）时，转子每相感应电动势为 $\dot{E}_2$，有效值为 E_2，即

$$E_2 = 4.44 f_1 N_2 k_{w2} \Phi_m \tag{4-6}$$

$$E_{2s} = s E_2 \tag{4-7}$$

由于转子频率 $f_2 = s f_1$，故转子转动时的漏抗为 X_{2s}，即

$$X_{2s} = 2\pi f_2 L_2 = 2\pi s f_1 L_2 = s X_2 \tag{4-8}$$

式中　X_2——转子静止时的漏抗。

转子电压方程式

$$\dot{E}_{2s} = \dot{I}_{2s}(r_2 + j s X_2) \tag{4-9}$$

2. 等效电路

为了得到适用的等效电路，必须对转子电路进行频率和绕组归算。

(1) 频率归算。用静止的电阻为 $\dfrac{r_2}{s}$ 的等效转子去代替电阻为 r_2 的实际旋转的转子，等效转子与实际转子具有同样的转子磁动势。

(2) 绕组归算。用相数、有效匝数和定子完全相同的等效转子绕组代替实际的转子绕组，保持折算前后磁通不变，磁动势不变，有功及无功损耗不变。

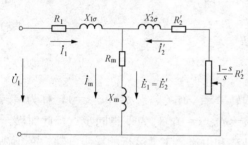

图 4-5　感应电动机的 T 形等效电路

(3) 感应电动机的 T 形等效电路。如图 4-5所示，折算后的方程式组为

$$\left. \begin{aligned} \dot{U}_1 &= \dot{I}_1(r_1 + jX_1) - \dot{E}_1 \\ \dot{E}_2' &= \dot{I}_2'\left(\frac{r_2'}{s} + jX_{2\sigma}'\right) \\ \dot{E}_1 &= \dot{E}_2' = -\dot{I}_m Z_m \\ \dot{I}_1 + \dot{I}_2' &= \dot{I}_m \end{aligned} \right\} \tag{4-10}$$

由等效电路可见，感应电动机相当于变压器带纯电阻负载的情况。

1) 当 $s=1$、$n=0$ 时，$\dfrac{1-s}{s} r_2' = 0$，相当于转子侧短路，堵转电流很大；

2) 当 $s=0$、$n=n_1$ 时，$\dfrac{1-s}{s} r_2' = \infty$，相当于转子侧开路，$\dot{I}_2' = 0$；

3) 当 $1 > s > 0$ 时，$m_1 \dot{I}_2'^{2} \dfrac{1-s}{s} r_2'$ 代表电动机总机械功率。

(四) 异步电动机的转矩和机械特性

1. 转矩平衡方程式

异步电动机作为原动机，通过机械传动机构带动生产机械运转，完成某一生产任务，这种方式称为电力拖动。若电机的电磁转矩为 T，空负荷转矩为 T_0，生产机械的负荷转矩为 T_2，则电动机静负荷转矩为 $T_L = T_0 + T_2$，作用在轴上的机械转矩应满足

$$T - T_L = \frac{GD^2}{375} \frac{dn}{dt} \tag{4-11}$$

式中　GD^2——传动部分的总飞轮矩，$N \cdot T$；

　　　n——电动机的转速。

式 (4-11) 表明，转速的变化取决于作用在转轴上的电磁拖动转矩 T 和静负荷转矩 T_L

的代数和。当 $T > T_{\mathrm{L}}$ 时，转子加速；反之转子减速；而 $T = T_{\mathrm{L}}$ 时，转速不变，系统保持恒定的转速运转，称为稳态。

机组能否平衡稳定，取决于电动机的机械特性和负荷的机械特性两个因素，即稳定运行的充要条件是：

（1）在两特性曲线交点处，$T = T_{\mathrm{L}}$。

（2）在交点附近，满足 $\dfrac{\mathrm{d}T}{\mathrm{d}n} < \dfrac{\mathrm{d}T_{\mathrm{L}}}{\mathrm{d}n}$。

2. 异步电动机的机械特性

电磁转矩 T 和转速 n 是生产机械对电动机提出的两项基本要求，因而机械特性是电动机的主要特性。机械特性是指在一定的条件下，电动机的转速 n 与电磁转矩 T 之间的函数关系，即 $n = f(T)$。对于异步电动机，其转差率 $s \neq 0$，转速 $n = (1-s)\,n_1$，所以常用 $T = f(n)$ 表示机械特性。机械特性有两种表达式，其参数表达式为

$$T = \frac{m_1 p U_1^2 \dfrac{r_2'}{s}}{2\pi f\left[\left(r_1 + \dfrac{r_2'}{s}\right)^2 + (X_1 + X_2')^2\right]} \tag{4-12}$$

式中　p——电机的极对数；

　　　m_1——定子绕组相数，$m_1 = 3$；

　r_1、X_1——定子绕组的电阻、漏电抗；

　r_2'、X_2'——转子绕组的电阻、漏电抗折算值。

式（4-12）对应的曲线如图 4-6 所示。图中，在高速时，$T\text{-}s$ 曲线为直线；当 s 接近 1 时，$T\text{-}s$ 曲线为双曲线的一段。图上有几个特殊的点值得注意。

（1）最大转矩：对式（4-12）求导，并令 $\dfrac{\mathrm{d}T}{\mathrm{d}s} = 0$，可求得临界转差率 s_{cr} 以及电动机的最大转矩 $T_{\max}$ 的数值。电动机的最大电磁转矩正比于电源电压 U_1 的平方，而临界转差率 s_{cr} 与 U_1 无关。

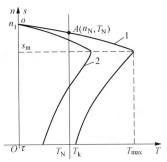

图 4-6　异步电动机的机械特性

$$s_{\mathrm{cr}} = \frac{r_2'}{\sqrt{r_1^2 + (x_1 + x_2')^2}} \approx \frac{r_2'}{x_1 + x_2'} \tag{4-13}$$

$$T_{\max} = \frac{m_1 p U_1^2}{4\pi f_1\left[r_1 + \sqrt{r_1^2 + (x_1 + x_2')^2}\right]} \approx \frac{m_1 p U_1^2}{4\pi f_1\,(x_1 + x_2')^2} \tag{4-14}$$

（2）过负荷能力：异步电动机的过负荷能力为最大转矩与额定转矩之比，用 λ_{m} 表示，即

$$\lambda_{\mathrm{m}} = \frac{T_{\max}}{T_{\mathrm{N}}} \tag{4-15}$$

λ_{m} 是电动机的重要参数。为了保证电动机不因短时过负荷而停转，异步电动机应具有一定的过负荷能力，一般电动机 $\lambda_{\mathrm{m}} = 1.6 \sim 2.2$，专用电动机 $\lambda_{\mathrm{m}} = 2.2 \sim 2.8$。

（3）启动转矩：当 $s = 1$，$n = 0$ 时的电磁转矩称为启动转矩或堵转转矩，用 T_{st} 表示，即

$$T_{\mathrm{st}} = \frac{m_1 p U_1^2 r_2'}{2\pi f_1\left[(r_1 + r_2')^2 + (x_1 + x_2')^2\right]} \tag{4-16}$$

电动机在工频额定电压下的启动转矩 T_{st} 与额定转矩 T_N 之比，称为启动转矩倍数，用 K_T 表示，即

$$K_T = \frac{T_{st}}{T_N} \tag{4-17}$$

K_T 是表示电动机的启动性能的重要参数。满载启动时，$K_T > 1$；一般情况下，$K_T = 0.9 \sim 1.3$。

（4）理想同步点：图 4-6 中，$s = 0$、$n = n_1$ 为理想同步点，此时转子绕组的感应电动势为零，所以 $I_2 = 0$，$T = 0$。

对于制成的电动机，按规定的方式接线，并保持定子、转子参数一定，在定子侧加工频额定电压，此时获得的机械特性是唯一的，称为固有机械特性，如图 4-6 中的曲线 1。人为改变电动机参数，或改变电压大小、电源频率，可得到一系列人为机械特性，如图 4-6 中的曲线 2 为降低电压时的人为机械特性。

3. 机械特性的实用表达式

对于某台具体的电动机，根据产品目录给出的额定功率 P_N、额定转速 n_N 和过负荷能力 λ_m，可以在电动机参数未知的情况下，得出机械特性的实用表达式

$$T = \frac{2T_{max}}{\dfrac{s}{s_{cr}} + \dfrac{s_{cr}}{s}} \tag{4-18}$$

式中，最大转矩 T_{max} 和临界转差率 s_{cr} 的计算式为

$$T_{max} = \lambda_m T_N = \lambda_m \times 9550 \frac{P_N}{n_N} \tag{4-19}$$

$$s_{cr} = s_N(\lambda_m + \sqrt{\lambda_m^2 - 1}) \tag{4-20}$$

根据机械特性的实用表达式，给定一系列的 s 值，即可得出电动机的 T—s 曲线，曲线的形状仍如图 4-6 所示。当电动机在额定范围内运行时，转差率 s 很小，可忽略分母上的 $\dfrac{s}{s_m}$ 项。得到近似的直线机械特性方程

$$T = \frac{2T_{max}}{s_{cr}} s \tag{4-21}$$

由电动机的机械特性曲线可知：①在 $s < s_{cr}$ 的范围内，电动机具有下降的机械特性，这样有利于稳定运行；②额定转速 n_N 位于机械特性的直线段，而且在负荷转矩变化时，转速的变化范围不大，因而异步电动机具有硬机械特性。

第二节　异步电动机的额定参数及工作特性

一、国产异步电动机简介

异步电动机为了适应各种机械设备的配套要求，它的系列、品种、规格繁多。目前国产异步电动机约有 100 多个系列、500 多个品种和 5000 多个规格。

异步电动机的型号采用大写汉语拼音字母和阿拉伯数字组成。例如，对于一般用途的电动机，型号可表示为：Y160L-6，Y—笼型异步电动机；160—机座号；L—机座长度代号；6—极数。对于派生系列电动机，如 YKK500-4，其中字母 KK 表示带有"空—空"冷却器；

YQS 系列为充水式潜水泵电动机。工程上，把机座号在 630TT 以上的电机称为大型电机，机座号在 80TT～630TT 之间的称为中小型电机。

二、异步电动机的额定参数

异步电动机的额定数据标注在铭牌上，包括额定功率 P_N（kW 或 TW）、额定电压 U_N（V）、额定电流 I_N（A）、额定功率因数 $\cos\varphi_N$、额定效率 η_N、额定频率 f_N（Hz）、额定转速 n_N 和定子绕组相数 m。应当指出，P_N 是指转轴上输出的机械功率，其数值小于定子侧输入的电功率。根据以上数据，定子绕组线电流的计算公式为

$$I_N = \frac{P_N \times 10^3}{\sqrt{3}U_N\cos\varphi_N\eta_N} \tag{4-22}$$

式中 U_N——定子绕组的线电压。

三、异步电动机的工作特性

用户在选用电动机时，有必要对电动机的工作特性有一定的了解，以便根据负荷的大小，合理选择电动机的功率。异步电动机工作特性是指在工频额定电压情况下，电动机的转速 n、电磁转矩 T、功率因数 $\cos\varphi$、效率 η 和定子电流 I_1 与输出功率 P_2 之间的关系曲线。对于一般用途的电动机，其典型的运行曲线如图 4-7 所示。图中各量均以标幺值表示。

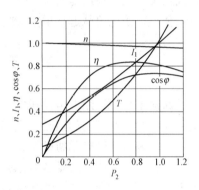

图 4-7 异步电机工作特性曲线

1. 转速特性 $n = f(P_2)$

电机的转速和转差率有关，转差率 s 可用式（4-3）表示，还可用转子铜损耗 P_{Cu2} 与电磁功率 P_M 的比值表示为

$$s = \frac{n_1 - n}{n_1} = \frac{P_{Cu2}}{P_M} \tag{4-23}$$

为保证电动机有较高的效率，额定负荷运行时转子铜损耗所占的比例很小，即额定转差率 s_N 很小，$s_N = 0.015 \sim 0.05$。又根据 $n = (1-s)n_1$，所以从空负荷到满负荷范围运行时，电动机转速略微下降，仅比同步转速低 $1.5\% \sim 2.5\%$。

2. 转矩特性 $T = f(P_2)$

电磁转矩由空负荷转矩 T_0 与输出转矩 T_2 两部分组成，即 $T = T_0 + T_2$，空负荷时 $T = T_0$，T_0 很小，可近似为常数。当转速一定时，由 $T_2 = 9550\dfrac{P_2}{n}$ 可知，$T_2 \propto P_2$；考虑到负荷增大时转速 n 略微下降的因素，电磁转矩 $T = f(P_2)$ 为一条不过坐标原点且稍向上翘的曲线。

3. 功率因数特性 $\cos\varphi = f(P_2)$

电动机空负荷时，定子电流基本上是励磁电流（感性无功电流），因此功率因数很低，仅为 0.2 左右。随着负荷的增加，定子电流中的有功分量逐渐增加，因此功率因数上升得很快。在额定负荷附近，功率因数最高。超过额定负荷后，由于转差率 s 上升，转子阻抗角增大，转子电流的无功分量增大，引起相应的定子无功电流增大，使功率因数反而减小。

4. 效率特性 $\eta = f(P_2)$

电动机效率的计算公式为

$$\eta = \frac{P_2}{P_1} \times 100\% = \frac{P_2}{P_2 + \sum P} \times 100\% \qquad (4\text{-}24)$$

效率与总损耗有关。总损耗 $\sum P$ 包含不变损耗（铁损耗、机械损耗）和可变损耗（铜损耗、附加损耗）两部分。空负荷时，$P_2 = 0$，$\eta = 0$，负荷较小时，由于额定电流较小，总损耗增加缓慢，使效率增加得很快；当负荷率增大到 0.5 以上，效率很高且变化很少；当负荷率增大到使可变损耗和不变损耗相等时，效率达最大值。效率最大值发生在负荷率为 0.6～0.8 之间。若负荷还继续增大，由于铜耗增加得很快（正比与电流的平方），反而使效率有所下降。

5. 定子电流特性 $I_1 = f(P_2)$

定子电流可以分解为励磁分量和负荷分量的相量和，励磁分量所占的比例很小，且不随负荷而变。当负荷由零开始增加时，由于电磁感应的关系，定子电流中的负荷分量相应上升，使得定子电流从起始的励磁电流开始上升。

第三节　异步电动机的启动和调速

新建工程中选用的电动机全部是笼型异步电动机。电动机在运行过程中，需要用专用的电气控制线路对其实施启动、调速、制动等方面的控制，以满足生产机械设备的工艺要求。

一、笼型异步电动机的启动

电力拖动系统对启动的要求是：①启动转矩（堵转转矩）大，升速快；②启动电流（堵转电流）不超过允许值；③启动设备简单。

笼型异步电动机本身的堵转电流很大，为额定电流的 5～7 倍，而堵转转矩仅为额定转矩的 0.55～1.18 倍。由于启动时的加速转矩小，将使电动机启动时间长，导致定子绕组过热。可见笼型异步电动机本身的启动性能不好。

笼型异步电动机的启动方法分为全压直接启动和降压启动两种。

（一）全压直接启动

全压直接启动即在额定电压下直接启动。其优点是启动转矩比降压启动时大、设备简单。缺点是启动电流很大，使得线路压降增大，影响其他设备的正常运行。在电源容量足够大时，应优先采用全压启动。例如，主给水泵电动机、凝结水泵电动机要求全压启动。

（二）降压启动

当电源容量相对较小，且电动机要求轻负荷启动时，采用降压启动。即采用辅助设备，降低加在定子绕组上的启动电压，启动结束后仍在额定电压下运行。降压启动的特点是启动电流减小，但启动转矩很小。降压启动时，启动电流减小了，但启动转矩也减小了，故降压启动只适用于空负荷或轻负荷下的启动。三相笼型异步电动机降压启动的方法有：定子绕组串接电阻或电抗器、星形—三角形连接、自耦变压器及延边三角形启动等。这些启动方法的实质都是在电源电压不变的情况下，启动时降低加在电动机定子绕组上的电压，以限制启动电流，而在启动后再将电压恢复至额定值进行正常运行。

1. 定子绕组电路串接电阻（电抗器）降压启动控制电路

图 4-8 所示为电动机定子绕组串接电阻的降压启动控制电路。图中 KM1 为接通电源接触器，KM2 为短接电阻接触器，KT 为启动时间继电器，R 为电阻。

工作原理为：合上电源开关 Q，按下启动按钮
SB2，KM1 通电并自保持，同时 KT 通电，电动机
定子绕组电路串接电阻 R 进行降压启动，经时间
继电器 KT 延时，其动合延时闭合触点闭合，KM2
通电，将电阻 R 短接，电动机进入全电压运行。
KT 的延时长短根据电动机启动过程时间长短来
整定。

串接电阻时，电阻功率大，能通过较大电流，
但能量损耗大，为节省能量，可采用电抗器代替电
阻，但价格较高，不太实用。

2. 自耦变压器降压启动的控制电路

将自耦变压器一次侧接在电网上，二次侧接在
电动机定子绕组上，电动机定子绕组得到的电压是
自耦变压器的二次侧电压 U_2，自耦变压器变比 $k = U_1/U_2 > 1$。当利用自耦变压器启动时的电压为电

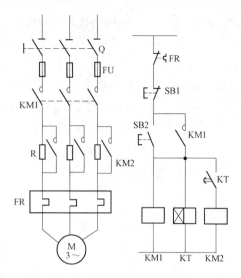

图 4-8 定子绕组串接电阻的
降压启动控制电路

动机额定电压时，电网供给的启动电流为直接启动电流的 $1/k_2$，由于启动转矩正比于电压
U_2，故启动转矩为直接启动转矩的 $1/k_2$。

图 4-9 所示是自耦变压器降压启动的控制电路，依靠自耦变压器的降压作用来实现电动
机启动电流的限制。电动机启动时，定子绕组得到的电压是自耦变压器的二次侧电压，启动
完毕时，自耦变压器被短接，自耦变压器的一次侧电压直接加于定子绕组，电动机进入全电
压正常运行。

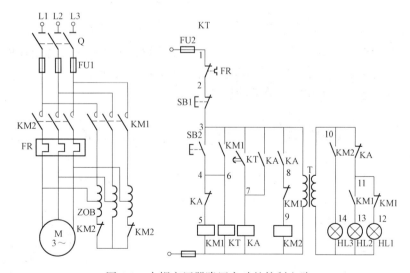

图 4-9 自耦变压器降压启动的控制电路

电路工作原理是：合上电源开关 Q，按下启动按钮 SB2，KM1、KT 线圈同时通电并自
保持，将自耦变压器接入，电动机定子绕组经自耦变压器接至电源开始降压启动，同时指示
灯 HL1 灭，HL2 亮，显示电动机正进行降压启动。当电动机转速接近额定转速时，KT 延
时动断触点闭合，KA 线圈通电并自保持，KA（4-5）断开使 KM1 断电，自耦变压器被切

除，KA（10-11）断开，HL2 指示灯熄灭；KA（3-8）闭合，KM2 通电，电动机进行全电压正常运行，同时指示灯 HL3 亮，表明电动机降压启动结束，进入正常运行。

　　自耦变压器降压启动的方法适用于不频繁启动、容量较大的电动机，启动转矩可以通过改变抽头的连接位置得到改变，但自耦变压器价格较贵。

　　3. 星形—三角形转换降压启动控制电路

　　星形（Y）—三角形（D）降压启动只适用于正常工作时定子绕组作三角形连接的电动机，由于该方法简单经济，故使用普遍，功率在 4kW 以上的三相笼型异步电动机均为三角形接法，都可以采用星—三角转换降压启动方法，图 4-10 所示为时间继电器切换的星形—三角形降压启动控制电路。

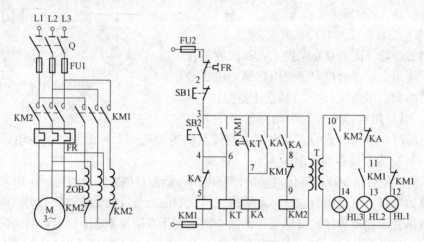

图 4-10　星形—三角形降压启动控制电路

　　星形—三角形转换降压启动是指启动时将定子绕组接为星形，待转速增加到额定转速时，将定子绕组的接线切换成三角形。在启动时，定子绕组电压降为电源电压的 $1/\sqrt{3}$，电流为直接启动时的 1/3，启动转矩也是直接启动（三角接）时的 1/3，故不仅适用于空负荷或轻负荷下启动，也适用于较重负荷下的启动。

　　4. 延边三角形降压启动控制电路

　　采用星形—三角形降压启动时，可以在不增加专用设备的条件下实现降压启动，但其启动转矩较低，而延边三角形降压启动是不增加专用设备又能得到较高启动转矩的启动方法。它适用于定子绕组特别设计的异步电动机，这种电动机共有九个出线端，图 4-11 是延边三角形降压启动电动机定子绕组抽头连接方式，图 4-12 是延边三角形降压启动控制电路。

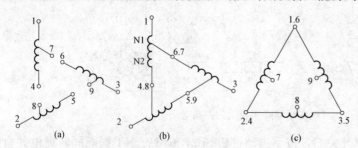

图 4-11　延边三角形降压启动电动机定子绕组抽头连接方式
(a) 原始状态；(b) 起始状态；(c) 运行状态

　　延边三角形降压启动控制电路的工作原理是：合上电源开关 Q，按下 SB2，KM1 通电并自锁，KM3、KT 同时通电，此时电动机接成延边三角形降压启动，KT 经过延时后，

KM3 断电，KM2 通电，电动机接成三角形正常运转。

延边三角形降压启动的优点是在三相接入 380V 电源时，每相绕组承受的电压比三角接法的相电压要低，而这时相电压大小取决于每相绕组中匝数 N_1 与 N_2 的比值（抽头比），N_1 所占的比例越大，相电压就越低。如 $N_1 : N_2 = 1 : 2$ 时，则相电压为 290V，$N_1 : N_2 = 1 : 1$ 时，相电压为 264V。采用延边三角形降压启动时，其相电压高于星形—三角形降压启动时的相电压，因此启动转矩也大于星形—三角形降压启动时的转矩。

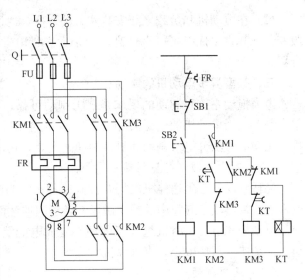

图 4-12 延边三角形降压启动控制电路

由于延边三角形降压启动的电动机制造工艺复杂，故这种方法目前尚未得到广泛应用。

二、笼型异步电动机的调速

电力拖动系统对调速的要求是：①调速范围大；②调速平滑性好（级数多）；③调速稳定性好；④调速设备成本低。笼型异步电动机的调速性能不及绕线式电动机，其调速方法主要有：变极调速、调压调速、变频调速等。

（一）变极调速

变极调速的方法是利用换接开关改变定子绕组的接线方式，例如将每相绕组的一半线圈反接，就变换到另一极对数 p，因为 $n_1 = \dfrac{60 f_1}{p}$，故可获得两种或两种以上的同步转速。已制成的单绕组多速电动机为 YD 系列。变极调速的特点是：结构简单、成本低，但调速不平滑（有级调速）。

（二）调压调速

当利用调压装置改变定子绕组的端电压 U 时，由于转矩 $T \propto U^2$，而临界转差 s_{cr} 与电压 U 无关，因而改变了电动机的固有特性 $T = f(n)$，使电动机的转速发生变化。对于笼型异步电动机，由于结构上的原因，转子回路无法串接电阻，因此调压调速的范围很小。对于泵、风机类负载，其调压调速的范围比恒转矩负载大些。调压调速的优点是：调速平滑（无级调速）。

（三）变频调速

利用变频设备改变定子电压的频率 f_1，从而改变同步转速 n_1，可以在很宽的范围内实现平滑调速。变频设备主要有交—交变频器和交—直—交变频器两类。目前工程上较多采用交—直—交变频器，应用正弦波脉冲宽度调制（SPWM）技术，实现电压频率协调控制。

（四）其他调速方法

（1）在电动机和负载（泵）之间安装电磁离合器，通过调节电磁离合器的励磁电流，可以实现无级变速。已制成的电磁调速电机（YCT 系列），结构简单，适合中小型泵、风机类负载。

（2）在电动机和负载之间安装液力耦合器，通过调节液力耦合器的进油量，可以实现无级变速。其主要优点是可靠性高，用于大容量电动机，例如主给水泵电动机配用了液力耦合器。

三、笼型异步电动机的制动

电力拖动系统对制动的要求是：①制动可靠；②制动转矩大、时间短；③制动设备简单。制动是指电动机的电磁转矩与转子的转向相反时的运行状态，即电机限速或停机的过程。制动的方法分电气制动和机械制动两大类，具体有：

（一）动力制动（能耗制动）

能耗制动用于迅速停机的场合。其原理是：当断开交流电源 U_1 的瞬间，在定子绕组中通入直流，形成了气隙中的静止磁场。转子因惯性而继续旋转，它切割该气隙磁场，感应出交流电动势和电流，将机组残存的动能变成电能消耗在转子回路中；同时也产生制动性转矩，使转速 n 很快减小，直到停机。

（二）反接制动

反接制动适用于迅速停机并且需要正反转的场合。其原理是：当断开交流电源 U_1 的瞬间，在定子上加上反相序的电源，使电动机产生反方向的旋转磁场，因而产生的电磁转矩与负载惯性转矩反方向，起到制动作用，使转速很快减小至零。这种制动方法简单、可靠，但应注意当转速下降至 $n=0$ 时及时切断电源，否则电动机将反转运行。

（三）发电制动（回馈制动）

当转子由于外力作用，使转速升高到超过同步转速（$n > n_1$）时，电机的转差率 $s < 1$，发电机处于运行状态，此时产生的转矩为制动性转矩，从而限制转速继续上升。发电制动只能用于限速，无法使转速为零。例如起重机在重物下降时就是利用发电制动来限速的。

（四）机械制动

指电磁机械制动。在定子断电的同时，也切断了制动机构中克服弹簧压力的电磁铁电源，于是制动闸受弹簧压力迅速动作，制动闸轮起到制动作用，使电动机停转。调节制动闸的弹簧压力，可以改变制动转矩的大小。机械制动主要特点是不受电气故障的影响。通常，电气制动和机械制动配合使用。已制成的自制动电动机（例如电磁制动电动机），在其内部安装有制动机构，电机断电时能起到电磁制动的作用。

习　题

4-1　笼型电动机由哪几部分组成？

4-2　画出感应电动机的 T 形等效电路图。

4-3　画出异步电动机的机械特性曲线并分析电动机过负荷能力。

4-4　某异步电动机的额定频率为 50Hz，额定转速为 970r/min，问该电机的极对数是多少？额定转差率是多少？

4-5　某三相异步电动机的额定功率是 55kW，额定电压为 380V，额定功率因数为 0.89，额定效率为 91.5%，试求该电动机的额定电流为多少？

4-6　异步电动机带额定负荷运行时，若负荷转矩不变，电源电压下降过多，对电动机的 M_{max}、M_{st}、I_1、I_2、s 及 η 有何影响？

4-7　画出三相笼型异步电动机定子绕组串接电阻或电抗器降压启动的电路并分析启动过程。

4-8　画出三相笼型异步电动机采用星形—三角形连接降压启动的电路并分析启动过程。

4-9　画出三相笼型异步电动机采用自耦变压器降压启动的电路并分析启动过程。

4-10　一台三相四极异步电动机额定功率为 28kW，额定电压为 380V，额定效率为 90%，额定功率因数为 0.88，定子为三角形连接。在额定电压下直接启动时，启动电流为额定电流的 6 倍，试求用 丫-△启动时的启动电流是多少？

4-11　异步电动机有哪几种主要的调速方法？

4-12　什么是异步电动机的制动？制动的方法有哪些？

第五章 电力系统中性点的运行方式

电力系统中性点是指电力系统中星形连接的发电机和变压器的中点。

电力系统中性点的运行方式可分为两大类：一类属于非有效接地系统，包括中性点不接地，经消弧线圈接地和经高阻抗接地；另一类属于有效接地系统，包括中性点直接接地与经小阻抗接地。当电力系统发生单相接地时，中性点不接地、经消弧线圈接地或经高阻抗接地的系统发生单相接地时短路电流小，故称这三种为小电流接地系统；而中性点直接接地或经小阻抗接地的系统单相接地时短路电流很大，故称之为大电流接地系统。

选择电力系统中性点接地方式是一个涉及电力系统诸多方面的综合性问题。它与电压等级、单相接地短路电流、过电压水平、保护配置等有关，直接影响电网的绝缘水平、系统供电的可靠性和连续性、主变压器和发电机的运行安全以及对通信系统的干扰等。本章就中性点不同运行方式的三相系统作一般综合介绍。

第一节 中性点不接地的三相系统

一、中性点不接地系统的正常运行情况

电力系统正常运行时，三相导线之间和各相导线对地之间，沿导线的全长存在分布电容，这些分布电容在工作电压的作用下会产生附加的容性电流。各相导线间的电容及其所引起的电容电流较小，并且对后面讨论的问题没有影响，故可以不予考虑。各相导线对地之间的分布电容，分别用集中的等效电容 C_U、C_V、C_W 表示，如图 5-1（a）所示。电力系统正常运行时，一般认为三相系统是对称的，若三相导线经过完全换位，则各相的对地电容相等，根据电工技术课程，用节点法按弥尔曼定理可求得中性点 N 对地的电位 $\dot{U}_N$ 为零。

设电源三相电压分别为 $\dot{U}_U$、$\dot{U}_V$、$\dot{U}_W$，各相对地电压分别用 $\dot{U}_{UD}$、$\dot{U}_{VD}$、$\dot{U}_{WD}$ 表示，则有

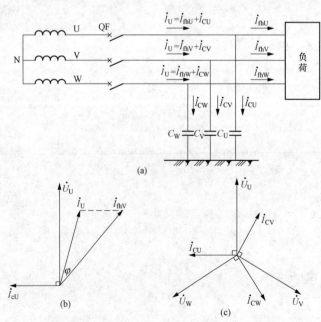

图 5-1 中性点不接地系统的正常运行情况
(a) 电路图；(b)、(c) 相量图

$$\dot{U}_{UD} = \dot{U}_U + \dot{U}_N = \dot{U}_U \qquad (5\text{-}1)$$

$$\dot{U}_{VD} = \dot{U}_V + \dot{U}_N = \dot{U}_V \qquad (5\text{-}2)$$

$$\dot{U}_{WD} = \dot{U}_W + \dot{U}_N = \dot{U}_W \qquad (5\text{-}3)$$

即各相的对地电压分别为电源各相的相电压。各相对地电压作用在各相的分布电容上，各相的对地电容电流 $\dot{I}_{CU}$、$\dot{I}_{CV}$、$\dot{I}_{CW}$ 大小相等，相位相差点 $120°$，如图 5-1（c）所示。各相对地电容电流的相量和为零，所以大地中没有电容电流过。此时各相电流 $\dot{I}_U$、$\dot{I}_V$、$\dot{I}_W$ 为各相负荷电流 $\dot{I}_{fhU}$、$\dot{I}_{fhV}$、$\dot{I}_{fhW}$ 与相应的对地电容电流 $\dot{I}_{CU}$、$\dot{I}_{CV}$、$\dot{I}_{CW}$ 的相量和，如图 5-1（b）所示，图中仅画出 U 相的情况。

二、单相接地故障

在中性点不接地的三相系统中，当由于绝缘损坏等原因发生单相接地故障时，情况将发生显著变化。图 5-2 所示为 W 相 k 点发生完全接地的情况。所谓完全接地，也称金属性接地，即认为接地处的电阻近似等于零。

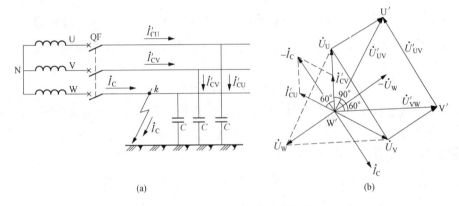

图 5-2　中性点不接地系统单相接地

（a）电路图；（b）相量图

当 W 相完全接地时，故障相的对地电压为零，即 $\dot{U}'_{Wk}=0$，则有

$$\dot{U}_{Wk} = \dot{U}'_N + \dot{U}_N \qquad (5\text{-}4)$$

$$\dot{U}'_N = -\dot{U}_W \qquad (5\text{-}5)$$

上式表明，当 W 相完全接地时，中性点对地的电压不再为零，而上升为相电压，且与接地相的电源电压相位反相。于是非故障相 U 相和 V 相的对地电压 $\dot{U}'_{Uk}$、$\dot{U}'_{Vk}$ 分别为

$$\dot{U}'_{Uk} = \dot{U}_U + \dot{U}'_N = \dot{U}'_U - \dot{U}'_W \qquad (5\text{-}6)$$

$$\dot{U}'_{Vk} = \dot{U}_U + \dot{U}'_N = \dot{U}'_V - \dot{U}'_W \qquad (5\text{-}7)$$

各相对地电压的相量关系如图 5-2（b）所示，$\dot{U}'_{Uk}$ 和 $\dot{U}'_{Vk}$ 之间的夹角为 $60°$。此时 U、W 相间电压为 $\dot{U}'_{Uk}$，V、W 相间电压为 $\dot{U}'_{VK}$，而 U、V 相间电压等于 $\dot{U}'_{UV}$。此时，系统三相的线电压仍保持对称且大小不变。因此，对接于线电压的用电设备的工作并无影响，无须立即中断对用户供电。

由于 U、V 两相对地电压由正常时的相电压升高为故障后的线电压，则非故障相对地的电容电流也相应增大 $\sqrt{3}$ 倍。如正常运行时各相导线对地的电容相等并等于 C，正常时各相对地电容电流的有效值也相等，且有

$$I_{CU} = I_{CV} = I_{CW} = \omega C U_X \tag{5-8}$$

式中　U_X——电源的相电压；

　　　ω——角频率；

　　　C——相对地电容。

单相接地故障时，未接地 U、V 相的对地电容电流的有效值为

$$I'_{CU} = I'_{CV} = \sqrt{3}\omega C U_X \tag{5-9}$$

W 相接地时，W 相对地电容被短接，W 相的对地电容电流为零。此时三相对地电容电流之和不再等于零，大地中有容性电流流过，并通过接地点形成回路，如图 5-2（a）所示，如果选择电流的参考方向是从电源到负荷的方向和线路到大地的方向，则 W 相接地处的电流，即接地电流，用 $\dot{I}_C$ 表示

$$\dot{I}_C = -(\dot{I}'_{CU} + \dot{I}'_{CV}) \tag{5-10}$$

由图 5-2（b）可见，$\dot{I}'_{CU}$ 和 $\dot{I}'_{CV}$ 分别超前 $\dot{U}'_{Uk}$ 和 $\dot{U}'_{Vk}$ 90°，$\dot{I}'_{CU}$ 和 $\dot{I}'_{CV}$ 之间的夹角为 60°，两者的相量和为 $-\dot{I}'_C$。接地电流 $\dot{I}_C$ 超前 $\dot{U}_W$ 90°，为容性电流，于是，单相接地电流的有效值为

$$I_C = \sqrt{3}I'_{CU} = 3\omega C U_X \tag{5-11}$$

可见，单相接地故障时流过大地的电容电流等于正常运行时一相对地电容电流的 3 倍。接地电流 I_C 的大小与系统的电压、频率和对地电容值有关，而对地电容值又与线路的结构（电缆或架空线）、布置方式和长度有关。实用计算中采用的计算式为

$$I_C = \frac{U(L_1 + 35L_2)}{350} \tag{5-12}$$

式中　I_C——接地电容电流，A；

　　　U——系统的线电压；

　　　L_1——与电压同为 U，并具有电联系的所有架空线路的总长度，km；

　　　L_2——与电压同为 U，并具有电联系的所有电缆线路的总长度，km。

以上分析是完全接地时的情况。当发生不完全接地时，即通过一定的电阻接地时，接地相的相对地电压大于零而小于相电压，未接地相的对地电压大于相电压而小于线电压，中性点电压大于零而小于相电压，线电压仍保持不变，此时的接地电流要比完全接地时小一些。

综上所述，中性点不接地系统发生单相接地故障时产生的影响，可由以下几方面分析：

单相接地故障时，由于线电压保持不变，对电力用户没有影响，用户可继续运行，提高了供电可靠性。一般来说，长期带单相接地故障运行不会危及电网绝缘，但实际上是不允许过分长期带单相接地运行的，因为未故障相电压升高为线电压，长期运行可能在绝缘薄弱处发生绝缘破坏时，造成相间短路。因此，为防止由于接地点的电弧及伴随产生的过电压，使系统由单相接地故障发展为多相接地故障，引起故障范围扩大，所以在这种系统中必须装设交流绝缘监察装置，当发生单相接地故障时，立即发出绝缘下降的信号，通知值班人员及时处理。电力系统的有关规程规定：在中性点不接地的三相系统中发生单相接地时，允许继续运行的时间不得超过 2h，并要加强监视。

由于非故障相的对地电压升高到线电压，所以在这种系统中，电气设备和线路的对地绝缘必须按能承受线电压考虑设计，从而相应地增加了投资。

单相接地时，在接地处有接地电流流过，会引起电弧。当接地电流不大时，交流电流过零时电弧将自行熄灭，接地故障随之消失；当接地电流超过一定值时（如在 10kV 电网中接地电流大于 30A 时），将会产生稳定的电弧，形成持续的电弧接地，此电弧的强弱与接地电流的大小成正比，高温的电弧可能损坏设备，甚至导致相间短路，尤其在电机或电器内部发生单相接地出现电弧时最危险；接地电流小于一定值而大于某一数值时，可能产生一种周期性熄灭与复燃的间歇性电弧，这是由于网络中的电感和电容形成的振荡回路所致，随着间歇性电弧的产生将出现电网电压的不正常升高，引起过电压，过电压的幅值可达 2.5～3 倍的相电压，足以危及整个电网的绝缘。

三、中性点不接地系统的适用范围

当线路不长、电压不高时，接地点的接地电流数值较小，电弧一般能自动熄灭。特别是在 35kV 及以下的系统中，绝缘方面的投资增加不多，而供电可靠性较高的优点比较突出，中性点采用不接地运行方式较适合。

目前我国 3～10kV 不直接连接发电机的系统和 35、66kV 系统，当单相接地故障电流不超过下列数值时，应采用中性点不接地方式：

（1）3～10kV 钢筋混凝土或金属杆塔的架空线路构成的系统和所有 35、66kV 系统，不直接连接发电机的系统；当接地电流 I_C<10A 时。

（2）3～10kV 非钢筋混凝土或非金属杆塔的架空线路构成的系统，电压为 3kV 时，接地电流 I_C<30A；电压为 6kV 时，接地电流 I_C<20A。

（3）3～10kV 电缆线路构成的系统，当接地电流 I_C<30A 时。

（4）与发电机有直接电气联系的 3～20kV 系统，如果要求发电机带内部单相接地故障运行，当接地电流不超过允许值时。

发电机接地故障电流允许值见表 5-1。

表 5-1 发电机接地故障电流允许值

发电机额定电压（kV）	发电机额定容量（MW）	接地电流允许值（A）	发电机额定电压（kV）	发电机额定容量（MW）	接地电流允许值（A）
6.3	≤50	4	13.8～15.75	125～200	2
10.5	50～100	3	18～20	300	1

第二节　中性点经消弧线圈接地的三相系统

中性点不接地系统，具有单相接地故障时可继续给用户供电的优点，即供电可靠性比较高。但当接地电流较大时电弧不能自行熄灭会造成危害，为了克服这一缺点，3～66kV 系统中，当单相接地故障电流超过规定值时采取措施减小接地点的接地电流。这时可采用中性点经消弧线圈接地的方式，在发生单相接地故障时，接地处流过一个与容性的接地电流相反的感性电流，即消弧线圈对接地电流起补偿作用，使接地点处的电弧能自行熄灭。

一、消弧线圈的工作原理

消弧线圈的外形和小容量变压器相似，消弧线圈是一个具有铁芯的可调电感线圈，线圈的电阻很小，电抗却很大，电抗值可通过改变线圈的匝数来调节。为了绝缘和散热，铁芯和线圈浸放在油箱内；为避免铁芯饱和，保持电流与电压的线性关系，得到一个比较稳定的电抗值，采用具有空气隙的铁芯，气隙沿整个铁芯柱均匀放置。消弧线圈通常有 5～9 个分接

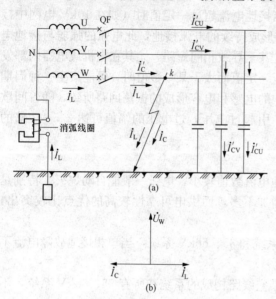

图 5-3　中性点经消弧线圈的三相系统
(a) 电路图；(b) 相量图

头供选择，以便随着电网的运行需要调节补偿的程度。消弧线圈装在系统中发电机或变压器的中性点与大地之间，其工作情况如图 5-3 所示。

正常运行时，中性点的对地电压为零，消弧线圈中没有电流通过。

当系统发生单相接地故障时，如 W 相接地，中性点的对地电压 $\dot{U}'_{\mathrm{H}} = -\dot{U}_{\mathrm{W}}$，非故障相的对地电压升高 $\sqrt{3}$ 倍，系统的线电压仍保持不变。消弧线圈在中性点电压即 $-\dot{U}_{\mathrm{W}}$ 作用下，有一个电感电流 $\dot{I}_{\mathrm{L}}$ 通过，此电感电流必定通过接地点形成回路，所以接地点的电流为接地电流 $\dot{I}_{\mathrm{C}}$ 与电感电流 $\dot{I}_{\mathrm{L}}$ 的相量和，如图 5-3 (a) 所示。接地电流 $\dot{I}_{\mathrm{C}}$ 超前 $\dot{U}_{\mathrm{W}}90°$，电感电流 $\dot{I}_{\mathrm{L}}$ 滞后 $\dot{U}_{\mathrm{W}}90°$，$\dot{I}_{\mathrm{C}}$ 和 $\dot{I}_{\mathrm{L}}$ 相位相差 $180°$，即方向相反，如图 5-3 (b) 所示，在接地处 $\dot{I}_{\mathrm{C}}$ 和 $\dot{I}_{\mathrm{L}}$ 相互抵消，称为电感电流对接地电容电流的补偿。如果适当选择消弧线圈的匝数，可使接地点的电流变得很小或等于零，从而消除了接地处的电弧以及由电弧所产生的危害，消弧线圈也正是由此得名。

通过消弧线圈的电感电流 $I_{\mathrm{L}} = \dfrac{U_{\mathrm{X}}}{\omega L}$，$L$ 为消弧线圈的电感。

二、消弧线圈的补偿方式

用补偿度（也称调谐度）$k = \dfrac{I_{\mathrm{L}}}{I_{\mathrm{C}}}$ 或脱谐度 $v = 1 - k = \dfrac{I_{\mathrm{C}} - I_{\mathrm{L}}}{I_{\mathrm{C}}}$ 表明单相接地故障时消弧线圈的电感电流 I_{L} 对接地电流 I_{C} 的补偿程度。根据电感电流对接地电流的补偿程度不同，有三种补偿方式：完全补偿、欠补偿和过补偿。

1. 完全补偿

完全补偿是使电感电流等于接地电容电流，即 $I_{\mathrm{L}} = I_{\mathrm{C}}$，也即 $1/\omega L = 3\omega C$，接地处电流为零。从消弧角度来看，完全补偿方式十分理想，但实际上却存在着严重问题。因为正常运行时，在某些条件下，如线路三相的对地电容不完全相等或断路器三相触头合闸时同期性差等，在中性点与地之间会出现一定的电压，此电压作用在消弧线圈通过大地与三相对地电容构成的串联回路中，因此时感抗 X_{L} 与容抗 X_{C} 相等，满足谐振条件，形成串联谐振，产生谐振过电压，危及系统的绝缘。因此，在电力工程实际中通常并不采用完全补偿方式。

2. 欠补偿

欠补偿是使电感电流小于接地的电容电流，即 $I_{\mathrm{C}} < I_{\mathrm{L}}$，也即 $1/\omega L < 3\omega C$，系统发生单相接地故障时接地点还有容性的未被补偿的电流（$I_{\mathrm{C}} - I_{\mathrm{L}}$）。在这种方式下运行时，若部分

线路停电检修或系统频率降低等原因都会使接地电流 I_C 减少，又可能出现完全补偿的情形，产生满足谐振的条件，变为完全补偿。因此，装在变压器中性点的消弧线圈，以及有直配线的发电机中性点的消弧线圈，一般不采用欠补偿方式。

对于大容量发电机，当发电机采用与升压变压器单元接线时，为了限制电容耦合传递过电压以及频率变化等对发电机中性点位移电压的影响，发电机中性点的消弧线圈宜采用欠补偿方式。因为当变压器高压侧发生单相接地故障时，高压侧的过电压可能经电容耦合传递至发电机侧，在发电机电压网络中出现危险的过电压，使发电机中性点位移电压升高；另外，频率变化也会影响发电机中性点的位移电压。

3. 过补偿

过补偿是使电感电流大于接地的电容电流，即 $I_C > I_L$，也即 $1/\omega L > 3\omega C$，系统发生单相接地故障时接地点还有感性的未被补偿的电流（$I_L - I_C$）。这种补偿方式没有上述缺点，因为当接地电流减小时，感性的补偿电流与容性接地电流之差更大，不会出现完全补偿的情形；即使将来电网发展使电容电流增加，由于消弧线圈选择时还留有一定的裕度，可以继续使用。故过补偿方式在电力系统中得到广泛应用。

与中性点不接地系统一样，中性点经消弧线圈接地系统发生单相接地故障时，允许运行不超过 2h，在这段时间内，运行人员应尽快采取措施，查出接地点并将它消除，如在这段时间内无法消除接地点，应将接地的部分线路停电，停电范围越小越好。

根据规程规定：消弧线圈一般采用接近谐振的过补偿方式，接地后的残余电流值不能超过 5~10A，否则接地处的电弧不能自行熄灭。

消弧线圈的补偿容量为

$$Q = KI_C \frac{U_N}{\sqrt{3}} \tag{5-13}$$

式中　Q——消弧线圈补偿容量，kVA；

K——系数，过补偿取 1.35；

I_C——电网或发电机回路的接地电流，A；

U_N——电网或发电机回路的额定线电压，kV。

当采用中性点经消弧线圈接地方式时，应注意以下几点：

（1）在任何运行方式下，大部分电网不得失去消弧线圈的补偿。不应将多台消弧线圈集中安装在一处，并应避免电网只安装一台消弧线圈，应由系统统筹规划，分散布置。

（2）当两台变压器合用一台消弧线圈时，应分别经隔离开关与变压器中性点相连，平时运行时只合其中一组隔离开关，以避免在单相接地时发生虚幻接地现象。

（3）如变压器无中性点或中性点未引出，应装设专用接地变压器，其容量应与消弧线圈的容量相配合，选择接地变压器容量时，可考虑变压器的短时过负荷能力。

还应注意，在正常运行时，如果中性点的位移电压过高，即使采用了消弧线圈，在发生单相接地时，接地电弧也难以熄灭。因此，要求中性点经消弧线圈接地的系统，在正常运行时，其中性点的位移电压不应超过额定相电压的 15%。

三、中性点经消弧线圈接地系统的适用范围

中性点以消弧线圈接地系统与不接地系统一样，在发生单相接地故障时，可继续供电2h，供电可靠性高，电气设备和线路的对地绝缘应按能承受线电压的标准设计，绝缘投资较大；同时，中性点经消弧线圈接地后，能有效地减少单相接地故障时接地处的电流，使接地处的电弧迅速熄灭，防止间歇性电弧接地时所产生的过电压，故广泛应用在不适合采用中性点不接地、以架空线路为主体的 3～60kV 系统。

还可用在雷害事故严重的地区和某些大城市电网的 110kV 系统（可提高供电可靠性，减少断路器分闸次数，减少断路器维修量）。

中性点经消弧线圈接地方式只用于 220kV 以下系统，因 220kV 及以上各相对地有电容 C、泄漏损耗和电晕损耗，接地电流中有无功、有功分量，消弧线圈只能补偿无功分量，即使无功电流全补偿完，有功分量电流也使接地点处电弧不能自行熄灭。

第三节　中性点直接接地的三相系统

随着电力系统输电电压的提高和输电距离的不断增长，单相接地电流也随之增大，中性点不接地或经消弧线圈接地的运行方式已不能满足电力系统正常、安全、经济运行的要求。针对这些情况，电力系统中性点可经采用直接接地的运行方式，即中性点直接与大地相连。图 5-4 所示为中性点直接接地的三相系统电路。

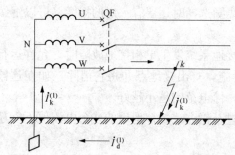

图 5-4　中性点直接接地的三相系统电路

一、中性点直接接地系统的工作原理

正常运行时，由于三相系统对称，中性点的电压为零，中性点没有电流流过。当系统中发生单相接地时，由于接地相直接通过大地与电源构成单相回路，故称这种故障为单相短路。单相短路电流 I_k 很大，继电保护装置应立即动作，使断路器断开，迅速切除故障部分，以防止 I_k 造成更大的危害。

当中性点直接接地时，接地电阻近似为 0，所以中性点与地之间的电位相同，即 $\dot{U}_N=0$。单相短路时，故障相的对地电压为零，非故障相的对地电压基本保持不变，仍接近于相电压。

二、中性点直接接地系统的优缺点及适用范围

中性点直接接地的主要优点是：

在单相接地短路时中性点的电位近似于零，非故障相的对地电压接近相电压，这样设备和线路对地绝缘可以按相电压设计，从而降低了造价。实践经验表明，中性点直接接地系统的绝缘水平与中性点不接地时相比，大约可降低 20% 的绝缘投资。电压等级越高，节约投资的经济效益越显著。

中性点直接接地系统的缺点是：

(1) 由于中性点直接接地系统在单相短路时须断开故障线路，中断对用户的供电，降低了供电可靠性。为了克服这一缺点，目前在中性点直接接地系统的线路上，广泛装设有自动重合闸装置。当线路发生单相短路时，继电保护作用使断路器迅速断开，经一段时间后，自动重合闸装置作用使断路器自动合闸。如果单相接地故障是暂时性的，则线路断路器重合闸成功，用户恢复供电；如果单相接地故障是永久性的，继电保护将再次动作使断路器断开，即重合不成功。据有关资料统计，采用一次重合闸的成功率在 70% 以上。

（2）单相短路时的短路电流很大，甚至可能超过三相短路电流，必须选用较大容量的开关设备。为了限制单相短路电流，通常只将系统中一部分变压器的中性点接地或经阻抗接地，接地的变压器中性点的数目根据将系统的单相短路电流限制到小于三相短路电流的原则来选择。

（3）单相短路时较大的单相短路电流只在一相内通过，在三相导线周围将形成较强的单相磁场，对附近通信线路产生电磁干扰。因此，在线路设计时必须考虑在一定距离内电力线路避免和通信线路平行架设，以减少可能产生的电磁干扰。

目前我国电压为 110kV 及以上的系统，广泛采用中性点直接接地的运行方式。

第四节　中性点经阻抗接地的三相系统

一、中性点经低电阻接地的三相系统

在以电缆为主体的 35、10kV 城市电网，由于电缆线路的对地电容较大，随着线路长度的增加，单相接地电容电流也随之增大，采用消弧线圈补偿的方法很难有效地熄灭接地处的电弧。同时由于电缆线路发生瞬时故障的概率很小，如带单相接地故障运行时间过长，很容易使故障发展，而形成相间短路，使设备损坏，甚至引起火灾。根据供电可靠性要求、故障时暂态电压、暂态电流对设备的影响，对通信的影响和继电保护技术要求以及本地的运行经验等，可采用经低电阻（单相接地故障瞬时跳闸）接地的方式，如图 5-5 所示。

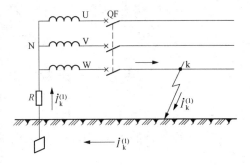

图 5-5　中性点经低电阻接地的三相系统

中性点经低电阻接地运行时，为限制接地相的电流，减少对周围通信线路的干扰，中性点所接的接地电阻的大小以限制接地相电流在 600～1000A 范围内为宜。同时，由于电缆线路的永久性故障概率较大，不使用线路自动重合闸。此外，采用经低电阻接地的配电网，必须从电网结构、自动装置上采取措施以达到跳闸后迅速恢复供电或对用户不中断供电的目的，从而保证用户的供电可靠性。

二、中性点经高电阻接地的三相系统

发电机—变压器组单元接线的 200MW 及以上发电机，当接地电流超过允许值时，常采用中性点经高电阻接地的方式。这种接线方式可改变接地电流的相位，加速泄放回路中的残余电荷，促使接地电弧的熄灭，限制间歇性电弧产生的过电压，同时可提供足够的电流和零序电压，使接地保护可靠动作，实现对发电机定子绕组 100% 范围的保护。

发电机中性点经高电阻接地后，可达到：

（1）限制过电压不超过 2.6 倍额定相电压。

（2）限制接地故障电流不超过 10～15A。

（3）为定子接地保护提供电源，便于检测。

发电机内部发生单相接地故障要求瞬时切机时，宜采用高电阻接地方式。为减小电阻值，电阻器一般接在发电机中性点变压器的二次绕组上，用于限制过电压及过大接地故障电流，电阻值的选择应保证接地保护不带时限立即跳闸停机。部分进口机组也有不接配电变压

器而直接接入数百欧姆的高电阻。发生单相接地时，总的故障电流不宜小于 3A，以保证接地保护不带时限立即跳闸停机。

另外，较小城市的配电网一般以架空线路为主，除采用中性点经消弧线圈接地方式外，还可考虑采用经高阻抗接地方式（单相接地时不跳闸，可以继续运行较长时间），以降低设备投资、简化运行工作并维持适当的供电可靠性。

三、中性点经低阻抗接地

在 500kV 及以上系统，为了限制单相短路电流使之比三相短路电流小，还可在中性点与地之间接一个电抗器，该电抗器的电抗值较小，要求保证正常运行时中性点的位移电压在允许范围内，与经消弧线圈接地不同，接电抗器的着眼点是增加单相短路时的零序电抗值，从而达到限制单相短路电流的目的。该种接地方式的运行特点与中性点直接接地相同，发生单相接地时须立即跳开断路器。中性点采用低阻抗接地要求该系统中所有变压器的中性点都经一个小电抗器接地，即使系统被分裂成几个部分，也不会出现中性点不接地的变压器，对主变压器中性点的绝缘水平要求大大降低。避免了直接接地系统中因只有部分变压器中性点未接地，在发生单相接地时，断路器跳闸后造成系统分为几个部分，可能有的部分没有接地的变压器，即部分系统失去了接地的保护，如果该系统又发生单相接地，造成未故障相电压升高，危及电网绝缘。

第五节 主变压器和发电机中性点接地方式

一、主变压器中性点接地方式

（1）主变压器的 110～500kV 侧采用中性点直接接地或经低阻抗接地的方式，以降低设备绝缘水平。

1）自耦变压器中性点须直接接地或经小阻抗接地。

2）中、低压侧有电源的升压和降压变电站至少应有一台变压器直接接地。

3）变压器中性点接地点的数量应使电网所有短路点的综合零序电抗与综合正序电抗 $X_0/X_1<3$，以使单相接地时健全相上工频过电压不超过阀型避雷器的灭弧电压，$X_0/X_1>1\sim1.5$，以使单相接地短路电流不超过三相短路电流。

4）普通变压器的中性点都应经隔离开关接地，以便于运行调度灵活选择接地点。当变压器中性点可能断开运行时，若该变压器中性点绝缘不是按线电压设计的，应在中性点装设避雷器保护。

5）选择接地点时应保证任何故障形式都不使电网解列成为中性点不接地系统。

（2）主变压器 6～63kV 侧采用中性点不接地方式，以提高供电连续性，但当单相接地电流大于允许值时，中性点经消弧线圈接地，中性点经消弧线圈时宜采用过补偿方式。

二、发电机中性点的运行方式

发电机内部发生单相接地故障时，接地点流过的电流是发电机本身及其引出回路的对地电容电流，当该电流超过允许值时，将烧伤定子铁芯，损坏定子绕组绝缘，引起匝间或相间短路，故需要在发电机中性点采取措施保护发电机。

发电机中性点可采用不接地、经消弧线圈接地或高电阻接地。

125MW 及以下的发电机内部发生单相接地故障不要求瞬时切机时，当单相接地故障电流小于允许值时，中性点采用不接地方式。

接地故障电流大于允许值的 125MW 及以下的发电机或者 200MW 及以上的大机组要求能带单相接地故障运行时，中性点采用经消弧线圈接地方式。采用消弧线圈接地时，有直配线的发电机，宜用过补偿方式，单元接线的发电机宜采用欠补偿方式。

200MW 及以上发电机中性点宜采用经高电阻接地的方式。

习 题

5-1 什么是电力系统中性点？我国电力系统常用的中性点运行方式有哪几种？

5-2 中性点不接地系统中，发生单相接地故障时，各电压和电流如何变化？画出电压、电流相量图。

5-3 消弧线圈的工作原理是什么？消弧线圈的补偿方式有几种？常用哪一种？为什么？

5-4 中性点不接地和经消弧线圈接地系统中发生单相接地能否继续运行？为什么？

5-5 中性点直接接地系统中，发生单相接地时，电压和电流有什么变化？能否继续运行？为什么？

5-6 比较各种不同中性点运行方式的优、缺点，并说明各自的适用范围。

5-7 一般情况下，35kV 系统的架空线路的总长度为多少时才需要装设消弧线圈？10kV 电缆总长度为多少时应装设消弧线圈？

5-8 发电机中性点经消弧线圈接地用在什么条件下？采用哪种补偿方式？

5-9 某 10kV 系统有架空输电线路 6 回，每回 10km，有电缆线路 4 回，每回长 3km，该系统中性点应用哪种接地方式？该系统 W 相发生金属性接地，中性点的电位是多少？U、V 相的电压是多少？能否继续运行？为什么？

第六章 开 关 电 器

　　开关电器是用来控制电路的电器。在发电厂和变电站中运行的发电机、变压器、进出线等回路，经常需要进行投入和退出；在电力系统发生事故时也需要退出故障设备，因此在发电厂和变电站中需要装设必要的开关电器。本章主要介绍短路的基本知识、电弧的基本知识、断路器、隔离开关、熔断器、负荷开关等。

第一节　短路的基本知识

一、短路概述

　　电力系统短路是指不同电位导电部分之间通过电弧或其他小阻抗的非正常短接。

　　1. 短路的类型

　　电力系统短路类型有相间短路和接地短路，其中相间短路有三相短路和两相短路；接地短路有单相接地短路和两相接地短路（两相短路接地）。三相短路是对称短路，因为短路回路的三相阻抗仍然是相等的，三相电流和电压仍然是对称的，但短路回路的阻抗较正常运行时的阻抗小得多，所以短路电流增大、电压降低；除三相短路外，其他几种短路属于不对称短路，因为三相处于不同情况下，各相阻抗不相等，所以各相电流和电压的数值不相等，相位角也不是互差120°。

　　电力系统中发生单相接地短路的可能性最大，发生三相短路的可能性最小；但一般三相短路的短路电流最大，造成的危害也最严重。

　　2. 短路的原因

　　(1) 短路的主要原因是电气设备载流部分绝缘损坏。绝缘损坏大多是由于绝缘自然老化、未及时发现和消除设备的缺陷、设计、安装和运行维护不良所致。如过电压、设备遭受雷击、绝缘材料陈旧、机械损伤等原因使绝缘损坏。

　　(2) 其他原因：电力系统的其他故障也会导致短路，如输电线路断线和倒杆事故等；运行人员不遵守操作技术规程和安全规程而导致误操作也会导致短路；此外，飞禽和小动物跨接裸导体时也可能造成短路。

　　3. 短路的危害

　　电力系统发生短路时，短路电流可能超过正常值许多倍，数值可达几万安培到几十万安培。

　　(1) 短路电流通过导体时，产生很大的热量，温度升高，可烧坏故障元件和其他元件。

　　(2) 短路电流产生很大的电动力，使导体弯曲变形甚至损坏。

　　(3) 短路时，电压降低，越靠近短路点电压下降越低，可能导致部分或全部用户停电，严重时可能破坏各电厂并联工作的稳定性，使整个系统被解列为几个异步运行的部分，影响电力系统运行的稳定性，造成系统瘫痪。

（4）网络用户电压降低，使用户的电动机转速下降，电流增大，可能引起网络电压进一步下降和电动机过热受损。

（5）单相接地短路时产生零序电流，会对附近的通信线路、电子设备产生干扰。

二、短路电流的热效应

系统发生短路时，电流急剧增大，在故障即将切除的短时间内，导体和电器应能承受短时发热和电动力作用。

1. 载流导体的长期发热

导体正常工作时，将产生各种损耗，包括导体通过电流，由于本身电阻产生的电阻损耗；绝缘材料中产生的介质损耗；导体周围的金属构件在电磁场作用下引起的涡流和磁滞损耗。这些损耗变成热能使导体温度升高，影响材料的物理性能和化学性能。

导体和电气设备温度升高产生的不良影响主要有：

（1）绝缘性能降低。绝缘材料在高温和电场作用下会逐渐变脆和老化，温度越高老化的速度越快，致使绝缘材料失去弹性和绝缘性能下降，使用寿命缩短。

（2）接触电阻增加。如果金属导体的温度在较长的时间内超过一定的数值，导体表面的氧化速度会加快，会使导体表面金属氧化物增多，造成温度过高接触电阻增大。导体接触电阻增大后又引起自身功率损耗加大，其结果导致导体温度再升高，导体的接触电阻再增大，恶性循环下去，会使接头松动或烧熔，造成事故发生。

（3）机械强度下降。金属材料在使用温度超过一定数值之后，会使材料退火软化，机械强度下降，影响设备的安全运行。

为限制电气设备因发热而产生不利影响，保证电气设备正确使用，必须使其发热温度不得超过一定数值，这个限值叫最高允许温度。

按照有关规定，导体的正常最高允许温度一般不超过＋70℃；在计及太阳辐射（日照）的影响时，钢芯铝绞线及管形导体，可按不超过＋80℃来考虑；当导体接触面处有镀（搪）锡的可靠覆盖层时，可提高到＋85℃。

导体通过短路电流时，短时最高允许温度可高于正常允许温度，对硬铝及铝锰合金可取220℃，硬铜可取320℃。

导体中通过正常负荷电流时，各种损耗产生的热量一部分被导体吸收使温度升高，另一部分因温差散发到周围空间，随着导体温度升高，温差增大，散发的热量增大，当产生的热量等于散发的热量时，导体温度不再升高，达到稳定温度即为正常负荷电流的发热温度，如图 6-1 $\overset{\frown}{MA}$ 段所示，导体温度由周围介质温度 θ_0 逐渐升高达到 θ_L。其计算公式为

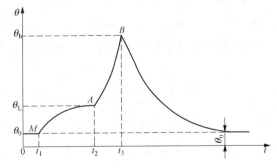

图 6-1　导体通过负荷电流和短路
电流时温度变化曲线

t_1—负荷电流开始通过时刻；t_2—短路开始时刻；
t_3—短路切除时刻

$$\theta_L = \theta_0 + (\theta_N - \theta)\left(\frac{I_L}{I_n'}\right)^2 \tag{6-1}$$

式中　θ_0——导体周围介质温度；

　　　θ_N——导体的正常最高允许温度；

　　　I_L——导体中通过的长期最大负荷电流；

　　　I_N'——导体允许电流，为导体额定电流 I_N 的修正值。

当周围介质温度 θ_0 不等于规定介质温度 θ_{tim}（一般导体取 25℃，设备取 40℃）时，载流导体允许电流 I_N' 为导体额定电流 I_N 乘以修正系数 k_1，对多根并列敷设的电缆还要乘以修正系数 k_2，还有其他因素需要考虑时，则再乘以其他修正系数。因此，载流导体允许电流为

$$I_N' = k_1 k_2 I_N \tag{6-2}$$

修正系数 k_1、k_2 见表 6-1 和表 6-2。

表 6-1　　　　　　　　　　载流导体温度修正系数 k_1

介质极限温度（℃）	导体正常最高允许温度（℃）	下列实际温度的修正系数											
		−5	0	+5	+10	+15	+20	+25	+30	+35	+40	+45	+50
15	80	1.14	1.11	1.08	1.04	1.00	0.96	0.92	0.88	0.83	0.78	0.73	0.68
25	80	1.24	1.20	1.17	1.13	1.09	1.04	1.00	0.95	0.90	0.85	0.80	0.78
25	70	1.29	1.24	1.20	1.15	1.11	1.05	1.00	0.94	0.88	0.81	0.74	0.67
15	65	1.18	1.14	1.10	1.05	1.00	0.95	0.89	0.84	0.77	0.71	0.63	0.55
25	65	1.32	1.27	1.22	1.17	1.12	1.06	1.00	0.94	0.87	0.79	0.71	0.61

表 6-2　　　　　　　　并列敷设在地下的电力电缆导体温度修正系数 k_2

净距 ＼ 根数 系数	1	2	3	4	5	6
0.1	1	0.90	0.85	0.80	0.78	0.75
0.2	1	0.92	0.87	0.84	0.82	0.81
0.3	1	0.93	0.90	0.87	0.86	0.85

当周围介质温度 θ_0 不等于规定介质温度 θ_{tim} 时，载流导体允许电流 I_N' 也可修正为

$$I_N' = I_N \sqrt{\frac{\theta_N - \theta_0}{\theta_N - \theta_{tim}}} = k_\theta I_N \tag{6-3}$$

式中　k_θ——周围介质温度修正系数，$k_\theta = \sqrt{\dfrac{\theta_N - \theta_0}{\theta_N - \theta_{tim}}}$；

　　　I_N——对应导体正常最高允许温度 θ_N 和规定周围介质温度 θ_{tim} 的允许电流，A；

　　　I_N'——对应导体正常最高允许温度 θ_N 和实际周围介质温度 θ_0 的允许电流，A。

2. 载流导体的短时发热

载流导体的短时发热指短路开始至短路切除为止很短时间内的发热。短路时，时间不长，但短路电流很大，发热量来不及向周围扩散，几乎全部被导体吸收，导体的温度迅速升得很高，如图 6-1 中 AB 段所示。

导体短路前后的温度变化很大，电阻和比热也随温度而变，不能作为常数对待。在导体

短时发热过程中热量平衡关系为：电阻损耗产生的热量等于导体温度升高所需的热量，即

$$Q_{\mathrm{R}} = Q_{\mathrm{C}} \tag{6-4}$$

导体在短时间 $\mathrm{d}t$ 内产生的热量可写为

$$I_{\mathrm{f}}^2 R_\theta \mathrm{d}t = mC_\theta \mathrm{d}\theta \tag{6-5}$$

其中

$$R_\theta = \rho_0 (1+\alpha\theta) \frac{L}{S} \tag{6-6}$$

$$C_\theta = C_0 (1+\beta\theta) \tag{6-7}$$

$$m = \rho_{\mathrm{m}} SL \tag{6-8}$$

式中　I_{f}——短路全电流有效值，A；

　　R_θ——温度为 θ℃时导体的电阻，Ω；

　　C_θ——温度为 θ℃时导体的比热容，J/(kg·℃)；

　　m——导体的质量，kg；

　　ρ_0——0℃时导体的电阻率，Ω·m；

　　α——ρ_0 的温度系数，℃$^{-1}$；

　　β——C_θ 的温度系数，℃$^{-1}$；

　　L——导体长度，m；

　　S——导体的截面积，m^2；

　　ρ_{m}——导体材料的密度，kg/m^3。

将式（6-6）～式（6-8）代入式（6-5），得导体短时发热的微分方程式

$$I_{\mathrm{f}}^2 \rho_0 (1+\alpha\theta) \frac{L}{S} \mathrm{d}t = \rho_{\mathrm{m}} SL C_0 (1+\beta\theta) \mathrm{d}\theta \tag{6-9}$$

整理后得

$$\frac{I_{\mathrm{f}}^2}{S^2} \mathrm{d}t = \frac{\rho_{\mathrm{m}} C_0}{\rho_0} \left(\frac{1+\beta\theta}{1+\alpha\theta}\right) \mathrm{d}\theta \tag{6-10}$$

当时间由 0 到 t_{d}（短路切除时间），导体温度由开始温度 θ_{L} 上升到最高温度 θ_{h}，对式（6-10）积分，得

$$\frac{1}{S^2} \int_0^{t_{\mathrm{d}}} I_{\mathrm{f}}^2 \mathrm{d}t = \frac{\rho_{\mathrm{m}} C_0}{\rho_0} \int_{\theta_{\mathrm{L}}}^{\theta_{\mathrm{h}}} \frac{(1+\beta\theta)}{(1+\alpha\theta)} \mathrm{d}\theta \tag{6-11}$$

式（6-11）左边的 $I_{\mathrm{f}}^2 \mathrm{d}t$ 与短路电流产生的热量成正比，称为短路电流的热效应，用 Q_{k} 表示。

3. 短路电流热效应 Q_{k} 的计算

$$Q_{\mathrm{k}} = \int_0^{t_{\mathrm{d}}} I_{\mathrm{f}}^2 \mathrm{d}t \approx \int_0^{t_{\mathrm{d}}} I_{\mathrm{pt}}^2 \mathrm{d}t + \int_0^{t_{\mathrm{d}}} i_{\mathrm{npt}}^2 \mathrm{d}t = Q_{\mathrm{p}} + Q_{\mathrm{np}} \tag{6-12}$$

式中　I_{pt}——t 时刻的短路电流周期分量有效值，kA；

　　i_{npt}——短路电流非周期分量值，kA；

　　Q_{p}——短路电流周期分量热效应，kA^2·s；

　　Q_{np}——短路电流非周期分量热效应，kA^2·s。

计算短路电流周期分量的热效应就是计算图 6-2 所示中 0 至 t_{d} 区间内 I_{p}^2 曲线下的面积，采用近似的数值积分法，可求出短路电流周期分量热效应 Q_{p} 为

$$Q_{\mathrm{p}} = \int_0^{t_{\mathrm{d}}} I_{\mathrm{pt}}^2 \mathrm{d}t = \frac{I''^2_{(0)} + 10 I^2_{(\frac{t_{\mathrm{d}}}{2})} + I^2_{(t_{\mathrm{d}})}}{12} t_{\mathrm{d}} \tag{6-13}$$

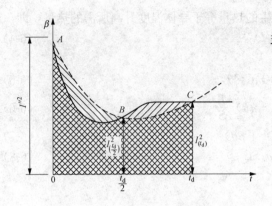

图 6-2　短路电流周期分量热效应

$$t_\mathrm{d} = t_\mathrm{b} + t_\mathrm{off} \qquad (6\text{-}14)$$

式中　$I''_{(0)}$——次暂态短路电流周期分量有效值；

$I_{(\frac{t_\mathrm{d}}{2})}$——$\dfrac{t_\mathrm{d}}{2}$ 时刻短路电流周期分量有效值；

$I_{(t_\mathrm{d})}$——t_d 时刻短路电流周期分量有效值；

t_d——短路电流计算时间；

t_b——继电保护动作时间；

t_off——断路器全分闸时间。

当为多支路向短路点提供短路电流时，$I''_{(0)}$、$I_{(\frac{t_\mathrm{d}}{2})}$、$I_{(t_\mathrm{d})}$ 分别为各支路短路电流之和。

计算短路电流非周期分量的热效应 Q_np 就是计算图 6-3 所示中 0 至 t_d 区间内 i_npt^2 曲线下的面积

$$Q_\mathrm{np} = \int_0^{t_\mathrm{d}} i_\mathrm{npt}^2 \mathrm{d}t = 2I''^2 \int_0^{t_\mathrm{d}} \mathrm{e}^{-\frac{2t}{T_\mathrm{a}}} \mathrm{d}t = T_\mathrm{a}(1 - \mathrm{e}^{-\frac{2t}{T_\mathrm{a}}})I''^2 = TI''^2$$

$$(6\text{-}15)$$

式中，T 为非周期分量等效时间，它的大小决定于非周期分量衰减时间常数 T_a 和短路时间 t_d。

4. 导体短路发热最高温度的计算

在求得导体的发热以后就可以根据热平衡方程计算出导体短路发热温度。求解式（6-11）右边定积分

$$\frac{\rho_\mathrm{m} C_0}{\rho_0} \int_{\theta_\mathrm{L}}^{\theta_\mathrm{h}} \left(\frac{1 + \beta\theta}{1 + \alpha\theta}\right) \mathrm{d}\theta = A_\mathrm{h} - A_\mathrm{F} \qquad (6\text{-}16)$$

式中　A_h、A_F——导体材料的参数及温度函数。

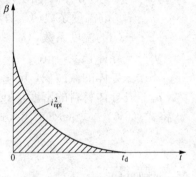

图 6-3　短路电流非周期分量热效应的图示

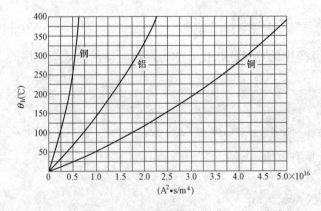

图 6-4　铜、铝、钢三种材料的 $A_\theta = f(\theta)$ 曲线

为简化计算，图 6-4 按铜、铝、钢三种材料的平均参数做成了 $A_\theta = f(\theta)$ 曲线。当已知导体温度 θ 时，可查出 A_θ 值；反之，由 A_θ 也可查出 θ。

热平衡方程可改写为

$$A_\mathrm{h} = A_\mathrm{F} + \frac{Q_\mathrm{k}}{S^2} = A_\mathrm{F} + \frac{Q_\mathrm{p} + Q_\mathrm{ap}}{A^2}$$

$$(6\text{-}17)$$

在工程计算中，一般利用 $A_\theta = f(\theta)$ 曲线，确定短路发热温度 k_θ。

（1）根据导体正常发热温度 θ_L，查 $A_\theta = f(\theta)$ 曲线可得相应的 A_F 值。

（2）将 A_F 加上短路电流热效应 Q_k，即可求出 A_h 值。

（3）再用 A_h 从曲线 $A_\theta = f(\theta)$ 中查得对应的导体短时最高发热温度 θ_h。

所求得的短时最高温度 θ_h 应小于或等于导体短时最高允许温度，即 $\theta_\mathrm{h} \leqslant \theta_\mathrm{ht}$，才能满足

导体短路热稳定性要求。导体的短时最高允许温度见表 6-3。

表 6-3 <div align="center">**导体的短时最高允许温度 θ_{ht}**</div> 单位：℃

导体材料和种类		短时最高允许温度	导体材料和种类		短时最高允许温度
母线	铜	320	充油纸绝缘电缆 60～330kV		150
	铜（有锡覆盖层接触面）	220	橡皮绝缘电缆		150
	铝	220	聚氯乙烯电缆		120
	钢（不和电器直接接触）	420	交联聚乙烯电缆	铜芯	230
	钢（和电器直接接触）	320		铝芯	200
油浸纸绝缘电缆	铜芯 10kV 及以下	250	有中间接头的电缆（不包括聚氯乙烯电缆）		150
	铝芯 10kV 及以下	200			
	20～30kV	175			

三、短路电流的电动力效应

载流导体在磁场中将受到电磁作用力，此磁场可能是邻近的另一载流导体产生的，也可能是曲折载流导体本身的其他部分产生的。

短路电流产生的电磁力称为电动力效应。

载流导体之间电动力的大小和方向，取决于其中通过电流的大小、方向、导体的尺寸形状及相互之间的位置等因素。

1. 平行载流导体间的电动力

如图 6-5 所示，在空气中平行放置的两根导体 1 和 2 中分别通过电流 i_1 和 i_2，导体间距离为 a，导体长度为 L，则两导体之间产生的电动力为

$$F = 2i_1 i_2 k_x \frac{L}{a} \times 10^{-7} \quad (6\text{-}18)$$

式中 k_x——形状系数，其值可根据图 6-6 确定。

式（6-18）适用于圆形或管形导体以及矩形母线。当导体长度远远大于导体间距时，可以忽略导体形状的影响，即

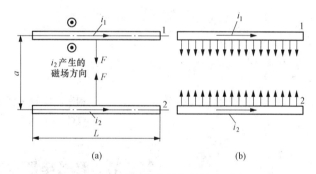

图 6-5 平行载流导体间的电动力

(a) 集中力作用；(b) 均匀分布力作用

$$k_x \approx 1$$

电动力 F 的方向为电流方向相同时，电动力使导体彼此相吸，反之相斥。

供配电系统中最常见的是三相导体平行布置在同一平面里的情况。当三相导体中通以三相对称正弦电流时，可以证明中间相受力最大。

2. 短路电流的电动力

式（6-18）也可用来计算两相短路时的短路电流电动力，这时两相中电流大小相等、方向相反，产生互相排斥的电动力。两相短路最大电动力出现在短路后 0.01s（此时短路电流为最大，即冲击短路电流值）时。故两相短路最大电动力为

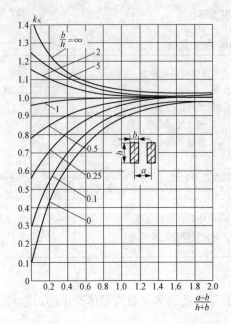

图 6-6　矩形截面导体形状系数

$$F_{\max}^{(2)} = 2\left[i_{\mathrm{sh}}^{(2)}\right]^2 \frac{L}{a} \times 10^{-7} \qquad (6\text{-}19)$$

因为 $i_{\mathrm{sh}}^{(2)} : i_{\mathrm{sh}}^{(3)} = \sqrt{3} : 2$，所以

$$F_{\max}^{(2)} = 1.5\left[i_{\mathrm{sh}}^{(3)}\right]^2 \frac{L}{a} \times 10^{-7} \qquad (6\text{-}20)$$

三相短路时，各相中均有短路电流流过，U 相导体受 V 相和 W 相电流的作用力，V 相导体受 U 相和 W 相电流的作用力，W 相导体受 U 相和 V 相电流的作用力。如图 6-7 所示，考虑最严重的情形，即在三相短路情况下，导体中流过冲击电流时，U 相或 W 相（边相）所受最大电动力为

$$F_{\mathrm{U.max}}^{(3)} = F_{\mathrm{W.max}}^{(3)} = 1.616\left[i_{\mathrm{sh}}^{(3)}\right]^2 \frac{L}{a} \times 10^{-7}$$

$$(6\text{-}21)$$

V 相（中间相）所受最大电动力为

$$F_{\max}^{(3)} = 1.73\left[i_{\mathrm{sh}}^{(3)}\right]^2 \frac{L}{a} \times 10^{-7} \qquad (6\text{-}22)$$

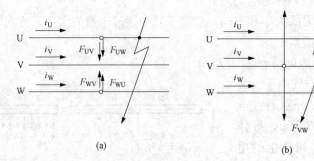

(a)　　　　　　　　　　(b)

图 6-7　三相短路时导体的电动力

(a) 边相；(b) 中间相

第二节　开关电器中的电弧

一、电弧的危害和特点

电弧实际上是一种气体放电现象，是在某些因素作用下，气体被强烈游离，产生很多带电粒子，使气体由绝缘变为导通的过程。电弧形成后，依靠电源不断输送能量，维持其燃烧，并产生很高的高温。电弧的主要特征有：

（1）电弧由三部分组成，包括阴极区、阳极区和弧柱区，如图 6-8 所示。

（2）电弧的温度很高。电弧燃烧时，能量高度集中，弧柱区中心温度可达到 10000℃ 以上，表面温度也有 3000～4000℃，同时发出强烈的白光，故称弧光放电为电弧。

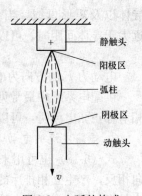

图 6-8　电弧的构成

（3）电弧是一种自持放电，但又不同于其他形式的放电现象，如电晕放电、火花放电等，电极间的带电粒子不断产生和消失，处于一种动态平衡，弧柱区电场强度很低，一般仅为 $10 \sim 200 \mathrm{V/cm}$。

（4）电弧是一束游离的气体，质量很轻，在电动力、热力或其他外力作用下能迅速移动、伸长、弯曲和变形。

电弧对电力系统和电气设备的主要危害有：

（1）电弧的高温，可能烧坏电器触头和触头周围的其他部件；对充油设备还可能引起着火甚至爆炸等危险，危及电力系统的安全运行，造成人员的伤亡和财产的重大损失。

（2）由于电弧是一种气体导电现象，所以在开关电器中，虽然开关触头已经分开，但是在触头间只要有电弧的存在，电路就没有断开，电流仍然存在，直到电弧完全熄灭，电路才真正断开，电弧的存在延长了开关电器断开故障电路的时间，加重了电力系统短路故障的危害。

（3）由于电弧在电动力、热力作用下能移动，容易造成飞弧短路、伤人或引起事故扩大。

二、电弧的产生与熄灭

电弧的产生和熄火过程，实际上是气体介质由绝缘变为导通和由导通又变为截止的过程。

（一）电弧的形成

用开关电器切断有电流通过的电路时，在触头处产生电弧的条件非常低，只要电源电压大于 $10 \sim 20 \mathrm{V}$，电流大于 $80 \sim 100 \mathrm{mA}$，在开关电器的动、静触头分离瞬间，触头间就会出现电弧。电弧的产生和维持是触头间中性粒子（分子和原子）被游离的结果，游离就是中性粒子转化为带电粒子，带电粒子的定向运动形成电弧，如图 6-9 所示。

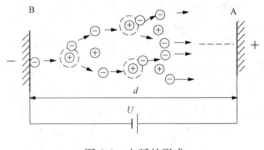

图 6-9　电弧的形成

1. 触头开断瞬间自由电子的产生

由阴极通过热电子发射或强电场发射自由电子。触头刚分离时，触头间的接触压力和接触面积不断减小、接触电阻迅速增大，使接触处剧烈发热，局部高温使此处电子获得动能就可能发射出来，这种现象称为热电子发射电子。另一方面，触头刚分离时，由于触头间的间隙很小，在电压作用下间隙形成很高的电场强度 E（$E = U/S$），当电场强度超过 $3 \times 10^6 \mathrm{V/m}$ 时，阴极触头表面的自由电子就可能在强电场力的作用下，被拉出金属表面，这种现象称为强电场发射电子。

2. 电场游离形成电弧

从阴极表面发射出来的自由电子，在触头间电场力的作用下加速运动，不断与间隙中的中性气体粒子（原子或分子）撞击，如果电场足够强，自由电子的动能足够大，碰撞时就能将中性原子外层轨道上的电子撞击出来，脱离原子核内正电荷吸引力的束缚，成为新的自由电子。失去自由电子的原子则带正电，称为正离子。新的自由电子又在电场中加速积累动能，去碰撞另外的中性原子，产生新的游离，碰撞游离不断进行、不断加剧，带电粒子成倍增加，如图 6-9 所示，此过程愈演愈烈，如雪崩似地进行着，发展成为"电子崩"，在极短促的时间内，大量的自由电子和正离子出现，在触头间隙形成强烈的放电现象，形成了电弧，这种现象称为电场游离。

对于一种气体，能否产生电场游离主要取决于电子运动速度，也就是取决于电场强度、电子的平均自由行程以及气体的性质。触头间电压越高，电场强度也越高，则气体容易被击穿。气体的压力越高，其中自由电子的平均自由行程就越小，因而也就不容易产生电场游离。不同的气体要从其中性原子外层轨道撞击出自由电子，所需能量值是不同的。

3. 热游离维持电弧的燃烧

触头间在发生了雪崩式碰撞游离后，发展为电弧，并产生高温。高温下形成热游离，热游离供给弧隙大量的电子和正离子，维持放电进行和电弧稳定燃烧。

电弧产生之后，弧隙的温度很高，在高温作用下，气体的无规则热运动速度增加，具有足够动能的中性粒子互相碰撞时，又可能游离出电子和正离子，这种现象称为热游离。一般气体开始发生热游离的温度为 9000～10000℃；金属蒸气的游离能较小，其热游离温度约为 4000～5000℃。因为开关电器的电弧中总有一些金属蒸气，而弧心温度总大于 4000～5000℃，所以，热游离的强度足可维持电弧的燃烧。由于热平衡，电弧温度达到某一数值后不再上升，电导达到某一值后也不再上升，热游离将在一定强度下稳定下来，达到平衡状态。

因此，在断路器触头间隙中，由电场游离产生电弧，由热游离维持电弧燃烧。

（二）电弧的熄灭

电弧的熄灭是电弧区域内已电离的粒子不断发生去游离的结果。电弧中发生游离的同时，还存在着相反的过程，即去游离。去游离使弧隙中正离子和自由电子减少。当游离作用大于去游离作用时，电弧电流增加，电弧燃烧加强；当游离作用与去游离作用持平时，电弧维持稳定燃烧；当去游离作用大于游离作用，弧隙中导电粒子的数目减少，电导下降，电弧越来越弱，弧温下降，使热游离下降或停止，最终导致电弧熄灭。

去游离的方式主要有复合和扩散。

1. 复合

复合是指异性带电粒子相遇，正负电荷中和成为中性粒子的现象。电子的运动速度远远大于正离子，所以电子和正离子直接复合的可能性很小。复合的方式是电子先附着在中性粒子上形成负离子，负离子的运动速度比较小，正负离子的复合就容易进行。目前广泛使用的 SF_6 断路器就利用了 SF_6 气体的强电负性来实现电弧的尽快熄灭。

2. 扩散

扩散是指电弧中的自由电子和正离子从电弧区域逸出，到达电弧区外，并与周围未被游离的冷介质相混合的现象。扩散是由于带电粒子的无规则热运动，以及电弧内带电粒子的密度远大于弧柱外，电弧的温度远高于周围介质的温度造成的。电弧和周围介质的温度差越大，带电粒子的密度差越大，扩散作用就越强。高压断路器中常采用吹弧的灭弧方法，就是加强了扩散作用。

综上所述，要使电弧熄灭，必须使电弧区游离作用减弱，去游离作用增强，使去游离作用强于游离作用。

影响游离作用的物理因素主要有以下几方面：

（1）气体介质的温度：温度越高，热游离越强烈。

（2）气体介质的压力：压力越大，自由电子的平均自由行程越小，发生碰撞游离的可能性越小。

（3）触头之间的外加电压：电压越高越容易将间隙击穿。

（4）触头之间的开断距离：开断距离增大则减小间隙中的电场强度。

（5）触头之间的介质种类：不同介质游离电场不同，热游离温度也不同。

（6）开关电器的触头材料：不同金属的蒸气有不同的游离电压，有些金属耐高温，不易产生金属蒸气。

影响去游离的物理因素有以下几方面：

（1）介质的特性：介质特性在很大程度上决定了电弧中去游离的强度，介质特性包括导热系数、热容量、热游离温度、介电强度等，这些参数值越大，去游离作用越强，电弧越容易熄灭。如氢气的灭弧能力是空气的 7.5 倍，SF_6 气体的灭弧能力约是空气的 100 倍。

（2）电弧的温度：降低电弧温度可以减弱热游离，减少新的带电粒子的产生，同时也降低带电粒子的运动速度，加强了复合作用。通过快速拉长电弧，用气体或油吹动电弧，或使电弧与固体介质表面接触，都可以降低电弧的温度。

（3）气体介质压力：气体介质压力增大可使粒子间的距离减小，浓度增大，复合作用加强。

（4）游离粒子的密度：弧柱内带异号电荷的粒子密度越大，复合作用越强烈，同时，电弧区内外的粒子密度差越大，扩散作用越强。

（5）触头材料：触头材料也影响去游离的过程。当触头采用熔点高、导热能力强和热容量大的耐高温金属时，减少了热电子发射和金属蒸气，有利于电弧熄灭。

三、交流电弧的特性和熄灭条件

（一）交流电弧的特性

在交流电路中产生的电弧称为交流电弧。交流电弧的特性如下：

1. 动态特性

在交流电路中，交流电弧的瞬时值不断地随时间变化，电弧的温度、直径及电弧电压也随时间变化，交流电弧的伏安特性呈现动态特性，在一个周期性内交流电弧电流及电压随时间的变化关系如图 6-10（a）所示；如果电流按正弦波变化，从伏安特性和电流波形可以得到电弧电压波形呈马鞍形变化，如图 6-10（b）所示，图中 A 点称为燃弧电压，B 点称为熄弧电压，熄弧电压低于燃弧电压。

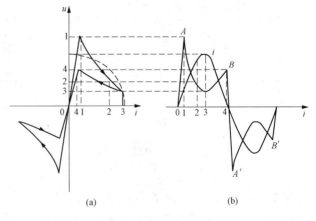

图 6-10 交流电弧特性

（a）伏安特性；（b）电压、电流波形

2. 热惯性

由于弧柱的受热升温或散热降温都有一定过程，跟不上快速变化的电流，所以电弧温度的变化总滞后于电流的变化，这种现象称为电弧的热惯性。

3. "自然过零"

交流电流每半个周期过零一次，称为"自然过零"。电流过零时，电弧自然熄灭。如果电弧是稳定燃烧的，则电弧电流过零熄灭后，在另半周又会重燃。如果电弧过零后，电弧不发生重燃，电弧就熄灭。所以，交流电流过零的时刻是熄灭电弧的良好时机，如果在电流过零时采取有效措施使电弧不再重燃，则电弧最终熄灭。

（二）交流电弧的熄灭条件

交流电流过零后，电弧是否重燃取决于弧隙介质绝缘能力（或介电强度）和弧隙电压的恢复。

1. 弧隙介质介电强度的恢复

弧隙介质能够承受外加电压作用而不致使弧隙击穿的电压称为弧隙的绝缘能力（或介电强度）。当电弧电流过零时电弧熄灭，弧隙中去游离作用继续进行，弧隙电阻不断增大，但弧隙介质的介电强度要恢复到正常状态值需要有一个过程，此恢复过程称为弧隙介质介电强度的恢复过程，以能耐受的电压 U_j 表示。

介质介电强度的恢复速度与冷却条件、电流大小、开关电器灭弧装置的结构和灭弧介质的性质有关。图 6-11 所示为不同介质的介电强度恢复过程曲线。从图中可见：在电流过零瞬间（$t=0$），介电强度突然出现升高的现象，此现象称为近阴极效应。这是因为电流过零后，弧隙的电极极性发生了改变，弧隙中剩余的带电粒子的运动方向也相应改变，质量小的电子迅速向新的阳极运动，而比电子质量大很多倍的正离子由于惯性大，来不及改变运动方向停留在原地未动，导致新的阴极附近形成了一个正电荷的离子层，如图 6-12 所示，正空间电荷层使阴极附近出现了大约 150～250V 的起始介电强度。近阴极效应使弧隙在电弧自然熄灭后的极短瞬间能耐受 150～250V 的外加电压。在低压电器中，常利用近阴极效应这个特性来灭弧。

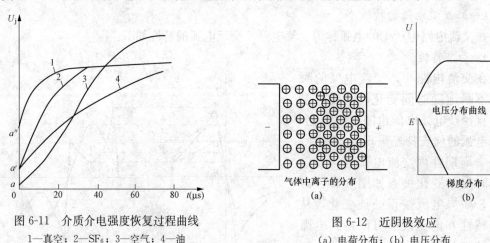

图 6-11　介质介电强度恢复过程曲线　　　　　图 6-12　近阴极效应
1—真空；2—SF$_6$；3—空气；4—油　　　　　（a）电荷分布；（b）电压分布

影响弧隙介质介电强度恢复速率的主要因素有：

（1）弧隙温度：弧隙温度降低越快，弧隙介质强度恢复速率越大。

（2）弧隙介质特性：不同的灭弧介质中弧隙介质强度恢复速率不同，如图 6-11 所示。

（3）灭弧介质的压力：压力高不易击穿产生电弧。

（4）断路器触头的分断速度：分断越快，开距越大，弧隙介质强度的恢复速率越大。

2. 弧隙电压的恢复

电弧电流过零使电弧熄灭后，加在断路器动、静触头之间的电压称为恢复电压。电弧电流过零前，弧隙电压呈马鞍形变化，电压值很低，电源电压的绝大部分降落在线路和负载阻抗上。电流过零时，弧隙电压等于熄弧电压，正处于马鞍形的后峰值处，电流过零后，弧隙电压从后峰值逐渐增长，一直恢复到电源电压，弧隙电压从熄弧电压变成电源电压的过程称为弧隙电压恢复过程。用 $U_{hf}(t)$ 表示电压恢复过程。电压恢复过程与电路参数、负荷性质等有关。受电路参数等因素的影响，电压恢复过程可能是周期性的变化过程，也可能是非周期性变化过程。图 6-13 所示是弧隙恢复电压按指数规律变化的非周期性过程，图中 U_0 是电弧自然熄灭瞬间的电源相电压，U_{xh} 为熄弧电压，U_{hf} 是弧隙恢复电压，依指数规律上升的恢复电压最大值不会超过 U_0，也就是说不会在电压恢复过程中出现过电压。图 6-14 所示是弧隙恢复电压呈现周期性振荡的变化过程，这时弧隙恢复电压最大值理论上可达到 $2U_0$，实际中由于电阻影响，弧隙恢复电压振荡有衰减，实际最大值为 $(1.3\sim1.6)U_0$。周期性振荡的弧隙恢复电压更容易超过弧隙介质强度，造成电弧重燃。

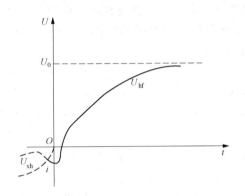

图 6-13　弧隙恢复电压非周期性变化过程　　　　图 6-14　弧隙恢复电压周期性振荡变化过程

3. 交流电弧的熄灭条件

电弧电流过零后，电弧自然熄灭。电流过零后，弧隙中同时存在着两个作用相反的恢复过程，即介质介电强度恢复过程 U_j 和弧隙电压的恢复过程 U_{hf}。如果弧隙介质介电强度在任何情况下都高于弧隙恢复电压，则电弧熄灭；反之，如果弧隙恢复电压高于弧隙介质介电强度，弧隙就被击穿，电弧重燃，如图 6-15 所示。因此，交流电弧的熄灭条件为

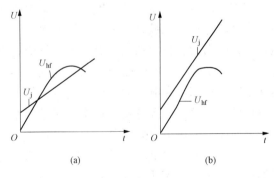

图 6-15　交流电弧过零后的重燃与熄灭
（a）重燃；（b）熄灭

$$U_j(t) > U_{hf}(t) \qquad (6\text{-}23)$$

式中　$U_j(t)$——弧隙介质强度；

　　　$U_{hf}(t)$——系统电源恢复电压。

弧隙介质强度恢复过程 $U_j(t)$ 主要由断路器灭弧装置的结构和灭弧介质的特性所决定，而电压恢复过程 $U_{hf}(t)$ 则主要取决于系统电路的参数。

综上所述，在交流电弧的灭弧中，应充分利用交流电流的自然过零点，采取有效的措施，加大弧隙间去游离的强度，使电弧不再重燃，最终熄灭。

四、开关电器中熄灭交流电弧的基本方法

开断交流电弧时，在电流达到零值以后，加强对弧隙的冷却，抑制热游离，加强去游离。为此，在开关设备中均装设了灭弧装置，或称为灭弧室，灭弧室不断改进，大大提高了开关的灭弧能力。目前，在开关电器中广泛采用的灭弧方法有以下几种。

1. 吹弧

利用灭弧介质（气体、油等）在灭弧室中吹动电弧，广泛应用在开关电器中，特别是高压断路器中。

用弧区外新鲜、低温的灭弧介质吹拂电弧，对熄灭电弧起到多方面的作用。它可将电弧中大量正负离子吹到触头间隙以外，代之以绝缘性能高的新鲜介质；它使电弧温度迅速下降，阻止热游离的继续进行，触头间的绝缘强度提高；被吹走的离子与冷介质接触，加快了复合过程的进行，使电弧拉长变细，加快了电弧的分解，弧隙电导下降。按吹弧方向分为：

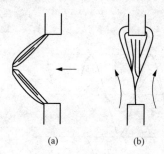

图 6-16 吹弧方式
(a) 横吹；(b) 纵吹

（1）横吹。吹弧方向与电弧轴线相垂直时，称为横吹，如图 6-16 (a) 所示。横吹更易于把电弧吹弯拉长，增大电弧表面积，加强冷却和增强扩散。

（2）纵吹。吹动方向与电弧轴线一致时，称为纵吹，如图 6-16 (b) 所示。纵吹能促使弧柱内带电粒子向外扩散，使新鲜介质更好地与炽热的电弧相接触，冷却作用加强，并把电弧吹成若干细条，易于熄灭。

（3）纵横吹。横吹灭弧室在开断小电流时，因灭弧室内压力太小，开断性能差。为了改善开断小电流时的灭弧性能，可将纵吹和横吹结合起来。在开断大电流时主要靠横吹，开断小电流时主要靠纵吹。

2. 采用多断口串联灭弧

在许多高压和超高压断路器中，常采用每相两个或多个开断口相串联的方式。熄弧时，多断口把电弧分解为多个相串联的短电弧，使电弧的总长度加长，弧隙电导下降；在触头行程、分闸速度相同的情况下，电弧被拉长的速度成倍增加，促使弧隙电导迅速下降，提高了介电强度的恢复速度；另外，加在每一断口上的电压减小数倍，输入电弧的功率和能量减小，降低了弧隙电压的恢复速度，缩短了灭弧时间。图 6-17 所示是每相两对触头串联的示意图。多断口比单断口具有更好的灭弧性能，便于采用积木式结构（用于 110kV 及以上电压的断路器中）。

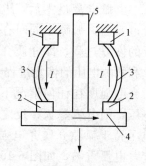

图 6-17 两对触头串联灭弧
1—静触头；2—动触头；
3—电弧；4—导电横担；
5—提升杆

采用多断口的结构后，每个断口上的电压出现分配不均的现象，这是由于两断口之间的导电部分对地电容的影响而引起的。为了使各个灭弧室的工作条件相接近，通常采用断口并联电容的方法，在每个断口外边并联一个比对地电容大得多的电容 C，称为均压电容，其容量一般为 1000~2000pF。接了均压电容后，只要电容容量足够大，多断口的电压就接近相等了。实际中要做到电压完全均匀，必须装设容量很大的电容，造成投资增大，经济性不好，因此，一般按断口间最大电压不超过均匀分配值 10％的要求来选择均压电容的电容量。

3. 提高分闸速度

迅速拉长电弧，有利于迅速减小弧柱内的电位梯度，增加电弧与周围介质的接触面积，加强冷却和扩散作用。现代高压开关电器中都采取了迅速拉长电弧的措施灭弧，如采用强力分闸弹簧，其分闸速度已达 16m/s。

4. 用耐高温金属材料制作触头

触头材料对电弧的去游离也有一定影响，用熔解点高、导热系数和热容量大的耐高温金属制作触头，可以减少热电子发射和电弧中的金属蒸气，减弱游离过程，利于电弧熄灭。

5. 采用优质灭弧介质

灭弧介质的特性，如导热系数、介电强度、热游离温度、热容量等，对电弧的游离程度有很大影响，这些参数值越大，去游离作用越强。现代高压开关电器中，广泛采用压缩空气、SF_6气体、真空等作为灭弧介质。

6. 短弧原理灭弧

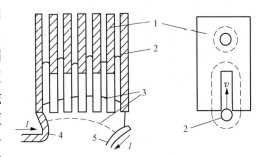

图 6-18 用灭弧栅熄灭电弧
1—灭弧栅片；2—电弧；3—电弧移动位置；
4—静触头；5—动触头

这种灭弧方法常用于低压开关电器中，如自动断路器（自动空气开关）和电磁接触器等。利用一个金属灭弧栅将电弧分为多个短弧，利用近阴极效应的方法灭弧，如图 6-18 所示。灭弧栅用金属材料制成，触头间产生的电弧被磁吹线圈驱入灭弧栅，每两个栅片间就是一个短弧，每个短弧在电流过零时新阴极产生 150～250V 的起始介电强度，如果所有串联短弧的起始介电强度总和始终大于触头间的外加电压，电弧就不会重燃而熄灭。在低压电路中，电源电压远小于起始介质强度之和，因而电弧不能重燃。

7. 利用固体介质的狭缝灭弧装置灭弧

低压开关中也广泛应用狭缝灭弧装置灭弧。狭缝由耐高温的绝缘材料（如陶土或石棉水泥）制作，通常称为灭弧罩。电弧形成后，用磁吹线圈产生的磁场作用于电弧，电弧受电动力作用吹入狭缝中，把电弧迅速拉长的同时，电弧与灭弧罩内壁紧密接触，热量被冷的灭弧罩吸收，电弧温度下降，电弧表面被冷却和吸附；又因窄缝中的气体被加热使压力很大，加强了电弧中的复合过程。图 6-19 所示是狭缝灭弧装置灭弧。

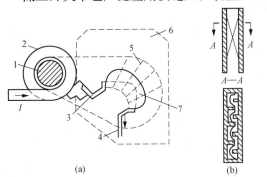

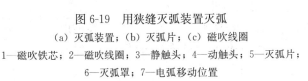

图 6-19 用狭缝灭弧装置灭弧
（a）灭弧装置；（b）灭弧片；（c）磁吹线圈
1—磁吹铁芯；2—磁吹线圈；3—静触头；4—动触头；5—灭弧片；
6—灭弧罩；7—电弧移动位置

第三节　高压断路器

高压断路器是指额定电压为 1kV 及以上，能够关合、承载和开断运行状态的正常电流，并能在规定的时间内关合、承载和开断规定的异常电流（如短路电流、过负荷电流）的开关电器。

一、高压断路器的用途、要求和分类

1. 作用

（1）控制：正常运行时接通和开断电路。即根据电网运行要求，将一部分电气设备及线路投入或退出运行状态、转为备用或检修状态。

（2）保护：电力系统故障时与继电保护配合自动断开故障。即在电气设备或线路发生故障时，通过继电保护装置及自动化装置使断路器动作，将故障部分从电网中迅速切除，防止事故扩大，保证电网的无故障部分得以正常运行，还能实现自动重合闸的功能。

2. 高压断路器的基本要求

（1）工作可靠性高。

（2）足够断路能力、足够动、热稳定。

（3）尽可能短的切断时间。

（4）实现自动重合闸。

（5）结构简单、价格低廉。

3. 高压断路器的分类

按灭弧介质分为：

（1）油断路器，又分为多油断路器和少油断路器，多用少油断路器。

（2）压缩空气断路器。

（3）真空断路器。

（4）六氟化硫断路器。

按安装地点可分为：

（1）户内式。

（2）户外式。

二、高压断路器的技术参数和型号

1. 技术参数

（1）额定电压 U_N（kV）：长时间运行能承受的正常工作电压（线电压）。电压等级有 3、6、10、35、60、110、220、330、500、750、1000kV 等。额定电压不仅决定了断路器的绝缘要求，而且在相当程度上决定了断路器的总体尺寸和灭弧条件。

（2）最高工作电压 U_{max}（kV）：考虑线路电压损耗，线路供电端母线电压高于受电端母线电压，断路器可能在高于额定电压下长期工作，因此要规定线路的最高工作电压。按国家标准规定，220kV 及以下设备最高工作电压为 $1.15U_N$，330kV 以上为 $1.1U_N$。

（3）额定电流 I_N（A）：在额定容量下允许长期通过的工作电流，在该电流下断路器各部分的温度和温升不会超过允许值。决定 QF 的触头及导电部分的截面、结构。

（4）额定开断电流 I_{Nbr}（kA）：在额定电压下，QF 能可靠开切的最大电流。当电压低

于额定电压时，允许开断电流超过额定开断电流，但有一个极限开断电流（由断路器的灭弧能力和承受内部气体压力的机械强度决定）。

（5）动稳定电流（峰值）i_{ds}（kA）：额定峰值耐受电流，指断路器在闭合状态允许通过的最大短路电流峰值，又称极限通过电流。它表明断路器在冲击短路电流的作用下，能承受的最大电动力的能力，它决定于导体和绝缘等部件的机械强度，其值等于额定关合电流，并且等于额定短时耐受电流的 2.55 倍。

（6）热稳定电流（有效值）I_r（kA）：额定短时耐受电流，指断路器在某一定热稳定时间内允许通过的最大短路电流有效值，表明断路器承受短路电流热效应的能力。

（7）额定关合电流 I_{NCL}（kA）：断路器能可靠接通的最大电流，一般为额定开断电流的 $1.8\sqrt{2}$ 倍。断路器合闸在有故障的电路时，在动、静触头接触前后瞬间，强大的短路电流可能造成触头弹跳、熔化、熔接，甚至爆炸。断路器关合短路电流的能力除与灭弧装置性能有关外，还与断路器操动机构合闸功的大小有关。

（8）合闸时间 t_{on}（s）：从发出合闸命令（合闸线圈通电）起至 QF 接通为止所经过的时间。

（9）分闸时间 t_{off}（s）：从发出分闸命令（分闸线圈通电）起至三相电弧完全熄灭所经过的时间。它是反映断路器开断快慢的参数，为断路器固有分闸时间和熄弧时间之和。

装设在输配电线路上的高压断路器，如果配备自动重合闸装置则能明显提高供电可靠性，但断路器自动重合闸不成功时，须连续两次跳闸灭弧，两次跳闸之间还必须关合于短路故障，为此，要求高压断路器满足自动重合闸的额定操作顺序为

$$分——\theta——合分——t——合分$$

其中 θ——断路器切断短路故障后，从电弧熄灭时刻到电路重新接通为止所经过的时间，称为无电流间隔时间，通常为 0.3～0.5s；

t——强送电时间，通常为 180s。

上式表明，原先处在合闸送电状态中的高压断路器，在继电保护装置作用下分闸（第一个"分"），经过时间 θs 后断路器又重新合闸，如果短路故障是永久性的，则在继电保护装置作用下无限时立即分闸（第一个"合分"），经强送电时间 ts 后手动合闸，如短路故障仍未消除，则随即又跳闸（第二个"合分"）。

2. 高压断路器型号的含义

国产的高压断路器的型号主要由以下 7 个单元组成：

【1】【2】【3】—【4】【5】/【6】—【7】

【1】——产品名称：用下列字母表示：S—少油断路器；D—多油断路器；K—空气断路器；L—六氟化硫断路器；Z—真空断路器；Q—产气断路器；C—磁吹断路器。

【2】——安装地点：N—户内式；W—户外式。

【3】——设计序号，用数字表示。

【4】——额定电压或最高工作电压（kV）。

【5】——补充工作特性，用字母表示；G—改进型；F—分项操作；C—手车式；W—防污型；Q—防震型。

【6】——额定电流（A）。

【7】——额定开断电流（kA）。

例如：LW6-220H/3150-40，表示户外型 SF$_6$ 断路器，设计序号为 6，额定电压为

220kV，H 表示液压机构采用特殊结构，可用于高寒地区。额定电流为 3150A，额定开断电流为 40kA。

ZN28-12/1250-25，表示户内式真空断路器，设计序号为 28，最高工作电压为 12kV，额定电流为 1250A，额定开断电流为 25kA。

三、高压断路器组成

高压断路器结构如图 6-20 所示。

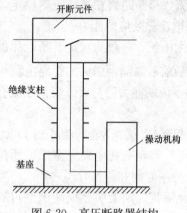

图 6-20　高压断路器结构

（1）开断元件：包括动触头、静触头、导电部件和灭弧室，执行接通或断开电路的任务，是断路器的执行元件。

（2）绝缘支柱：支撑固定开断元件，并使处在高电位状态下的触头和导电部分与接地的零电位部分绝缘。

（3）操动机构：向开断元件提供分、合闸操作的能量，实现规定的顺序操作，并维持断路器的合闸状态。操动机构与动触头的连接由传动机构和提升杆（在绝缘支柱内）来实现。

（4）基座：用于支撑、固定和安装开关电器的各结构部分，使之成为一个整体。

四、SF_6 断路器

SF_6 断路器利用 SF_6 气体作绝缘和灭弧介质，在使用电压等级、开断性能等方面有显著的优势，在 126kV 以上的电压等级中居主导地位。

1. SF_6 气体的特性

SF_6 气体是一种无色、无味、无毒和不可燃的惰性气体，在常温下易液化，化学性能稳定，具有良好的绝缘性能，不会老化变质，在均匀电场和正常状态下，它的绝缘强度是空气的 2.5～3 倍；在 0.2～0.3MPa 下，它的绝缘强度与变压器油相同。因此，采用 SF_6 气体作为高压开关电器的绝缘介质和灭弧介质，可以大大缩小电器的外形尺寸，减少占地面积。

电场的均匀程度对 SF_6 气体间隙击穿电压的影响要比空气大得多。在极不均匀电场下 SF_6 间隙击穿电压将仅相当于空气的 1/3，随电场不均匀程度的提高，SF_6 气体间隙击穿电压与空气间隙击穿电压的差值逐渐缩小，因此，SF_6 断路器在设计本身中一般会尽量避免出现极不均匀的电场出现。其电气设备零部件在制造过程中和使用维修中，不能允许有尖角、碰伤、划伤及电焊渣附着等现象存在，表面必须光滑。

SF_6 气体具有很强的灭弧性能，不仅是由于它具有优良的绝缘特性，还因为它具有独特的热特性和电特性。在 SF_6 气体中的电弧，弧芯的导电率高，导热率低，弧芯部分温度高，电弧电流集中于弧芯部分，电弧电压低，电弧的能量较小，有利于电弧熄灭；弧柱外围部分导热率高，电导率低，温度低，有利于弧芯部分高温散发，低温区的 SF_6 气体及其分解物具有电负性（负电性是指 SF_6 气体分子吸附自由电子而形成负离子的特性），有利于正负粒子的复合，电流过零后，介质绝缘强度恢复很快，其恢复时间常只有空气的 1%，即其灭弧能力为空气的 100 倍；电弧在 SF_6 气体内冷却时直至相当低的温度，仍能导电，电流过零前的截流小，避免了较高的截流过电压。

纯 SF_6 气体无腐蚀，但其分解物遇水后会变成腐蚀性很强的电解质，会对设备内部某些材料造成损害及故障。在断路器操作中或内部出现水分时，SF_6 气体会产生不同量的高毒性分解物（如 SF_4、S_2F_2、S_2F_{10}、SOF_{10}、HF 及 SO_2）会刺激皮肤、眼睛等，大量吸入还会引起头晕和肺水肿。因此，对使用的 SF_6 气体纯度及各种杂质含量应加以控制，严格控制 SF_6 气体中水分、杂质含量，主要从以下几方面控制水分进入 SF_6 断路器。

（1）SF_6 断路器的密封十分重要。密封不是单纯防止 SF_6 气体泄露出来，更是要防止水分从大气侧侵入内部。

（2）断路器组装时，零部件必须先进烘箱烘干，使之达到工艺要求。尤其是绝缘零件，对环氧拉杆干燥要求严格。如果烘烘的不干，环氧拉杆会释放水分，造成气体含水量升高。

（3）严格控制充入段断路器内的 SF_6 气体含水量。国家规定标准 SF_6 气体含水量应低于 $15mg/m^3$。

（4）严格控制断路器在空气充气前的含水量。充气前，先测量断路器内的含水量，如含水量达不到要求一般采用抽真空办法，使其内部干燥。先试纯氧，在再测含水量，达到要求即可停止抽真空，注入干燥的新 SF_6 气体，当测的含水量符合要求时，再注入干燥的新的 SF_6 气体到达额定压力为止。

（5）在 SF_6 断路器内部加装剂吸附剂。加装固体吸附剂是目前较为理想的对 SF_6 中水分和其他有害物的净化手段。通常使用的吸附剂有分子筛、活性氧化铝、合成沸石等。采用两种以上吸附剂混合效果会更好，既用一种吸附剂（如分子筛或活性氧化铝）主要吸附水分，另一种吸附剂（如沸石）主要吸附有害的气体。断路器生产过程中，在设备中加入的吸附剂约为气体注入量的 $1\%\sim10\%$。

2.SF_6 断路器的优点

（1）断口耐压高。由于单断口耐压高，所以对于同一电压等级，SF_6 断路器的断口数目比油断路器和空气断路器的断口数目少，使结构简化、占地面积少，有利于断路器的制造和运行管理。

（2）开断能力强，开断性能优越。由于 SF_6 气体良好的灭弧特性，使 SF_6 断路器燃弧时间短、开断电流大，目前 500kV 及以上电压等级的 SF_6 断路器，其额定开断电流一般为 $40\sim60kA$，最大已达 80kA。SF_6 断路器不仅可以开断空负荷长线路不重燃，切断空负荷变压器不截流，而且可以比较容易地切断近区短路故障。

（3）载流量大、电寿命长、检修周期长。由于 SF_6 气体分子量大，比热大，对触头和导体的冷却效果好，因此在允许的温升限度内。可通过较大的工作电流，额定电流可达 12000A；开断电路时触头烧损轻微，所以电寿命长，一般连续（累计）开断电流 $4000\sim8000kA$ 可以不检修。SF_6 气体中不存在碳元素，SF_6 断路器内没有碳的沉淀物，其允许开断的次数多，无需进行定期的全面解体检修，检修周期长，日常维护量极小，年运行费用低。

（4）运行可靠性高，安全性好。SF_6 断路器的导电和绝缘部件均密封，不受大气条件影响，也能防止外部物体入侵，减少了设备故障的可能性，保证了长期较高的运行可靠性。金属容器外部接地，防止意外接触带电部位，使用安全；SF_6 气体在密封系统中循环使用，没有爆炸和火灾危险，噪声低、无污染，安全性高。

3.SF_6 断路器的缺点

（1）制造工艺要求高、价格贵。SF_6 断路器的制造精度和工艺要求比油断路器高很多，制造成本高，约为断路器的 $2\sim3$ 倍。

（2）气体管理技术要求高。SF$_6$ 气体在环境温度较低、气压提高到某个程度时，难以在气态下使用。SF$_6$ 气体混有杂质时，其分解物有毒，对人体有害。SF$_6$ 气体处理和管理工艺复杂，要有一套完备的气体回收、分析测试设备。

4. SF$_6$ 断路器的类型

（1）按其使用地点分为敞开型和全封闭组合电器。

（2）按其灭弧方式分为单压式和双压式两种。

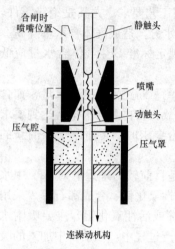

图 6-21　单压式 SF$_6$ 断路器的灭弧原理

1）单压式 SF$_6$ 断路器。又称压气式 SF$_6$ 断路器，只有一个气压系统，气压值约为 0.3～0.5MPa。当分闸时，开断过程中利用动触头及活塞的运动产生压气作用，在触头和喷嘴间产生高速气流来吹灭电弧。图 6-21 所示为单压式 SF$_6$ 断路器灭弧室原理。图中，断路器在合闸位置时，压气罩、喷嘴及动触头三者在虚线位置；分闸时，动触头向下运动，与静触头分离产生电弧，同时，压气罩和喷嘴也向下运动，当压气罩到达下部位置时（黑色部分），原先被静触头堵塞住的喷嘴打开，高压力的 SF$_6$ 气体向上吹拂电弧（纵吹），使电弧熄灭。

2）双压式 SF$_6$ 断路器。双压式断路器灭弧室有高压和低压两个气压系统。低压系统主要用作灭弧室的绝缘介质，高压系统只在灭弧时才起作用，灭弧时，高压室控制阀打开高压 SF$_6$ 气体经过喷嘴吹向低压系统，再吹向电弧使其熄灭。

图 6-22 所示为双压式灭弧室结构。灭弧室触头系统处于低压的 SF$_6$ 气体中。在分闸时，当动触头脱离静触头，在定弧极与动触头之间产生电弧。这时通向高气压系统的控制阀已打开，SF$_6$ 气吹的作用下熄灭。这种类型的特点如下：

a. 吹弧能力强，开断动量大。它的吹弧能力不受开断条件或速度的影响，能维持稳定，强力的吹气条件，加上 SF$_6$ 气体优异的灭弧功能，使得开断能力很强。

b. 动作快，燃弧时间短。电弧在第一个过零点就能熄灭，很少复燃。

c. 结构复杂。两个压力系统的气体之间必须有一套控制装置，以维持压力差，这就增加了设备的复杂性。

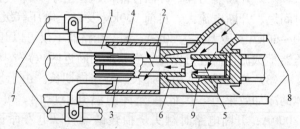

图 6-22　双压气式灭室结构

1—动触头横担；2—动触头上的孔；3—静触头的截流触指；
4—吹弧屏罩；5—定弧极；6—中间触头；
7—绝缘操作杆；8—绝缘支持棒；9—灭弧室

其次，高压 SF$_6$ 气体液化温度高，低温环境使用时必须加装加热器。由于双压式的结构复杂，辅助设备多，随着单压式的发展，双压式已渐被单压式取代。

（3）按触头动作方式分为变开距和定开距两种。

1）变开距式 SF$_6$ 断路器。在灭弧过程中，触头的开距是变化的。图 6-23 所示为单压式变开距灭弧室结构，触头系统由主（工作）触头、灭弧触头和中间触头组成，主触头和中间触头放在外侧，可改善散热条件，提高断路器的热稳定性；灭弧室的可动部分由动触头、喷嘴（用聚四氟乙烯或以聚四氟乙烯为主的填料制成的复合材料等配料制成）和压气缸组成。为了在分闸过程中使压气室的气体集中向喷嘴吹弧，在合闸过程中压气室内不致形成真空，所以在固定活塞上设有逆止阀。合闸时逆止阀打开，压气室与活塞内腔相通，SF_6 气体从活塞的小孔充入压气室；分闸时逆止阀堵住小孔，使 SF_6 气体集中向喷嘴吹弧。分闸时，操动机构通过拉杆使动触头、弧动触头、绝缘喷嘴和压气缸运动，在压气活塞与压气缸之间产生压力；等到动静触头

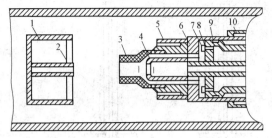

图 6-23　单压式变开距灭弧室结构

1—主静触头；2—弧静触头；3—喷嘴；4—弧动触头；
5—主动触头；6—压气缸；7—逆止阀；8—压气室；
9—固定活塞；10—中间触头

脱离后，在这两个触头间产生电弧，同时压气缸内 SF_6 气体在压力作用下吹向电弧，使电弧熄灭，电弧熄灭后，触头在分闸位置。

变开距灭弧室的特点是触头开距在分闸过程中不断增大，最终开距很大，断口电压可以做得很高，起始介质强度恢复较快；喷嘴与触头是分开的，喷嘴的形状不受限制，可以设计得比较合理，可动部分的行程较小，行程与金属短接时间也较短，有利于改善吹弧效果，提高开断能力。缺点是电弧拉的较长，电弧能量较大，绝缘喷嘴容易被电弧烧坏。

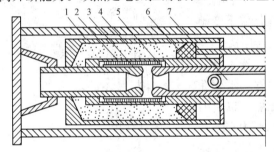

图 6-24　单压式定开距灭弧室结构

1—压气罩；2—动触头；3—静触头；
4—压气室；5—静触头；6—固定活塞；7—拉杆

2）定开距式 SF_6 断路器。开断电路时，压气活塞是固定不动的，弧隙由两个静触头保持固定的开距。图 6-24 所示为单压式定开距灭弧室结构。图中，触头在合闸位置，此时两个静触头 3、5 被动触头 2 跨接，主回路接通。分闸时，操动机构通过连杆带着动触头和压气室运动，在压气活塞与压气室之间产生压力。当动触头脱离静触头后，产生电弧，压气室在两个静触头之间打开喷嘴，高压力的 SF_6 气体从压气室内喷出，射向电

弧，进行纵吹，并经静触头的管腔向左右排出。当电弧熄灭后，触头处在分闸位置。

定开距式灭弧室的特点是开距小、电弧长度小，电弧能量较小，燃弧时间短，可以达到较大的额定开断电流；分闸后，断口间电场比较均匀，绝缘性能较稳定；气流状态赖设计喷口而定，气流状态好；压气室体积大，SF_6 气体压力提高到所需值的时间较长，行程较大，行程与金属短接时间较长，所以使断路器的动作时间加长。

（4）按其结构形式分为落地罐型和瓷柱绝缘支柱型两种。

1）落地罐型 SF_6 断路器。触头和灭弧室装在充有 SF_6 气体并接地的金属罐中，触头与罐壁间的绝缘采用环氧支柱绝缘子，引出线靠绝缘瓷套管引出，如图 6-25 所示。可以在套管上装设电流互感器。

2）绝缘套支柱型 SF_6 断路器。如图 6-26 所示，灭弧室 4 位于高位，靠支柱绝缘套对地绝缘。灭弧室可布置成"T"形或"I"形。

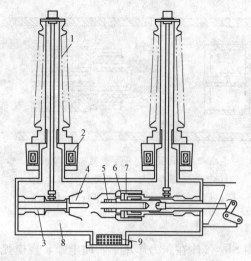

图 6-25　落地罐型 SF_6 断路器

1—套管；2—电流互感器；3—绝缘子；
4—静触头；5—动触头；6—压气缸；7—压气活塞；
8—SF_6 气体；9—吸附剂

5. SF_6 断路器密封措施

SF_6 断路器的优点是熄弧能力强，容易制成开断能力大的断路器，而且允许开断次数多，检修周期长。但是，存在易渗漏的缺点。决定了 SF_6 断路器 15～20 年长检修期限的可靠因素，在于 SF_6 断路器密封的可靠性。因此，尽可能减少漏气量及防止潮气侵入是对密封装置的主要要求。

根据密封防漏理论，在一定流体黏度压力差及密封圈直径下，其泄漏量 Q 与密封面沿泄漏方向长度 L 成反比，密封圈与金属面间的微小间隙 S 成立方比。也就是 L 要长，S 要小。提高密封性能的主要措施有以下五个方面。

（1）选择材质好的"O"形密封圈。材质选择应从硬度、耐温特性、压缩量、抗老化性和耐受 SF_6 分解物的作用的方面综合考虑。较软的"O"形密封圈容易弥合接触面上的凹凸不平部分，使间隙 S 变小，改善了密封作用。如果"O"形密封圈在低温下变硬了，收缩了，间隙 S 增大，长度 L 减小，则密封作用就差。

密封圈压缩量的取值与密封效果关系很大。若压缩量过小，则达不到密封效果。反之，能使密封圈发生永久性变形而失去密封作用。在活动密封中过大的压缩量也会因磨损过大影响密封性能。密封圈压缩量选取 20% 为宜。若以加大压缩量来获得短时密封效果，那是不可取的，往往会牺牲密封圈的寿命。

（2）密封脂的选用。采用密封脂作为"O"形密封圈的填充材料，其目的主要是采用它填补密封面上的微小加工缺陷，以改善密封性能，并防止密封面锈蚀。同时，还能使"O"形密封圈与氧气、SF_6 气体隔绝，防止"O"形密封圈老化及腐蚀。

密封脂的牌号很多，如 KE-44 型硅脂、7501 真空硅脂、FL-8 氟氯油脂。凡是使用带硅元素的密封脂，只准涂在"O"形密封圈外侧与法兰密封结合面，内侧禁止使用。以防止 SF_6 气体的电弧分解物和硅起化学腐蚀作用。

（3）法兰密封结合面和密封槽的精加工。密封表面的光洁度越高，表面的微小凹凸间隙 S 就越小。在同样的"O"形密封圈和压缩量条件下，"O"形密封圈与密封面的接触点越多，密封效果越好。一般要求加工面光洁度达到 ▽7～▽9。对于密封槽深度，还要符合公差

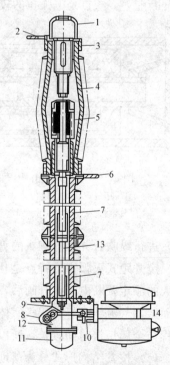

图 6-26　支柱型 SF_6 断路器

1—冒；2—上接线板；3—密封圈；
4—灭弧室；5—动触头；6—下接线板；
7—支持绝缘子；8—轴；9—传动杆；
10—辅助开关传动杆；11—吸附剂；
12—传动机构箱；13—液压机构；
14—操作拉杆

要求。

（4）利用瓷套端面作为密封面。利用瓷套端面作为密封面的目的是，为了避开瓷套与浇筑法兰之间由于浇注不良出现的砂眼等渗漏点。图 6-27 所示为法兰密封装置。上下两节瓷套的连接加装了中间法兰，在中间法兰两侧密封槽内装上"O"形密封圈，与瓷套端面密封。在活动密封处加装双套密封。

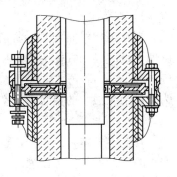

活动密封用于操作拉杆垂直运动的密封装置，如图 6-28 所示。除导向密封 3 外，增加了分、合闸密封垫，起到双套密封作用。在分闸终止时，拉杆上法兰盘压缩分闸密封垫 2 起到密封作用。在合闸终止时，拉杆下法兰盘压缩合闸密封垫 4 保持密封。在分、合闸过程中，由导向密封 3 与拉杆保持密封。合闸或分闸终止位置，都有双套密封圈在密封作用。图 6-29 为转动轴密封装置，为减少与轴密封的磨损一般设计转轴转动的角度是不大的。

图 6-27　法兰密封装置

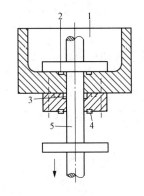

图 6-28　活动密封装置

1—SF_6 气体；2—分闸密封垫；3—导向密封垫；
4—合闸密封垫；5—拉杆

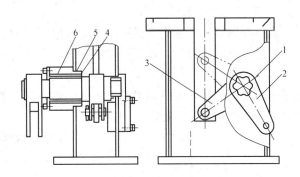

图 6-29　转动轴密封装置

1—转轴；2—外拐臂；3—内拐臂；4—轴密封；
5—轴座密封；6—滚动轴承

五、真空断路器

真空断路器利用真空作为灭弧和绝缘介质，断路器的触头在真空中开断，电弧在真空中熄灭。真空断路器虽然早在 19 世纪末期已有设想，在 20 世纪 20 年代也曾研制过，但都因真空技术及材料方面的限制，未能投入实际使用。随着真空技术的发展，20 世纪 50 年代开始，美国才研制成了第一批适用于切合电容器等特殊场合的真空负荷开关，但其开断电流较小。相继其他一些国家也进行了研制。在 60 年代初期，由于冶金技术上的发展，解决了开断大电流用的触头材料，使真空断路器获得了新的发展。又经过了几年的运行、研究及改进，真空断路器的开断电流达到一般断路器的水平，即达 40kA，从而使真空断路器进入了高电压、大容量的领域。由于真空断路器具有一系列明显的优点，从 70 年代开始，在国际上得到了迅速发展，尤其在 35kV 等级以下，更是处于占优势的地位。

我国于 1960 年就研制了第一批真空灭弧室，进行了部分实验，又于 1965 年试制成我国第一台三相真空断路器（10kV，100A）。目前，国内真空断路器和真空断路器方面的研究和生产均得到很大的重视和迅速的发展。

（一）真空断路器的工作原理

1. 真空

真空是相对而言的，所谓真空是指绝对压力低于正常大气压的气体稀薄空间。真空的程度即真空度，用气体的绝对压力值表示，绝对压力越低表示真空度越高。真空中气体稀薄，气体分子自由行程大，碰撞游离机会少，击穿电压高，所以，高真空度间隙的绝缘强度高，为满足绝缘强度的要求，真空度一般要求在 $1.33 \times 10^{-3} \sim 1.33 \times 10^{-7}$ Pa 之间。

2. 真空电弧

真空中气体十分稀薄，这些气体的游离不可能维持电弧的燃烧，所以真空间隙被击穿而产生的电弧不是气体碰撞游离产生的。真空电弧是在真空间隙被击穿时，触头电极蒸发出来的金属蒸气电离产生的。在开断电流时，随着触头分离，触头接触面迅速减少，电流密度非常大，温度急剧升高，接触点的金属熔化并蒸发出大量金属蒸气，由于金属温度很高，同时又存在很强的电场，导致强电场发射和金属蒸气的电离，从而发展成为电弧。真空中的电弧特性，主要取决于触头的材料及其表面状况，还与剩余气体的种类、间隙距离和电场的均匀程度有关。

3. 真空电弧的熄灭

真空断路器利用真空电弧中生成的带电粒子和金属蒸气具有很强扩散速度的特性，在电弧电流过零暂时熄灭时，电弧间隙的介质强度恢复而实现灭弧的。真空间隙高绝缘强度的恢复，取决于带电粒子的扩散速度、开断电流的大小以及触头的面积、形状和材料等因素。在燃弧区施加横向磁场和纵向磁场，驱动电弧高速扩散，可以提高介质强度的恢复速度，还能减轻触头的烧损程度，提高使用寿命。

（二）真空断路器的结构

真空断路器主要由真空灭弧室、支架和操动机构组成。

1. 真空灭弧室

真空灭弧室是真空断路器的核心元件，具有开断、导电和绝缘的功能，主要由绝缘外壳，动、静触头，屏蔽罩和波纹管组成，其结构如图 6-30 所示。由于波纹管在轴向上可以伸缩，因而这种结构既能实现在灭弧室外带动动触头作分合运动，又既能保证真空外壳的密封性。在动、静触头和波纹管周围装有屏蔽罩。由于大气压力的作用，灭弧室在无机械外力作用时，其动、静触头始终保持闭合位置，当外力使动导电杆向外运动时，两触头才分离。真空灭弧室的性能主要取决于触头的材料和结构，还与屏蔽罩结构、灭弧室的材质及制造工艺有关。

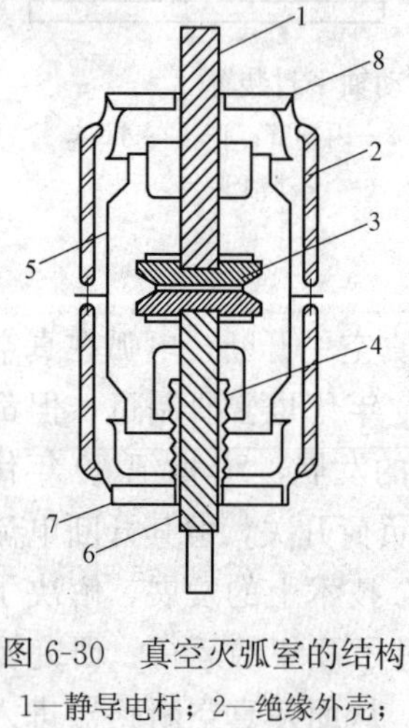

图 6-30　真空灭弧室的结构
1—静导电杆；2—绝缘外壳；
3—动、静触头；4—波纹管；
5—屏蔽罩；6—动导电杆；
7—动端盖板；8—静端盖板

（1）绝缘外壳。外壳既是真空灭弧室的密封容器，要容纳和支持真空灭弧室内的各种零件，而且当动、静触头在断开位置时起绝缘作用。因此，整个外壳通常由绝缘材料和金属组成。对外壳的要求首先是气密性要好，所有材料均不允许有任何漏孔存在，一般要求20 年内，真空度不得低于规定值；其次是要有一定的机械强度；再是绝缘体在真空和大气中都必须有良好的绝缘性能。现在绝缘外壳广泛采用硬质玻璃、高氧化铝陶瓷或微晶玻璃制造。外壳的端盖常用不锈钢、无氧铜等金属制成。

此外，尚有另一种外壳结构形式，即以金属材料制成外部圆筒，并以无机绝缘材料制成绝缘端盖。金属圆筒又起屏蔽的作用。

（2）波纹管。波纹管能保证动触头在一定行程范围内运动时，不破坏灭弧室的密封状态。波纹管常用不锈钢制成，有液压成型和膜片焊接两种形式，如图6-31所示。波纹管的侧壁可在轴向上伸缩，它的允许伸缩量决定了灭弧室所能获得的触头最大开距。真空断路器的触头每分合一次，波纹管便产生一次机械变形，长期频繁和剧烈的变形容易使波纹管因材料疲劳而损坏，导致灭弧室漏气无法使用。波纹管是真空灭弧室中最易损坏的部件，其金属的疲劳寿命决定了真空灭弧室的机械寿命。

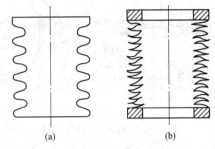

图 6-31 不同形式的波纹管
（a）液压成型；（b）膜片焊接

（3）屏蔽罩。真空灭弧室常用的屏蔽罩有主屏蔽罩、波纹管屏蔽罩和均压屏蔽罩。

在触头周围设置主屏蔽罩，可以防止燃弧过程中金属蒸气和金属颗粒喷溅到绝缘外壳内壁，导致绝缘外壳的绝缘强度降低和绝缘破坏。金属蒸气在屏蔽罩表面会凝结，不容易返回电弧间隙，有利于熄弧后弧隙介质强度的迅速恢复，屏蔽罩还能起到使灭弧室内部电压均匀分布，降低局部电场强度，提高绝缘性能，有利于促进真空灭弧室小型化。波纹管屏蔽罩包在波纹管周围，可防止金属蒸气溅落在波纹管上，影响波纹管的工作和降低使用寿命。均压屏蔽罩装设在触头附近，用于改善触头间的电场分布。

在开断的过程中，电弧的能量有很大一部分消耗在屏蔽罩上，使屏蔽罩温度升的相当高。而温度越高，会使屏蔽罩表面冷凝电弧生成物的能力越差，因而应尽量采用导热性能好、凝结能力强的材料制造屏蔽罩，常用的材料为无氧铜、不锈钢和玻璃（铜是最常用的）。在一定范围内，金属屏蔽罩厚度的增加可以提高灭弧室的开断能力，但通常不超过2mm。

（4）触头。触头是真空灭弧室内最为重要的元件，既是关合电路的通流元件，又是开断电流时的灭弧元件。真空灭弧室的开断能力和电气寿命主要由触头结构来决定。目前真空断路器的触头一般采用对接式，其发展经历了三种结构形式，即平板圆柱触头、横向磁场触头和纵向磁场触头，如图6-32所示。

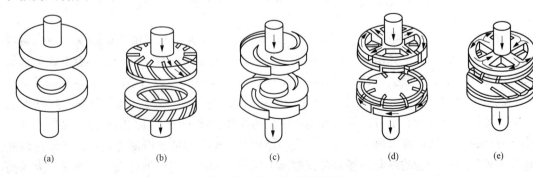

图 6-32 真空触头结构形状
（a）平板触头；（b）杯状触头（横向磁场）；（c）螺旋触头（横向磁场）；（d）、（e）纵向磁场触头

　　1）平板圆柱触头。平板圆柱触头最简单，机械强度好，易加工，但开断电流较小（有效值在 8kA 以下），一般只适用于真空接触器和真空负荷开关中。

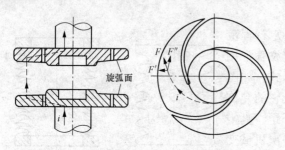

图 6-33　横向磁吹的中接式螺旋槽触头

　　2）横向磁吹触头是利用电流流过触头本身时产生的横向磁场驱使电弧在触头表面运动的触头，主要类型有杯状和螺旋触头。如图 6-33 所示为横向磁吹的中接式螺旋槽触头，在触头圆盘的中部有一突起的圆环，圆盘上开有三条螺旋槽，从圆环的外周一直延伸到触头的外缘。当触头在闭合位置时，只有圆环部分接触。触头分离时，在圆环上产生电弧。由于电流线在圆盘处有拐弯，在弧柱部分产生与弧柱垂直的横向磁场。如果电流足够大，真空电弧发生集聚的话，那么磁场会使电弧离开接触圆环，向触头的外缘运动，把电弧推向开有螺旋槽的触头表面（称为跑弧面）。一旦电弧转移到跑弧面上，触头上的电流就受到螺旋槽的限制，只能按照规定的路径流通，如图 6-33 中虚线所示。这时垂直于触头表面的弧柱就受到一个作用力 F，它的径向分量 F' 使电弧朝外缘运动，而切向分量 F'' 使电弧在触头上沿切向方向运动，故可使电弧在触头外缘上作圆周运动，从而使电弧熄灭。螺旋槽触头在大容量灭弧室中应用的十分广泛，它的开断能力可高达 40～60kA。

　　如图 6-34 所示为杯状槽触头。触头形状似一个圆形厚壁杯子杯壁上开有一系列斜槽，而动静触头的斜槽方向相反。这些斜槽实际上构成许多触指，靠其端面接触。当触头分离产生电弧时，电流经倾斜的触指流通，产生横向磁场，驱使真空电弧在杯壁的端面上运动。杯状触头在开断大电流时，在许多触指上同时形成电弧，环形分布在圆壁的端面，每一个电弧都是电流不大的集聚型电弧，且不再进一步集聚。这种电弧形态称为半集聚型真空电弧。它的电弧电压比螺旋槽触头的要低，电磨损也较小。

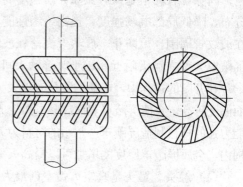

图 6-34　杯状槽触头

　　在相同触头直径下，杯状槽触头的开断能力比螺旋槽触头要大一些，而且电气寿命也较长。

　　3）纵向磁场触头是利用磁场间隙中呈现的纵向磁场来提高开断能力的触头。纵向磁场能约束带电粒子，降低电弧电压，使电弧能量均匀地输入触头的整个端面，不会造成触头表面局部的熔化，适合开断大电流的需要，真空灭弧室的体积也大大减小，极大地提高了真空断路器的竞争能力。如图 6-35 所示的是纵向磁场触头，它是在触头背面设置一个特殊形状的线圈，串联在触头和导电杆之间，导电杆中的电流先分成四路流过线圈的径向导体，进入线圈的圆周部分，然后流入触头。动静触头的结构是完全一样的。开断电流时由于流过线圈的电流在弧区产生一定的纵向磁场，可使电弧电压降低和集聚电流值提高，从而能大大提高触头开断能力和电气寿命。

　　触头材料对断路器的性能影响极大。真空断路器除要求触头材料具有开断能力大、耐压水平高及耐受电磨损外，还要求含气量低、抗熔焊性能好和截流水平低。

难熔金属材料的耐弧、抗熔焊性能好，采用高温除气处理可使含气量低，但截流水平太高，极限开断电流也提不高。易熔的良导电材料开断能力好，但耐弧性、抗熔性能以及真空性能都不好。单一的金属材料一般不能同时满足上述要求，故需采用多元合金。

小容量的真空灭弧室，现在较广泛地采用铜（Cu）—钨（W）—铋（Bi）—锆（Zr）合金或钨—镍（Ni）—铜—锑（Sb）合金作触头，在开断电流小于 4kA 时，性能较好，截流水平也比钨低。

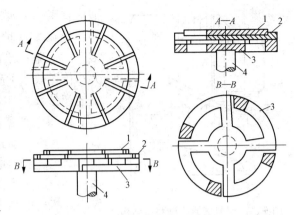

图 6-35　纵向磁场触头

1—触头；2—触头托；3—线圈；4—导电杆

大容量的真空灭弧室，主导电部分可选用铜—铋合金、铜—铋—铈（Ce）、铜—铋—银、铜—铋—铝、铜—碲(Te)—硒(Se) 等三元合金，它们的导电性能良好，提高了抗熔焊性，降低了截流水平，电弧电压也低。

真空间隙的耐压特性受真空度、触头材料与表面状况、屏蔽罩的电场分布以及零部件的洁净度等多种元素影响，分散性较大，在选取真空灭弧室的触头开距时，要考虑一定的裕度。10kV 产品的开距常取 12～16mm，35kV 的开距常取 35～40mm。开断电流大的灭弧室，开距宜取大值。

2. 真空断路器结构特点

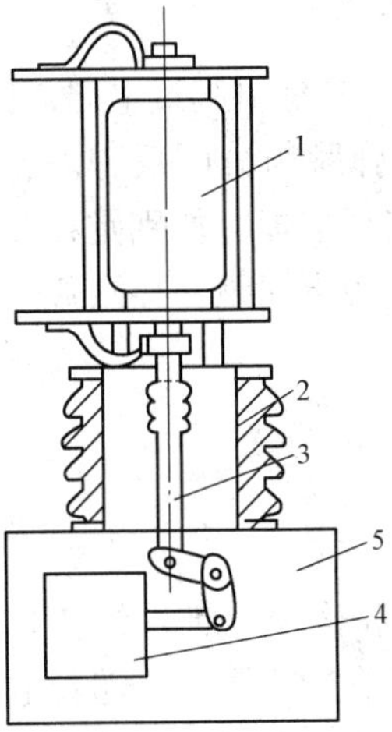

真空断路器总体结构除具有真空灭弧室外，与油断路器没有多大差别，它由真空灭弧室 1、绝缘支撑 2、传动机构 3、操动机构 4 及基座 5 几部分组成，如图 6-36 所示。

真空灭弧室既可以垂直安装，又可以水平安装，还可选择任意角度进行安装，因此出现了多种多样的总体结构形式。按真空灭弧室的布置方式可分为落地式和悬挂式两种最基本的形式，以及以上两种相结合的综合式和接地箱式。

落地式真空断路器是将真空灭弧室安装在上方，用绝缘支撑支持，操动机构设置在底座下方，上下两部分由传动机构通过绝缘杆连接起来。落地式结构的优点是：便于操作人员观察和更换灭弧室；传动效率高，分合闸操作时直上直下，传动环节少，传动摩擦小；整个断路器的重心较低，稳定性好，操作时振动小；断路器尺寸小，质量轻，进开关柜方便；产品系列性强，且户内户外产品的相互交换容易实现。但是产品的总体高度较高，检修操动机构较困难，尤其是带电检修时。

图 6-36　真空断路器结构

1—灭弧室；2—绝缘支撑；3—传动机构；4—操动机构；5—机座

悬挂式真空断路器是将真空灭弧室用绝缘子悬挂在底座框架的前方，操动机构设置在后方（即框架内部），前后两部分用绝缘传动杆连接起来。图 6-37 所示为"悬挂式"真空断路器结构。"悬挂式"真空断路器在结构上与传统的少油断路器相类

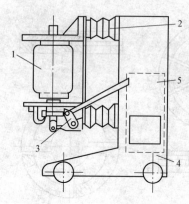

图 6-37　悬挂式真空断路器结构

1—真空灭弧室；2—绝缘支撑；

3—传动机构；4—机座；5—操动机构

似，宜用于手推车式开关柜，其操动机构与高电压隔离，便于检修。这种结构的特点是：总体深度尺寸大，用铁多，质量重；绝缘子受弯曲力作用；操作时灭弧室振动大；传送效率不高。因此，一般只适用于户内中等电压以下的产品。

3. 真空断路器的特点

（1）真空断路器的优点。

1）真空介质的绝缘强度高，触头间隙小，灭弧室的体积小，减少了操动机构的操作，对操动机构的功率要求较小，机构的结构可以比较。

2）灭弧能力强，开断电流大，燃弧时间短，电弧电压低，触头电磨损小，开断次数多，电寿命长，一般可达20 年。

3）电弧开断后，介质强度恢复速度快，动导电杆的惯性小，适合用于频繁操作和快速切断场合，具有多次重合闸功能。

4）介质不会老化，也不需要更换，在使用年限内，真空灭弧室与触头部分不需要检修，维修工作量小，维护成本低。

5）使用安全，体积小，质量轻。

6）环境污染小。开断是在密闭容器内进行的，电弧和炽热的金属蒸气不会向外喷溅而污染周围环境，操作时也没有严重噪音，没有易燃易爆介质，无爆炸和火灾危险。

7）灭弧室作为独立元件，安装调试简单方便。

（2）真空断路器的缺点。

1）开断感性负荷或容性负荷时，由于截流、振荡、重燃等原因，容易引起过电压。

2）触头结构采用对接式，操动机构使用了弹簧，容易产生合闸弹跳与分闸反弹。合闸弹跳不仅会产生较高的过电压影响电网稳定运行，还会使触头烧损甚至熔焊，特别是在投入电容器组产生涌流时及短路关合的情况下更加严重。分闸反弹会减小触头间距，导致弧后的重击穿。

3）对密封工艺、制造工艺要求高，价格高。

（三）真空断路器限制过电压的措施

（1）操作过电压主要种类。

1）截流过电压。当真空电弧电流很小时，提供的金属不够充分和稳定，难以维持真空电弧的稳定燃烧，真空电弧不会在电流过自然过零时熄灭，而在过零前突然熄灭，随着电弧的熄灭，电流突然变为零，这种现象称为无截流，该电流称为截断电流。在感性电路中，截流容易引起操作过电压，因此应尽可能减小截断电流，并采取限制过电压的措施。

近年来由于采用了新的触头材料，真空灭弧室的截流值已大大降低，单相截流过电压问题已不必担心了。只是在用真空断路器控制电动机时，由于电机绝缘强度较低，仍必须考虑到单相截流过电压问题。

最严重的情况是三相同时截流时的过电压。对于一般的三相工频电路开断过程，首先断开相的触头将此相电流开断后，其余两相要延时 1/4 周期后电流才能过零被开断。但是在用真空断路器开断时，可能出现三相同时开断的情况。这是因为当首先断开相因截流过电压而发生重燃时，在该相负荷中将流过高频电流，通过电磁耦合在其他两相同时感应出一个高频电流叠加到工频电流上，从而使其他两相电流也强制过零，造成三相电路"同时"发生截流的现象，这会出现更大的过电压。

2）切断电容性负荷时的过电压。这是因熄弧后间隙发生重击穿而引起的。真空断路器虽比其他断路器有较好的开断容性负荷的性能，但是由于真空间隙耐压强度不稳定和直流耐压水平比较低，仍会有一定的重击穿概率，从而出现过电压。因此要求真空断路器的重击穿概率越小越好，最好不发生重击穿。

真空断路器偶尔发生重击穿后能很快自动恢复其耐压强度，不会发生不断地在电源电压峰值处连续重击穿的情况，所以过电压并不高。

3）高频多次重燃过电压。当真空断路器在开断感性电流（如电动机启动电流）时，即使没有截流也会发生过电压，可导致电机的匝间绝缘击穿而损坏。这种过电压是由于真空断路器的高频多次重燃而引起的。当三相真空断路器在开断时，如一极触头正好在其相电流零点前分离，电流很快就过零，电弧首先在这一相熄灭，也没有发生截流过电压。但此时触头间距很小，介质恢复强度不高，它不能承受恢复电压的作用，间隙被击穿而产生电弧。由于线路参数的影响，击穿后电流中含有高频分量。如果高频分量的幅值大于工频电流瞬时值，就会出现高频电流零点，此时又可使电弧熄灭而开断电流。高频电流过零电弧熄灭时，负荷电容上的电压将达反相最大值，电容和电感再次发生高频振荡时可以产生更高的电压。这一电压又可再次使触头间隙击穿，再一次在高频电流零点时开断电流，产生更高的电压。击穿反复产生，使负荷侧的电压不断升高，从而产生较高的过电压。其波形如图 6-38 所示。当然这种电压递升现象不会无限制继续下去，当升到某个限度时就必然会停止。实测到的最大过电压为 5.1 倍，频率可达 $10^5 \sim 10^6$ Hz。这种过电压由于上升陡度很高，对电动机绕组绝缘的危害特别大，因此往往在过电压倍数不高时就能使绕组的匝间绝缘损坏。

（2）操作过电压抑制方法。

1）采用低电涌真空灭弧室。这是用低截流值的触头材料与纵向磁场触头组成的灭弧室，既可降低截流过电压，又可提高开断能力。

2）负荷端并联电容。这样既可降低截流过电压，也可减缓恢复电压的上升陡度。保护变压器时，一般可在高压端并联 0.1～0.2μF 的电容器。

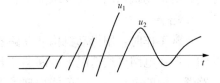

图 6-38 首开相多次重燃过电压波形

3）负荷端并联电阻—电容。它不仅能降低截流过电压及其上升陡度，而且在高频重燃时可使振荡过程强烈衰减，对抑制多次重燃过电压有较好的效果。电阻一般选为 100～200Ω，电容为 0.1～0.2μF。

4）安装避雷器。它只能限制过电压的幅值。近年来除碳化硅外，又发展了氧化锌非线性电阻，用它构成无间隙避雷器。如将氧化锌电阻与火花间隙串联，可改善氧化锌电阻的工作条件。其火花间隙比碳化硅避雷器要小，且工频续流也很小。

5）串联电感。用它可降低过电压的上升陡度和幅值。

六、高压断路器的操动机构

（一）操动机构的组成

高压断路器通过断路器触头的分、合闸动作达到开断与关合电路的目的，断路器的分、合闸动作是通过操动机构来实现的。因此，操动机构的工作性能和质量的优劣，对断路器的各种性能和可靠性起着极为重要的作用。在断路器本体以外的机械操动装置称为操动机构，而操动机构与断路器动触头之间连接的部分称为传动机构和提升机构，如图 6-39 所示为断路器操动机构的组成。

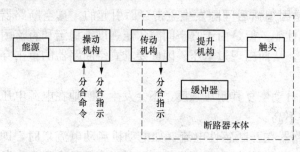

图 6-39　断路器操动机构的组成

断路器操动机构接到分闸（或合闸）命令后，将能源（人力或电力）转变为电磁能（或弹簧位能、重力位能、气体或液体的压缩能等），传动机构将能量传给提升机构。

传动机构将相隔一定距离的操动机构与提升机构连在一起，并可改变两者的运动方向。提升机构是断路器的一个部分，是带动断路器动触头运动的机构，它能使动触头按照一定的轨迹运动，通常为直线运动或近似直线运动。操动机构一般做成独立产品。一种型号的操动机构可以操动几种型号的断路器，而一种型号的断路器也可配装不同型号的操动机构。根据能量形式的不同，操动机构可分为手动操动机构（CS）、电磁操动机构（CD）、弹簧操动机构（CT）、电动机操动机构（CJ）、气动操动机构（CQ）和液压操动机构（CY）等。

断路器操作时的速度很高。为了减少撞击，避免零部件的损坏，需要装设分、合闸缓冲器，缓冲器大多装在提升机构的近旁。在操动机构及断路器上应具有反映分、合闸位置的机械指示器。

（二）对操动机构的要求

操动机构的工作性能和质量的优劣，对高压断路器的工作性能和可靠性起着极为重要的作用，对操动机构的主要要求如下：

1. 合闸

正常工作时，用操动机构使断路器合闸，这时电路中流过的是工作电流，关合是比较容易的。但在电网事故情况下，断路器要合到有故障的电路上时，因流过短路电流，存在阻碍断路器合闸的电动力，有可能出现不能可靠合闸，即触头合不足的情况。这会引起触头严重烧伤，甚至会发生断路器爆炸等严重事故。因此，要求操动机构必须能足以克服短路电动力的阻碍作用力，即具有关合短路故障的能力。

对于电磁、气动、液压等操动机构还应要求合闸电源电压、气压或液压在一定范围内变化时，仍能可靠工作。当电压、气压或液压在下限值（规定为额定值的 80% 或 85%）时，操动机构应使断路器具有关合短路故障的能力。而当电压、气压或液压在上限值（规定为额定值的 110%）时，操动机构不应出现由于操动力、冲击力过大等原因使断路器的零部件损坏。

2. 保持合闸

由于合闸过程中，合闸命令的持续时间很短，而且操动机构的操作功也只在短时间内提供，因此操动机构中必须有保持合闸的部分，以保证在合闸命令和操作功消失后，能使断路器保持在合闸位置。

3. 分闸

操动机构不仅要求能够电动（自动或遥控）分闸，在某些特殊情况下，应该可能在操动机构上进行手动分闸，而且要求断路器的分断速度与操作人员的动作快慢和下达命令的时间长短无关。为了达到快速分闸和减少分闸功操动机构应有分闸省力机构。当接到分闸命令后，为满足灭弧性能要求，断路器应能快速分闸。分断时间应尽可能缩短，以减少短路故障存在的时间。

对于电磁、气动、液压等操动机构还要求分闸电源电压、气压或液压在一定范围内变化时仍使断路器正确分闸。而当电压、气压或液压在上限值（规定为额定值的110％）时，操动机构不应出现因操动力过大而损坏断路器零部件的现象。

4. 自由脱扣

自由脱扣的含义：在断路器合闸过程中，若操动机构又接到分闸命令，则操动机构不应继续执行合闸命令而应立即分闸。

当断路器关合有短路故障的电路时，若操动机构没有自由脱扣能力，则必须等到断路器的动触头关合到底才能分闸。对有自由脱扣的操作机构，则不管触头关合到什么位置，也不管合闸命令是否解除，只要接到分闸命令断路器就能立刻分闸。

5. 防跳跃

当断路器关合有短路故障电路时，断路器将自动分闸。此时若合闸命令还未解除，则断路器分闸后又将再次合闸，接着又会分闸。这样，就有可能使断路器连续多次合分短路故障电路，这一现象称为"跳跃"。出现"跳跃"现象时，断路器将连续多次合分短路电流，造成触头严重烧伤，甚至引起断路器爆炸事故。防"跳跃"措施，有机构的和电气的两种方法。

6. 复位

当断路器分闸后，操动机构中的各个部件应能自动地回复到准备合闸的位置。因此，在操动机构中还需装设一些复位用的零部件。使得每个部件应能自动地恢复到准备合闸的位置。

7. 联锁

为了保证操动机构的动作可靠，要求操动机构具有一定的联锁装置。常用的在联锁装置有：①分合闸位置联锁。保证断路器在合闸位置时，操动机构不能进行合闸操作；在分闸位置时，不能进行分闸操作；②低气（液）压与高气（液）压联锁。当气体或液体压力低于或高于额定值时，操动机构不能进行分、合闸操作；③弹簧操动机构中的位置联锁。弹簧储能不到规定要求时，操动机构不能进行分、合闸操作。

8. 缓冲

当断路器的分合闸速度很高，要使高速运动的零部件立刻停下来，不能采用在行程终了处装设止钉（阻止运行的销钉）的方法，而必须用缓冲装置来吸收运动部分的动能，以防止断路器中某些零部件因受到很大的冲击力而损坏。

（三）操动机构的种类及其特点

1. 手动操动机构（CS）

靠手力直接合闸的操动机构称为手动操动机构。它主要用来操动电压等级较低、额定开断电流很小的断路器。除工矿企业用户外，电力部门中手动操动机构已很少采用。手动操动机构结构简单、不要求配备复杂的辅助设备及操作电源；缺点是不能自动重合闸，只能就地操作，不够安全。因此，手动操动机构应逐渐被手力储能的弹簧操动机构所代替。

2. 电磁操动机构（CD）

依靠电磁力合闸的操动机构称为电磁操动机构。电磁操动机构的优点是结构简单、工作可靠、制造成本较低，缺点是合闸线圈消耗的功率太大，因而用户需配备价格昂贵的蓄电池组。电磁操动机构的结构笨重、合闸时间长（0.2～0.8s），因此在超高压断路器中很少采用，主要用来操作110kV及以下的断路器。

3. 电动机操动机构（CJ）

利用电动机经减速装置带动断路器合闸的操动机构称为电动机操动机构。电动机所需的功率决定于操作功率的大小以及合闸做功的时间，由于电动机做功的时间很短（即断路器的固有合闸时间，约在零点几秒左右），因此要求电动机有较大的功率。电动机操动机构的结构比电磁操动机构复杂、造价也贵，但可用于交流操作。用于断路器的电动机操动机构在我国已很少生产，有些电动机操动机构则用来操动额定电压较高的隔离开关，对合闸时间没有严格要求。

4. 弹簧操动机构（CT）

利用已储能的弹簧为动力使断路器动作的操动机构称为弹簧操动机构。弹簧储能通常由电动机通过减速装置来完成。对于某些操作功不大的弹簧操动机构，为了简化结构、降低成本，也可用手力来储能。

5. 气动操动机构

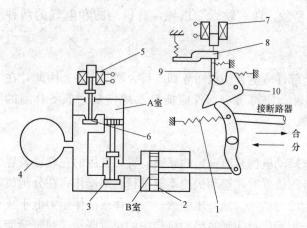

图6-40 气动操动机构的动作原理
1—合闸储能弹簧；2—空气活塞；3—主阀；4—储气筒；
5—分闸电磁铁；6—分闸启动阀；7—合闸电磁铁；
8、9、10—合闸脱扣（分闸保持）机构

图6-40所示为配用压气式SF_6断路器的一种气动操动机构的动作原理。由于这种断路器的分闸功比合闸功大，所以分闸时由压缩空气活塞2驱动，并使合闸储能弹簧1储能。合闸时由合闸弹簧驱动。机构的操作程序如下：

（1）分闸。如图6-40所示，分闸电磁铁5通电，分闸启动阀6动作，压缩空气向A室充气，使主阀3动作，打开储气筒4通向工作活塞2的通道，B室充气，活塞向右运动，一方面压缩合闸储能弹簧1使其储能，另一方面驱动断路器传动机构使之分闸。分闸完毕后，分闸电磁铁5断电，分闸启动阀6工作活塞被保持机构保持在分闸位置。复位，A室通向大气，主阀3复位，B室通向大气。

（2）合闸。合闸电磁铁7通电，使合闸脱扣机构10动作，在合闸弹簧力的驱动下，断路器合闸。

气动操动机构的压缩空气压力约为0.6～1.0MPa。气动操动机构的主要优点是构造简单、工作可靠、输出功率大，操作时没有剧烈的冲击。缺点是需要有压缩空气的供给设备。

6. 液压操动机构

液压操动机构是利用液压传动系统的工作原理，将工作缸以前的部件制成操动机构，与断路器本体配合、使用。工作缸可以装在断路器的底部，通过绝缘拉杆及四连杆机构与断路器触头系统相连。图 6-41 所示为液压操动机构，其动作程序如下：

（1）升压。运行时，先将油泵 9 开动，低压油箱 2 的低压油经过滤器 10，经油泵 9 变成高压油后输到储压筒 1 内，使储压筒内活塞上升，压缩上腔氮气储能。

（2）合闸。合闸电磁铁 4 通电，使高压油通过两级控制阀系统 3 流到工作缸 6 活塞的左边，活塞向右运动，断路器合闸。

（3）分闸。分闸电磁铁 5 通电，两级控制阀系统 3 切断通向工作缸 6 活塞左边的高压油道，并使该腔通向低压油箱 2，工作活塞向左动作，断路器分闸。

（4）信号指示。信号缸 7 的动作是与工作缸 6 一致的，通过信号缸内活塞的位置，接通或开断辅助开关的信号触点，显出分、合位置的指示信号。

（5）为了保证液压系统内的压力不超过安全运行的范围，在图 6-41 中采用安全阀 8。

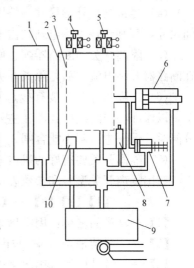

图 6-41 液压操动机构
1—储压筒；2—低压油箱；
3—两级控制阀系统；4—合闸电磁铁；
5—分闸电磁铁；6—工作缸；
7—信号缸及辅助触头；8—安全阀；
9—油泵；10—过滤器

我国液压操动机构的工作压力有 20、33MPa 等多种。因为液压油的性能受温度的影响很大，在操动机构箱壳内有的装有电热器，以保证液压油的工作温度不低于规定的数值。

第四节　高压隔离开关

一、隔离开关的作用

隔离开关是高压开关电器中使用最多的一种电器，它本身的工作原理和结构虽比较简单，但由于使用量大、工作可靠性要求高，对变电站、电厂的设计、建设和安全运行的影响均很大。

隔离开关的主要作用如下：

（1）隔离电源。分闸后建立明显的可靠的绝缘间隙，将需要检修的线路或电气设备用看得见的空气绝缘间隙与电源隔开，以保证检修人员及设备的安全。

（2）倒闸操作。根据运行需要，切换线路。

（3）分、合小电流电路。如套管、母线、连接头的充电电流，断路器均压电容的电容电流，双母线换接时的环流以及电压互感器、消弧线圈、避雷器等的励磁电流。根据不同结构类型的具体情况，隔离开关可用来分、合一定容量的空负荷变压器、空负荷线路的励磁电流。

二、对隔离开关的要求及其结构特点

（1）应具有明显可见的断口，使运行人员能清楚地观察隔离开关的分、合状态。

（2）绝缘稳定可靠，特别是断口绝缘，一般要求比断路器高出约 10%～15%，即使在恶劣的气候条件下，也不能发生漏电或闪络现象，确保检修运行人员的人身安全。

（3）导电部分要接触可靠，除能承受长期工作电流和短时动、热稳定电流外，户外产品应考虑在各种严重的工作条件下（包括母线拉力、风力、地震、冰冻、污秽等不利情况），

触头仍能正常分合和可靠接触。

（4）尽量缩小外形尺寸，特别是在超高压隔离开关中，缩小导电闸刀运动时所需要的空间尺寸，有利于减少变电站的占地面积。

（5）隔离开关与断路器配合使用时，要有机械的或电气的联锁，以保证动作的次序，即在断路器开断电流之后，隔离开关才分闸；在隔离开关合闸之后，断路器再合闸。

（6）在隔离开关上装有接地开关时，主刀闸与接地开关之间应具有机械的或电气的联锁，以保证动作的次序：即在主刀闸没有分开时，保证接地开关不能合闸；在接地开关没有分闸时，保证主刀闸不能合闸。

（7）隔离开关要有好的机械强度，结构简单、可靠，操动时，运动平稳，无冲击。

我国隔离开关型号和参数表示法如下：

$$【1】【2】【3】－【4】【5】/【6】－【7】$$

【1】——产品名称：用字母 G 表示。

【2】——安装地点：N—户内式；W—户外式。

【3】——设计序号，用数字表示。

【4】——额定电压（kV）。

【5】——补充工作特性，用字母表示；G—改进型；D—带接地开关；C—瓷套管出线；K—快分型；T—统一设计。

【6】——额定电流（A）。

例如：GN10－20/8000，表示户内隔离开关，设计序号为 10、额定电压为 20kV、额定电流为 8000A。

三、户内式隔离开关

图 6-42 所示为户内式隔离开关典型结构。操动机构通过连杆机构接在转轴 6 上，使转轴 6 转动，产生分、合闸动作。

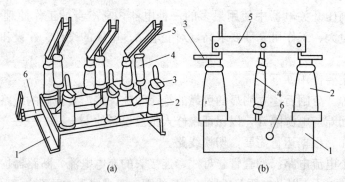

图 6-42　户内式隔离开关的典型结构

（a）三相外形；（b）单相结构

1—底座；2—支柱绝缘子；3—静触头；4—转动绝缘子；5—刀闸；6—转轴

隔离开关另配有操动机构，有手动、电动机驱动、气动、液压传动之别。与断路器的操动机构比较，隔离开关操动机构的分、合闸速度不高，动作时间长，主要是要求平衡、少冲击。

在电流较大的户内式隔离开关中，为了增强对短路电流的稳定性，有时采用磁锁装置。

磁锁装置的作用原理如图 6-43 所示。当短路电流沿着并行刀闸 1 流经静触头 3 时，由于铁片 2 的磁力作用使刀片互相吸引，因此增加了刀片对静触头的接触压力，增加了触头系统对短路电流的稳定作用。

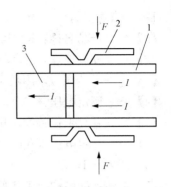

图 6-43　磁锁装置的作用原理
1—并行刀闸；2—铁片；3—静触头

四、户外式隔离开关

在 35kV 及其以上电压级中，隔离开关一般采用户外式结构。户外式隔离开关与户内式的比较，具有下列特点：

（1）支柱绝缘子要采用具有大裙边的户外式绝缘子。

（2）要求能开断小电流，有的结构上装有灭弧角。

（3）为了在结冰的情况下，隔离开关能可靠地分、合，在有的结构上还采用有破冰机构。

（4）在电压较高时，为了保证检修线路时的安全，有时还装有接地开关。此时，在隔离开关的主刀闸打开后，随即将接地开关接地。

户外隔离开关按其绝缘支柱结构的不同可分为单柱式、双柱式和三柱式，如图 6-44 所示。此外还有 V 形隔离开关。

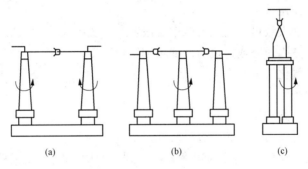

图 6-44　隔离开关结构
（a）双柱式；（b）三柱式；（c）单柱式

第五节　高 压 熔 断 器

高压熔断器是串联接在电路中的一种结构简单、安装方便的保护电器。当流过其熔体电流超过一定数值时，熔体自身产生的热量自动地将熔体熔断而断开电路的一种保护设备，其功能主要是对电路及其设备进行短路和过负荷保护。

熔断器因具有结构简单、体积小、质量轻、价格低、维护方便、使用灵活等特点而广泛使用在 60kV 及以下电压等级的小容量电气装置中，主要作为小功率辐射形电网和小容量变电站等电路的保护，也常用来保护电压互感器。在 3～60kV 系统中，还与负荷开关、重合器及分断器等开关电器配合使用，用来保护输电线路、变压器以及电容器组。熔断器在配电系统和用电设备中主要起短路保护作用。目前在 1kV 有以下装置中，熔断器应用最多，它常与刀开关电器组合成负荷开关或熔断器式开关。

一、高压熔断器型号表示和含义

B【1】【2】【3】—【4】【5】/【6】

B——自爆式。

【1】——产品名称：R—熔断器。

【2】——安装地点：N—户内式；W—户外式。

【3】——设计序号，用数字表示。

【4】——额定电压（kV）。

【5】——补充工作特性，用字母表示；G—改进型；Z—直流专用；GY—高原专用F。

【6】——额定电流（A）。

如：RW4—10/50 型：额定电流为 50A，额定电压为 10kV，户外 4 型高压熔断器。

二、熔断器的结构与工作原理

熔断器的结构主要由熔体、熔管、触头座、动作指示器、充填物和底座等构成。熔管一般是瓷质管，熔丝由单根或多根镀银的细铜丝并联绕成螺旋状，熔丝埋放在石英砂中，熔丝上焊有小锡球。

熔断器的工作原理：熔断器在正常工作情况下，由于通过熔体的电流较小，熔体的温度虽然上升，但达不到熔点，熔体不会熔化，电路能可靠接通；当电路发生短路或过负荷时，电流增大，熔体温度升高达到熔点而熔化，在被保护设备的温度未达到破坏绝缘之前将电路切断，从而起到保护作用。

熔断器的工作过程大致可分为以下四个阶段：

（1）熔断器的熔体因短路或过负荷而加热到熔化温度。

（2）熔体熔化和气化。

（3）间隙击穿和产生电弧。

（4）电弧熄灭，电路被断开。

熔断器的全开断时间为上述四个过程所经过的时间总和。熔体熔化时间与熔体的材料、截面积、电流大小及熔体的散热等因素有关，长到几小时，短到几毫秒甚至更短。电流越大，熔断时间越短，熔体材料的熔点高则熔化慢、熔断时间长，反之熔断时间短。间隙击穿产生电弧的时间一般在毫秒以下；燃弧时间与熔断器灭弧装置的原理、结构及开断电流大小有关，一般为几毫秒到几十毫秒。

三、熔断器的安秒特性

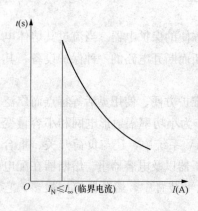

图 6-45　熔断器的安秒特性曲线

高压熔断器的时间—电流特性称为熔断器的安秒特性，也称为熔断器的保护特性，是指熔断器的熔断时间与通过熔体的电流大小的关系曲线。对应于每一种额定电流的熔体都要有一条安秒特性曲线。熔体的安秒特性曲线为反时限曲线，流过熔体的电流越大，熔断时间越短，反之，电流小时熔断时间则长，如图 6-45 所示，当熔断电流减小到某个数值 I_∞ 时，熔体的熔断时间为无限长，即熔体不会熔断，该电流称为熔体的最小熔化时间或临界电流。熔体的额定电流 $I_N < I_\infty$（临界电流），通常取 $I_\infty / I_N = 1.5 \sim 2$，称为熔化系数，该系数反映熔断器在过载时的不同保护特性。如要使熔断器能保护过负荷小电流，熔化系数应低一些；为了避免电动机启动电流使熔断器熔化，熔化系数就应高一些。

四、高压熔断器的类型

1. 按使用环境分

高压熔断器按照使用环境分为户内式和户外式。

主要有 RN 系列户内熔断器、RW 系列户外跌开式熔断器、单台并联电容器保护用高压熔断器 BRW 型。RN 系列主要用于 3～35kV 电力系统的短路保护和过负荷保护。RN1 型是用于电力变压器和电路线路的短路保护，RN2 型是用于电压互感器的短路保护，其断流容量分为 1000、2000MVA 及 4000MVA，1min 内熔断电流在 0.6～1.8A 范围内。BRW（N）型并联电容器单台保护用熔断器主要适用于电力系统中做高压并联电容器的单台过电流保护用，即用来切断故障电容器，以保证无故障电容器的正常运行。

2. 按结构特点分

高压熔断器按结构特点分为跌落式和支柱式。

户外高压跌落式熔断器经济、操作方便，适应户外环境性强，广泛用于 10kV 线路上，作为线路和其他设备的短路和过负荷保护，在变压器有负荷运行状态下也允许进行分合操作。跌落式熔断器主要由瓷绝缘子、接触导电系统和熔管组成。熔管由消弧管和保护管复合而成，保护管套在产气管外面可增加机械强度，在保护管内装有用桑皮纸或钢纸等制成的消弧管，当短路电流使熔体熔断时，消弧管在电弧作用下产生大量气体，在电流过零时将电弧熄灭。由于熔体的熔断，在熔管的上下动触头弹簧片作用及本身质量下，熔管自动脱落，形成明显的隔离断口。如图 6-46 所示为 RW4-10 型户外跌落式熔断器。图示为正常工作状态，它通过固定安装板倾斜安装在线路中（与垂直方向约成 20°～30°），上下接线端（1、10）与上下静触头（2、9）固定于绝缘子 11 上，下动触头 8 套在下静触头 9 中可转动。熔管 6 的动触头借助熔体张力拉紧后，推入上静触头 2 内锁紧，成闭合

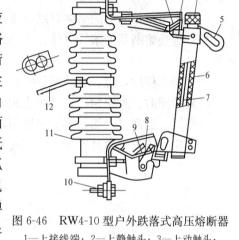

图 6-46　RW4-10 型户外跌落式高压熔断器
1—上接线端；2—上静触头；3—上动触头；
4—管帽；5—操作环；6—熔管；
7—熔体；8—下动触头；9—下静触头；
10—下接线柱；11—绝缘子；12—固定安装板

状态，熔断器为合闸状态。当短路电流使熔体熔断，熔管下端触头失去张力而转动下翻，锁紧机构释放熔管，在触头及熔管自重力作用下回转跌落，形成明显断口。

图 6-47 所示为 RXW-35 型支柱式熔断器。熔断器由瓷套、熔管及棒形支柱绝缘子和接线端帽等组成。熔管装于瓷套中，熔体放在充满石英砂的熔管内，有限流作用。

3. 按工作特性分

高压熔断器按工作特性分为限流型

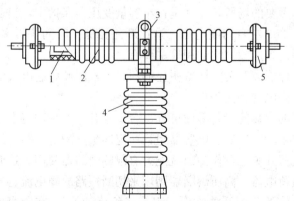

图 6-47　RXW-35 型支柱式熔断器
1—熔管；2—瓷套；3—紧固件；4—支柱绝缘子；5—接线端帽

和非限流型。

限流型熔断器是发生短路时，熔体在短路电流未达到最大值（短路冲击电流）之前就熔断使电流立即减小到零，即认为熔断器限制了短路电流的发展，因而这种熔断器可以大大减轻电气设备在短路时的伤害。非限流型熔断器在熔体熔化后，电流几乎不减小，仍继续达到最大值，在电流第一次过零或经几个周期之后电弧才熄灭。

五、高压熔断器的使用注意事项

（1）安装前：检查外观是否完整良好，清洁，如果熔断器遭受过摔落或剧烈振动后则应检查其电阻值。

（2）户外熔断器应安装在离地面垂直距离不小于4m的横担或构架上。

（3）按规程要求选择合格产品及配件，运行中经常检查接触是否良好，加强接触点的温升检查。

（4）不可将熔断后的熔体联结起来再继续使用。

（5）更换熔断器的熔管（体），一般应在不带电情况下进行，若需带电更换，则应使用绝缘工具。

（6）操作仔细，拉、合熔断器时不要用力过猛。

（7）拉闸时：先中相，再背风边相，最后迎风边相。

合闸时：先迎风边相，再背风边相，最后中相。

（8）定期巡视。每月不少于一次夜间巡视，查看有无放电火花和接触不良现象。

第六节　高压负荷开关

一、负荷开关的用途

负荷开关的用途与它的结构特点是相对应的，从结构上看，负荷开关主要有两种类型，一种是独立安装在墙上、架构上的，其结构类似于隔离开关；另一种是安装在高压开关柜中，特别是采用真空或SF_6气体的，则更接近于断路器。高压负荷开关的作用主要是用于配电网中切断与关合线路负荷电流和关合短路电流。由于受使用条件的限制，高压负荷开关不能作为电路的保护，必须与具有开断短路电流能力的开关设备配合，最常用的是与熔断器配合。负荷开关主要用于较为频繁操作和非重要的场所，尤其是在小容量变压器保护中，当变压器发生大电流故障时，熔断器可在10~20s左右切断电流，这比断路器保护时间快得多。因此，负荷开关在我国中压配电网中发展前景广阔。它的用途主要有：

（1）隔离。负荷开关在断开位置时，像隔离开关一样有明显的断开点，因此可起电气隔离作用。对于停电的设备或线路提供可靠停电的必要条件。

（2）开断和关合。负荷开关具有简易的灭弧装置，因而可分、合负荷开关本身额定电流之内的负荷电流。它可用来分、合一定容量的变压器、电容器组，一定容量的配电线路。

（3）替代作用。配有高压熔断器的负荷开关，可作为断流能力有限的断路器使用。这时负荷开关本身用于分、合正常情况下的负荷电流，高压熔断器则用来切断短路故障电流。

负荷开关与限流熔断器串联组合成一体的负荷开关称作"组合式负荷开关"，在国家标准中规定称为"负荷开关—熔断器组合电器"。熔断器可以装在负荷开关的电源侧，也可以装在负荷开关的受电侧。当不需要经常调换熔断器时，宜采用前一种布置，这样可以用熔断器保护负荷开关本身引起的短路事故。反之，则宜采用后一种布置，以便利用负荷开关兼作隔离开关的功能，用它来隔离加在限流熔断器上的电压。

组合式负荷开关在工作性能上虽可代替断路器，但由于限流熔断器为一次性动作使用的电器，所以只能选用于不经常出现短路事故相不十分重要的场所。然而，组合式负荷开关的价格比断路器低得多，且具有显著限流作用的独特优点，这样可以在短路事故时大大减低电网的动稳定性和热稳定性，从而可有效地减少设备的投资费用。

二、对高压负荷开关的要求

（1）负荷开关在分闸位置时要有明显可见的间隙。负荷开关前面无需串联隔离开关，在检修电气设备时，只要开断负荷开关即可。

（2）要能经受尽可能多的开断次数，而无需检修触头相和调换灭弧室装置的组成元件。

（3）负荷开关虽不要求开断短路电流，但要求能关合短路电机，并有承受短路电流的动稳定性和热稳定性的要求。

三、高压负荷开关种类

（1）按使用环境分：户内式、户外式。

（2）按灭弧形式和灭弧介质分：油、压气式、产气式、真空式、SF_6式等。

（3）按用途分：通用负荷开关，专用负荷开关，特殊用途负荷开关。目前有隔离负荷开关、电动机负荷开关、单个电容器组负荷开关等。

（4）按操作方式分：三相同时操作和逐相操作。

（5）按操动机构分：动力储能和人力式。

（6）按操作的频繁程度分：一般，频繁。

（7）按发展方向分：

1）矿物油负荷开关。结构简单且价格低廉，但存在容易引起爆炸和火灾的危险。国外早已不采用，而我国农村变电站还在采用。

2）压气式负荷开关。是一种将空气经压缩后直接喷向电弧断口而熄灭电弧的开关。50年代就从苏联引进这种技术，目前尚有少数工厂经过改进设计后还在生产。此外，有些工厂结合近几年来从国外引进的技术，自行开发了一些新型的压气式负荷开关。

3）产气式负荷开关。是国内目前产量最多、使用最广泛的一种负荷开关。它有国产的和引进国外技术组装的两种情况，其结构大同小异。内于受到原设计上的限制，随着电网容量的增大，转移电流和短路电流关合能力已接近极限，需要进一步改进提高。

4）六氟化硫负荷开关。有两种，一种结构简单，用于户外柱上，另一种结构较复杂，用于城市环网供电单元，制成环网柜的形式。后一种性能优异，但价格上偏高一些。

从发展的观点看，真空负荷开关在我国是最有发展前途的一种负荷开关，在性能上与六氟化硫负荷开关基本相同，在某些指标上还超过六氟化硫负荷开关，而在价格上比六氟化硫负荷开关要便宜。我国西安高压电器研究所与其他有关电器制造工厂都正在积极开发真空负荷开关和真空负荷开关—熔断器组合电器。在国外，德国西门子电气公司和日本三菱公司等已开发了各种真空负荷开关和真空负荷开关—熔断器组合电器，并已投入国际市场销售。

四、高压负荷开关的基本结构

高压负荷开关结构简单、制造容易、价格便宜，是配电网中使用最多的一种电器。

图6-48所示为ZNF-12系列真空负荷开关的基本结构，该负荷开关采用真空灭弧室与隔

离开关配合分合负荷电流。隔离开关起明显断开点作用，隔离开关的动触头（闸刀）同时具有接地刀闸的作用，隔离开关的分开状态即同时将闸刀全在接地母线上，形成联锁式接地。ZNF-12 系列真空负荷开关可以装设限流式熔断器（带有撞击器），可作为变压器的过负荷及短路保护，熔断器一相或两相为熔断时，负荷开关可自动分闸。

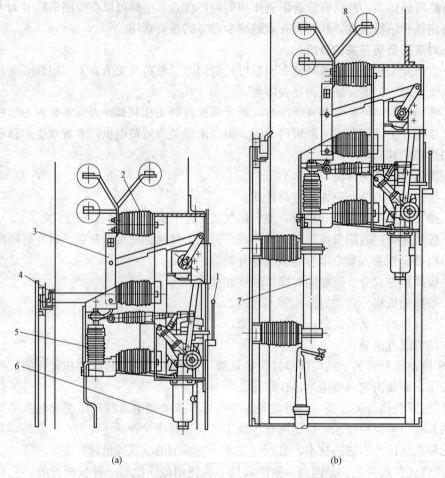

(a)　　　　　　　　　　　　　　(b)

图 6-48　ZNF-12 系列真空负荷开关的基本结构

（a）ZNF-12 负荷开关；（b）ZNF-12 带熔断器负荷开关

1—操作手柄；2—支柱绝缘子；3—隔离开关；4—接地端子及接地母线；
5—真空灭弧室；6—电动操动机构；7—熔断器；8—母线

真空负荷开关的特点是无明显电弧，不会发生火灾及爆炸事故，可靠性高，使用寿命长，几乎不需要维修，体积小，质量轻，可配用各种成套的保护装置，特别是城市电网箱式变电站、环网柜等供电设施。

五、高压负荷开关使用要求

（1）负荷开关合闸时，应使辅助刀闸先闭合，主刀闸后闭合；分闸时，应使主刀闸先断开，辅助刀闸后断开。

（2）在负荷开关合闸时，主固定触头应可靠地与主刀片接触；分闸时，三相灭弧刀片应同时跳离固定灭弧触头。

（3）灭弧筒内产生气体的有机绝缘物应完整无裂纹，灭弧触头与灭弧筒的间隙应符合要求。

（4）负荷开关三相触头接触的同期性和分闸状态时触头间净距及拉开角度应符合产品的技术规定。刀闸打开的角度，可通过改变操作杆的长度和操作杆在扇形板上的位置来达到。

（5）合闸时，在主刀闸上的小塞子应正好插入灭弧装置的喷嘴内，不应对喷嘴有剧烈碰撞的现象。

六、负荷开关、断路器、隔离开关的区别

（1）负荷开关是可以带负荷分断的，有自灭弧功能。隔离开关一般是不能带负荷分断的，结构上没有灭弧罩，也有能分断负荷的隔离开关，只是结构上与负荷开关不同，相对来说简单一些。

（2）负荷开关和隔离开关，都可以形成明显断开点，大部分断路器不具有隔离功能，也有少数断路器具有隔离功能。

（3）隔离开关不具备保护功能，负荷开关有过负荷保护的功能。负荷开关和熔断器的组合电器能自动跳闸，具备断路器的部分功能。而断路器可具有短路保护、过负荷保护、漏电保护等功能。

（4）负荷开关和断路器的本质区别就是它们的开断容量不同，断路器的开断容量可以在制造过程中做得很高，但是负荷开关的开断容量是有限的。负荷开关的保护一般是加熔断器保护，只有速断和过电流保护。断路器主要是依靠加电流互感器配合二次设备来保护。

（5）负荷开关主要用在开闭所和容量不大的配电变压器（800kVA）；断路器主要用在经常开断负荷的电动机和大容量的变压器以及变电站内。

（6）负荷开关可以分断正常负荷电流，具有一定的灭弧能力；隔离开关不具备任何分断能力，只能在没有任何负荷电流的情况下开断，起隔离电气的作用，它一般装在负荷开关或断路器的两端，起检修负荷开关或断路器时隔离电气的作用；断路器具有分断事故负荷的作用，与各种继电保护配合，起保护电气设备或线路的作用。

（7）隔离开关是在断开位置满足隔离要求的开关，负荷开关是能分断正常负荷电流的开关，断路器是具有过负荷、短路和欠电压保护的保护电器。

（8）隔离开关又叫检修开关，检修时有一个明显的断开点；它只可以断开小负荷电流，一般来说不允许带负荷拉隔离开关。断路器一般用在低压的照明、动力部分，可以起自动切断电路的作用，而隔离开关是用在高压部分的，在变电站高压进线先进隔离开关，然后接到变压器的一次侧，这样可以实现控制高压进线通断的功能。

（9）隔离开关是在电气线路中起到一个明显断开点的作用，就是电气隔离，用于保证电气检修时的安全。在故障时不能动作，对线路和设备没有保护作用。

第七节 低 压 开 关

一、接触器

接触器是用来远距离接通或开断负荷电流，并适用于频繁启动及控制电动机的低压开关。

按控制电源不同，可分交流接触器和直流接触器。

接触器的基本结构如图 6-49 所示。动触头 3 的动作，靠电磁铁线圈 8 通电时产生的电磁力。当电磁铁线圈 8 失电后，由于励磁消失，衔铁 4 在本身重量作用下（或返回弹簧的作用下），向下跌落，将触点分离。接触器的灭弧室是由陶土材料制成，并根据狭缝熄弧原理（电弧在灭弧片中被拉长，同时冷却）使电弧熄灭。为了自动控制的需要，接触器除主触头外，还有为实现自动控制而接在控制回路中的辅助触点 10。

二、低压自动空气开关

低压自动空气开关（简称自动开关或空气开关，又称低压断路器）是低压开关中性能最完善的开关，它不仅可以切断负荷电流，而且可以切断短路电流。广泛用作低压配电变电站的总开关、大负荷电力线路和大功率电动机的控制开关等。但因受灭弧结构限制，不适用具有频繁操作的电路。

低压断路器种类按电源种类可分为万能式（框架式）和封闭式（塑料外壳式）。

低压断路器工作原理如图 6-50 所示。低压断路器的主触头是靠锁键 2 和锁扣 3 维持在闭合状态的。过电流脱扣器 7（瞬时脱扣）和热脱扣器（延时脱扣）的线圈串接在电路中。当电路发生故障时，较大的电流吸住衔铁的一端，另一端克服弹簧的拉力向上转动，并顶撞锁扣 3，释放锁键 2，触头即自动断开，电路切断。

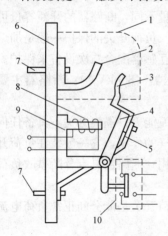

图 6-49　接触器的基本
结构

1—灭弧罩；2—静触头；3—动触头；4—衔铁；
5—连接导线；6—底座；7—接线端子；
8—电磁铁线圈；9—铁芯；10—辅助触点

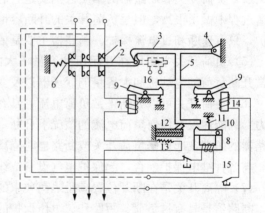

图 6-50　低压断路器工作原理

1—触头；2—锁键；3—锁扣（代表自由脱扣机构）；
4—转轴；5—杠杆；6、11—弹簧；7—过电流脱扣器；
8—失电压脱扣器；9、10—衔铁；12—热脱扣器双金属片；
13—加热电阻丝；14—分励脱扣器（远距离切除）；
15—按钮；16—合闸电磁铁（DW 型可装，DZ 型无）

低压断路器还装有失电压保护，当电网电压降低大约至 60% 额定电压时，为了不致因电压过低而烧坏电动机等，或为了恢复电网电压必须切除不重要的用户时，失电压保护立即动作。失电压脱扣器 8 线圈并联在线电压上，当电压正常时，吸住衔铁，而当电压降低到约为 60%U_N 时，由于吸力小于弹簧拉力，衔铁撞击锁扣，触头断开。

图 6-51 所示为 DZ10-250 型塑料外壳式低压断路器。塑料外壳式低压断路器，简称塑壳式低压断路器。

图 6-52 是 DW10-200 型框架式低压断路器。低压断路器是敞开地装在框架上。它的保护方案和操作方式较多，具有较完善的灭弧罩，断流能力较大，合闸操作方式较多，可直接

由手柄操作、通过杠杆手动操作，也可由电磁铁操作和电动机操作等，故又称万能式低压断路器。

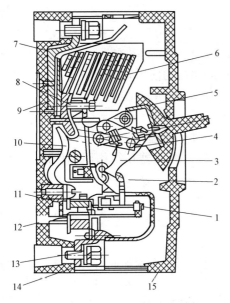 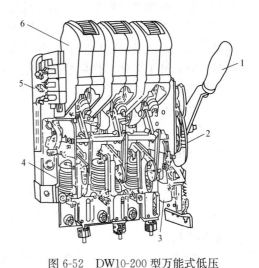

图 6-51 DZ10-250 型塑料外壳式低压断路器

1—牵引杆；2—锁扣；3—锁键；4—连杆；

5—操作手柄；6—灭弧室；7—引入线；

8—静触头；9—动触头；10—可拆连接条；

11—电磁脱扣器；12—热脱扣器；13—引出线和接线端；

14—塑料底座；15—塑料盖圈

图 6-52 DW10-200 型万能式低压断路器

1—操作手柄；2—自动脱扣机构；3—失压脱扣器；

4—过流脱扣器；5—辅助触点；6—灭弧罩

 习 题

6-1 什么是短路？短路有哪些类型？

6-2 短路的原因是什么？短路有什么危害？

6-3 导体和电气设备的温度升高会产生什么不良影响？

6-4 载流导体的长期负荷发热与短路时的发热有什么不同？

6-5 短路电流电动力效应对电气设备有何危害？

6-6 如何计算短路电流的周期分量和非周期分量的热效应？

6-7 三相平行导体最大电动力出现在哪一相上？

6-8 电弧具有什么特征？它对电力系统和电气设备有哪些危害？

6-9 电弧是如何形成的？

6-10 电弧的游离和去游离方式各有哪些？影响去游离的因素是什么？

6-11 交流电弧有什么特征？熄灭交流电弧的条件是什么？

6-12 什么是近阴极效应？

6-13 什么是弧隙介质介电强度和弧隙恢复电压？

6-14 断路器断口并联电阻和电容的作用是什么？

6-15　开关电器中常采用的基本灭弧方法有哪些?

6-16　开关电器的作用是什么? 有哪些类型?

6-17　简述高压断路器的作用和基本结构。

6-18　高压断路器有哪几类? 其技术参数有哪些?

6-19　真空断路器有何特点? 由哪几部分组成?

6-20　SF_6 断路器有何特点? 水分和杂质对 SF_6 断路器的使用有何影响?

6-21　断路器操动机构应具有哪些基本功能? 操动机构有哪些类型?

6-22　隔离开关有什么作用? 基本结构包括哪几部分?

6-23　当发生带负荷拉合隔离开关的误操作时,应如何处理?

6-24　负荷开关有什么作用? 负荷开关与隔离开关、断路器在结构图和作用上有什么区别?

6-25　熔断器有什么作用? 其工作原理是什么? 有哪些类型?

6-26　什么是熔断器保护特性?

6-27　熔断器在安装和维护时应注意什么?

6-28　什么是低压电器? 按动作方式可以分为哪两类? 按用途不同可分为哪几类? 常用的低压电器有哪些?

6-29　交流接触器有什么用途? 其型号 CJ10-60 的含义是什么?

6-30　低压断路器有哪些功能? 按照结构形式可以分为哪两类? 各自的特点是什么?

第七章 互 感 器

互感器包括电流互感器和电压互感器，是一次系统和二次系统之间的联络元件，其作用是将一次高电压、大电流变成二次标准的低电压、小电流，便于二次电路正确反映一次系统的运行情况。目前，互感器常用电磁式和电容式，随着电力系统容量的增大和电压等级的提高，光电式、无线电式也将应用于电力系统中。本章主要介绍互感器的作用及工作特性，重点分析电磁式互感器的工作特点、类型，常用的接线方式及使用范围。

第一节 概　　述

互感器是电力系统中测量仪表、继电保护和自动装置等二次设备获取电气一次回路信息的传感器。互感器将高电压、大电流按比例变成低电压（100、$100/\sqrt{3}$ V）和小电流（5、1A），其一次侧接在一次系统，二次侧接二次系统。通常，测量仪表与继电保护和自动装置工作状态不同，分别接在互感器不同的二次回路中。

互感器的作用是：

（1）使高压装置与测量仪表和继电器在电气方面很好的隔离，保证工作人员的安全。

（2）使测量仪表和继电器标准化和小型化，并可采用小截面电缆进行远距离测量。

（3）当电路上发生短路时，保护测量仪表的电流线圈，使它不受大电流的损害。

（4）能使用简单而经济的标准化仪表和继电器，并使二次回路接线简单。

（5）为了确保工作人员在接触测量仪表和继电器时的安全，互感器的每一个二次绕组必须有一可靠的接地，以防一、二次绕组间绝缘损坏而使二次部分长期存在高电压。

互感器包括电流互感器和电压互感器两大类，主要是电磁式的。电容式电压互感器在超高压系统中被广泛应用。非电磁式的新型互感器，如光电耦合式、电容耦合式及无线电电磁波耦合式电流互感器目前使用不多。

第二节 电 流 互 感 器

一、电磁式电流互感器的工作原理

电力系统中广泛采用的是电磁式电流互感器（以下简称电流互感器，用 TA 表示）。它的工作原理与变压器相似，其原理接线如图 7-1 所示。其特点有：

（1）一次绕组串联在被测电路中，匝数很少。一次绕组中的电流完全取决于被测电路的电流，而与二次电流无关。

（2）二次绕组匝数多，且所串联的仪表或继电器的电流线圈阻抗很小，所以正常运行时，电流互感器二次侧接近在短路状况下工作。

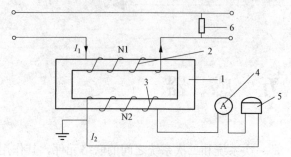

图 7-1　电流互感器原理接线

1—电流互感器铁芯；2—一次绕组；3—二次绕组；

4—电流表；5—电流继电器；6—用电负荷

电流互感器一、二次额定电流之比，称为电流互感器的额定变（流）比 K_i，可表示为

$$K_i = \frac{I_{N1}}{I_{N2}} \approx \frac{N_2}{N_1} \approx \frac{I_1}{I_2} \qquad (7\text{-}1)$$

式中　N_1、N_2——一、二次绕组匝数；

　　　　I_{N1}、I_{N2}——一、二次绕组的额定电流。

二、电流互感器二次侧开路的影响

电流互感器正常工作时二次侧接近于短路状态，当由正常短路工作状态变为开路工作状态，$I_2 = 0$、$Z_{2L} = \infty$，即二次绕组开路，电流互感器由正常短路工作状态变为开路工作状态。$I_2 = 0$，励磁磁通势由 $I_0 N_1$ 骤增为 $I_1 N_1$，由于二次绕组感应电动势是与磁通的变化率 $\frac{\mathrm{d}\Phi}{\mathrm{d}t}$ 成正比的，因此，二次绕组将在磁通过零前后，感应产生很高的尖顶波电动势，如图 7-2 所示，其值可达数千甚至上万伏（与电流互感器额定变比及开路时二次电流值有关），将危及工作人员人身安全、损坏仪表和继电器的绝缘。由于磁感应强度骤增，会引起铁芯和绕组过热。此外，在铁芯中还会产生剩磁，使互感器准确级变低。因此，当电流互感器一次绕组通有（或可能出现）电流时，二次绕组是不允许开路的。

三、电流互感器的误差

电流互感器的等值电路及相量图如图 7-3 所示。图中二次绕组阻抗 Z_2（X_2、R_2）、负荷阻抗 Z_{2L}（X_{2L}、R_{2L}）和二次侧电动势 $\dot{E}_2$ 电压 $\dot{U}_2$ 电流 $\dot{I}_2$ 的数值均归算到一次侧的值。

相量图以二次电流 I_2' 为基准相量，二次电压 U_2' 较 I_2' 超前 φ 角（二次负荷功率因数角）；已知 $\dot{E}_2 = \dot{U}_2 + \dot{I}_2 (r_2' + \mathrm{j}x_2')$，即 $\dot{E}_2'$ 超前 I_2' 为 α 角（二次总阻抗角），而铁芯磁通 Φ 超前 E_2' 90°，励磁电流 I_0 较 φ 超前 ψ 角（铁芯损耗角），电流 I_0 与 I_2' 之和，即为一次电流 I_1 相量。图 7-2 等值电路的一次电流 I_1 和二次电流 I_2' 的方向标志方法为减极性标志法，此时经电流互感器流入表计

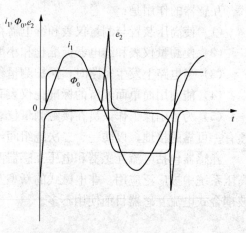

图 7-2　电流互感器二次侧开路时，i_1、Φ 和 e_2 的变化曲线

的电流方向将与仪表等效于直接接入一次电路中的方向相同。其铁芯中合成磁动势，可得

$$I_0 N_1 = I_1 N_1 + I_2 N_2$$

$$I_1 = I_0 + I_2' \qquad (7\text{-}2)$$

由相量图 7-3（b）可见，由于互感器存在励磁损耗，使一次电流 I_1 与 I_2' 在数值上和相位上均有差异，即测量结果有误差。这种误差通常用电流误差 f_i 和相位误差 δ_i 表示。

电流误差 f_i 的定义为

$$f_i = \frac{K_i I_2 - I_1}{I_1} \times 100\% \qquad (7\text{-}3)$$

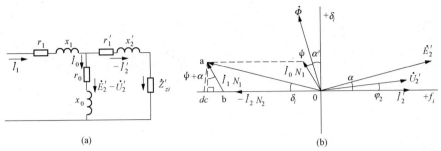

图 7-3　电流互感器等值电路及相量图

(a) 等值电路；(b) 向量图

相位差 δ_i 通常很小，从相量图可知，此时，$K_i I_2 - I_1 \approx -bc$，代入 $K_i \approx N_2/N_1$，则可得

$$f_i = \frac{K_i I_2 - I_1}{I_1} \times 100\% \approx -\frac{I_0 N_1}{I_1 N_1}\sin\ (\psi + \alpha)\ \times 100\%$$

$$\delta_i \approx \sin\delta_i \approx \frac{I_0 N_1}{I_1 N_1}\cos(\psi + \alpha) \times 3440 \qquad (7\text{-}4)$$

可见电流互感器的误差可用励磁磁动势 $I_0 N_1$ 来表示。当相量图中的 $\dfrac{I_0 N_1}{I_1 N_1}$ 表示时，则 $\dfrac{I_0 N_1}{I_1 N_1}$ 在横轴上的投影就是电流误差，在纵轴上的投影就是相位误差。

根据电磁感应定律 $E_2 = 4.44BSfN_2$，磁动势方程 $I_0 N_1 = L_{AV}B/\mu$ 和二次侧回路方程，$E_2 = I_2(Z_2 + Z_{2L})$ 代入式（7-4）可得

$$f_i = -\frac{(Z_2 + Z_{2L})L_{AV}}{222N_2^2 S\mu}\sin(\psi + \alpha) \times 100\%$$

$$\delta_i = \frac{(Z_2 + Z_{2L})L_{AV}}{222N_2^2 S\mu}\cos(\psi + \alpha) \times 3440'' \qquad (7\text{-}5)$$

式中　S——铁芯截面，m^2；

L_{AV}——磁路平均长度，m；

μ——铁芯磁导率，H/m。

由式（7-5）可见，电流互感器的电流误差 f_i 和相位误差 δ_i 决定于互感器铁芯及二次绕组的结构，同时又与互感器的运行状态（二次负荷 Z_{2L} 及运行中铁芯的 μ 值）有关。由于磁化曲线的非线性，为了减少误差，通常电流互感器按制造厂家设计的额定参数运行时，铁芯的磁感应强度不大，即在额定二次负荷下，一次电流为额定值时，μ 值接近最大值。可见，在工程设计与电网运行时，应尽量使电流互感器在额定一次电流附近运行，以减少误差。

四、电流互感器的准确级和额定容量

1. 电流互感器的准确级

电流互感器根据测量时误差的大小可划分为不同的准确级。准确级代表电流互感器测量的准确度。我国电流互感器准确级和误差限值见表 7-1。由表可知，准确级是指在规定的二次负荷变化范围内，一次电流为额定值时的最大电流误差。

表 7-1 电流互感器准确级和误差限值

准确级次	一次电流为额定电流的百分数（%）	误差限值		二次负荷变化范围
		电流误差±（%）	相位误差±（′）	
0.2	10	0.5	20	
	20	0.35	15	
	100～120	0.2	10	
0.5	10	1	60	
	20	0.75	45	$(0.25\sim1)S_{N2}$
	100～120	0.5	30	
1	10	2	120	
	20	1.5	90	
	100～120	1	60	
3	50～120	3	不规定	$(0.5\sim1)S_{N2}$

（1）测量用电流互感器的准确级。测量用电流互感器的准确级，以该准确级在额定电流下所规定的最大允许电流误差的百分数来标称。标准的准确级为 0.1、0.2、0.5、1、3、5 级，供特殊用途的为 0.2S、0.5S 级。

测量用电磁式电流互感器准确级数值，表示电流误差所能达到的最小值。例如 0.2 级的电流互感器其电流误差最小值是 ±0.2%；0.5 级的电流互感器其电流误差最小值是 ±0.5%。

（2）保护用电流互感器准确级。按用途可分为稳态保护用（P）和暂态保护用（TP）两类。

1）稳态保护用电流互感器准确级。稳态保护用电流互感器又分为 P、PR 和 PX 三类。其中 P 类为准确限值规定为稳态对称一次电流下的复合误差 ε 的电流互感器；PR 类是剩磁系数有规定限值的电流互感器；而 PX 类是一种低漏磁的电流互感器。

P 及 PR 类电流互感器的准确级，常用的有 5P、10P、5PR 和 10PR。以在额定准确限值一次电流下的最大复合误差 ε（%）来标称的

$$\varepsilon(\%) = \frac{100}{I_1}\sqrt{\frac{1}{T}\int_0^T (K_i i_2 - i_1)^2 \mathrm{d}t} \tag{7-6}$$

所谓额定准确限值一次电流即一次电流为额定一次电流的倍数，也称为额定准确限定系数。稳态保护电流互感器的准确级和误差限值见表 7-2。

表 7-2 稳态保护电流互感器的准确级和误差限值

准确级	电流误差±（%）	相位误差（30′）	复合误差（%）
	额定限值一次电流下		在额定准确限值一次电流下
5P	1.0	60	5.0
10P	3.0	—	10.0

2）暂态保护用电流互感器准确级。随着电力系统电压等级的提高，系统短路时间常数大为增加，且 500kV 高压线路的负荷很大，为确保系统稳定，需要快速切除故障。此外，综合重合闸的运用，也都要求互感器在暂态过程中应有足够的准确级（误差不大于 10%），

并能不受短路电流非周期分量的影响。

暂态保护用电流互感器是能满足短路电流具有非周期分量的暂态过程性能要求的保护用电流互感器，又分为 TPS、TPX、TPY 和 TPZ 级。

TPX 是一种在其环形铁芯中不带气隙的暂态保护型电流互感器。在额定电流和负荷下，其比值误差不大于±0.5%，相位误差不大于±30′，在额定准确限值的短路全过程中，其瞬间最大电流误差不得大于额定二次短路电流对称值峰值的 5%，电流过零时的相位误差不大于 3°。

TPY 是一种在铁芯上带有小气隙的暂态保护型互感器。它的气隙长度约为磁路平均长度的 0.05%；由于有小气隙的存在铁芯不易饱和，剩磁系数小，二次时间常数 T_2 较小，有利于直流分量的快速衰减。TPY 在额定负荷下允许的最大比值误差为±1%，最大相位误差为±1°；在额定准确限值的短路情况下、在互感器工作的全过程中，最大瞬间误差不超过额定的二次对称短路电流峰值的 7.5%，电流过零时的相位差不大于 4.5°。

TPZ 是一种在铁芯中有较大气隙的暂态保护型电流互感器，气隙的长度约为平均磁路长度的 0.1%。由于铁芯中的气隙较大，一般不易饱和。因此特别适合于在有快速重合闸（无电流时间间隙不大于 0.3s）的线路上使用。

2. 电流互感器的额定容量

电流互感器的额定容量 S_{N2} 是指电流互感器在额定二次电流 I_{N2} 和额定二次阻抗 Z_{N2} 下运行时，二次绕组输出的容量，即

$$S_{N2} = I_{N2}^2 Z_{N2} \tag{7-7}$$

由于电流互感器的二次电流为标准值（5A 或 1A），故其容量也常用额定二次阻抗来表示。

为保证每一准确级的误差限值不超过规定，要求电流互感器的二次负荷必须限制在规定变化范围内，不得超过额定容量 S_{N2} 或额定二次阻抗 Z_{N2}。如果电流互感器所带负荷超过额定二次负荷，则测量误差会超过规定，准确级不能保证，必须降级使用。如一台 LFC-10 型电磁式电流互感器，0.5 级工作时，其额定二次阻抗为 0.6Ω，如果二次所带负荷超过 0.6Ω，则准确级不能保证 0.5 级，应降低为 1 级运行。这台互感器在 1 级工作时，二次额定负荷为 1.3Ω，如果二次所带负荷超过 1.3Ω，降低为 3 级运行。

因电流互感器的误差和二次负荷有关，故同一台电流互感器使用在不同准确级时，会有不同的额定容量。如：某一台电流互感器当在 0.5 级工作时，其额定二次阻抗为 0.4Ω；而在 1 级工作时，其额定二次阻抗为 0.6Ω。

二次额定电流采用 1A 可降低电流互感器二次侧电缆的伏安损耗。

五、电流互感器的分类和结构

1. 电流互感器的分类

（1）按功能，可分为测量用电流互感器和保护用电流互感器两类。测量用电流互感器分为一般用途和特殊用途（S 类）两类；保护用电流互感器分为 P 类、PR 类、PX 类和 TP 类。

（2）按安装地点，可分为户内式和户外式。35kV 及以上多制成户外式，并以瓷套为箱体，以节约材料、减轻重量和缩小体积；20kV 及以下多制成户内式。

（3）按安装方式，可分为穿墙式、支持式和套管式。穿墙式装设在穿过墙壁、天花板和

地板的地方，并兼作套管绝缘子用；支持式安装在地面上或支柱上；套管式安装在 35kV 及以上电力变压器或落地罐式断路器的套管绝缘子内。

（4）按绝缘方式，可分为干式、浇注式和油浸式。干式用绝缘胶浸渍，适用于低压户内；浇注式利用环氧树脂作绝缘浇注成型，适用于 35kV 及以下的户内；油浸式适用于户外。

（5）按一次绕组匝数，可分为单匝式和多匝式。

（6）按变流比，可分为单变流比和多变流比。一组电流互感器一般具有多个二次绕组（铁芯）用于供给不同的仪表或继电保护。各个二次绕组的变比通常是相同的。电流互感器可通过改变一次绕组串并联方式获得不同的变比。在某些特殊情况下，各二次绕组也可采用不同变比，这种互感器称为复式变比电流互感器；也可采用二次绕组抽头实现不同的变比，电流互感器经过两次变换才能将正比于一次电流的信号传送至二次回路，第二次变换所用的互感器称为辅助性互感器。

单变流比电流互感器只有一种变流比，如 0.5kV 电流互感器的一、二次绕组均套在同一铁芯上，这种结构最简单。10kV 及以上的电流互感器，常用多个没有磁联系的独立铁芯和二次绕组，与共同的一次绕组组成单变流比、多二次绕组的电流互感器，一台互感器可以作几台用。对于 110kV 及以上的电流互感器，为了适应一次电流的变化和减少产品规格，常将一次绕组分成几组，通过切换来改变一次绕组的串、并联，以获得 2～3 种变流比。

2. 电流互感器的型号意义

L【1】【2】【3】【4】—【5】【6】

L——产品名称，电流互感器。

【1】——型式：Q—线圈式、D—单匝式、F—复匝式、M—母线式、R—装入式、A—穿墙式、B—支持式、J—接地保护。

【2】——绝缘方式：C—瓷绝缘、J—加大容量或浇注绝缘、L—电缆型、Z—浇注绝缘、S—塑料浇注。

【3】——作用：Q—加强型、D—差动保护用、L—铝线、W—户外用、B—保护级。

【4】——设计序号，用数字表示。

【5】——额定电压（kV）、额定电流（A）。

【6】——补充工作特性，用字母表示；GY—高原专用；W—污秽地区用。

如：LFC10—400/5—3：复匝式、瓷绝缘、10kV、变比为 400/5、准确级为 3

LCWB6—110GYW1：瓷绝缘、户外式、保护级、设计序号为 6、额定电压 110kV、用于高原地区（GY）、用于污秽地区（W1）

3. 电流互感器的结构

电流互感器基本组成部分：绕组、铁芯、绝缘物和外壳。由于在同一回路中，为满足测量和继电保护的要求，常需要很多电流互感器，为节省投资，一台电流互感器常安装有相互间没有磁联系的独立铁芯和二次绕组，并公用一次绕组。这样可以形成变比不同、准确度级不同的多台电流互感器。基本结构如图 7-4 所示。

图 7-5 所示为具有两个铁芯的 LDC-10/1000 型瓷绝缘单匝穿墙电磁式电流互感器，额定电压为 10kV，一次额定电流为 1000A。这种电流互感器为环形铁芯，由变压器硅钢片卷绕而成。铁饼上绕有二次绕组，两个铁芯套在瓷套管 2 的中间部分，并装在用薄钢板制成的

封闭外壳 4 内,两个二次绕组的
两端分别接到端子 5 和 5′上。螺
帽 6 用来与一次电路连接。

　　图 7-6 所示为 LMC(瓷)绝
缘母线型电磁式电流互感器,额
定电压为 10kV 或 15kV,额定电
流为 2000～5000A。其本身不带
一次绕组的载流导体,而是在安
装时将母线穿入电流互感器瓷套
管 6 的内腔。铁芯和二次绕组也
装在封闭外壳 5 内。

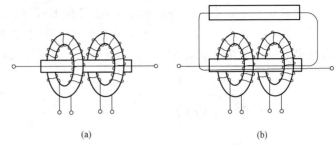

图 7-4　电流互感器的基本结构
(a)单匝式;(b)多匝式
1—一次绕组;2—绝缘套管;3—铁芯;4—二次绕组

　　图 7-7 所示为 LCLWD3-220 型瓷箱式电容绝缘电磁式电流互感器,额定电压为 220kV。
因为 220kV 及以上系统都是中性点直接接地系统,装置对地电压和对二次绕组的电压为相电
压,所以这种电流互感器的一次绕组对地和对二次绕组的绝缘按相电压设计。为了改善一次绕
组绝缘而采用电容型绝缘套管,主绝缘完全包在一次绕组上。一次绕组开始包一层铝箔制成的
"屏"之后,包一层绝缘,直至最后一层铝箔包完,共有 10 层铝箔"屏"接地,能使绝缘中的
电场分布比较均匀。这种电流互感器的一次绕组做成 U 形,4 个环形铁芯用硅钢片卷制而成,
分别套在 U 形一次绕组的两腿上,二次绕组缠绕在铁芯上。图 7-8 所示为其内部电气接线。

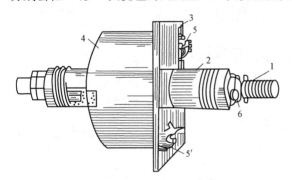

图 7-5　LDC-10/1000 型瓷绝缘单匝穿墙
电磁式电流互感器
1—载流杆;2—瓷套管;3—法兰盘;
4—封闭外壳;5、5′—端子;6—螺帽

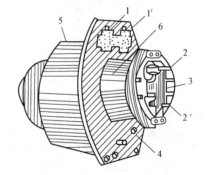

图 7-6　LMC 瓷绝缘母线型电磁式电流互感器
1、1′—二次绕组引出接头;2、2′—母线支持板;
3—引入母线的孔;4—法兰盘;5—封闭外壳;
6—绝缘套管

　　LCLWD3-220 型电流互感器的 4 个铁芯测量准确级不同,1 个供测量仪表用,其余 3 个
供继电保护用。一次绕组做成两段,两段并联时一次额定电流不变(铭牌值),两段串联时
一次额定电流减半。利用此法改变变流比。在图 7-7 中瓷箱帽侧面有一次绕组切换装置 9,
也就是绕组端子接线板,改变切换装置便可进行换接。换接工作必须在电流互感器停电条件
下进行,而且必须采取安全措施。

六、电流互感器的极性及接线方式

　　1. 电流互感器的极性

　　电流互感器的极性按减极性原则标注,如图 7-9 (a) 所示。当一次侧电流 I_1 由 L1 流向

L2，二次侧电流 I_2，在二次绕组内部从 K2 流向 K1，在二次负荷中从 K1 流向 K2 时，规定 L1 和 K1 为同极性端（L2 和 K2 亦为同极性端）。对于功率表和继电保护装置，电流互感器的极性很重要，极性接错能引起功率表计数错误或继电保护装置发生误动作。

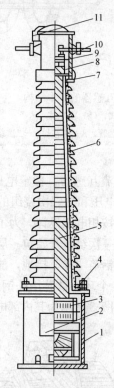

图 7-7 LCLWD3-220 型磁箱式电容

绝缘电磁式电流互感器

1—油箱；2—二次接线盒；3—环形铁芯及二次绕组；

4—压圈式卡接装置；5—U 形一次绕组；6—瓷套管；

7—均压护罩；8—储油柜；9—一次绕组切换装置；

10——一次出线端子；11—呼吸器

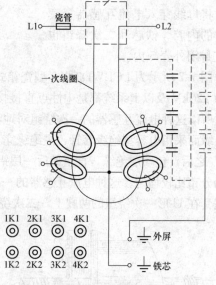

图 7-8 LCLWD3-220 型电流互感器

内部电气接线

2. 电流互感器的接线方式

电流互感器常用的接线方式有单相接线、不完全星形接线和三相星形接线。

图 7-9（a）所示为单相接线。电流表通过的电流为一相的电流，通常用于测量对称三相负荷的一相电流。

图 7-9（b）所示为两相 V 形接线，也叫不完全星形接线，公共线中流过的电流为两相电流之和，所以这种接线又叫两相电流和接线，由 $\dot{I}_U + \dot{I}_W = -\dot{I}_V$ 可知，二次侧公共线中的电流，恰为未接互感器的 V 相的二次电流，因此这种接线可接三只电流表，分别测量三相电流，所以广泛应用于无论负荷平衡与否的三相三线制中性点不接地系统中，供测量或保护用。

图 7-9（c）所示为三相星形接线。三只电流互感器分别反映三相电流和各种类型的短路故障电流。广泛用于负荷不论平衡与否的三相三线制电路和低压三相四线制电路中，供测量和保护使用。

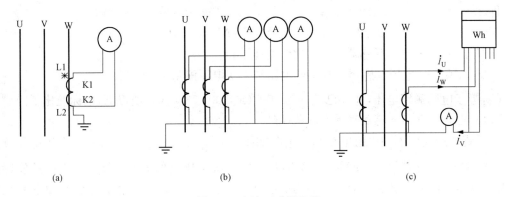

图 7-9　电流互感器接线

（a）单相接线；（b）两相 V 形接线；（c）三相星形接线

第三节　电 压 互 感 器

目前电力系统广泛应用的电压互感器，用 TV 表示。按其工作原理可分为电磁式、电容分压式和光电式三种。220kV 及以下为电磁式电压互感器，220kV 及以上多为电容分压式电压互感器；光电式电压互感器的电压等级也已达到 500kV。

一、电磁式电压互感器

（一）电磁式电压互感器的工作原理

电磁式电压互感器的工作原理、构造和接线方式都与变压器相似。其主要区别在于电磁式电压互感器的容量很小，通常只有几十到几百伏安，并且在大多数情况下，其负荷是恒定的。

电磁式电压互感器的等值电路与普通变压器相同，其原理接线如图 7-10 所示。

电磁式电压互感器的工作状态与变压器相比有如下特点：

（1）电磁式电压互感器一次侧的电压 U_1 为电网电压，不受电磁式电压互感器二次侧负荷的影响，一次侧电压高，需有足够的绝缘强度。

（2）电磁式电压互感器二次侧负荷主要是测量仪表和继电器的电压线圈，其阻抗很大，

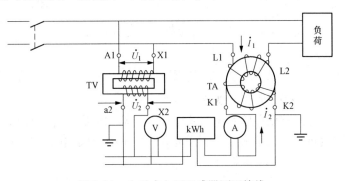

图 7-10　电磁式电压互感器原理接线

通过的电流很小，所以电磁式电压互感器的正常工作状态接近于空负荷状态，二次电压接近于二次电动势，并取决于一次电压值。

（3）电磁式电压互感器二次侧不允许短路。如果短路会出现大的短路电流，将使保护熔断器熔断，造成二次负荷停电。

电磁式电压互感器一、二次绕组额定电压之比称为电磁式电压互感器的额定变（压）

比，即

$$K_u = U_{N1}/U_{N2} \approx N_1/N_2 \approx U_1/U_2 \tag{7-8}$$

式中　N_1、N_2——电压互感器一、二次绕组匝数；

　　　　U_1、U_2——电压互感器一次实际电压和二次电压测量值。

U_{N1}等于电网额定电压，U_{N2}已统一为 100（或 $100/\sqrt{3}$）V，所以 K_u 也标准化了。

（二）电磁式电压互感器误差和准确等级

电磁式电压互感器的等值电路和相量图如图 7-11 所示。由相量图可见，由于电压互感器存在励磁电流和内阻抗，使得从二次侧测算的一次电压近似值 $\dot{U}_2$（$K_u U_2$ 次电压实际值 U_1 大小不等，相位差也不等 180°，即测量结果产生了误差，通常用电压误差 f_u 和相位误差 δ_u 来表示。

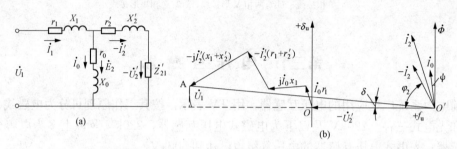

图 7-11　电磁式电压互感器的等值电路和相量图

(a) 等值电路图；(b) 相量图

1. 电压误差 f_u

f_u 为二次电压的测量值和额定变压比的乘积 $K_u U_2$，与实际一次电压 U_1 之差，对实际一次电压值的百分比表示，即

$$f_u = \frac{K_u U_2 - U_1}{U_1} \times 100\% \tag{7-9}$$

$K_u U_2 - U_1 < 0$ 时，f_u 为负，反之为正。

2. 相位误差 δ_u

δ_u 为旋转 180° 的二次电压相量 $-\dot{U}_2$ 与一次电压相量 $\dot{U}_1$ 之间的夹角，并规定 $-\dot{U}_2$ 超前于 $\dot{U}_1$ 时相位误差 δ_u 为正，反之为负。

这两种误差除受电磁式电压互感器构造影响外，还与二次侧负荷及其功率因数有关，二次侧负荷电流增大，其误差也增大。国家规定电磁式电压互感器准确级等级分为四级，即 0.2、0.5、1 级和 3 级。

电压互感器的准确级，是指在规定的一次电压和二次负荷变化范围内，负荷功率因数为额定值时，电压误差的最大值。我国电压互感器准确级和误差限值标准见表 7-3。

电压互感器二次侧的负荷为测量仪表、继电器及其他负荷的电压线圈。习惯上把电压互感器的二次负荷用负荷所消耗的视在功率总和 S_2（VA）表示。因电压互感器的二次电压额定值 U_{N2} 已标准化，所以用功率表示的二次负荷可换算成阻抗表示，其阻抗为 $Z_2 = \dfrac{S_2}{U_{N2}^2}$（Ω）。

电压互感器的负荷阻抗都很大，计算二次负荷时二次电路中的连接导线阻抗、接触电阻可以忽略。

表 7-3 电压互感器的准确级和误差限值

准确级	误差极限		一次电压误差范围	频率、功率因数及二次负荷变化范围
	电压误差±（%）	相位误差±（′）		
0.2	0.2	10	$(0.8\sim1.2)\,U_{N1}$	$(0.25\sim1)\,S_{N2}$ $\cos\varphi_2=0.8$ $f=f_n$
0.5	0.5	20		
1	1.0	40		
3	3.0	不规定		
3P	3.0	120	$(0.05\sim1)\,U_{N1}$	
6P	6.0	240		

由于电压互感器误差与二次负荷有关，所以同一台电压互感器对应于不同的准确级便有不同的容量。通常，额定容量是指对应于最高准确级的容量。在功率因数为 0.8（滞后）时，电压互感器的额定容量值为 10、15、25、30、50、75、100、150、200、250、300、400、500VA。对三相电压互感器，其额定容量指每相的额定输出，即同一台电压互感器有不同的额定容量。如果实际所带二次负荷超过额定容量，则准确级要降低。为保证准确级等级要求，选用电压互感器时要使其额定容量 $S_{N2}\geqslant S_2$ 或 $Z_{N2}\geqslant Z_2$。电压互感器按照在最高工作电压下长期工作允许发热条件，还规定了最大容量，称为极限热容量。电压互感器的二次负荷不超过这个极限容量值，其各部分绝缘材料和导电材料的发热温度不会超过规定值，但测量误差会超过最低一级的限值。变电站中有时需要交流操作电源或整流型直流操作电源时，可以将其接在电压互感器上并按极限容量运行。

（三）电磁式电压互感器的分类及结构

1. 电磁式电压互感器的分类

电磁式电压互感器由铁芯、绕组、绝缘等构成。

（1）按照安装地点，电磁式电压互感器可分为户内式和户外式。通常 35kV 及以下多制成户内式，35kV 以上制成户外式。

（2）按照相数可分为单相式和三相式。单相式可制成任何电压等级的。20kV 以下才有三相式，且有三相三柱式和三相五柱式之分。在中性点不接地或经消弧线圈接地的系统中，三相三柱式一次侧只能接成星形，其中性点不允许接地，这种接线方式不能测量相对地电压。而三相五柱式电压互感器一次绕组可接成 YN 形。

（3）根据绕组数不同，电压互感器可分为双绕组式、三绕组式和四绕组式。

（4）按照绝缘方式，电压互感器可分为浇注式、油浸式、干式和充气式。干式结构简单，无着火和爆炸危险，但绝缘强度低，只适用于电压为 6kV 及以下的空气干燥的屋内配电装置中；浇注式结构紧凑，也无着火和爆炸危险，且维护方便，适用于 3～35kV 户内装置；充气式主要用于 GIS（SF₆全封闭组合电器）中；油浸式绝缘性能好，可用于 10kV 以上的屋内外配电装置。油浸式电压互感器绝缘性能好，可用于 10kV 以上的屋内外配电装置。

2. 电磁式电压互感器的结构

电磁式电压互感器的绝缘结构是影响其经济性能的重要因素。这里主要介绍油浸式电压互感器的结构原理。

油浸式电压互感器按其结构形式可分为普通式和串级式的。3～35kV 的电压互感器一

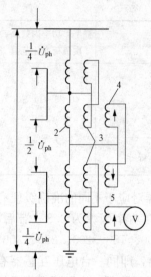

图 7-12　220kV 串级式电压
互感器的原理接线
1—铁芯；2—一次绕组；
3—平衡绕组；4—连耦绕组；
5—二次绕组

般均制成普通式，它与普通小型变压器相似，其铁芯和绕组浸在充有变压器油的油箱内，绕组通过固定在箱盖上的瓷套管引出。60kV 及以上的电磁式电压互感器普遍制成串级式结构。其特点是绕组和铁芯采用分级绝缘，以简化绝缘结构；绕组和铁芯放在瓷箱中，瓷箱兼作高压出线套管和油箱，可减少质量和体积，降低造价。

图 7-12 为 220kV 串级式电压互感器的原理接线。互感器由两个铁芯（元件）组成，一次绕组分成匝数相等的四个部分，分别套在两个铁芯的上、下铁芯柱上，按磁通相加方向顺序串联，接在相与地之间。每一元件上的绕组中点与铁芯相连，二次绕组绕在末级铁芯的下铁芯柱上。当二次绕组开路时，一次绕组电位分布均匀，绕组边缘线匝对铁芯的电位差为 $U_{ph}/4$（U_{ph} 为相电压）。因此，绕组对铁芯的绝缘只需按 $U_{ph}/4$ 设计，而普通结构的则需要按 U_{ph} 设计，故串级式结构的可大量节约绝缘材料和降低造价。

当二次绕组接通负荷后，由于二次负荷电流的去磁作用，末级铁芯内的磁通小于其他铁芯的磁通，从而使各元件感抗不等，磁通磁势与电压分布不均，准确级下降。为了避免这一现象，在两铁芯相邻的铁芯柱上绕有匝数相等的连耦绕组（绕向相同，反向对接）。这样，当各个铁芯中磁通不相等时，连耦绕组内出现感应电流，使磁通较大的铁芯去磁，磁通较小的铁芯增磁，从而达到各级铁芯内磁通大致相等和各元件绕组电压均匀分布的目的。在同一铁芯的上、下铁芯柱上，还设有平衡绕组（绕向相同、反向对接），借平衡绕组内的电流，使两铁芯柱上的磁势分别平衡。

二、电容分压式电压互感器（CCVT）

随着电力系统输电电压的增高，电磁式电压互感器的体积越来越大，成本随之增高，因此研制了电容式电压互感器，又称 CCVT。电容分压式电压互感器是在电容套管电压抽取装置的基础上研制而成的，广泛用于 110kV 及以上中性点直接接地系统测量电压用，目前我国 500kV 电压互感器只生产电容式的，与电磁式电压互感器相比，具有以下优点：

（1）除作为电压互感器使用外，还可将其分压电容兼作高频载波通信的耦合电容。

（2）电容分压式电压互感器的冲击绝缘强度比电磁式电压互感器高。

（3）体积小，质量轻，成本低。

（4）在高压配电装置中占地面积较小。

电容分压式电压互感器的主要缺点是误差特性和暂态特性比电磁式电压互感器差、输出容量较小。

（一）电容分压式电压互感器的电容分压原理

图 7-13 所示为电容分压式电压互感器的电容分压原理。在图中，U_1 为电网相对地电压；Z_2 表示仪表、继电器等电压线圈负荷；$U_2 = U_{C2}$，因此

$$U_{C2} = \frac{C_1 U_1}{C_1 + C_2} = K_u U_1 \tag{7-10}$$

式中 K_u——分压比，$K_u = C_1/(C_1+C_2)$。

改变 C_1 和 C_2 的比值，可得到不同的分压比。由于 U_2 与一次电压 U_1 呈比例变化，故可以 U_2 代表 U_1，即可测出相对地电压。

当 C_2 两端接入电压表或其他负荷时，所测得的 U_{C2} 将小于电容分压值，且负荷电流越大，电压越低，误差大得可能无法使用。为了分析互感器带上负荷 Z_2 后的误差，可利用等效电源原理，将图 7-13 画成图 7-14 所示的电容式电压互感器等值电路。

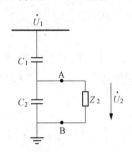

图 7-13　电容分压原理

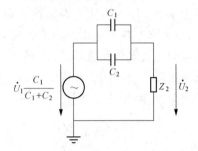

图 7-14　电容式电压互感器等值电路

从图 7-14 可看出，内阻抗大小为

$$Z = 1/j\omega(C_1+C_2) \tag{7-11}$$

当有负荷电流流过时，在内阻抗上将产生电压降，从而使 U_2 与 $\dfrac{C_1}{C_1+C_2}U_1$ 不仅在数值上而且在相位上有误差，负荷越大，误差越大。要获得一定的准确级，必须采用大容量的电容，这是很不经济的。合理的解决措施是在电路图 7-14 中串联一个电感，如图 7-15 所示。电感 L 应按产生串联谐振的条件选择，即

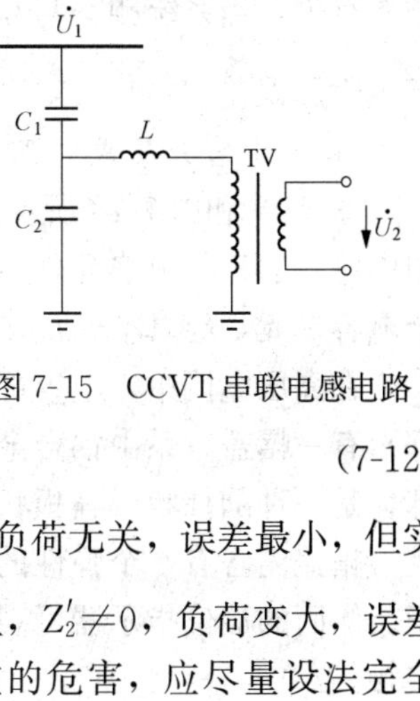

$$2\pi f L = 1/2\pi f(C_1+C_2) \quad f = 50\mathrm{Hz}$$

$$L = 1/4\pi^2 f^2(C_1+C_2) \tag{7-12}$$

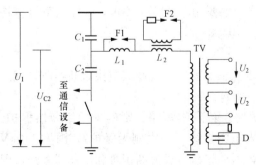

图 7-15　CCVT 串联电感电路

理想情况下，$Z_2 = j\omega L - j\dfrac{1}{\omega(C_1+C_2)} = 0$，输出电压 U_2 与负荷无关，误差最小，但实际上 $Z_2' = 0$ 是不可能的，因为电容器有损耗，电感线圈也有电阻，$Z_2' \neq 0$，负荷变大，误差也将增加，而且将会出现谐振现象，谐振过电压将会造成严重的危害，应尽量设法完全避免。

图 7-16　电容分压式电压互感器基本结构

为了进一步减小负荷电流所产生误差的影响，将测量电器仪表经中间电磁式电压互感器（TV）升压后与分压器相连。

（二）电容分压式电压互感器基本结构

电容分压式电压互感器基本结构如图 7-16 所示。其主要元件是：电容（C_1，C_2），非线性电感（补偿电感线圈）L_2，中间电磁式电压互感器（TV）。为了减少杂散电容和电感的有害影响，增设一个高频阻断线圈 L_1，它和 L_2 及

TV 一次绕组串联在一起，L_1、L_2 上并联放电间隙 F1、F2，以防止互感器因受二次短路所产生的过电压而造成损坏。

电容（C_1，C_2）和非线性电感 L_2 和 TV 的一次绕组组成的回路，当受到二次侧短路或断路等冲击时，由于非线性电抗的饱和，可能激发产生次谐波铁磁谐振过电压，对互感器、仪表和继电器造成危害，并可能导致保护装置误动作。为了抑制高次谐波的产生，在互感器二次绕组上装设阻尼器 D，阻尼器 D 由一个电感和一个电容并联，一只阻尼电阻被安插在这个偶极振子中。阻尼电阻有经常接入和谐振时自动接入两种方式。

（三）电容分压式电压互感器的误差

电容分压式电压互感器的误差是由空负荷电流、负荷电流以及阻尼器的电流流经互感器绕组产生压降而引起的，其误差由空负荷误差 f_0 和 δ_0，负荷误差 f_L 和 δ_L，阻尼器负荷电流产生的误差 f_D 和 δ_D 等几部分组成，即

$$f_u = f_0 + f_L + f_D \tag{7-13}$$

$$\delta_u = \delta_0 + \delta_L + \delta_D \tag{7-14}$$

以上两式中的各项误差，可参照前述的方法求得。当采用谐振时自动投入阻尼器者，其 f_D 和 δ_D 可略而不计。

电容分压式电压互感器的误差除受一次电压、二次负荷和功率因数的影响外，还与电源频率有关，当系统频率与互感器设计的额定频率有偏差时，由于 $\omega L \neq \dfrac{1}{\omega(C_1 + C_2)}$，因而会产生附加误差。

（四）电容分压式电压互感器的典型结构

图 7-17 和图 7-18 所示为法国 ENERTEC 生产的 CCVT 系列电容分式电压互感器结构。图中电容器每一电容元件由高纯度纤维纸张—优质的 VOLTAM 和铝膜卷制而成，组装成一个电容单元，经真空、加热、干燥，予以除气和去湿。然后装入套管内，浸入绝缘油中。

在高压电网中，电容部分由若干个叠装的单元构成，可拆卸运输。互感器最上部（首部）有一帽盖，系由铝合金制成，上有阻波器的安装孔。电压连接端也直接安置于帽盖的顶部，是一种圆柱状或扁板状的连接端子，可供选择。

帽盖内含有一个弹性的腰鼓形膨胀膜盒，用以补偿运行时随温度变化而改变的油的容积。侧面的油位指示器可观察油面的变化。整个膨胀膜盒均与外界隔绝，密封面不与气室相接触。

（五）电容分压式电压互感器的接线

图 7-19 所示是电容分压式电压互感器的接线，主要用于 110～500kV 中性点直接接地的电网中。

电压互感器接线时应注意以下几点：

（1）电压互器的电源侧要有隔离开关。当电压互感器需停电检修或更换熔断器时，利用隔离开关将电源侧高电压隔离，保证安全。

（2）电压互感器与电力变压器一样，严禁短路。若发生短路，则应采用熔断器保护。110～500kV 电压级一次侧没有熔断器，直接接入电力系统（一次侧无保护），因为 110kV 及以上熔断器在开断短路电流时，产生的电弧太强烈，容易造成分断困难和熔断器爆炸，因此不生产 60kV 及以上电压等级的熔断器。另外，60kV 及以上相间距离较大，电压互感器

线引发生相间短路的可能性不大。60kV 以下电压级一次侧通过带或不带限流电阻的熔断器接入电力系统。电压互感器的一次电流很小，熔断器的熔件截面只能按机械强度选取最小截面，它只能保护高压侧，也就是说只有一次绕组短路才熔断，而当二次绕组短路和过负荷时，高压侧熔断器不可能可靠动作，所以二次侧仍需装熔断器，以实现二次侧过负荷和过电流保护。

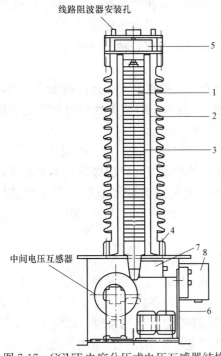

图 7-17 CCVT 电容分压式电压互感器结构
1—电容器；2—瓷套管；3—绝缘油；
4—密封设施；5—膜盒；6—密封金属箱；
7—阻尼器；8—低压接线盒

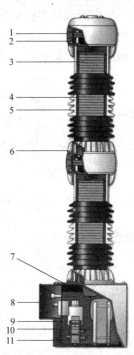

图 7-18 CCVT 电容分压式电压互感器结构
1—油压计；2—膨胀膜；3—电容单元；
4—绝缘油；5—瓷绝缘子；6—密封件；7—外壳；
8—低压端子箱/中性（N）和高频（HF）端子；
9—串联电感；10—中压互感器；
11—铁磁谐振效应阻尼电阻

但需注意在以下几种情况下，不能装熔断器：
1）中性线、接地线不准装熔断器；
2）辅助绕组接成开口三角形的一般不装熔断器；
3）V 形接线中，V 相接地，V 相不准装熔断器。
（3）三相三柱式电压互感器不能用来进行交流电网的绝缘监察。如果进行电网绝缘监察必须使用单相式或三相五柱式电压互感器。
（4）电压互感器二次侧的保护接地点不许装设在二次侧熔断器的后面，必须设在二次熔断器的前面，保证二次侧熔断器熔断时，电压互器的二次绕组仍然保留保护接地点。
（5）凡需在二次侧连接交流电网绝缘监察装置的电压

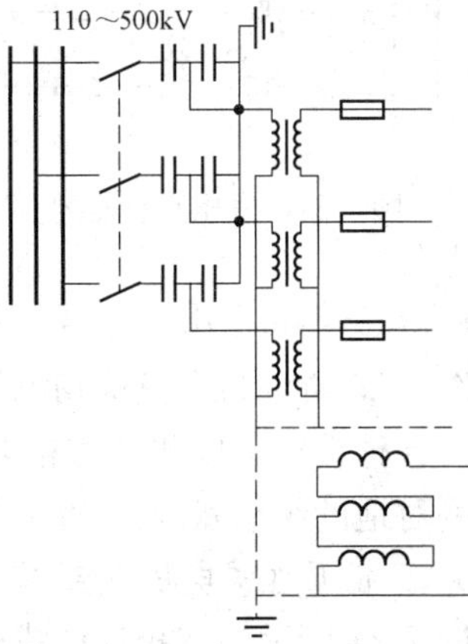

图 7-19 电容式电压互感器的接线

互感器，其一次侧中性点必须接地，否则无法进行绝缘监察。

（6）用于线路侧的电磁式电压互感器，可兼作释放线路上残余电荷的作用。如线路断路器无合闸电阻，为了降低重合闸时的过电压，可在互感器二次绕组中接电阻，以释放线路上残余电荷，并且此电阻还可以消除断路器断口电容与该电压互感器的谐振。

三、电压互感器的接线

在三相系统中需要测量的电压有线电压、相对地电压、发生单相接地故障时出现的零序电压。一般测量仪表和继电器的电压线圈都采用线电压，每相对地电压和零序电压则用于某些继电保护和绝缘监察装置中。为测量这些电压，电压互感器有各种不同的接线。

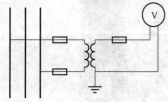

1. 单相接线

图 7-20 所示为只有一只单相电压互感器的接线，用在只需要测量任意两相之间的线电压时或中性点直接接地系统的相对地电压时。

2. VV 接线

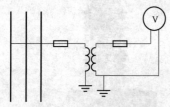

图 7-21 所示为两只单相电压互感器接成的不完全星形接线（VV 接线），这种接线只能测量线电压，不能测量相电压，用于接入只需要线电压的测量仪表和继电器，广泛用于小接地短路电流系统中。

3. 三相三柱式的电压互感器的星形接线（Yyn 接线）

图 7-22 所示为三相三柱式电压互感器的星形接线（Yyn 接线）。在三相三柱式电压互感器中，因为没有零序磁通的

图 7-20　电压互感器的单相接线

通路。零序磁通只能通过外壳或空气流通，磁阻较大，将引起互感器过热，严重时，烧毁互感器。所以三相三柱式电压互感器一次绕组中性点不允许接地（防止零序过电流烧坏互感器），其一次绕组中性点不能引出，因此这种接线只能测量线电压，不能测量相电压，不能用来监视电网对地绝缘。

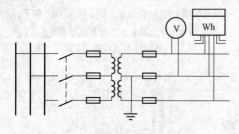

图 7-21　电压互感器的 VV 接线

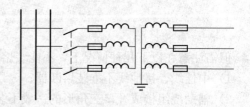

图 7-22　三相三柱式电压互感器的星形接线

4. 三台单相电压互感器的星形接线（YNYn 接线）

图 7-23 所示为三只单相电压互感器接成的星形接线（YNYn 接线），且一次绕组中性点接地。这种接线可以测量三相电网的线电压和相电压。在小接地短路电流系统中还可用来监视电网对地的绝缘状况。

5. 三相五柱式电压互感器的星形接线

图 7-24 所示为三相五柱式电压互感器的星形接线。三相五柱式电压互感器，是磁系统具有五个铁芯磁柱的三相三绕组电压互感器，其一次绕组是根据装置的相电压设计的，并且

接成中性点接地的星形，基本二次绕组也接成星形，辅助二次绕组接成开口三角形。三相五柱式电压互感器既可用来测量线电压和相电压，又可用于监视电网对地绝缘状况和实现单相接地的继电保护，而且比三只单相电压互感器节省占地、价格也低廉，因此，在 20kV 以下的屋内配电装置中广泛采用。

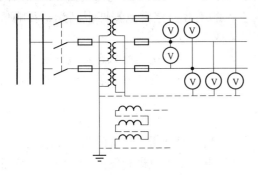

图 7-23　三只单相电压互感器的星形接线

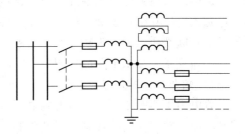

图 7-24　三相五柱式电压互感器的连接

三相五柱式电压互感器工作绕组的工作状态分析。

（1）正常时工作绕组的工作状态。如图 7-25 所示，由于三相五柱式电压互感器为配合计量及保护装置，其二次线电压为恒定的 100V。为配合绝缘监察，其二次侧对地电压为 $100/\sqrt{3}$ V；$100/\sqrt{3}$V；0V。所以根据图 7-25 可得出 U_U、U_V、U_W、三相相电压为 $U_U=100/\sqrt{3}=U_V=U_W$，线电压为 $U_{UV}=U_{UW}=U_{WV}=100V$。正常运行时，$U_{U0}$、$U_{V0}$、$U_{W0}$ 电压表指示相电压（10kV 系统为 5.8kV）。

（2）故障时工作绕组的工作状态。当系统发生单相金属性接地时（如 U 相），则该相对地电压为 0，即电压互感器的 U 相一次线圈对地无电压。接在二次和接地相对应的绝缘监察电压表 $U_U=0$，而其他两相 U_V、U_W 的电压升高到 $\sqrt{3}$ 倍，即上升到线电压（10kV 系统为 10kV）。此时工作线圈二次侧对地电压为 $U_U=0$、$U_V=0$、$U_W=100V$，当 U 相经电弧或高电阻接地时，则 U_U 电压指示低于相电压，但未达到 0。U_W、U_V 指示高于相电压，但未达到线电压（当 V 相接地时，$U_V=0$）。

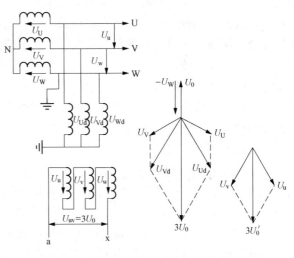

图 7-25　系统单相接地时三相五柱式电压
互感器开口三角形绕组电压相量图

（3）辅助绕组的工作状态分析。辅助绕组，即开口三角形。在系统正常运行时，由于系统三相电压 U_U、U_V、U_W 是对称的，互感器二次线圈中的三个电压 U_U、U_V、U_W 也对称。故反应在开口三角两端的零序电压为 $U_U+U_V+U_W=0$，所以开口三角两端的电压为零。当系统发生单相接地故障时，如 W 相接地（见图 7-26），显然，W 相对地电压 U_W 加上中性点对 W 相端头电压 $-U_W$，即 $U_{Ud}=U_U+（-U_W）$。同理，V 相对地电压 $U_{Vd}=U_V+（-U_W）$，由于 W 相接地，电压互感器一次侧的 W 相线圈上无电压。则 U_{Ud} 和 U_{Vd} 就是互感器一次侧 U 相和 V 相的电压。从向量图中看出，加在互感器一次侧的三相电压出现了零序电压，即 $U_{Ud}+U_{Vd}=3U_0$。此时 U_{Ud} 和 U_{Vd} 的大小都是相电压的 $\sqrt{3}$ 倍，即数值上等于线电压，其合成电压即为 3 倍的零序电压。故在开口三角两端也同时出现了 3 倍的零序电压。在开口三角两端接上绝缘监察继电器，一旦系统有单相接地发生，此绝缘监察继电器即报灯光、音响信号，告诉值班人员处理（一般此继电器整定值为 15V 或 18V）。

电磁式电压互感器安装在中性点非直接接地系统中，且当系统运行状态发生突变时，有可能发生并联铁磁谐振。为防止此类铁磁谐振的发生，可在电压互感器上装设消谐器，也可在开口三角端子上接入电阻或白炽灯。

（六）光电互感器介绍

随着电力工业的不断发展，电网电压等级的不断提高，对电压、电流的测量要求也在不断提高，而互感器作为连接高压与低压的一种电器设备也不断地改进和发展，其中对于衡量互感器先进与否的一个重要指标就是互感器的绝缘问题。对于传统的电磁式互感器来说，由于绝缘成本随着绝缘等级的升高成指数增长，因此原有的空气绝缘、油纸绝缘、气体绝缘和串级绝缘已经不能满足超高压设备的绝缘要求，同时传统互感器存在磁饱和的问题，造成继电保护装置的误动或拒动，而且铁磁谐振、易燃易爆及动态范围小等缺点一直是传统互感器难以克服的困难。于是，各种针对高电压、大电流信号的测量方法便应运而生，其中，基于光学和电子学原理的测量方法，经过近 30 年的发展，成为相对比较成熟、最有发展前途的一种超高压条件下的测量方法，光电式互感器作为下一代互感器的主流产品，其不可替代的技术优势已经凸现出来，随着当前光电互感器的市场化进程，必将带来电力系统测量、保护和监控的革命性变化。

光电式互感器（又名：数字互感器，智能互感器、电子互感器）是光学电压互感器（OVT）、光学电流互感器（OCT）、组合式光学互感器等各种光学互感器的通称，与传统的电磁互感器有着本质的区别，光电互感器输出的是数字信号，而电磁互感器是模拟信号（类似数字电视与模拟电视的区别）。光电式互感器是基于光电技术原理，利用光电子技术和光纤传感技术来实现电力系统电压、电流测量，它采用罗哥夫斯基线圈、低功率电流互感器、串联感应分压器等新技术，使电流测量准确度达到 0.1 级，电压测量准确度达到 0.2 级。又在结构中采用光纤能量和信号传输、特种固态绝缘脂真空灌注等技术，增强了抗 EMI 性能和绝缘性能，使可靠性大大提高。通过实际运行表明，数字式光电互感器是安全的、可靠的；其准确度更高，更适合数字式二次保护测控装置，特别在超高压、特高压电网中有特殊的优越性，加上其成本较低的优势，将会有广阔的使用前景。基于晶体材料光电效应的数字式光电互感器，将取代现有基于铜材电磁效应的铁磁式互感器，已经成为业界的共识。我国已研制出 220kV 全电压、单晶体、纵向调制结构模式的光电互感器原理性样机，为产业化开发奠定了良好的基础。

相对于传统的电磁式互感器，光电式互感器有明显的优点：

（1）在高电压、大电流的测量环境中，光纤或光介质是良好的绝缘体，它可以满足高压工作环境下的绝缘要求。

（2）没有传统电流互感器二次开路产生高压的危险，以及传统充油电压、电流互感器漏油、爆炸等危险。

（3）不会产生磁饱和及铁磁共振现象，它尤其适用于高电压、大电流环境下的故障诊断。

（4）频带宽，可以从直流到几百千赫，适用于继电保护和谐波检测。

（5）动态范围大，能在大的动态范围内产生高线性度的响应。

（6）适应了现在电力系统的数字化信号处理要求，它还可用于以保护、监控和测量为目的高速遥感、遥测系统。

（7）整套测量装置结构紧凑、重量轻、体积小。

（8）各个功能模块相对独立，便于安装和维护，适于网络化测量。

习 题

7-1 互感器的作用是什么？互感器与系统如何连接？

7-2 什么是电流互感器的变比？一次电流为1200A，二次电流为5A，电流互感器的变比是多少？

7-3 电流互感器在运行中二次侧为什么不允许开路？如何防范？

7-4 画出电流互感器的接线形式并说明其作用。

7-5 什么是电流互感器的准确级？我国电流互感器准确级有哪些？保护、仪表各用什么准确级？

7-6 电压互感器在运行中为什么不允许短路？如何防范？

7-7 画出电压互感器的接线方式并说明其作用。

7-8 什么是电压互感器的准确级？我国电压互感器准确级有哪些？保护、仪表各用什么准确级？

7-9 互感器的二次侧为什么要可靠接地？

7-10 电容分压式电压互感器的工作原理是什么？与电磁式电压互感器相比，具有什么优点？

第八章 母线、绝缘子与电缆

第一节 母 线

在发电厂和变电站的各级电压配电装置中，将发电机、变压器等大型电气设备与各种电器装置连接的导体称为母线。母线包括一次设备部分的主母线和设备连接线、站用电部分的交流母线、直流系统的直流母线、二次部分的小母线等。

一、母线的作用
母线的作用是汇集、分配和传送电能。母线是构成电气主接线的主要设备。

二、母线的分类和特点
1. 按母线的使用材料分类

（1）铜母线。铜具有导电率高、机械强度高、耐腐蚀等优点，但在工业上有很多重要用途，而且产量少，价格贵，故主要用在易腐蚀的地区（如化工厂附近或沿海地区等）。

（2）铝母线。铝的导电率仅次于铜，且质轻、价廉、产量高，在屋内和屋外配电装置中广泛采用。

（3）铝合金母线。铝合金母线有铝锰合金和铝镁合金两种。铝锰合金母线载流量大，但强度较差，采用一定的补强措施后可广泛使用；铝镁合金母线机械强度大，但载流量小，焊接困难，使用范围较小。

（4）钢母线。钢的机械强度大，但导电性差，仅用在高压小容量电路（如电压互感器回路以及小容量厂用、站用变压器的高压侧）、工作电流不大于 200A 的低压电路、直流电路以及接地装置回路中。

2. 按母线的截面形状分类

（1）矩形母线。

特点：散热条件好、集肤效应小、安装简单、连接方便。比相同截面的圆形母线的周长和散热面大，允许工作电流大。

为增强散热条件和减小集肤效应，兼顾机械强度，矩形母线的边长比通常为 1：12～1：5，单条母线截面积不大于 $10×120＝1200mm^2$。每相可用二、三条并联提高载流量，但允许电流不成正比增加。

（2）圆形母线。

特点：用在 35kV 以上的屋外配电装置，能防止产生电晕。110kV 及以上采用钢芯铝绞线或管形母线。

（3）槽形母线。

特点：电流分布均匀，集肤效应小，冷却好，金属利用率高、机械强度高。每相需三条以上矩形母线时可采用槽形。

（4）管形母线。

特点：电晕放电电压高、集肤效应小，用在 35kV 以上屋外配电装置。

三、母线的布置方式

母线的布置方式影响到母线的散热条件与机械强度。以矩形母线为例，最为常见的布置方式有两种，即水平布置和垂直布置，如图 8-1 所示。

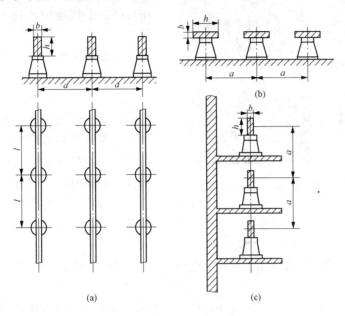

图 8-1　矩形母线的布置方式

(a)、(b) 水平布置；(c) 垂直布置

1. 水平布置

三条母线固定在支柱绝缘子上，具有同一高度。各条母线既可以平放，也可以竖放。竖放式水平布置的母线散热条件较好，母线的额定允许电流较其他放置方式要大，但机械强度不是很好。平放式水平布置的母线散热条件较差，允许电流不大，但机械强度较高。

2. 垂直布置

三相母线分层安装。这种布置式散热性强，机械强度和绝缘能力都很高。但垂直布置增加了配电装置的高度，需要更大的投资。

3. 槽形母线的布置

槽形母线的每相均由两条组成一个整体，整个断面接近正方形。槽形母线均采用竖放式。这种结构形式的母线机械性能相当强，且能节约金属材料。

四、母线在绝缘子上的固结和着色

1. 母线在绝缘子上的固结

矩形和槽形母线通过衬垫安置在支柱绝缘子上，并利用金具进行固结。圆形母线利用卡板固结在支柱上，多股绞线利用专门的线夹固结在悬式绝缘子串上。当矩形母线长度大于 20m 时，在母线上装设伸缩补偿器，使母线可以自由伸缩。

2. 母线的着色

母线着色可以增强热辐射能力，利于散热，允许负荷电流提高 12％～15％；钢母线着色还可防止生锈；并且便于工作人员识别直流极性和交流的相别，母线涂以不同的颜色标

图 8-2 母线的着色

志，如图 8-2 所示。

直流：正极—红色、负极—蓝色；

交流：U 相—黄色、V 相—绿色、W 相—红色；

中性线：不接地中性线—白色、接地中性线—紫色。

五、分相封闭母线

1. 封闭母线概述

在电厂中，发电机至变压器的连接母线采用敞露式母线，敞露式母线存在很多缺点，主要是绝缘子表面容易被灰尘污染，尤其是母线布置在屋外时，受气候变化影响及污染更为严重，很容易造成绝缘子闪络及由于外物所致造成母线短路故障。随着单机容量的增大，对其出口母线运行的可靠性提出了更高的要求。采用封闭母线（用外壳将母线封闭起来）是一种较好的解决方法。

封闭母线按外壳材料可分塑料外壳和金属外壳。按外壳与母线间的结构形式可分为如下的几种型式：

（1）不隔相（也称共箱式）式封闭母线。三相母线设在没有相间隔板的金属（或塑料）公共外壳内。

（2）隔相式封闭母线。三相母线布置在相间有金属（或绝缘）隔板的金属外壳内。

（3）分相封闭母线（又称作离相封闭母线）。其每相导体分别用单独的铝制圆形外壳封闭。分相封闭母线，根据金属外壳各段的连接方法，又可分为分段绝缘式和全连式（段间焊接）两种。

不隔相的封闭母线只能起防止绝缘子免受污染和外物所造成的母线短路，而不能消除相间短路的可能性，也不能减小母线相间电动力和减少钢构的发热。隔相式封闭母线虽然可较好地防止相间故障，在一定程度上能减小母线电动力和减少母线周围钢构的发热，但是仍然发生过因单相接地而烧穿相间隔板造成相间短路的事例，因此，可靠性还不是很高。一般，不隔相或隔相封闭母线只用于大容量机组的厂用电系统或容量较小但污染比较严重的场所。

2. 全连式分相封闭母线

对大容量机组而言，其发电机出口电流达 1 万 A 左右，那么母线附近就存在强大的交变磁场，位于其中的钢构件由于涡流和磁滞损耗而发热。如果钢构件形成较大尺寸的闭合回路，还会感应产生环流，引起很大的功率损耗和发热。这个发热绝不能忽视。钢构件温度升高，可能使材料产生热应力而引起变形或使接触连接损坏。由于钢构件中的集肤效应十分显著，使钢构中的涡流都集中在钢构表面的薄层内，在薄层中呈现很大的电阻，使涡流损耗发热成为钢构发热的主要原因，而磁滞损耗只占发热的很小部分。

钢构中的损耗和发热与钢构表面的磁场强度有关。在实际母线装置中，钢构的形状、大小和布置方式是多种多样的，而且互有影响（屏蔽作用），因此，磁场分布、损耗和发热情况有很大差别。在发电厂中，为了减少钢构损耗和发热，常采用一些措施，例如：加大钢构和载流导体之间的距离、断开载流导体附近的闭合钢构回路并加上绝缘垫、采用铜或铝作短路环进行屏蔽，还有，采用分相封闭母线，即每相母线分别用铝质外壳包住，外壳上的涡流和环流能起双重屏蔽作用，使壳内和壳外磁场均大大降低，从而使附近钢构发热显著减低。

  300MW 机组出口回路母线都普遍采用全连式分相封闭母线。分相封闭母线主要由母线导体、支柱绝缘子和防护屏蔽外壳组成，导体和外壳均采用铝管结构。全连式分相封闭母线的特点是：沿母线全长度方向的外壳在同一相内（包括各分支回路）全部各段间通过焊接连通。在封闭母线的各个终端，通过短路板，将各相的外壳连接成电气通路。从工程安装方便等原因考虑，在上述全连式的基础上再将从发电机至主变压器之间的封闭外壳分为 2～3 大段，在每段两端装置短路板，称为分段全连式。

  分相式封闭母线的结构由载流导体、支柱绝缘子、保护外壳三部分组成，如图 8-3 所示。

  （1）载流导体。一般用铝制成，采用空心结构以减小集肤效应，工作电流很大时，还可用水内冷圆管母线。

  （2）支柱绝缘子。采用多棱边结构以加长漏电距离。每个支持点可用 1～4 个绝缘子，多用 1 个或 3 个，绝缘子与封闭外壳之间的连接应具有一定的弹性。3 个绝缘子具有结构不复杂，受力好、安装检修方便，可采用轻型绝缘子等优点。

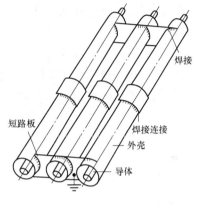

图 8-3 全连式分相封闭母线

  （3）保护外壳。由 5～8mm 厚的铝板制成圆管形，为便于检修维护母线接头和绝缘子，外壳上设有检修和观察孔。外壳在端部通过短路板连通形成闭合回路，当载流导体通过电流时，外壳上感应出与载流导体中大小相近而方向相反的环流，使壳外磁场几乎为零，载流导体间的短路电动力大为减小，钢构件发热几乎完全消失，因此外壳起到了较好的屏蔽作用。为保证安全，外壳采用多点接地，并在短路板处设置可靠的接地点。

  全连式分相封闭母线，其三相的外壳在端部通过短路板连通形成闭合回路，这就构成了类似以母线导体为一次侧、外壳为二次侧的三相 1∶1 的空心变压器。由于三相外壳回路短接（即二次侧处于短路），而且铝壳电阻很小，所以在外壳上感应产生与母线电流大小相近而方向相反的环流。由于环流的屏蔽作用（环流产生的磁场与母线导体的磁场方向相反，即环流产生反磁场），使全连式外壳的壳外磁场减小到敞露母线的 10％ 以下，因此，壳外钢构的发热大大减轻，可略而不计。此外，当母线通过三相短路电流时，由一相（例如 U 相）电流所产生的磁场，经过其外壳环流屏蔽削弱后所剩余的磁场，再进入另一相（如 V 或 W 相）外壳时，还将受到该相（V 或 W 相）外壳涡流的屏蔽作用。由于先后二次屏蔽作用的结果，使进入该相外壳内的磁场已非常小，故该相母线导体所受的电动力大大减小，一般可减小到敞露式母线电动力的 1/4 左右。外壳之间，由于其中磁场已削弱，故电动力也随着减小很多。

  全连式封闭母线的外壳，一般情况下采用多点接地方式。多点接地除在各个短路板处接地外，在封闭母线各支持点或悬挂点与其支吊钢构间都不要求加装对地绝缘部件。多点接地时，外壳与地构成了回路，但由外壳磁场产生的接地电流很小，且具有结构简单、安装方便的优点。在实际应用中，也有采用整个封闭母线外壳只有一个接地点的，其目的是防止某一接地处接触不良时由于对地电流造成外壳局部过热。

全连式封闭母线与敞露式母线相比有以下优点：

（1）运行可靠性高。封闭母线防尘，不受自然环境和外物的影响，且各相间的外壳又相互分开，因而减低了相间短路的可能性。一般采用外壳多点接地，可保障人体接触时的安全。

（2）外壳环流的屏蔽作用，显著减小了母线附近钢构中的损耗和发热，可不用考虑附近钢构的发热问题。

（3）短路电流通过时，由于外壳环流和涡流的屏蔽作用，使母线之间的电动力大为减小，可加大绝缘子间的跨距。外壳之间的电动力也不很大，不会带来问题。

（4）由于母线和外壳可兼作强迫冷却的管道，因此母线载流量可做到很大。

全连式封闭母线有如下缺点：

（1）有色金属消耗约增加一倍。

（2）母线功率损耗约增加一倍。

（3）母线导体的散热条件（自然散热时）较差，相同截面下的母线载流量减小。

分相封闭母线的固定，一般都采用三个绝缘子支持的结构。这种结构具有不复杂、受力好、安装检修方便且可采用轻型绝缘子等优点。

第二节　绝　缘　子

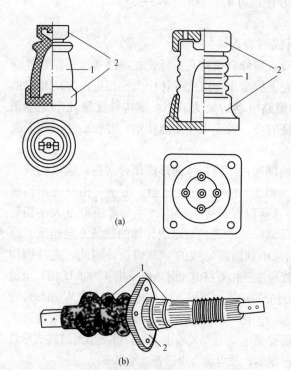

图 8-4　电站用支柱绝缘子和穿墙套管
(a) ZA-6Y 型和 ZLD-10F 型支柱绝缘子；
(b) CWLB-10 型户外穿墙套管
1—瓷体；2—法兰

绝缘子俗称为瓷瓶，广泛地应用在发电厂和变电站的配电装置中以及输电线路上。绝缘子必须有足够的绝缘强度和机械强度，并能耐热和耐潮湿。

一、绝缘子的作用

（1）支持和固定载流导体。

（2）使导体与地绝缘或使装置中处于不同电位的载流导体之间绝缘。

二、绝缘子的分类

（1）按装设地点分为户内式和户外式。

户外式有较多和较大的伞裙，以增长沿面放电距离，并能在雨天阻断水流，使其能在恶劣的气候环境中可靠的工作。在多灰尘或有害气体的地区，应采用特殊结构的防污绝缘子。而户内式绝缘子无伞裙。

（2）按用途分为电站绝缘子、电器绝缘子和线路绝缘子。

电站绝缘子用来支持和固定电厂及变电站的硬母线，并使母线与地绝缘。按其作用又分为支柱绝缘子和套管绝缘子（用于穿过墙壁和天花板），如图 8-4 所示。

电器绝缘子用来支持和固定电器的载流部分，也可分为支柱和套管绝缘子两种。支柱绝缘子用于固定没有封闭外壳电器的载流部分，如隔离开关的静、动触头等。套管绝缘子用来使有封闭外壳的电器（如断路器、变压器等）的载流部分引出外壳，如图8-5所示。

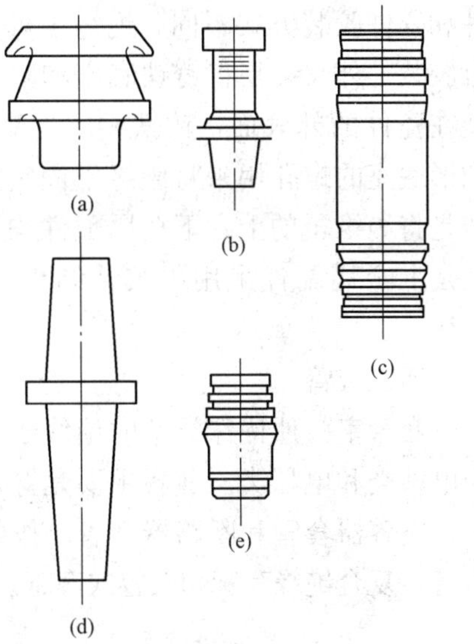

线路绝缘子用来固结架空、配电导线和屋外配电装置的软母线，并使它们与接地部分绝缘。有针式、悬式、蝴蝶式和瓷横担四种，如图8-6、图8-7所示。

三、绝缘子的结构

绝缘子主要由电瓷作绝缘体，具有结构紧密均匀、表面光滑、不吸水、绝缘性能稳定和机械强度高等优点。也可用钢化玻璃制成，尺寸小、重量轻、机械强度高、价格低等优点。绝缘子结构主要由瓷件、附件、水泥胶合物构成。

1. 瓷件

电瓷：结构紧密、表面光滑、不吸水、绝缘性能稳定、机械强度高。

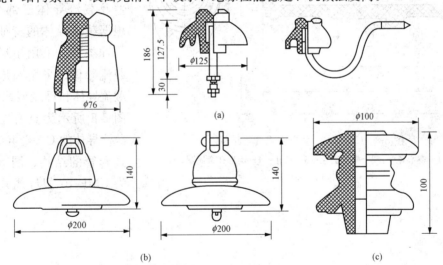

图 8-5　电器用套管绝缘子
(a) 变压器套管；(b) 断路器瓷套；
(c) 互感器瓷套；(d) 电容器瓷套；(e) 电缆瓷套

图 8-6　线路绝缘子
(a) 针式；(b) 悬式；(c) 蝴蝶式

钢化玻璃：尺寸小、重量轻、机械强度高、价格低、制造工艺简单。

瓷件表面涂有一层棕色、白色或天蓝色的硬质瓷釉，以提高绝缘性能和机械性能。

2. 金属配件

把绝缘子固定在支架上，以及把载流导体固定在绝缘子上。绝缘子除瓷件以外，还有牢固地固定在瓷件上的金属配件。

3. 水泥胶合物

金属配件和绝缘瓷件多用水泥胶合剂胶合在一起，胶合处表面涂有防潮剂。根据金属配件和瓷件胶装方式不同，绝缘子可分为外胶装、内胶装和联合胶装。外胶装是将铸铁底座和圆形铸铁帽均用水泥胶合剂装在瓷件的外表面，铸铁帽上有螺孔，用来固定母线金具，圆形底座的螺孔用来将绝缘子固定在构架上或墙壁上。内胶装是将绝缘子的上、下金属配件均胶装在瓷件孔内。联合胶装是上金属配件采用内胶装结构，下金属配件采用外胶装结构。

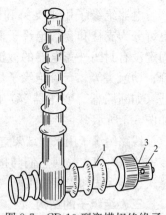

图 8-7　CD-10 型瓷横担绝缘子
1—瓷件；2—附件；3—水泥胶合物

四、套管

套管室一种特殊类型的绝缘子，这里绝缘套管按用途分为电站类和电器类。前者主要是穿墙套管；后者有变压器套管、电容器套管和断路器套管。按绝缘结构又分为单一绝缘套管、复合绝缘套管和电容式套管。

1. 户内式套管

户内式套管的额定电压为 6～35kV，采用纯瓷绝缘结构，一般由瓷套、接地法兰及载流导体三部分组成。根据载流导体的特征可分为三种类型，采用矩形截面的载流导体、采用圆形截面的载流导体和母线型载流导体。图 8-8 所示为具有矩形截面载流导体的 CA-6/400 型户内式套管的结构；图 8-9 所示为 CME-10 型母线式绝缘套管结构。

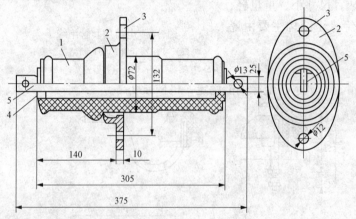

图 8-8　CA-6/400 型户内式套管结构
1—空心瓷壳；2—椭圆法兰；3—螺孔；4—矩形孔金属圈；
5—矩形截面导体

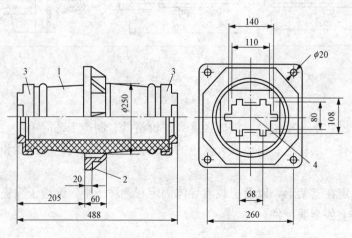

图 8-9　CME-10 型母线式绝缘套管结构
1—瓷体；2—法兰盘；3—帽；4—矩形口

2. 户外式套管（6～500kV）

用于户内配电装置的载流导体与户外的载流导体进行连接的地方，及户外电器的载流导体由壳内向壳外引出的地方。因此，户外式套管两端的绝缘按两种要求设计，一端为户内套管安装在户内，另一端为有较多伞裙的户外式套管，以保证户外绝缘要求。套管的导体材料一般也为铜或铝。户外套管的额定电压从 6～500kV。图 8-10 所示为 CWC-10/1000 型圆形母线户外式穿墙套管结构。

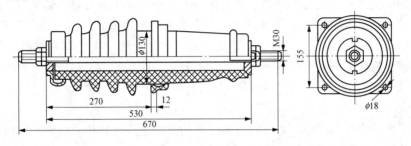

图 8-10　CWC-10/1000 型圆形母线户外式穿墙套管结构

五、输电线路绝缘子的运行状况

我国输电线路绝缘子所采用的瓷、钢化玻璃和复合绝缘子都有相当的份额，大约各占 1/3。输电线路选用适合的绝缘子能适用于各种自然环境，包括多雷区、重污区、重冰区、潮湿区、风沙区、干旱区等多种恶劣环境。对绝缘子进行选择时，应根据不同的自然环境和特点、输电线路的电压等级和重要程度，以及绝缘子的特性进行选择。

在输电线路上采用的绝缘子按结构形式分类，有盘型悬式和棒型悬式两大类，而按电介质材料分类，有瓷、玻璃、复合绝缘子三种类型。在长期的运行中，绝缘子会受到雷击、污秽、鸟害、冰雪、高湿、温差等环境因素的影响，在电气上要承受强电场、雷电冲击电流、工频电弧电流的作用，在机械上要承受长期工作荷载、综合荷载、导线舞动等机械力的作用，综合分析三种类型绝缘子的运行性能及特点，研讨绝缘子在运行中出现的问题及解决措施，对于提高线路的运行可靠性，是很有必要的。

由于瓷、玻璃及复合绝缘子在材料选取、结构设计以及制造工艺等各方面的差异，其运行性能也各不相同。经长期运行，由于外在和内在的各种影响因素作用，会出现影响线路安全运行的各种问题。总结并分析各种绝缘子的运行状况并针对不同问题进行特性比较，择优选取，才能解决运行实践中的突出问题。

1. 劣化老化问题

复合绝缘子的故障率较国产瓷绝缘子的劣化率及玻璃绝缘子的自爆率低，国产瓷绝缘子的年劣化率约为千分之一，玻璃绝缘子的自爆率约为万分之几。目前，从运行情况来看，复合绝缘子的运行可靠性较瓷、玻璃绝缘子好，但随着运行时间的增长，有机材料的老化劣势将逐步突出。一是伞裙材料的老化将会降低防污性能及电气绝缘性能，二是芯棒多年运行后因芯棒蠕变特性将降低机械强度，并暴露出端部金具连接中的问题。而且，由于国内不少产品是楔接式，在长期的运行中可能出现微量滑移，使密封胶开缝，在金具端部强电场的作用下，导致加速老化。

2. 使用寿命问题

玻璃绝缘子具有零值自爆的特性，自爆原因一是来自制造过程中玻璃中的杂质和结瘤，若杂质和结瘤分布在内张力层时，在产品制成后的一段时间内，部分会发生自爆。所以制造单位在产品制造后应存放一段时间，以便发现制造中存在的质量隐患。若杂质或结瘤分布在外压缩层，在输电线路上运行一段时间后，在遇到强烈的冷热温差和机电负荷作用下，有可能引发玻璃绝缘件自爆。另外，运行中玻璃绝缘子在表面的积污层受潮后，在工频电压作用下会发生局部放电。由局部放电引起的长期发热会导致玻璃件绝缘下降，引起零值自爆。所以在污秽严重地区运行的玻璃绝缘子其自爆率会有所增高。但是，玻璃绝缘子的自爆率不同于瓷绝缘子的劣化率和有机复合绝缘子的老化率。玻璃绝缘子的自爆率属早期暴露，随着运行时间的延长，自爆率呈逐年下降趋势，而瓷绝缘子的劣化率属后期暴露，随着时间延长，在机电联合负荷的作用下，其劣化率会逐渐增加。复合绝缘子由于有机材料本身的老化特性，其老化率及劣化率会随着时间增大，国外一般认为玻璃绝缘子和瓷绝缘子的老化寿命为50年左右，而复合绝缘子的老化寿命不超过25年。

3. 绝缘子检测问题

瓷绝缘子由于瓷件与钢帽、水泥黏合剂之间的温度鼓胀系数相差较大，当运行中瓷绝缘子在冷热变化时，瓷件会承受较大的压力和剪应力，导致瓷件开裂，而且瓷绝缘子的瓷件存在剥釉、剥砂、鼓胀系数大等问题，受外力作用时，会产生有害应力引起裂纹扩展。瓷绝缘子的劣化表现为头部隐形的"零值"和"低值"，对零值或低值瓷绝缘子，必须登杆进行逐片检测，每年需花费大量的人力和物力。由于检测零值和劣质的准确度不高，即使每年检测一次，也会有相当数量的漏检低值绝缘子仍在线路上运行，导致线路的绝缘水平降低，使线路存在着因雷击、污秽闪络引起掉串的隐患。玻璃绝缘子有缺陷时伞裙会自爆，只要坚持周期性的巡检，就能及时发现和更换。复合绝缘子的在线检测在目前还缺乏适当的检测装置及方法，在国内外都是一个正在研究的课题。由于复合绝缘子是棒形结构，一旦失效，对线路的影响将大于由多个绝缘子组成的绝缘子串。

4. 机电破坏强度问题

机电破坏负荷试验是检测绝缘子运行特性的一项重要指标。机电破坏负荷试验结果差的产品，随着运行时间的增长，其机械强度会呈现逐渐降低的趋势。对在线路上运行年限不同的瓷绝缘子、玻璃绝缘子进行机电性能对比试验，发现部分瓷绝缘子在运行15～25年后，试验值已低于出厂试验标准值，不合格率随运行年限增加。而玻璃绝缘子的稳定性和分散性要好于瓷绝缘子。对瓷和玻璃绝缘子进行高频振动疲劳试验，试验结果表明振后玻璃绝缘子的机电强度变化不大，而振后瓷绝缘子的机电强度明显下降。这一方面是因为国产瓷绝缘子厂家较多，由于材质及制造工艺等方面的因素，造成产品质量分散性大。另一方面，由于瓷质绕结体是不均匀材料，在长期的运行过程中，受各种机械冲击力、振动力的作用，可能对瓷体造成损失，导致机械性能下降。从目前国内外瓷绝缘子运行记录来看，国产瓷绝缘子水平与国际水平尚存较大差距。

复合绝缘子在运行若干年后取下进行机械强度试验，发现存在程度不同的机械强度下降问题。有的是芯棒在额定机械负荷下出现滑移，有的是芯棒从端部金具中脱出，有的是出现断裂。分析其原因：一是由于端部连接的结构和工艺存在问题；二是由于芯棒蠕变特性及材料老化问题。在长期的运行中，由于受大气环境、电场、机械力等因素的联合作用，芯棒中的玻璃纤维会产生机械疲劳，环氧树脂材料会老化，端部金具和芯棒连接配合亦会出现松动，因此，生产单位应在金属端头与芯棒的连接工艺上严格把好质量关。同时对于运行中复合绝缘子的机械强度应采取定期监测措施，结合运行年限的长短，比较机械强度的下降速率，防患于未然。

另外，国内外复合绝缘子在运行过程中已发生多起脆断事故，脆断通常发生在绝缘子导线端的金具连接处附近，产生脆断的原因是由于水介质中的酸长期缓慢腐蚀芯棒截面造成的。当芯棒剩余截面无法承受外部机械负荷时则出现断裂。要防止复合绝缘子在运行中脆断，一是要提高端头密封质量，防止出现缝隙；二是要防止硅橡胶护套出现局部缺陷和表面损伤；三是要改善端部电场的分布。事实上，凡是发生脆断的复合绝缘子大多是在制造过程中存在缺陷或在运输、安装、运行中护套材料受到损伤的绝缘子。因此，在投入运行前应对绝缘子进行仔细检查，将存有缺陷的绝缘子在投入电网运行前予以剔除。

5. 绝缘子运行故障及事故评价

线路用绝缘子是输电线路的主要绝缘支撑部件，其运行可靠性、使用寿命、维护工作量均为线路绝缘子选择时需要综合考虑的主要因素。从 1999—2003 年线路绝缘子运行的状况统计数据来看，由于绝缘子的原因而导致线路故障近百次，其中由于复合绝缘子的原因占 48%；由于瓷绝缘子的原因占 33%；由于玻璃绝缘子的原因占 19%。复合绝缘子和瓷绝缘子均发生了掉串甚至导线落地事故，这对线路的安全运行构成了极大的威胁，因此，在绝缘子的运行可靠性、使用寿命、维护工作量这几类特性中，运行可靠性显得格外重要。故在今后线路绝缘子选择时，应将绝缘子的运行可靠性放在首位，然后再考虑其他几类特性。

六、线路绝缘子电气性能对运行特性的影响

1. 防雷特性

在采用瓷、玻璃绝缘子的输电线路中，雷击故障约占故障总数的 50%，在全国复合绝缘子的故障统计中，雷击故障约占 55%。雷击故障次数与雷电活动次数成正比，主要发生在雷电活动频繁的地区。

根据运行情况得出：与瓷、玻璃绝缘子相比较，复合绝缘子的耐雷性能较差。特别是在 110kV 及以下电压等级的输电线路中显得较为突出。实际上，与瓷、玻璃绝缘子相比较，复合绝缘子在耐雷方面也有优势的一面，复合绝缘子不会发生瓷绝缘子难以避免的零值、低值和玻璃绝缘子的伞裙自爆，因而不致因零值或低值绝缘子降低整串绝缘子的耐雷水平。不利的一面是由于复合绝缘子伞裙直径较小，因而对同一高度来说，其干弧距离总是略小于瓷和玻璃绝缘子的。一般来说，绝缘子串的总长度越小，直径对闪络的影响越明显。另外，运行情况表明：由于复合绝缘子上下端均压环间或接头端头与导线端均压环间的空气间隙偏小，等效于降低了复合绝缘子的有效绝缘长度而造成雷击闪络电压降低。一般来说，装有均压环的复合绝缘子，空气间隙约减少 15~20cm 或更多。产生下降的原因是雷击放电总是选最短的路径、最易于空气击穿的途径发生。当均压环之间的空气间隙伏秒特性曲线低于绝缘子表面的闪络伏秒特性曲线时，放电就首先选择在空气间隙中发生。当然，有利的一面是，当间隙偏小时，两端的均压环同时具有招弧作用也可起到保护绝缘子的功能。由于它使雷击闪络不在绝缘子表面而在两均压环间的空气间隙中发生，两招弧角间的雷电冲击放电电压为绝缘子串雷电冲击放电电压的 85% 左右，因此防止了放电电弧对硅橡胶表面及端部连接金具的烧蚀，大大减少了零值和劣质绝缘子的发生概率。仅从绝缘子的保护来说，两端配置均压环比仅在导线端配置均压环要好。若只在高压端配置均压环，显然不能将电弧完全从绝缘子表面引开。根据运行经验，在发生雷电闪络后，凡复合绝缘子两端均配置有均压环的，绝缘子表面仍保持完好，仅有局部伞裙发白。仅在导线端安装了均压环的，有的伞裙烧损严重，塔侧的金具也被烧蚀。而两端均没装均压环的则两端金具及伞裙均有烧蚀现象，需要更换。

对复合绝缘子的憎水性试验进一步说明，遭雷击闪络但无烧损的绝缘子仍保持较好的憎水性，但有明显烧蚀痕迹的绝缘子，其憎水性能则大大降低，意味着其耐污能力也将大大下降。因此，综合考虑耐雷水平和绝缘子的保护这两个方面，不应该仅因耐雷水平不能降低而取消均压环，应该适当增加绝缘子高度，特别是在雷电活动密集区和雷电易击点，所使用的复合绝缘子更应适当加长，使装配均压环后的空气间隙及放电距离不致减小。装设均压环的另一个好处是使绝缘子串的电场分布更趋均匀，不仅可减缓在长期工作电压下，因局部高场强引发局部放电而造成绝缘子的老化或劣化，而且在同一放电距离下，可因电场均匀而使得放电电压提高，从而提高雷击闪络电压。从运行及试验情况来看，均压环的结构和加工工艺，对放电电压也有一定影响。均压环局部有尖端或因结构不合理形成局部的高场强也会起到降低雷击放电电压的作用。

从运行情况来看，复合绝缘子的雷击闪络大多可重合成功，这是因为复合绝缘子属不可击穿结构，当放电在空气中发生时，不会对绝缘性能产生不可逆影响，属可恢复性绝缘，而瓷绝缘子在雷击放电时可能发生内击穿，严重时可能在强大的工频电弧电流作用下发生爆炸，这种情况属不可恢复性绝缘。另需说明的是：复合绝缘子的防污性能是源于其外绝缘材料的特性，防雷性能则与外绝缘材料无关，只与其两端间隙距离及电极形状有关。距离越大，电场越均匀，其雷击放电水平就越高。

2. 防污特性

刚出厂的复合绝缘子憎水性一般达Ⅰ、Ⅱ级，比瓷、玻璃绝缘子（Ⅴ级）的憎水性好得多。而复合绝缘子之所以具有良好的防污性能是因为其伞盘材料（高温硫化硅橡胶）的憎水性和憎水迁移性。

对运行中的复合绝缘子而言，如果一直维持较高的憎水性和憎水迁移性，可认为它是性能优良的复合绝缘子。然而，许多复合绝缘子在运行若干年，甚至一段时间以后，其憎水性完全丧失或部分丧失。丧失了憎水性的复合绝缘子，其防污性能及水平还不如普通的瓷、玻璃绝缘子。因为复合绝缘子相对瓷与玻璃绝缘子而言，其伞裙外形不太合理，大伞裙与小伞裙间距过小，易使相邻伞裙间局部爬电距离被空气放电短路和发生伞裙间飞弧短接现象，使其有效爬电距离减小，污秽耐压水平大为降低。

复合绝缘子在输电线路的使用，被作为一种防污对策毋庸置疑，但是能长期使用、可靠性高、自洁性能好、爬距有效系数大的瓷绝缘子则更为人们所青睐。如三伞悬式绝缘子为外伞型，由于外伞型的伞盘下部无伞棱，由自然的风、雨所带来的自洁效果明显，因此污秽物附着量少，其污秽耐受电压有了较为明显的提高，各种盘形悬式绝缘子耐污特性的比较见表 8-1。

表 8-1　　　　　　　　　　各种盘形悬式绝缘子耐污特性的比较

绝缘子形式	三伞型	双伞型	普通防污型
伞盘直径（mm）	325	300	280
连接高度（mm）	160	160	160
爬电距离（mm）	545	450	470
污秽耐受电压（同一污秽度下，%）	120	100	104

　　长棒型瓷绝缘子也具有有效爬距大、自洁性能好的特点，在我国华东地区已有了一定数量的采用，但由于运行时间还较短，还需一个认识了解的过程。

　　3. 防冰闪特性

　　覆冰绝缘子串的最低交流闪络电压随串长或绝缘子片数的增大而增大，但由于长串的电压分布影响以及覆冰后加剧了电压分布的不均匀，因而最低冰闪电压与串长呈较为明显的饱和特性曲线。

　　从绝缘子的结构形式来看，在覆冰不太严重、冰凌未桥接伞裙间空气间隙时，耐污型绝缘子串的最低冰闪电压比普通绝缘子高；但当冰凌完全桥接伞裙空气间隙时，耐污型绝缘子的伞裙被冰凌短接。因此，从防冰角度考虑，耐污型绝缘子对覆冰这种特殊污秽形式并不能体现其优越性。棒形悬式和支柱绝缘子及变电站用高压设备套管，因其裙间空气间隙比悬式绝缘子小，特别是耐污型绝缘子的裙间隙更小，它们在重覆冰区的电气强度将会降低。因此，重覆冰地区应选用裙间距大、结构高的绝缘子。

　　运行中的覆冰绝缘子串发生闪络的主要过程是，被冰凌桥接的绝缘子串处于融冰状态时，电导率高的融冰水形成水帘，导致绝缘子串裙边之间形成闪络通道，从而发生绝缘子串闪络。因此，阻断绝缘子串裙边融冰水形成水帘是防止绝缘子串发生冰闪的一种有效方法。而绝缘子串水平悬挂、Ｖ型串、斜向悬挂等均是阻隔融冰水形成水帘的重要方法。

　　输电线路用绝缘子应朝着高可靠性、高污耐压、机电破坏值分散性小的方向发展，伞盘材料配方优良端部金具压接稳定的复合绝缘子、高强度长棒型瓷绝缘子、超防污型盘型悬式瓷绝缘子以及自爆率低的钢化玻璃绝缘子均可在输电线路的安全稳定运行中发挥重要作用。

第三节　电　　　缆

一、电力电缆的作用

　　电力电缆是传输和分配电能的一种特殊电线，具有防腐、防潮和防损伤特点，占地少、美观。但价格贵、敷设、维护和检修较复杂。

二、电力电缆的结构

　　电力电缆由电缆线芯、绝缘层和保护层组成，如图 8-11 所示。

　　(1) 电缆线芯：铜或铝绞线组成，截面形状有圆形、弓形和扇形等。

　　(2) 绝缘层：作相间及对地的绝缘，材料有油浸纸、塑料、橡皮等。

　　(3) 保护层：避免电缆受到机械损伤，防止绝缘潮和绝缘油流出。保护层又分为内保护层和外保护层。

　　1) 内保护层：防止绝缘受潮和漏油。须严格密封，分为铅包和铝包两种。

　　2) 外保护层：保护内保护层不受外界的机械损伤和化学腐蚀，又可细分为衬垫层、钢铠层和外皮等。

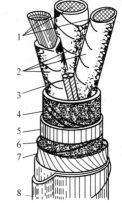

图 8-11　具有扇形线芯油
浸纸绝缘电力电缆

1—线芯；2—电缆纸绝缘；3—黄麻
填料；4—束带绝缘；5—铅包皮；
6—纸带；7—黄麻保护层；8—钢铠

三、电力电缆的分类

电缆的种类较多，一般按照构成其绝缘物质的不同可分为以下几类：

（1）油浸纸绝缘电力电缆：绝缘性能好、承受电压高、寿命长，广泛使用。分为黏性浸渍电缆、干绝缘电缆和不滴油电缆三种。

（2）橡皮绝缘电力电缆：性质柔软、弯曲方便，但耐压强度不高、易变质、老化、易受机械损伤。

（3）聚氯乙烯绝缘电力电缆（全塑料电缆）：电气性、耐水性、抗酸碱、抗腐蚀较好，具有一定机械强度，可垂直敷设，但老化快。

（4）交联聚氯乙烯绝缘电力电缆：具有全塑料电缆的特点，且缆芯长期允许工作温度高、机械性能好、耐压强度高。

（5）高压充油电力电缆：35kV 以上单芯充油电缆。

四、控制电缆

控制电缆主要用于交流 500V 及以下、直流 1000V 及以下的配电装置的二次回路中，线芯标称截面有 0.75、1.0、1.5、2.5、4.0、6.0、10mm² 等几种。线芯材料用铝或铜制成。控制电缆属于低压电缆，其绝缘形式有橡皮绝缘、塑料绝缘及油浸纸绝缘等。控制电缆的绝缘水平不高，一般只用绝缘电阻表检查其绝缘情况，不必作耐压试验。

五、电力电缆的敷设和连接

1. 电缆的敷设

在大型发电厂或变电站中，为使电缆不受外界损伤并安全可靠的运行且维护方便，应根据具体情况确定电缆的敷设方法。

（1）一般将其敷设在电缆沟或电缆隧道中。

（2）用电缆桥架敷设。特别适用于敷设全塑电缆，具有容积大、外形美、可靠性高、利于工厂化生产等特点。

2. 电缆的连接

（1）接头盒。两条电缆相互连接时采用。电压为 1kV 以下采用铸铁接头盒；更高电压等级的电缆采用铅接头盒。

（2）电缆头。电缆和电器或架空线路连接时，要求电缆头的耐压强度和连续运行时间要高于电缆本身，具有足够的机械强度，结构简单、紧凑和轻巧、便于现场施工。

1）干包电缆头：电缆末端用绝缘漆和包带来密封。体积小，重量轻、成本低、施工简单，能防止漏油。但耐油和耐热性能差，易老化、机械性能差，三芯分叉处易电晕。用于 6kV 电缆及控制电缆。

2）环氧树脂电缆头：耐压强度和机械强度高、吸水率低、化学性能稳定、密封性好。

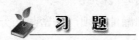 习　题

8-1　母线在配电装置中的作用是什么？

8-2　母线按材料不同分为哪几类？

8-3　母线最常见的截面形状有哪些？各种截面形状有什么特点？

8-4　常见的母线布置方式有哪几种？母线着色的意义是什么？

8-5　简要说明全连式分相封闭母线结构特点和作用。

8-6　绝缘子按结构形式分为几类？

8-7　电力电缆的作用是什么？试述电力电缆的结构。

8-8　电缆的敷设方法有哪些？

第九章 电气主接线

电气主接线是由发电机、变压器、断路器等电气设备通过连接线，并按功能要求组成的电路。通常也称之为一次接线或电气主系统。本章主要介绍电气主接线的类型、倒闸操作原则、特点及应用；介绍发电厂和变电站典型电气主接线实例。

第一节 概 述

一、电气主接线图

电气设备及其连接情况是用电气主接线图表示的。用规定的文字和图形符号按实际运行原理排列和连接，详细地表示电气设备基本组成和连接关系的接线图，称为发电厂或变电站的电气主接线图。电气主接线图不仅表示出各种电气设备的规格、数量、连接方式和作用，而且反映了各电力回路的相互关系和运行条件，构成了发电厂或变电站电气部分的主体。为了读图的清晰和方便，电气主接线图通常用单线图绘制，只是将不对称部分（如接地线、互感器等）局部用三线图表示。绘制电气主接线图时，一般断路器、隔离开关画为不带电、不受外力的状态，但在分析主接线运行方式时，通常按断路器、隔离开关的实际开合状态绘制。某 $2\times300MW$ 机组电厂电气主接线如图 9-1 所示。

二、电气主接线的作用

电气主接线代表了发电厂（变电站）电气部分的主体结构，是电力系统网络结构的重要组成部分。它对电气设备选择、配电装置布置、继电保护与自动装置的配置起着决定性的作用，也将直接影响系统运行的可靠性、灵活性、经济性。因此，主接线必须综合考虑各方面因素，经技术经济比较后方可确定出正确、合理的设计方案。

三、电气主接线的基本要求

1. 可靠性

供电可靠性是电力生产和分配的首要要求，主接线首先应满足这个要求。

主接线的可靠性应与系统的要求，发电厂、变电站在系统中的地位和作用相适应，还应根据各类负荷的重要性，按不同要求满足各类负荷对供电可靠性的要求。主接线的可靠性在很大程度上取决于设备的可靠程度，采用可靠性高的设备可简化接线。主接线可靠性的具体要求是：

（1）断路器检修时，不宜影响对系统的供电。

（2）断路器或母线故障以及母线检修时，尽量减少停运的回路数和停运时间，并保证对一级负荷及全部或大部分二级负荷的供电。

（3）尽量避免全厂（站）停运的可能性。

2. 灵活性

主接线应满足调度、检修及扩建的灵活性。

（1）调度灵活性，应可以灵活地投入和切除发电机、变压器和线路，调配电源和负荷，满足系统在事故、检修以及特殊运行方式下的系统调度要求。

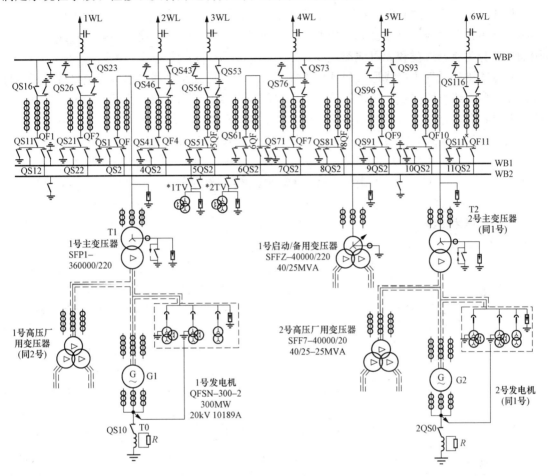

图 9-1　某 2×300MW 机组电厂电气主接线

（2）检修灵活性，可以方便地将断路器、母线及保护装置按计划检修退出运行，进行安全检修而不会影响电力系统运行和对用户的供电。

（3）扩建灵活性，可以容易地从初期接线过渡到最终接线，并考虑便于分期过渡和扩建，使电气一次和二次设备、装置改变连接方式的工作量最小。

3. 经济性

主接线在满足可靠性、灵活性要求的前提下做到经济合理。

（1）投资省。主接线力求简单，以节省断路器、隔离开关、互感器等一次设备；使继电保护和二次回路不过于复杂，以节省二次设备和控制电缆；要能限制短路电流，以便于选择价格合理的电气设备或轻型电器；能满足安全运行和保护要求时，110kV 及以下终端或分支变电站可采用简易电器。

（2）占地面积少。

（3）电能损失少，年运行费用低。

另外，电气主接线还应简单清晰、操作方便。复杂的接线不利于操作，还往往造成误操作而发生事故；但接线过于简单，又给运行带来不便，或造成不必要的停电。

四、电气主接线的基本形式

母线是电气主接线和配电装置的重要环节，当同一电压等级配电装置中的进出线数目较多时，常需设置母线，以便实现电能的汇集和分配。所以，电气主接线一般按母线分类，常用的形式分为有母线类和无母线类接线。

有母线类的电气主接线形式包括单母线类接线和双母线类接线。单母线类接线包括单母线接线、单母线分段接线、单母线分段带旁路母线接线等形式；双母线类接线包括双母线接线、双母线分段接线及双母线带旁路母线、3/2接线等多种形式。

无母线类的电气主接线主要有单元接线、桥式接线、多角形接线等。

第二节　单母线接线

一、单母线接线

1. 接线图及说明

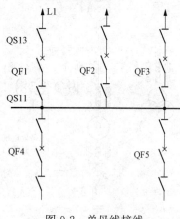

图 9-2　单母线接线

单母线接线如图 9-2 所示。其特点是每一回路均装有一台断路器 QF 和隔离开关 QS。断路器用于在正常或故障情况下接通与断开电路，断路器两侧装有隔离开关，用于停电检修断路器时作为明显断开点隔离电压；靠近母线侧的隔离开关称母线侧隔离开关（如 QS11），靠近引出线侧的称为线路侧隔离开关（如 QS13）。在主接线设备编号中隔离开关编号前几位与该支路断路器编号相同，线路侧隔离开关编号尾数为 3，母线侧隔离开关编号尾数为 1（双母线时是 1 和 2）。在电源回路中，若断路器断开之后，电源不可能向外送电能时，断路器与电源之间可以不装隔离开关，如发电机出口。若线路对侧无电源，则线路侧也可不装设隔离开关。

2. 单母线接线的优缺点

优点：接线简单、清晰，设备少，操作方便，投资少，便于扩建和采用成套配电装置。

缺点：不够灵活可靠，在母线和母线隔离开关检修或故障时，均可造成整个配电装置停电；引出线的断路器检修时，该支路要停电。

3. 单母线接线的操作

(1) 线路停电操作（以 L1 线路为例）：

操作步骤：断开 QF1 断路器→查 QF1 确实断开→断开 QS13 隔离开关→断开 QS11 隔离开关。

停电时先断开线路断路器后断开隔离开关，是因为断路器有灭弧能力而隔离开关没有灭弧能力，必须用断路器来切断负荷电流，若直接用隔离开关来切断电路，则会产生电弧造成短路。而停电操作时隔离开关的操作顺序是先断开负荷侧隔离开关 QS13 后断开母线侧隔离开关 QS11，这是因为：如果在断路器未断开的情况下，发生线路隔离开关带负荷拉刀闸，将发生电弧短路，由于先断开线路隔离开关，故障点仍在线路侧，继电保护装置将跳开

QF1断路器，切除故障，这样只影响到本线路，对其他回路设备（特别是母线）运行影响甚少。若先断开母线侧隔离开关QS11后断开负荷侧隔离开关QS13，则故障点在母线侧，继电保护装置将跳开与母线相连接的所有电源侧开关，导致全部停电，扩大事故影响范围。

（2）线路送电操作（以L1线路为例）：

操作步骤：查QF1确实断开→合上QS11隔离开关→合上QS13隔离开关→合上QF1断路器。

这样操作的原因与停电操作时相似，读者可以自行分析。

4. 适用范围

一般只适用于不重要负荷和中、小容量的水电站和变电站中。主要用于变电站安装一台变压器的情况，并与不同电压等级的出线回路数有关，6～10kV配电装置的出线回路数不超过5回；35～66kV不超过3回；110～220kV不超过2回。

由于厂用电系统中的母线等设备全部封闭在高低压开关柜中，这些开关柜具有五防功能，发生母线短路的可能性极小。因此，单母线接线广泛应用于中、小型发电厂的厂用电系统中。

二、单母线分段接线

1. 接线图及说明

当引出线数目较多时，为了改善单母线接线的工作性能，提高供电可靠性，可利用分段断路器QF0将母线适当分段，构成如图9-3所示的单母线分段接线。当对可靠性要求不高时，也可以用隔离开关进行分段。

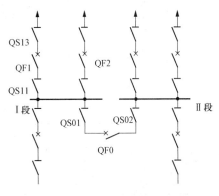

图9-3　单母线分段接线

母线分段的数目，决定于电源的数目、容量、出线回数、运行要求等，一般分为2～3段。应尽量将电源与负荷均衡的分配于各母线段上，以减少各分段间的功率交换。对于重要用户，可从不同母线段上分别引出两回及以上回路向其供电。

正常运行时，单母线分段接线有两种运行方式：

（1）分段断路器闭合运行（并列运行）。正常运行时分段断路器QF0闭合，两个电源分别接在两段母线上；两段母线上的电源及负荷应均匀分配，以使两段母线上的电压均衡。在运行中，当任一段母线发生故障时，继电保护装置动作跳开分段断路器和接至该母线段上的电源断路器，另一段则继续供电。有一个电源故障时，仍可以使两段母线都有电，可靠性比较好。但是线路故障时短路电流较大。

（2）分段断路器断开运行（分列运行）。正常运行时分段断路器QF0断开，每个电源只向接至本段母线上的引出线供电。当任一电源出现故障，接该电源的母线停电，导致部分用户停电，为了解决这个问题，可以在QF0装设备自投装置，或者重要用户可以从两段母线引接采用双回路供电。分段断路器断开运行的优点是可以限制短路电流。

用隔离开关QS0分段的单母线分段接线，当分段隔离开关QS0合上，两段母线并列运行时，若任一段母线故障，将造成全部停电，停电后可将分段隔离开关QS0断开，恢复无故障段母线的工作，只需短时停电。

2. 单母线分段的优缺点

优点：

（1）当母线发生故障时，仅故障母线段停止工作，另一段母线仍继续工作。

（2）两段母线可看成是两个独立的电源，提高了供电可靠性，可对重要用户供电。

缺点：

（1）当一段母线故障或检修时，该段母线上的所有支路必须断开，停电范围较大。

（2）任一支路断路器检修时，该支路必须停电。

（3）当出线为双回路时，常使架空线出现交叉跨越。

（4）扩建时需向两个方向均衡扩建。

3. 适用范围

单母线分段接线与单母线接线相比提高了供电可靠性和灵活性。但是，当电源容量较大、出线数目较多时，其缺点更加明显。因此，单母线分段接线主要用于：

（1）6～10kV 配电装置的出线回路数为 6 回及以上；当变电站有两台主变压器时，6～10kV 宜采用单母线分段接线。

（2）35～66kV 配电装置出线回路数为 4～8 回时。

（3）110～220kV，出线回路数为 3～4 回时。

为克服出线断路器检修时该回路必须停电的缺点，可采用增设旁路母线的方法。

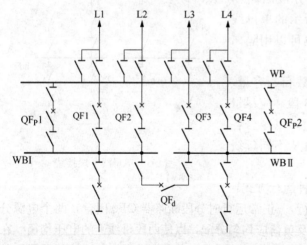

图 9-4　单母线分段带旁路接线（专用旁路断路器）

三、单母线分段带旁路母线接线

1. 接线图及说明

为保证在进出线断路器检修时不中断对用户的供电，可增设旁路母线或旁路隔离开关。正常时旁路母线不带电，旁路母线接线有三种接线形式：

（1）设有专用旁路断路器，进出线断路器检修时，可由专用旁路断路器代替，通过旁路母线供电，对单母线分段的运行没有影响。如图 9-4 所示，正常运行时，旁路母线不带电。

（2）分段断路器兼作旁路断路器，不设旁路断路器，而以分段断路器兼作旁路断路器用，正常运行时，旁路母线不带电，如图 9-5 所示。

（3）旁路断路器兼作分段断路器，不设旁路断路器，而以旁路断路器兼作分段断路器用。如图 9-6 所示，该接线两段母线并列运行时旁路母线带电。

后两者可节约旁路断路器和配电装置间隔。适用于出线回路数不多的情况。

单母线分段带旁路母线接线方式具有较高的可靠性及灵活性，广泛应用于出线回路不多，负荷较为重要的中、小型发电厂中。

单母分段带旁路接线与单母分段相比，带来的唯一好处就是出线断路器故障或检修时可以用旁路断路器代路送电，使线路不停电。

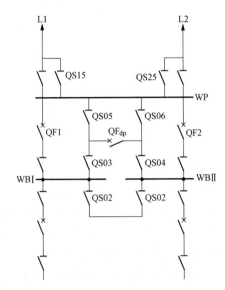

图 9-5　单母线分段带旁路母线接线
（分段断路器中兼作旁路断路器）

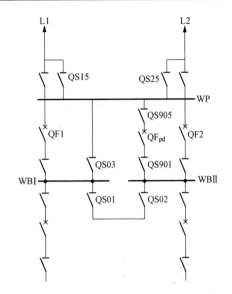

图 9-6　单母线分段带旁路母线接线
（旁路断路器中兼作分段断路器）

2. 单母线分段接线的典型操作

以图 9-7 所示的单母分段带旁路母线接线为例，分段断路器 QF_d 兼作旁路断路器 QF_P，并设有分段隔离开关 QS_d。旁路母线平时不带电，按单母线分段并列方式运行，当需要检修某一出线断路器（如 QF3）时，可通过倒闸操作，由分段断路器代替旁路断路器，使旁路母线经 QS7、QF_p、QS10 接至Ⅰ母线，或经 QS8、QF_P、QS9 接至Ⅱ母线而带电运行，并经过被检修断路器所在回路的旁路隔离开关（如 QS_P1）构成向该线路供电的旁路通路，然后，即可断开该出线断路器（如 QF3）及两侧隔离开关进行检修，而不中断其所在线路（如 L1）的供电。此时，

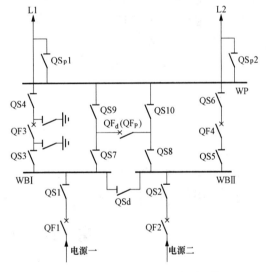

图 9-7　单母线分段带旁路母线接线

两段工作母线既可通过分段隔离开关 QS_d 并列运行，也可以分列运行。

线路 L1 不停电检修 QF3 的基本操作顺序如下：

（1）合上 QS_d——保持电源一和电源二并列运行；

（2）断开 QF_P；

（3）断开 QS8；

（4）合上 QS10；

（5）合上 QF_P——检查旁路母线是否完好，由Ⅰ母→QS7→QF_P→QS10→旁路母线；

（6）断开 QF_P；

（7）合上 QS_P1；

（8）合上 QF$_P$——为线路 1WL 建立连接至Ⅰ母上运行的新通道；

（9）断开 QF3；

（10）断开 QS4；

（11）断开 QS3；

（12）对断路器 QF3 两侧验电；

（13）合上断路器 QF3 两侧接地开关。

本操作中请注意：

1）向旁路母线充电还可以由Ⅱ母→QS8→QF$_P$→QS9→旁路母线；

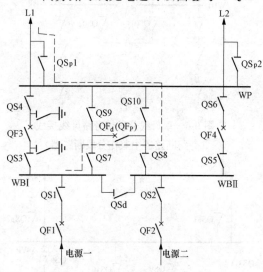

图 9-8　旁代操作后的电路运行方式

2）在没有检查母线是否完好前，向母线充电只能用断路器进行，不能用隔离开关向母线充电，否则，一旦母线上有故障存在时，将造成人身伤亡或造成故障范围扩大；

3）当电路中既有断路器又有隔离开关时，应用断路器切断电路；

4）操作时一定要依据设备的实际运行位置进行，不能假设断路器所处的位置状态，否则会引起误操作事故发生；

5）为便于理解，可以一边操作，一边在所操作设备旁做上记号，如断路器合上时用"I"、断开时用"O"，直到操作全部完成。操作后的电路运行方式如图 9-8 所示。

3. 适用范围

单母线分段带旁路接线，主要用于 6～10kV 出线较多而且对重要负荷供电的配电装置中；35kV 及以上有重要联络线路或较多重要用户时也采用。

第三节　双 母 线 接 线

一、双母线接线

1. 接线图及说明

如图 9-9 所示，这种接线设置有两组母线Ⅰ母、Ⅱ母，其间通过母线联络断路器 QF$_C$ 相连，每回进出线均经一台断路器和两组母线隔离开关可分别接至两组母线，正是由于各回路设置了两组母线隔离开关，可以根据运行的需要，切换至任一组母线工作，从而大大改善了运行的灵活性。双母线接线有两种运行方式：

（1）双母线同时工作。正常运行时，母联断路器接通运行，两组母线并列运行，电源和负荷平均分配在两组母线上。这是双母线常采用的运行方式。

由于母线继电保护的要求。一般某一回路固定在某一组母线上，以固定连接的方式运行。

（2）一组母线运行，一组母线备用。正常运行时，母联断路器断开运行，电源和负荷都接在工作母线上。

2. 优缺点分析

优点：

（1）供电可靠。通过两组母线隔离开关的倒换操作，可以轮流检修一组母线而不影响正常供电；一组母线故障后，能迅速恢复供电；检修任一回路的母线隔离开关，只需要停该回路；可利用母联断路器替代引出线断路器工作，使引出线断路器检修期间能继续向负荷供电。

（2）调度灵活。各个电源和各回路负荷可以任意分配到某一组母线上，能灵活地适应电力系统中各种运行方式调度和潮流变化的需要。

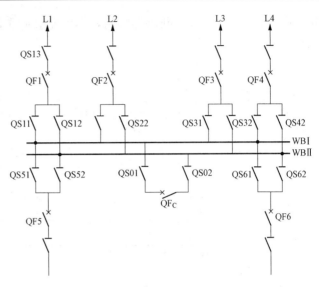

图 9-9 双母线接线

（3）扩建方便。向双母线的左右任一方向扩建，均不影响两组母线的电源和负荷的均匀分配，不会引起原有电路的停电。当有双回架空线路时，可以顺序布置，以致连接不同的母线段时，不会像单母线分段那样导致进出线交叉跨越。

（4）便于试验。当个别回路需要单独进行试验时，可将该回路分开，单独接至一组母线上。

缺点：

（1）增加了一组母线及母线设备，每一回路增加了一组隔离开关，投资费用增加，配电装置结构较为复杂，占地面积也较大。

（2）当母线故障或检修时，隔离开关为倒闸操作电器，容易误操作。

（3）检修出线断路器时该回路仍然需要停电。

3. 典型操作

母线倒闸操作是采用双母线接线的一项重要操作，以图 9-10 所示双母线接线运行方式为例。

（1）Ⅰ母线运行转检修操作。

正常运行方式：两组母线并列运行，L1、QF1、QF2 接Ⅰ母线，L2、QF3、QF4 接Ⅱ母线。

操作步骤：

1）确认 QFc 在合闸运行，取下 QFc 操作电源保险；

2）合上 QS4；

3）断开 QS3；以上两步操作将电源一转移至Ⅱ母；

4）合上 QS6；

5）断开 QS5；以上两步操作将线路 L1 转移至Ⅱ母，Ⅰ母线变成空负荷母线；

6）投上 QFc 操作电源保险。在此过程中，操作隔离开关之前取下 QFc 操作电源保险，是为了在操作过程中母联断路器 QFc 不跳闸，确保所操作隔离开关两侧可靠地等电位，因为如果在操作过程中母联断路器跳闸，则可能会造成带负荷断开（合上）隔离开关，造成事故；

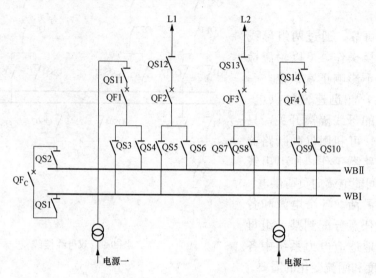

图 9-10　双母线接线运行方式

7）断开 QF_C，检查 QF_C 确已断开；

8）断开 QS1；

9）断开 QS2；使 I 母线不带电；

10）退出 I 母线电压互感器，按检修要求做好安全措施，即可对 I 母线进行检修，而整个操作过程没有任何回路停电。

（2）工作母线运行转检修操作。

正常运行方式：I 母线为工作母线，II 母线为备用母线。

操作步骤：

1）依次合上母联断路器两侧的隔离开关，再合上母联断路器，用母联断路器向备用母线充电，检验备用母线是否完好，若备用母线存在短路故障，母联断路器立即跳闸，若备用母线完好时，合上母联断路器后不跳闸。

2）然后取下母联断路器操作电源保险，依次合上与备用母线相连的各回路隔离开关，再依次断开与工作母线相连的各回路隔离开关，投上母联断路器的操作电源保险。由于母联断路器连接两套母线，所以依次合上、断开以上隔离开关只是转移电流，而不会产生电弧。

3）最后断开母联断路器，依次断开母联断路器两侧的隔离开关。至此，II 母线转换为工作母线，I 母线转换为备用母线，在上述操作过程中，任一回路的工作均未受到影响。

（3）母线隔离开关检修的操作。

操作步骤：只需将要检修的隔离开关所在的回路单独倒接在一组母线上，然后将该组母线和该回路停电并做好安全措施，该隔离开关就可以停电检修了，具体操作步骤参考操作（1）"I 母线运行转检修操作"。

（4）某回路断路器拒动，利用母联断路器切断该线路的操作。

操作步骤：首先利用倒母线的方式，将拒动断路器所在的回路单独倒接在一组母线上，使该回路通过母线与母联断路器形成串联供电电路（此时双母线运行方式成单母线运行，另一组母线成为联络线），然后断开母联断路器切断电路，即可保证该回路断电。具体操作步骤读者可以参考前面相关操作自己练习。

4．适用范围

双母线接线在我国具有丰富的运行和检修经验。当出线回路数或母线上电源较多、输送和穿越功率较大、母线故障后要求迅速恢复供电、母线或母线设备检修时不允许影响对用户的供电、系统运行调度对接线的灵活性有一定要求时采用，各级电压采用的具体条件为：

（1）6～10kV 配电装置，当短路电流较大、出线需要带电抗器时。

（2）35～66kV 配电装置，当出线回路数超过 8 回及以上或连接的电源较多，负荷较大时。

（3）110～220kV 配电装置，当出线回路数为 6 回及以上时。

（4）220kV 配电装置，当出线回路数为 4 回及以上时。

二、双母线分段接线

双母线分段接线主要适用于进出线回路数甚多时，双母线分段的原则是：

（1）当 220kV 进出线回路数为 10～14 回时，在一组母线上用断路器分段，称为双母线三分段接线。

（2）当 220kV 进出线回路数为 15 回及以上时，两组母线均用断路器分段，称为双母线四分段接线。

（3）在 6～10kV 进出线回路数较多或者母线上电源较多，输送的功率较大时，为了限制短路电流或系统解列运行的要求，选择轻型设备，提高接线的可靠性，常采用双母线分段接线，并在分段处装设母线电抗器。

如图 9-11 所示为双母线三分段接线，Ⅰ母线用分段断路器 QF00 分为两段，每段母线与Ⅱ母线之间分别通过母联断路器 QF01、QF02 连接。这种接线较双母线接线具有更高的可靠性和更大的灵活性。当Ⅰ组母线工作，Ⅱ组母线备用时，它具有单母线分段接线的特点。Ⅰ组母线的任一分段检修时，将该段母线所连接的支路倒至备用母线上运行，仍能保持单母线分段运行的特点。当具有三个或三个以上电源时，可将电源分别接到Ⅰ组的两段母线和

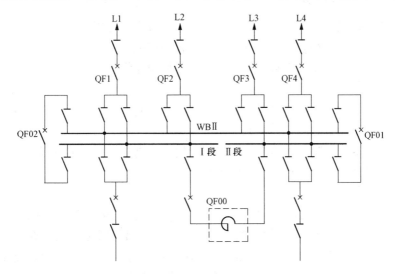

图 9-11 双母线三分段接线

Ⅱ组母线上，用母联断路器连通Ⅱ组母线与Ⅰ组某一个分段母线，构成单母线分三段运行，可进一步提高供电可靠性。

三、双母线带旁路母线接线

1. 接线分析

双母线带旁路接线就是在双母线接线中设置旁路母线后构成的，设置旁路母线的目的，是为了在检修任一回路的断路器时，不中断该回路的工作。

有专用旁路断路器的双母线带旁路接线如图 9-12 所示，旁路断路器可代替出线断路器工作，使出线断路器检修时，线路供电不受影响。双母线带旁路接线，正常运行多采用两组母线固定连接方式，即双母线同时运行的方式，此时母联断路器处于合闸位置，并要求某些出线和电源固定连接于Ⅰ母线上，其余出线和电源连至Ⅱ母线。两组母线固定连接回路的确定既要考虑供电可靠性，又要考虑负荷的平衡，尽量使母联断路器通过的电流很小。

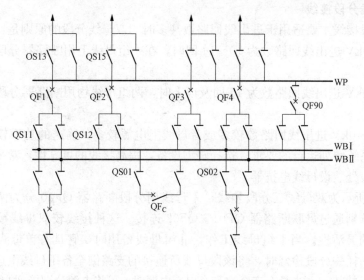

图 9-12   有专用旁路断路器的双母线带旁路母线接线

双母线带旁路接线采用固定连接方式运行时，通常设有专用的母线差动保护装置。运行中，如果一组母线发生短路故障，则母线保护装置动作跳开与该母线连接的出线、电源和母联断路器，维持未故障母线的正常运行。然后，可按操作规程的规定将与故障母线连接的出线和电源回路倒换到未故障母线上恢复送电。

用旁路断路器代替某出线断路器供电时，应将旁路断路器 QF90 与该出线对应的母线隔离开关合上，以维持原有的固定连接方式。

当出线数目不多，安装专用的旁路断路器利用率不高时，为了节省资金，可采用母联断路器兼作旁路断路器的接线，具体连接如图 9-13 所示。

2. 典型操作

在图 9-14 所示具有专用旁路断路器的双母线带旁路接线中，正常运行时，旁路母线及旁路设施不投入，Ⅰ母、Ⅱ母通过母联回路并列运行，G1 和 L1 等工作在Ⅰ母，G2 和 L2 等工作在Ⅱ母。凡拟利用旁路母线系统的电源或出线回路，均须相应装设可接至旁路母线的旁路隔离开关，如 $QS_P1 \sim QS_P4$，QS_P1 是为了检修发变组出口开关 QF1 而设，QS_P2 是为

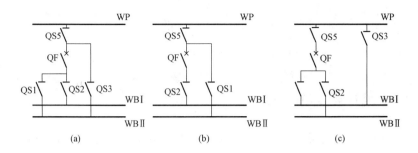

图 9-13　母联兼旁路断路器接线

（a）两组母线带旁路；（b）一组母线带旁路；（c）设有旁路跨条

了检修线路 L1 开关 QF2 而设等。由图 6-14 接线构成的配电装置中，所有断路器安装在母线的同一侧，采用单列布置。

　　如图 9-14 所示的双母线带旁路母线的运行方式，发电机 G1 不停机检修 QF1 的基本操作步骤如下：

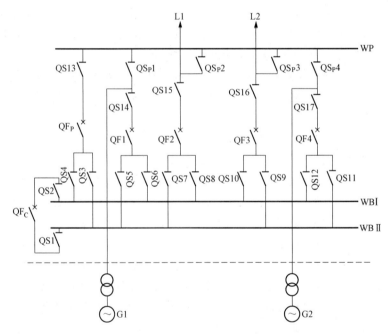

图 9-14　双母线带旁路接线（虚线以上部分）

　　（1）合上 QS3；

　　（2）合上 QS13；

　　（3）合上 QF_P——检查旁路母线是否完好，由 Ⅰ 母→QS3→QF_P→QS13→旁路母线；

　　（4）断开 QF_P；

　　（5）合上 QS_P1；

　　（6）合上 QF_P——为发电机 G1 建立连接至 Ⅰ 母上运行的新通道；

　　（7）断开 QF1——断开 QF1 后，发电机 G1 发出的电能→QS_P1→QS13→QF_P→QS3→Ⅰ 母；

（8）断开 QS14；

（9）断开 QS5；

（10）对断路器 QF1 两侧验电；

（11）合上断路器 QF1 两侧接地开关或装设接地线。

思考：QF1 检修转运行操作步骤。

3. 优缺点分析

双母线带旁路接线大大提高了主接线系统的工作可靠性，当电压等级较高，线路较多时，因一年中断路器累计检修时间较长，这一优点更加突出。而母联断路器兼做旁路断路器的接线经济性比较好，但是在旁代过程中需要将双母线同时运行改成单母线运行，降低了可靠性。

4. 适用范围

一般用在 220kV 线路有 4 回及以上出线或 110kV 线路有 6 回及以上出线的配电装置。

四、一个半断路器（3/2）接线

1. 接线分析

一个半断路器接线有两组母线，每一回路经一组断路器接至一组母线，两个回路间有一组联络断路器，形成一串，每回进出线都与两组断路器相连，而同一串的两个回路共用三组断路器，故而得名一个半断路器接线或二分之三接线。正常运行时，两组母线同时工作，所有断路器均闭合。如图 6-15 所示是一个半断路器接线。

一个半断路器接线兼有环形接线和双母线接线的优点，克服了一般双母线和环形接线的缺点，是一种布置清晰、可靠性高、运行灵活性好的接线。

2. 优缺点分析

优点：

（1）高度可靠性。

1）每一回路两组断路器供电，任意一组母线故障、检修或一组断路器检修退出工作时，均不影响各回路供电。例如 500kV Ⅱ母线故障时，保护动作，QF3、QF6、QF9 跳闸，其他进出线能继续工作，并通过 Ⅰ 母线并联运行；500kV Ⅰ 母线检修，只要断开 QF1、QF4、QF7、QS11、QS41、QS71 等即可，不影响供电，并可以检修 Ⅰ 母线上的 QS11、QS41、QS71 等母线隔离开关；QF1 检修时，只需断开 QF1 及 QS11、QS12 即可。

2）在事故与检修相重合情况下的停电回路不会多于两回。靠近母线侧断路器故障或拒动，只影响一个回路工作。联络断路器故障或拒动时，引起两个回路停电。如 QF1 故障，QF2、QF4 和 QF7 跳闸，只影响 L1 出线停运；QF2 故障，QF1、QF3 跳闸，将使 T1 和 L1 停运；500kV Ⅰ 母线检修（QF1、QF4、QF7 断开），Ⅱ母线又发生故障时，母线保护动作，QF3、QF6、QF9 跳闸，但不影响电厂向外供电，但若出线并未通过系统连接，则各机组将在不同的系统运行，出力可能不均衡，母线上线路串的出线将停电；QF2 检修，Ⅱ母线故障，T1 停运；QF2 检修，Ⅰ母线故障，则 L1 停运；L2 线路故障，QF4 跳闸，而 QF5 拒动，则由 QF6 跳闸，使 T2 停运。若 QF5 跳闸，QF4 拒动，扩大到 QF1、QF7 跳闸，使 Ⅰ母线停运，但不影响其他进出线运行；一组断路器检修，另外一台断路器故障，一般情况只使两回进出线停电，但在某些情况下，可能出现同名进出线全部停电的情况。如图 9-15（a）所示，当只有 T1、T2 两串时（即只有第一和第二串，没有第三串时），QF2 检修，QF6 故障，则 QF3、QF5 跳闸，则 T1、T2 将停运，即两台机组全停。又如 L1、L2 系同名双回线，当 QF2 检修，又发生 QF4 故障，则 QF1、QF5 和 QF7 跳闸，L1 和 L2 同时停运。为了防止同名回路同时停电，可按图 9-15（b）来布置同名回路，即将同名回路交叉布置在不同串中的不同母线侧，采用这种方式来提高系统的可靠性。采用这种布置方式时，当 QF2 检修，QF6 故障，QF3、QF5、QF9 跳闸，T2 和 L1 停运，但 T1 和 L2 仍继续运行，不会发生同名回路全部停运现象。但交叉布置将增加配电装置间隔、架构和引线的复杂性。

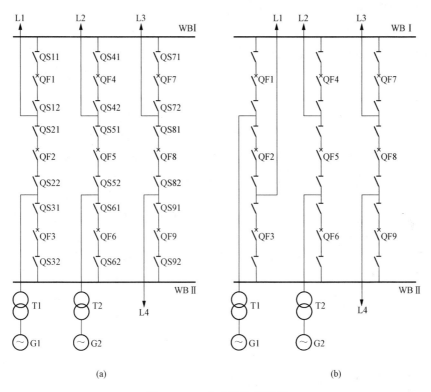

图 9-15　一个半断路器接线

（2）运行调度灵活。正常时两组母线和全部断路器都投入运行，形成多环形供电，运行调度灵活。

（3）操作检修方便。隔离开关仅作检修时隔离电源用，避免用隔离开关进行倒闸操作；检修断路器时，不需要带旁路的倒闸操作；检修母线时，回路不需要切换。

（4）一个半断路器接线与双母线带旁路母线比较，隔离开关少，配电装置结构简单，占地面积小，土建投资少，隔离开关不当作操作电器使用，不易因误操作造成事故。

缺点：

所用开关电器较多，投资较大，并希望进出线回路数为双数。由于每一回路有 2 个断路器，进出线故障将引起两台断路器跳闸，增加了断路器的维护工作量。另外继电保护和二次线的设置比较复杂。

3. 一个半断路器接线成串配置原则

为提高供电可靠性，防止同名回路（指两个变压器或两回供电线路）同时停电，可按成串原则布置：

（1）同名回路布置在不同串上，把电源与引出线接到同一串上，以免当一串的联络断路器故障或检修，同名回路串的母线侧断路器故障，使同一侧母线的同名回路一起断开。

（2）如一串配两条线路时，应将电源线路和负荷线路配成一串。

（3）对特别重要的同名回路，可考虑分别交替接入不同侧母线，即"交替布置"。即重要的同名回路交替接入不同侧母线。

为使一个半断路器接线优点更突出，接线至少应有三个串（每串为三台断路器）才能形成多环接线，可靠性更高。

4. 适用范围

一个半断路器接线，目前在国内、外已较广泛应用于大型发电厂和变电站的 330～500kV 的配电装置中。当进出线回路数为 6 回及以上，在系统中占重要地位时，宜采用一个半断路器接线。

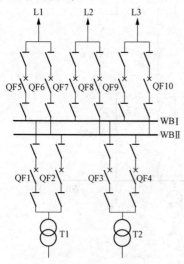

图 9-16　双断路器的双母线接线

五、双断路器的双母线接线

双断路器的双母线接线如图 9-16 所示，图中的每个回路内，无论进线（电源）还是出线（负荷），都通过两台断路器两组母线相连。正常运行时，母线、断路器及隔离开关全部投入运行。这种接线的优点是：

（1）任何一组母线或任一台断路器因检修退出运行时，不会影响所有回路供电，并且操作程序简单；可以同时检修任一组母线上的隔离开关，而不影响任一回路工作。

（2）隔离开关只作检修时隔离电源用，不用于倒闸操作，减少了误操作的可能性。

（3）整个接线可以方便地分成两个相互独立的部分，各回路可以任意分配在任一组母线上，所有切换均用断路器进行。

（4）继电保护容易实现。

（5）任一台断路器拒动时，只影响一个回路。

（6）母线故障时，与故障母线相连的所有断路器跳开，不影响任何回路工作。

因此，双断路器的双母线接线具有高度的供电可靠性和灵活性，但所需设备投资太大，限制了它的使用范围。

六、变压器母线组接线

变压器母线组接线的特点是：

（1）选用质量可靠的主变压器，直接将主变压器经隔离开关接到母线上，对母线运行不产生明显的影响，以节省断路器。

（2）出线采用双断路器，以保证高度可靠性。当线路较多时，出线也可采用一个半断路器接线。如图 9-17 所示。

（3）变压器故障时，连接于母线上的断路器跳闸，但不影响其他回路工作。再用隔离开关把故障变压器退出后，即可进行倒闸操作使该母线恢复运行。

这种接线适用于：

（1）长距离大容量输电线路、系统稳定性问题较突出、要求线路有较高可靠性时。

（2）主变压器的质量可靠、故障率甚低时。

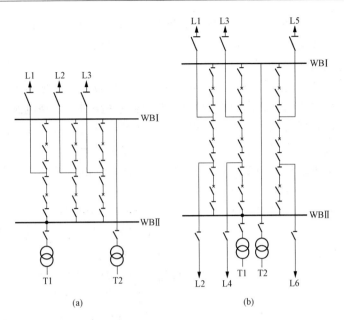

图 9-17　变压器母线组接线

（a）出线为双断路器接线；（b）出线为一个半断路器接线

第四节　无 母 线 接 线

一、单元接线

1. 发电机—变压器单元接线

发电机与变压器直接连接，没有或很少有横向联系的接线方式，称为单元接线。单元接线的共同特点是接线简单、清晰，节省设备和占地，操作简便，经济性好。不设发电机电压母线，发电机电压侧的短路电流减小。其主要接线类型如图 9-18 所示。

图 9-18（a）所示为发电机—双绕组变压器单元接线（简称发变组单元接线），发电机出口不设置母线，输出电能均经过主变压器送至升高电压电网。因发电机不会单独空负荷运行，故不需装设出口断路器，有的装一组隔离开关，以便单独对发电机进行试验。

图 9-18（b）所示为发电机—三绕组变

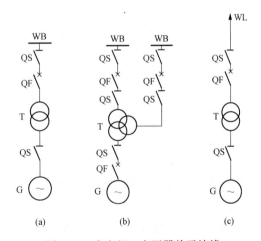

图 9-18　发电机—变压器单元接线
（a）发电机—双绕组变压器单元接线；
（b）发电机—三绕组变压器单元接线；
（c）发电机—变压器—线路单元接线

压器单元接线，发电机出口应装设出口断路器及隔离开关，以便在变压器高、中压绕组联合运行情况下进行发电机的投、切操作。

图 9-18（c）所示为发电机—变压器—线路单元接线，发电机发出的电能升压后，直接经线路送到系统中，发电机、变压器、线路任何一个故障将全部单元停电。

单元接线的特点为：

（1）接线简单清晰，电气设备少，配电装置简单，投资少，占地面积小。

（2）不设发电机电压母线，发电机或变压器低压侧短路时，短路电流小。

（3）操作简便，降低故障的可能性，提高了工作的可靠性，继电保护简化。

（4）任一元件故障或检修全部停止运行，检修时灵活性差。

单元接线适用于机组台数不多的大、中型不带近区负荷的区域发电厂以及分期投产或装机容量不等的无机端负荷的中、小型水电站。

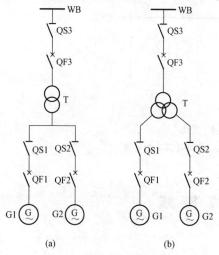

图 9-19　扩大单元接线

（a）发电机双绕组变压器扩大单元接线；

（b）发电机分裂绕组变压器扩大单元接线

供给。

（3）当变压器发生故障或检修时，该单元的所有发电机都将无法运行。

扩大单元接线用于在系统有备用容量时的大中型发电厂中。

二、桥形接线

桥形接线适用于仅有两台变压器和两回出线的装置中，接线如图 9-20 所示。桥形接线仅用三台断路器，根据桥回路（QF3）的位置不同，可分为内桥和外桥两种接线。桥形接线正常运行时，三台断路器均闭合工作。

1. 内桥接线

内桥接线如图 9-20（a）所示，桥回路置于线路断路器内侧（靠变压器侧），

2. 扩大单元接线

采用两台发电机与一台变压器组成单元的接线称为扩大单元接线，如图 9-19 所示。在这种接线中，为了适应机组开停的需要，每一台发电机回路都装设断路器，并在每台发电机与变压器之间装设隔离开关，以保证停机检修的安全。装设发电机出口断路器的目的是使两台发电机可以分别投入运行或当任一台发电机需要停止运行或发生故障时，可以操作该断路器，而不影响另一台发电机与变压器的正常运行。

扩大单元接线与单元接线相比有如下特点：

（1）减小了主变压器和其高压侧断路器的数量，减少了高压侧接线的回路数，从而简化了高压侧接线，节省了投资和场地。

（2）任一台机组停机都不影响厂用电的

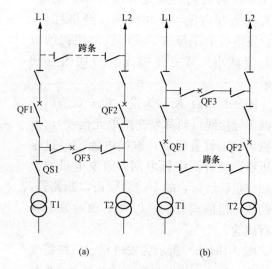

图 9-20　桥形接线

（a）内桥接线；（b）外桥接线

此时线路经断路器和隔离开关接至桥接点，构成独立单元；而变压器支路只经隔离开关与桥接点相连，是非独立单元。

内桥接线的特点为：

（1）线路操作方便。如线路发生故障，仅故障线路的断路器跳闸，其余三回路可继续工作，并保持相互的联系。

（2）正常运行时变压器操作复杂。如变压器 T1 检修或发生故障时，需断开断路器 QF1、QF3，使未故障线路 L1 供电受到影响，然后需经倒闸操作，拉开隔离开关 QS1 后，再合上 QF1、QF3 才能恢复线路 L1 工作。因此将造成该侧线路的短时停电。

（3）桥回路故障或检修时两个单元之间失去联系；同时，出线断路器故障或检修时，造成该回路停电。为此，在实际接线中可采用设外跨条来提高运行灵活性。

内桥接线适用于两回进线两回出线且线路较长、故障可能性较大和变压器不需要经常切换运行方式的发电厂和变电站中。

2. 外桥接线

外桥接线如图 9-20（b）所示，桥回路置于线路断路器外侧，变压器经断路器和隔离开关接至桥接点，而线路支路只经隔离开关与桥接点相连。

外桥接线的特点为：

（1）变压器操作方便。如变压器发生故障时，仅故障变压器回路的断路器自动跳闸，其余三回路可继续工作，并保持相互的联系。

（2）线路投入与切除时，操作复杂。如线路检修或故障时，需断开两台断路器，并使该侧变压器停止运行，需经倒闸操作恢复变压器工作，造成变压器短时停电。

（3）桥回路故障或检修时两个单元之间失去联系，出线侧断路器故障或检修时，造成该侧变压器停电，在实际接线中可采用设内跨条来解决这个问题。

外桥接线适用于两回进线两回出线且线路较短故障可能性小和变压器需要经常切换，而且线路有穿越功率通过的发电厂和变电站中。

桥形接线具有接线简单清晰，设备少，造价低，易于发展成为单母线分段或双母线接线，为节省投资，在发电厂或变电站建设初期，可先采用桥形接线，并预留位置，随着发展逐步建成单母线分段或双母线接线。

三、多角形接线

多角形接线也称为多边形接线，如图 9-21 所示。它相当于将单母线按电源和出线数目分段，然后连接成一个环形的接线。比较常用的有三角形、四角形接线和五角形接线。

多角形接线具有如下特点：

（1）投资省，平均每个回路只有一台断路器中，每个回路位于两个断路器之间，具有双断路器接线的优点，检修任一断路器都不中断供电，也不需要旁路设施。

（2）所有隔离开关只用作隔离电器使用，不作操作电器用，故容易实现自动化和遥控。

（3）没有汇流母线，在接线的任一段上发生故障，只需切除这一段与其相连的元件，对系统运行影响较小；正常运行时，接线形成闭合环形，可靠性、灵活性较高。

（4）占地面积小。

（5）任一断路器故障或检修时，则开环运行，降低了可靠性，此时若环上某一元件再发生故障就有可能出现非故障回路被迫切除并将系统解列，并且随着角数的增加更为突出，所

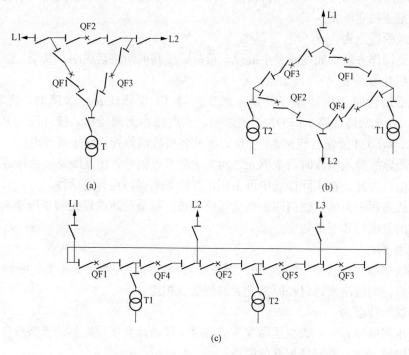

图 9-21 多角形接线

（a）三角形接线；（b）四角形接线；（c）五角形接线

以这种接线最多不超过六角。

（6）每个回路连着两台断路器中，每台断路器又连着两个回路，开环和闭环运行时，流过断路器的工作电流不同，使设备选择和继电保护、控制回路接线复杂。

（7）此接线的配电装置不便于扩建和发展。

因此，多角形接线适用于能一次建成的，最终进出线为 3～5 回的 110kV 及以上配电装置，且不宜超过六角。

第五节 电气主接线设计

一、电气主接线的设计方法

电气主接线的设计是发电厂或变电站电气设计的主体。它与电力系统、电厂动能参数、基本原始资料以及电厂运行可靠性、经济性的要求等密切相关，并对电气设备的选择和布置、继电保护和控制方式等都有较大的影响。因此，主接线设计，必须结合电力系统和发电厂或变电站的具体情况，全面分析有关影响因素，正确处理它们之间的关系，经过技术、经济比较，合理地选择主接线方案。电气主接线设计应满足可靠性、灵活性、经济性三项基本要求。

电气主接线的设计是发电厂或变电站设计中的重要部分。需要按照工程基本建设程序，历经可行性研究阶段、初步设计阶段、技术设计阶段和施工设计阶段四个阶段。在各阶段中随要求、任务的不同，其深度、广度也有所差异，但总的设计思路、方法和步骤基本相同。

课程设计是在有限的时间内，使学生运用所学的基本理论知识，独立地完成设计任务，以达到掌握设计方法进行工程训练之目的。因此，在内容上大体相当于实际工程设计中初步设计的内容。具体设计步骤和内容如下：

1. 分析原始资料

(1) 本工程情况。发电厂容量的确定是与国家经济发展计划、电力负荷增长速度及系统规模和电网结构以及备用容量等因素有关。最大单机容量的选择不宜大于系统总容量的10%，以保证该机在检修或事故情况下系统的供电可靠性。对形成中的电力系统，且负荷增长较快时，可优先选用较为大型的机组。

发电厂运行方式及年利用小时数直接影响着主接线设计。承担基荷为主的发电厂，设备利用率高，一般年利用小时数在5000h以上。承担腰荷者，设备利用小时数应在3000～5000h；承担峰荷者，设备利用小时数在3000h以下。对不同的发电厂其工作特性有所不同。对于核电厂或单机容量200MW以上的火电厂以及径流式水电厂等应优先担任基荷，相应主接线需选用以供电可靠为中心的接线形式。水电厂多承担系统调峰调相任务，根据水能利用及库容的状态可酌情担负基荷、腰荷和峰荷。因此，其主接线应以供电调度灵活为中心进行选择接线形式。

(2) 电力系统情况。电力系统近期及远期发展规划（5～10年）；发电厂或变电站在电力系统中的位置（地理位置和容量位置）和作用；本期工程和远景与电力系统连接方式以及各级电压中性点接地方式等。

所建发电厂的容量与电力系统容量之比若大于15%，则该厂就可认为是在系统中处于比较重要地位的电厂，因为一旦全厂停电，会影响系统供电的可靠性。因此，主接线的可靠性也应高一些，即应选择可靠性较高的接线形式。

主变压器和发电机中性点接地方式是一个综合性问题。它与电压等级、单相接地短路电流、过电压水平、保护配置等有关，直接影响电网的绝缘水平、系统供电的可靠性和连续性、主变压器和发电机的运行安全以及对通信线路的干扰等。一般35kV及以下电力系统采用中性点非直接接地系统（中性点不接地或经消弧线圈接地），110kV以上电力系统，采用中性点直接接地系统。发电机中性点都采用非直接接地方式，目前，广泛采用的是经消弧线圈接地方式或经接地变压器（也称配电变压器）接地，有时为了防止过电压有些机组还采取在中性点处加装避雷器等措施。

(3) 负荷情况。负荷性质及其地理位置、输电电压等级、出线回路数及输送容量等。电力负荷在原始资料中虽已提供，但是设计时应予辩证的分析。因为负荷的发展与增长速度受政治、经济。工业水平和自然条件等方面影响。所设计的主接线方案，不仅要在当前是合理的，还要求在将来5～10年内负荷发展以后仍能满足要求。

发电厂承担的负荷应尽可能地使全部机组安全满发，并按系统提出的运行方式，在机组间经济合理分配负荷，减少母线上电流流动，使电机运转稳定和保持电能质量符合要求。

此外，还要考虑当地的气温、湿度、覆冰、污秽、风向、水文、地质、海拔高度及地震等因素对主接线中电气设备的选择和配电装置的实施的影响。

2. 拟订主接线方案

根据设计任务书的要求，在原始资料分析的基础上，可拟订出若干个主接线方案。因为对电源和出线回路数、电压等级、变压器台数、容量以及母线结构等的考虑不同，会出现多种接线方案（本期和远期）。应依据对主接线的基本要求。从技术上论证各方案的优、缺点，淘汰一些明显不合理的方案，最终保留 2～3 个技术上相当，又都能满足任务书要求的方案，再进行经济比较。对于在系统中占有重要地位的大容量发电厂或变电站主接线，还应进行可靠性定量分析计算比较，最后获得最优的技术合理、经济可行的主接线方案。

拟订主接线方案的具体步骤如下：

(1) 根据发电厂、变电站和电网的具体情况，初步拟订出若干种技术可行的接线方案。

(2) 选择主变压器台数、容量、形式、参数及运行方式。

(3) 拟订各电压等级的基本接线形式。

(4) 确定自用电的接入点、电压等级、供电方式等。

(5) 对上述各部分进行合理组合，拟出 3～5 个初步方案，在结合主接线的基本要求对各方案进行技术分析比较，确定出两三个较好的待选方案。

(6) 对待选方案进行经济比较，确定最终主接线方案。

在进行主接线方案的技术比较时，需要考虑主接线方案能够保证系统运行的稳定性、保证供电可靠性以及电能质量、运行的安全和灵活性、自动化程度、新设备新技术的应用以及扩建的可能性等。

3. 短路电流计算

为了选择合理的电气设备，需对拟定的电气主接线进行短路电流计算。

4. 主要电气设备的配置和选择

按设计原则对隔离开关、互感器、避雷器等进行配置，并选择断路器、隔离开关、母线等的型号规格。

5. 绘制电气主接线图纸

将最终确定的主接线方案，按要求绘制相关图纸，一般包括电气主接线图、平面布置图、断面图等。

二、电气主接线中电气设备的配置

1. 隔离开关的配置

(1) 断路器两侧均应配置隔离开关，以便在断路器检修时隔离电源。

(2) 中小型发电机出口一般应装设隔离开关。

(3) 接在母线上的避雷器和电压互感器宜合用一组隔离开关。

(4) 多角形接线中的进出线应该装隔离开关，以便进出线检修时能保证闭环运行。

(5) 桥形接线中的跨条宜用两组隔离开关串联，这样便于进行不停电检修。

(6) 中性点直接接地的普通变压器中性点应通过隔离开关接地，自耦变压器中性点则不必装设隔离开关。

2. 接地开关的配置

(1) 35kV 及以上每段母线应根据长度装设 1～2 组接地开关，母线的接地开关一般装设在母线电压互感器隔离开关或者母联隔离开关上。

(2) 63kV 及以上配电装置的断路器两侧隔离开关和线路隔离开关的线路侧宜配置接地开关。

(3) 旁路母线一般装设一组接地开关，设在旁路回路隔离开关的旁路母线侧。

（4）63kV 及以上主变压器进线隔离开关的主变压器侧宜装设一组接地开关。

3. 电压互感器的配置

（1）电压互感器的配置应能满足保护、测量、同期和自动装置的要求。

（2）6～220kV 电压等级的每一组主母线的三相上应装设电压互感器。

（3）当需要监视和检测线路侧有无电压时，出线侧的一相上应装设电压互感器。

（4）发电机出口一般装设两组电压互感器。

（5）500kV 采用双母线时每回出线和每组母线的三相装设电压互感器，500kV 采用一个半断路器接线时，每回出线三相装设电压互感器，主变压器进线和每组母线根据需要在一相或者三相装设电压互感器。

4. 电流互感器的配置

（1）凡是装设断路器的回路均应装设电流互感器，其数量应能满足测量、保护、自动装置的需要。

（2）在未设断路器的下列地点应装设电流互感器：发电机变压器中性点、发电机变压器出口、桥形线路的跨条。

（3）中性点直接接地系统一般按三相配置，非直接接地系统根据需要按两相或者三相配置。

（4）一台半断路器接线中，线路—线路串根据需要设 3～4 组电流互感器，线路—变压器串如果变压器套管电流互感器可以利用，可以装设 3 组电流互感器。

5. 避雷器的配置

（1）配电装置的每组母线上应装设避雷器，但是进出线都装有避雷器的除外。

（2）旁路母线是否装设避雷器视其运行时避雷器到被保护设备的电气距离是否满足要求而定。

（3）330kV 及以上变压器和并联电抗器处必须装设避雷器，避雷器应尽可能靠近设备本体。

（4）220kV 及以下变压器到避雷器之间的电气距离超过允许值时，应在变压器附近增设一组避雷器。

（5）三绕组变压器低压侧的一相上宜装设一台避雷器。

（6）自耦变压器必须在两个自耦合的绕组出线上装设避雷器，避雷器装设于变压器与断路器之间。

（7）下列情况变压器中性点应装设避雷器：①中性点直接接地系统，变压器中性点为分级绝缘且装有隔离开关时；②中性点直接接地系统，变压器中性点为全绝缘，但是变电所为单进线且为单台变压器运行时；③中性点不接地或经销弧线圈接地系统，多雷区单进线变压器中性点。

发电机与线路避雷器的配置详细情况请参阅《电力工程设计手册》。

6. 阻波器和耦合电容的配置

阻波器和耦合电容应根据系统通信对载波电话的规划要求配置。设计中需要与系统通信专业密切配合。

三、发电厂电气主接线实例

各类发电厂的电气主接线，主要取决于发电厂装机容量的大小、发电厂在电力系统中的地位、作用以及发电厂对运行可靠性、灵活性的要求。例如，大容量的区域性发电厂是系统中的主力电厂，其电气主接线就应具有很高的可靠性。担任负荷峰谷变化的凝汽式发电机组和水轮发电机组的运行方式经常改变、启停频繁，就要求其电气主接线应具有较好的灵活性。

目前国内外大型发电厂，一般是指安装有单机容量为 200MW 及其以上的大型机组、总装机容量为 1000MW 及其以上的发电厂，包括大容量凝汽式电厂、大容量水电厂、核电厂等。

大型区域性发电厂通常都建在一次能源资源丰富的地方，与负荷中心距离较远，通常以高压或超高压远距离输电线路与系统相连接，在电力系统内地位重要。发电厂内一般不设置发电机电压母线，全部机组都采用简单可靠的单元接线，直接接入 220～1000kV 高压母线中，以 1～2 个的升高电压等级将电能送入系统。发电机组采用"机—炉—电单元"集中控制或计算机控制，运行调度方便，自动化程度高。

图 9-22 所示为某大型区域性火电厂的电气主接线。该发电厂位于煤矿附近，水源充足，没有近区负荷，在系统中地位十分重要，要求有很高的运行可靠性，因此，不设发电机电压母线。4 台大型凝汽式汽轮发电机组都以发电机—双绕组变压器单元接线形式，分别接入双母带旁路接线的 220kV 高压系统和一个半断路器接线的 500kV 超高压系统中。500kV 与 220kV 系统经自耦变压器 T 相互联络。在采用发电机—双绕组变压器组单元接线的大型发电机出口装设断路器时，便于机组的启停、并网与切除。启停过程中的厂用电源也可以由本单元的主变压器倒送。但大容量发电机的出口电流大，相应的断路器制造困难、价格昂贵。

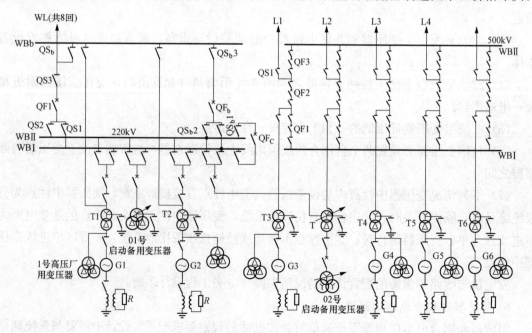

图 9-22　某大型区域性火电厂的电气主接线

我国目前 300MW 及其以上的大容量机组较多承担基本负荷，不会进行频繁的启停操作，所以一般不考虑装设发电机出口断路器。不过，为了防止发电机引出线回路中发生短路故障，通常选用分相式封闭母线。

每台机组都从各自出口设置一台高压厂用变压器，供给 6~10kV 厂用负荷用电；由于在发电机—双绕组变压器组单元接线的大型发电机出口未装设断路器，无法经主变压器倒送机组启动所需的启动电源，因此，在 220kV 系统双母线上连接有一台 01 号启动备用变压器，用于从系统向发电厂倒送启动电源和高压厂用电系统的备用电源，在 220kV 系统与500kV 系统之间设置的联络变压器的第三绕组上连接有一台 02 号启动备用变压器，使启动电源和高压厂用电系统的备用电源的可靠性更高。主变压器 T2、T4、T6 采用中性点直接接地方式运行。

图 9-23 所示为某中型热电厂的电气主接线。该厂邻近负荷中心，装有 4×25MW 和 5×60MW 热电机组，总容量为 400MW。其中 3×25MW 机组接入采用叉接电抗器分段的双母线接线的 6kV 发电机电压配电装置，给附近用户供电；其他机组采用发电机—变压器单元接线，分别接入 35kV 配电装置和 110kV 配电装置，35kV 配电装置出线比较多，采用双母线接线以保证足够的可靠性和灵活性，110kV 出线给较远的负荷供电，并有部分线路与系统相连接，采用双母线带旁路接线，可以保证在出线开关检修或故障时线路不停电，保证电厂与系统的连接。

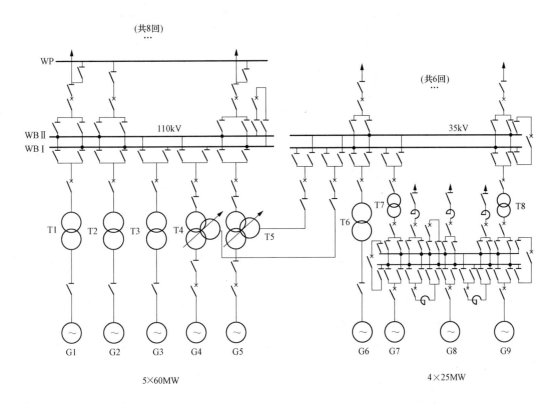

图 9-23 某中型热电厂的电气主接线

四、变电站电气主接线实例

1. 枢纽变电站接线实例

枢纽变电站通常汇集着多个大电源和大功率联络线，具有电压等级高，变压器容量大，线路回数多等特点，在电力系统中具有非常重要的地位。枢纽变电站的电压等级不宜多于三级，以免接线过分复杂。

图 9-24 所示为某枢纽变电站主接线，电压等级为 500/220/35kV，安装 2 台大容量自耦主变压器。500kV 配电装置采用一个半断路器接线，2 台主变压器接入不同的串并采用了交叉连接法，供电可靠性高。220kV 侧有大型工业企业及城市负荷，该侧配电装置采用有专用旁路断路器的双母线带旁路接线，可以保证在母线检修、出线断路器检修时线路不停电。主变压器 35kV 侧引接 2 台同步调相机进行无功补偿。

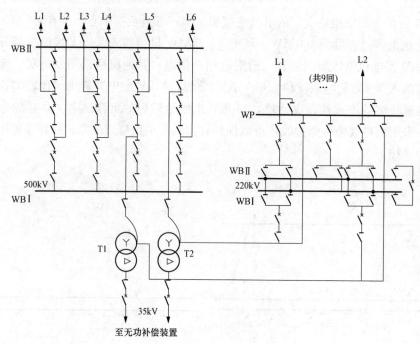

图 9-24　枢纽变电站电气主接线

2. 地区变电站接线实例

地区变电站主要是承担地区性供电任务，大容量地区变电站的电气主接线一般较复杂，6～10kV 侧常需采取限制短路电流措施；中、小容量地区变电站的 6～10kV 侧，通常不需采用限流措施，接线较为简单。

图 9-25 所示为某中型地区变电站电气主接线。110kV 配电装置采用单母线分段带旁路母线接线，分段断路器兼作旁路断路器，各 110kV 线路断路器及主变压器高压侧断路器均接入旁路母线，以提高供电可靠性。35kV 侧线路较多，采用双母线接线。10kV 配电装置采用单母线分段带旁路母线接线，有专用旁路断路器。

3. 终端变电站电气主接线实例

终端变电站的所址靠近负荷点，一般只有两级电压，高压侧电压通常为 110kV，由 1～2 回线路供电，低压侧一般为 10kV，接线较简单，如图 9-26 所示。

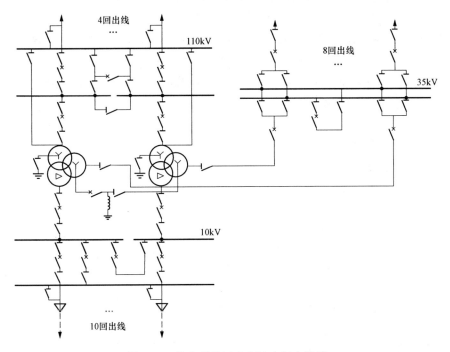

图 9-25　某中型地区变电站电气主接线

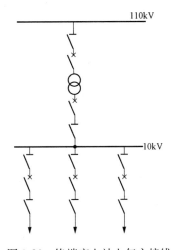

图 9-26　终端变电站电气主接线

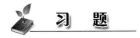 习　题

9-1　什么是电气主接线？对电气主接线有哪些基本要求？

9-2　电气主接线的作用是什么？电气主接线有哪些基本类型？

9-3　母线分段有何作用？母线带旁路母线有何作用？

9-4　画出单母线接线的主接线图，并说明引出线的停电、送电操作步骤及原因。

9-5　举例说明带旁路母线接线中，出线断路器检修，线路不停电的倒闸操作步骤。

9-6 画出双母线接线的主接线图，并说明双母线的运行方式及特点。

9-7 一个半断路器接线有何优缺点？

9-8 在发电机—变压器单元接线中，如何确定是否装设发电机出口断路器？

9-9 在桥形接线中，内桥接线和外桥接线各使用于什么场合？

9-10 在内桥和外桥接线中，当变压器需要停电检修时，各应如何操作？

9-11 多角形接线有何优缺点？

第十章 厂用电接线

发电厂、变电站在生产电能过程中，自身所使用的电能，称为厂（站）用电。自用电供电安全与否，将直接影响发电厂、变电站的安全、经济运行。为此，发电厂、变电站的自用电源引接、电气设备的选择和接线等，应考虑运行、检修和施工的需要，以满足确保机组安全、技术先进、经济合理的要求。

现代大容量火力发电厂要求采用计算机控制自动化生产过程，为了实现这一要求，需要许多厂用机械和自动化监控设备为主要设备（如锅炉、汽轮机、发电机等）和辅助设备服务，其中绝大多数机械采用电动机拖动，因此，需要向这些电动机、自动化监控设备和计算机供电，这种供电系统称为厂用电系统。

厂用电系统接线合理，对保证厂用负荷连续供电和发电厂安全运行至关重要。由于厂用电负荷多、分布广、工作环境差和操作频繁等原因，厂用电事故在电厂事故中占很大的比例。此外，还因为厂用电系统接线的过渡和设备的异动比主系统频繁，如果考虑不周，也常常会埋下事故隐患。经验表明，不少全厂停电事故是由于厂用电事故引起的，因此，厂用电系统的安全运行非常重要。本章主要介绍厂用负荷类型、厂用电电压、厂用电电源及供电方式，分析厂用电接线原则及典型厂用电、站用电接线。

第一节 概 述

一、厂用电及厂用电率

发电厂在生产电能的过程中，需要许多机械为主机和辅助设备服务，以保证电厂的正常生产，这些机械通称为厂用机械。电厂中绝大多数厂用机械，是用电动机拖动的，这些厂用电动机及全厂的运行操作、热工试验和电气试验、机械修配、照明、电热和整流电源等用电设备的总耗电量，称为厂用电。

发电厂在一定时间（例如一月或一年）内，厂用负荷所消耗的电量占发电厂总发电量的百分数，称为发电厂的厂用电率。发电厂的厂用电率计算公式如下

$$K_{cy}（\%）=\frac{A_{cy}}{A_G}\times100\%$$

式中 A_{cy}——发电厂的厂用电量，kWh；

A_G——发电厂总发电量，kWh。

厂用电率是衡量发电厂经济性的主要指标之一。在运行中，降低厂用电率，可以降低发电成本，增加对用户的供电量，提高电力生产效率。厂用电率的大小取决于电厂类型、燃料种类、燃烧方式、蒸汽参数、机械化和自动化程度、运行水平等因素。一般凝汽式火电厂的厂用电率为 5%～8%，热电厂的厂用电率为 8%～10%。

二、厂用电负荷及分类

（一）按其在电厂生产过程中的重要性进行分类

1. Ⅰ类负荷

Ⅰ类负荷指短时（即手动切换恢复供电所需的时间）停电可能影响人身或设备安全，使生产停顿或发电量大量下降的负荷。例如：给水泵、锅炉引风机、一次风机和送风机、直吹式磨煤机、凝结水泵和凝结水升压泵等。

对Ⅰ类负荷，应由两个独立电源供电，当一个电源消失后，另一个电源应立即自动投入继续供电，因此，Ⅰ类负荷的电源应配置备用电源自动投入装置。除此之外，还应保证Ⅰ类负荷电动机能可靠自启动。

2. Ⅱ类负荷

Ⅱ类负荷指允许短时停电，但停电时间过长有可能损坏设备或影响正常生产的负荷，如火电厂的工业水泵、疏水泵、浮充电装置、输煤设备机械、有中间粉仓的制粉系统设备等。

对Ⅱ类负荷，应由两个独立电源供电，一般备用电源采用手动切换方式投入。

3. Ⅲ类负荷

Ⅲ类负荷指较长时间停电不会直接影响发电厂生产的负荷。例如中央修配厂、试验室、油处理设备等。对Ⅲ类负荷，一般由一个电源供电。不需要考虑备用。

4. 不停电负荷（"0Ⅰ"类负荷）

不停电负荷：在机组运行期间，以及正常或事故停机过程中，甚至在停机后的一段时间内，需要进行连续供电的负荷，简称0Ⅰ类负荷。事故保安负荷主要有实时控制用电子计算机、热工保护、自动控制、调节装置、发电机组的润滑油泵电动机、盘车电动机、事故照明设备等。

对不停电负荷供电的备用电源，首先要具备快速切换特性（切换时交流侧的断电时间要求小于5ms），其次是要求正常运行时不停电电源与电网隔离，并且有恒频恒压特性。不停电负荷一般由接于蓄电池组的逆变电源装置供电。

5. 事故保安负荷

事故保安负荷是指发生全厂停电时，为保证机炉的安全停运、事故后能很快地重新启动，或者为了防止危及人身安全等原因，需要在全厂停电时继续进行供电的负荷。按事故保安负荷对供电电源的不同要求，可分为以下两类：

（1）直流保安负荷（"0Ⅱ"类负荷）。直流保安负荷包括汽轮机直流润滑油泵、发电机氢密封直流油泵、事故照明等。直流保安负荷自始至终由蓄电池组供电。

（2）交流保安负荷（"0Ⅲ"类负荷）。交流保安负荷包括顶轴油泵、交流润滑油泵、功率为200MW及以上机组的盘车电动机等。交流保安负荷平时由交流厂用电供电，一旦失去交流电源时，要求交流保安电源供电。交流保安电源可采用快速启动的柴油发电机组供电，该机组应能自动投入（一般快速启动的柴油发电机组恢复供电需要10～20s时间），也可由系统变电站架设10kV专线供电。

（二）按用途进行分类

1. 水电厂的自用负荷

水电站的站用负荷通常有以下三类：

（1）水轮发电机组的自用电。机组自用电是指机组及其配套的调速器、蝴蝶阀和进水阀门等的辅助机械用电，通常有：调速器压油装置的压油泵、漏油泵，机组轴承的润滑油（水）泵，水轮机顶盖排水泵，机组技术供水泵，蝴蝶阀压油装置压油泵和漏油泵，输水管电动阀门或进水闸门启闭机，晶闸管励磁装置的冷却风扇和启励电源等。这些负荷直接关系到机组的正常和安全运行，大多是重要负荷。

（2）站内公用电。站内公用电是指直接服务于电站的运行、维护和检修等生产过程，并分布在主（副）厂房、开关站、进水平台和尾水平台等处的附属用电。通常包括：

1）水电站油、气、水系统的用电。其中油系统包括油处理设备，如滤油机、油泵、电热箱和烘箱等；气系统有高、低压空压机等；水系统有向各机组提供冷却水的联合技术供水泵、消防水泵、厂房渗漏排水泵、机组检修排水泵等。

2）直流操作电源与载波通信电源。

3）厂房桥机、进水口阀门和尾水闸门启闭机等。

4）厂房和升压站的照明和电热。

5）全厂通风、采暖及空调、降温系统。

6）主变压器冷却系统如冷却风扇、油泵、冷却水泵等。

7）其他。如检修电源、试验室电源等。

这些负荷中也有不少是重要负荷。

（3）站外公用电。站外公用电主要是坝区、水利枢纽等用电。主要有：泄洪闸门启闭机、船闸或筏道电动机械、机修车间电源、生活水泵、坝区及道路照明等。这类负荷布置比较分散。

2. 火电厂的自用负荷

火电厂的自用机械主要有：

（1）煤场中用于卸煤或在煤场范围内运煤的设备。

（2）将煤从煤场送给碎煤机，然后再送到锅炉间的设备。

（3）碎煤设备。

（4）制造煤粉的设备。

（5）为锅炉服务的设备。

（6）汽轮发电机组自用设备。

（7）主变压器冷却系统设备。

（8）供热装置的设备。

（9）其他辅助设备。

3. 变电站的自用负荷

变电站的站用电负荷比发电厂厂用电负荷小得多，站用电负荷主要有主变压器的冷却设备、蓄电池的充电设备或硅整流电源、油处理设备、照明、检修器械以及供水水泵等用电负荷。其中，重要负荷有主变压器的冷却风扇或强迫油循环冷却装置的油泵、水泵、风扇以及整流操作电源等。

第二节　发电厂的厂用电

一、厂用电的供电电压等级

确定厂用电的电压等级，需从电动机的容量范围和厂用电供电电源两方面综合考虑，保证厂用电供电的可靠性和经济性。

厂用电动机的容量相差悬殊，从数千瓦到数兆瓦不等。确定厂用电供电电压，需要从投资和金属材料消耗量以及运行费用等方面考虑。高压电动机绝缘等级高，尺寸大，价格也高，而大容量电动机若采用较低的额定电压，则电流比较大，会使包括厂用电供电系统在内的金属材料消耗量增加，有功损耗增加，投资和运行费用也相应增多。因此，厂用电电压只用一种电压等级是不太合理的。按实践经验，容量在 75kW 以下的电动机采用 380V 电压；220kW 及以上的电动机采用 6kV 电压；1000kW 以上的电动机采用 10kV 电压具有比较好的经济性。

电压等级过多，会造成厂用电接线复杂，运行维护不方便，降低供电可靠性。所以，大中型火力发电厂厂用电，一般均用两级电压，且大多为 6kV 及 380/220V 两个等级。当发电机额定电压为 6.3kV 时，高压厂用电压即定为 6kV，当发电机额定电压为 10.5kV 或更高时，需设高压厂用变压器降压至 6kV 供电。有些中型热电厂的发电机额定电压为 10.5kV，厂用电电压采用 3kV 及 380/220V 两级，这是由于在这类电厂中 200kW 以上的大型电动机不多，而 3kV 的电动机以 75kW 为起点之故。小型火电厂厂用电只设置 380/220V 母线，少量高压电动机直接接于发电机电压母线上。水力发电厂的厂用电动机容量均不大，通常只设380/220V 一个电压等级。大型水电厂中，在坝区和水利枢纽装设有大型机械，如船闸或升船机、闸门启闭装置等，这些设备距主厂房较远，需在那里设专用变压器，采用 6kV 或10kV 供电。

二、厂用电源

1. 工作电源及其引接方式

发电厂正常运行时，向厂用电供电的电源为厂用工作电源。厂用电的供电可靠性，很大程度决定于厂用电源的取得方式。通常要求厂用电的引接方式不仅应保证安全可靠供电，还应该满足厂用负荷的电源与其机、炉、电对应性的要求，并要尽量做到操作简便、费用低。现在发电厂的厂用电一般均由主发电机供电，由主发电机供电这种供电方式具有很高的可靠性、运行简单、调度方便、投资和运行费均较低。由主发电机引接厂用电源的具体方案，决定于发电厂电气主接线方式。当有发电机电压母线时，由各段母线引接厂用工作电源，供给接于该段母线上机组（发电机、汽轮机、锅炉）的厂用负荷。当发电机与主变压器连接成单元接线时，则由主变压器低压侧引接，具体如下：

（1）对小容量机组的发电厂，一般设有发电机电压母线时，厂用高压工作电源从对应高压厂用母线段上引接，如图 10-1（a）所示。

（2）对于大机组发电机

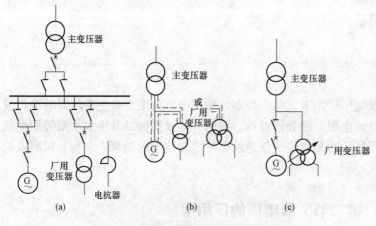

图 10-1　高压厂用工作电源的引接方式
(a) 从发电机电压母线引接；(b) 从主变压器低压侧引接；
(c) 发电机出口设断路器，采用有载调压变压器低压侧引接

组，发电机与变压器一般为单元接线，厂用高压工作电源应由发电机出口与主变压器低压侧之间引接，为减小厂用母线的短路电流、改善厂用电动机自启动条件、节约投资和运行费用，厂用高压工作电源多采用一台低压分裂变压器供给两段高压厂用母线（如ⅠA、ⅠB段）；ⅡA、ⅡB段）或采用一台低压分裂变压器和一台公用双绕组变压器向高压厂用负荷及公用负荷供电。由于大机组发电机与变压器之间的连接母线采用分相封闭母线、厂用分支母线采用共箱封闭母线，封闭母线之间发生相间短路故障的机会很少，所以厂用分支可不装设断路器，但应安装可拆连接片，以便满足检修的要求，如图 10-1（b）所示。

（3）国外有些大机组的高压厂用变压器采用了有载调压变压器，通过有载调压变压器从发电机出口引接，发电机出口设置断路器，如图 10-1（c）所示，一方面这样可以很好地保证厂用电的质量，尤其是对于可能进相运行的发电机组。因为发电机进入进相运行时，其功率因数呈超前状态，励磁电流较正常运行时小，发电机的端电压也低，如厂用变压器为有载调压变压器，厂用电的电压质量可以很好地得到保证，否则一旦发电机进相运行，厂用系统便出现低电压工况，这不仅使大电动机的启动特别困难，而且对于一般电动机的寿命也极为不利；另一方面，机组启动时，可先断开此断路器，由电力系统经主变压器倒送厂用电，待发电机并网运行后，便自动由发电机供给厂用电源，这种接线方式，可不用再另设启动电源。

2. 备用/启动电源及其引接方式

为了提高可靠性，每一段厂用电母线至少要由两个电源供电，其中一个为工作电源，另一个为备用电源。当工作电源故障或检修时，仍能不间断地由备用电源供电。

启动电源是指厂用工作电源完全消失时（如机组停机后），为了保证机组重新启动而设置的电源。当设有发电机出口断路器时，可由系统经主变压器倒送厂用电；发电机出口不装设断路器时，发电机需设置启动电源。为充分利用启动电源，通常采用启动电源变压器与备用电源变压器合二为一，称其为启动备用变压器（或称启备变）。

在考虑厂用备用电源的引接时，应尽量保证电源的独立性和可靠性，并在与电力系统联系得最紧密处取得，以便在全厂停电的情况下，仍能从系统获得电源，避免出现工作电源故障后，又失去备用电源的情况发生，高压厂用备用变压器或启动备用变压器的引接应遵照以下原则：

（1）无发电机电压母线时，备用电源应由高压母线中电源可靠的最低一级电压母线或由联络变压器的第三（低压）绕组引接，并保证在全厂停电的情况下，能够从外部电力系统取得电源。

（2）当设有发电机电压母线时，应该由发电机电压母线引接一个备用电源。

（3）全厂有两个及以上高压厂用备用变压器或启动备用变压器时，每个备用电源应该分别引自相对独立的电源。

（4）当技术经济合理时，也可由外部电网引接专用线路作启动/备用电源供电。

如图 10-2 所示为 600MW 汽轮发电机组厂用电接线。厂用电压共分两级，高压厂用电电压采用 6kV，其中性点采用经中值电阻接地方式；低压厂用电电压采用为 380/220V，发电机出口装断路器，每台机设 6kV 工作Ⅰ、Ⅱ段及公用段，其中公用段由发电机出口断路器上方的高压公用变压器供电，又都与高压备用变压器相连，并与 220kV 系统变电站相连。6kV 中性点接地方式为中值电阻接地，400V 中性点接地方式为直接接地。

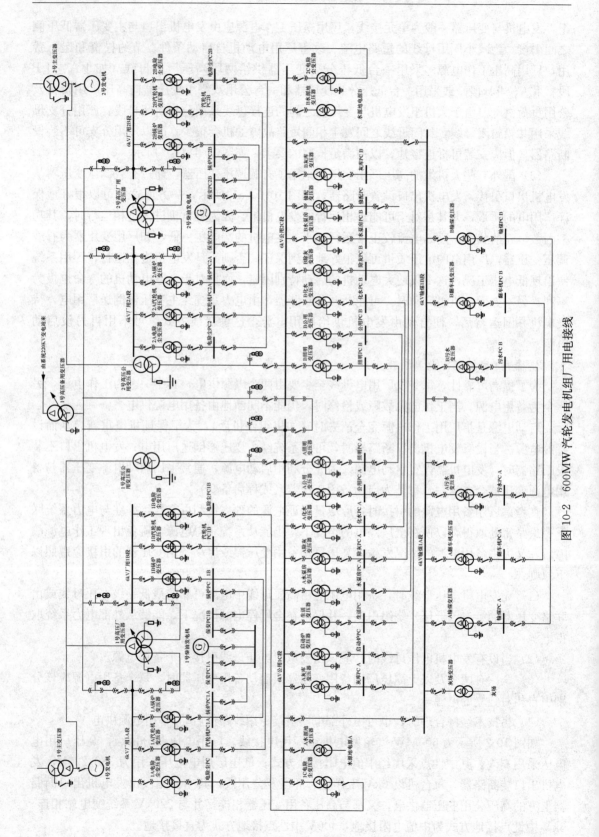

图 10-2 600MW 汽轮发电机组厂用电接线

　　高压厂用电系统采用每台机组设置一台高压厂用工作分裂绕组变压器，及一台高压公用双绕组变压器，高压厂用变压器的高压侧电源由本机组发电机出口开关上方引接，高压厂用变压器采用有载调压型。每台机组设两段 6kV 工作母线及一段公用母线。机组负荷接在 6kV 工作母线，公用负荷接在 6kV 公用母线，为防止母线故障引起发电机停运，互为备用及成对出现的高压厂用电动机及低压厂用变压器分别从不同的 6kV 工作段及公用段上引接。

　　系统设置一台高压厂用双绕组变压器（1 号高压厂用变压器，由系统变电站 220kV 线路供电），高压备用变压器 6kV 侧通过共箱封闭母线连接到每台机组的两段 6kV 工作母线及 6kV 公用母线上，作为备用电源，高压备用变压器采用有载调压型。

　　6kV 厂用电系统接线如图 10-2 所示，6kV 厂用 1A、1B 母线和 6kV 厂用 2A、2B 母线工作电源分别由 1 号高压厂用变压器和 2 号高压厂用变压器供电，6kV 公用 1C、2C 母线工作电源分别由 1 号高压公用变压器和 2 号高压公用变压器供电，6kV 输煤 1A、1B 母线工作电源分别由 6kV 公用 1C 和 2C 母线供电。

　　6kV 厂用 1A、1B、2A、2B 母线和 6kV 公用 1C、2C 母线的备用电源为 1 号高压备用变压器。6kV 公用 1C 和 2C 母线中间装有一台联络断路器，1C 和 2C 母线段可互为备用。6kV 输煤 1A 和 1B 段母线中间装有一台联络断路器，输煤 1A 和 1B 段母线段互为备用。

　　备用电源有明备用和暗备用两种方式。明备用就是专门设置一台变压器（或线路），它经常处于备用状态（停运），如图 10-3（a）中的变压器 T3。正常运行时，断路器 QF1～QF3 均为断开状态。当任一台厂用工作变压器退出运行时，均可由变压器 T3 替代工作。备用变压器的容量应等于最大一台工作变压器的容量。

　　暗备用是不设专用的备用变压器，而将每台工作变压器容量增大，当任一台厂用变压器退出工作时，该段负荷由另一台厂用工作变压器供电，如图 10-3（b）所示。正常工作时，每台变压器只在半负荷下运行，此方案投资较大，运行费用高。

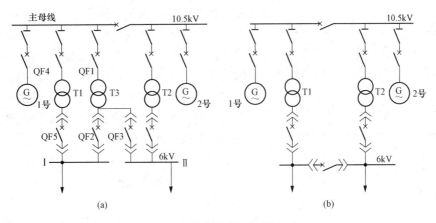

图 10-3　备用电源的两种方式

(a) 明备用；(b) 暗备用

　　在大中型火力发电厂中，由于每组机炉的厂用负荷很大，为了不使每台厂用变压器的容量过大，一般均采用明备用方式。中小型水电厂和降压变电站，多采用暗备用方式。

　　3. 事故保安电源

　　对于 200MW 及以上的发电机组，为保证在全厂的停电故障中，发电机组能顺利停机，不致造成机组弯轴、烧瓦等重大事故，应设置事故保安电源，并能自动投入，保证事故保安负荷的用电，事故保安电源可分为直流和交流两种。

直流事故保安电源，由蓄电池组供电，如发电机组的直流润滑系统、事故照明等负荷的供电。事故照明电源，由装在主控制室的专用事故照明屏（箱）供电，直流电源均采用单回路供电。事故照明屏顶有事故照明小母线，各处的事故照明线路均自小母线引出，并有交流电源和直流电源接到小母线上。平时交流电源接通，直流电源断开；当交流电源消失时，便自动切换，使交流电源断开，直流电源接通。

交流事故保安电源的设置有两种形式：①从外部相对独立的其他电源引接；②采用快速启动的柴油发电机。

（1）从外部引接事故保安电源。这种方式设计施工简单，运行维护方便，电源容量足够大，在 20 世纪的 200MW 及 300MW 机组建设中使用得最多。

从外部引接保安电源时，要求该电源必须与电厂所接的电力系统有相对的独立性与可靠性，避免在上述电力系统故障停电时，其本身也失去电压。但真正符合这种要求的电源，在电力系统中是很少存在的。当此电源与主要电力系统失去联系时，就不能保证其本身的可靠性。

虽然外接电源的独立性较低，但因这种电源具有简单、便宜、方便的特点，也在很多的电厂使用，如从附近变电站架设一条 10kV 线路作为厂内保安电源的备用电源，保安母线段失压时，只需停电 0.5～1s 的时间，如果不采用外接电源，一旦保安母线段失压，要等柴油发电机组启动后才能恢复供电，保安母线段失压时间较长。

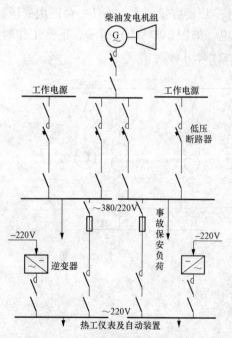

图 10-4　交流事故保安电源接线

（2）采用快速自启动柴油发电机。近十年来，设计的 200MW、300MW 及 600MW 机组均采用快速自启动柴油发电机组作为保安电源。电厂使用的柴油机组，应在保安段失去电压 10～20s 后，向保安负荷逐次恢复供电。所以，对电厂用的快速自启动柴油发电机，不仅在启动速度上有严格的要求，同时还对过负荷能力、首次加负荷能力、最大电动机启动的电压水平调整等，都有具体的要求，不是任何一台快速启动柴油发电机都能满足要求的，交流事故保安电源接线如图 10-4 所示。

对 300MW 机组，可两台机组合用一台柴油发电机，也可一台机组配一台柴油发电机，如图 10-5（b）所示。

如两台发电机需在相同时间投入保安负荷，则在实际操作时，应错开一段时间。如 1 号机的 0s 投入保安负荷在柴油机允许带负荷运行时立即投入，那么 2 号机的 0s 投入保安负荷可在 5～10s 后再投入，以错开负荷启动时的冲击。

目前在一些电厂中已对机、炉、电（包括厂用电系统）实行微机分散系统一体化控制。保安负荷可按其应该投运时间由计算机操作一一投入，以使主机及保安电源都运行在最佳状态。当厂用电源恢复时,保安段应恢复由厂用电供电,在倒换过程中应采用瞬间停电的方法,严禁采用并列倒换。

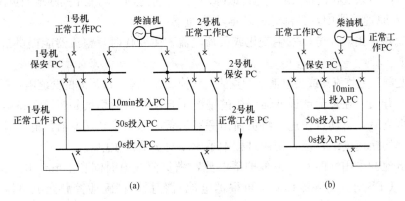

图 10-5　事故保安电源接线

(a) 两台机组共用一台柴油发电机;(b) 每机组一台柴油发电机

4. 交流不停电电源

0Ⅰ类负荷在机组运行期间,以及正常或事故停机过程中,甚至在停机后的一段时间内,需要进行连续供电,如计算机控制系统、热工保护、监控仪表、自动装置等,这类负荷对供电的连续性、可靠性和电能质量具有很高的要求,一旦供电中断,将造成计算机停运、控制系统失灵及重大设备损坏等严重后果,因此,在发电厂中还必须设置对这些负荷实现不间断供电的交流不停电电源(Uninterruptible Power Supply,UPS),并设立不停电电源母线段。

为保证不停电负荷供电的连续性,在正常情况下,不停电电源母线由不停电电源供电。这样,可以在发生全厂停电时,不需切换不停电母线便能继续供电。只有当不停电电源发生故障时,才需自动切换到本机组的交流保安电源母线段供电;要求在切换时,交流侧的断电时间应不大于 5ms。

UPS 原理接线如图 10-6 所示。图中,供电电源有三路,其中两路交流电源,一路接至工作段,一路接至保安段,这两路交流电源可以经静态开关实现自动切换,也可经手动旁路

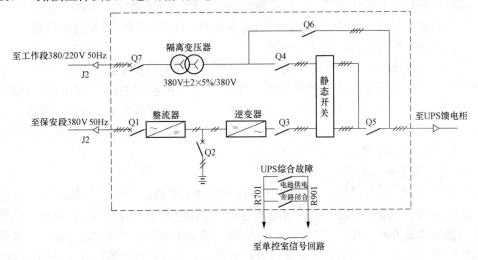

图 10-6　UPS 原理接线

开关 Q6 手动切换，第三路电源来自 220V 直流系统，由蓄电池供电，引至逆变器前。三路电源配合使用，保证 UPS 系统在设备故障、电源故障乃至全厂停电时，均能不间断地向负荷供电。

在图 10-6 原理接线中，各部分的基本功能如下：

（1）整流器：当输入电压发生变化或负荷电流发生变化时，整流器能提供给逆变器一稳定的直流电源。

（2）逆变器：把整流器或蓄电池来的直流电转换成大功率、波形好的交流电，提供给负荷。

（3）静态开关：在过荷或逆变器停机的情况下自动将负荷切换到旁路后备电源，并在正常运行状态恢复后，自动且快速地将负荷由旁路后备电源切换到逆变器。静态开关一般采用晶闸管元件，切换速度纳秒级，切换过程中不中断对负荷的供电。

（4）蓄电池：采用性能好的免维护蓄电池，满负荷放电时间在 30min 以上，作为 UPS 的应急电源。UPS 对其有限流控制，可根据电池蓄容量，精确地控制充电电流，以保证电池寿命。

（5）隔离变压器：在集控 UPS 中设有隔离变压器，其作用是当逆变器停止工作，负荷由旁路电源供电时，实现电源与负荷间的电气隔离。

（6）旁动旁路：UPS 中设有手动旁路开关 Q6，可将静态开关和逆变器完全隔离，以便在安全和不中断负荷的条件下对 UPS 进行维护。

同时 UPS 具有输入缺相、反相、欠电压、过电压保护，完全由微处理器控制，实现电路自动保护，在这些故障消失后，自动恢复正常工作状态。

正常运行时，UPS 馈电柜的主电源由具有独立供电能力（一般由保安段 380V PC）的电源提供，经过整流器、逆变器为不停电负荷供电；UPS 的直流电源与主电源在整流后并联，可保证全厂交流停电时，自动切换到直流系统逆变供电而 UPS 馈电柜不需切换。由直流系统运行到规定时间后，考虑到为减轻蓄电池的负担，可手动切换到保安 PC 供电。若在运行中逆变装置发生故障时，需切换到工作段 PC 电源供电，为了使交流侧的断电时间不大于 5ms，采用由电子开关构成的静态切换开关来保证。

每台 200MW 及以上的发电机组，至少应配置一套 UPS 装置，当 UPS 故障而由旁路供电时，难以保证较高的电能质量，所以一般应考虑 UPS 的冗余配置。可以采用两套 UPS 一运一备，串联热备用或并联热备用，只有当备用 UPS 故障时，才切换到旁路供电。

三、厂用电系统及运行

厂用电系统接线合理，对保证厂用负荷连续供电和发电厂安全运行至关重要。由于厂用电负荷多、分布广、工作环境差和操作频繁等原因，厂用电事故在电厂事故中占很大的比例。此外，还因为厂用电系统接线的过渡和设备的异常比主系统频繁，如果考虑不周，也会埋下事故隐患。经验表明，不少全厂停电事故是由于厂用电事故引起的，因此，必须把厂用电系统的安全运行提高到足够的高度来认识。

（一）对厂用电接线的要求

（1）供电可靠、运行灵活。应根据电厂的容量和重要性，对厂用负荷连续供电给予保证，并能在日常、事故、检修等各种情况下均能满足供电要求。机组启停、事故、检修等情况下的切换操作要方便、省时，发生全厂停电时，能尽快地从系统取得启动电源。各机组厂用电系统应是独立的。厂用电接线在任何运行方式下，一台机组故障停运或其辅机的电气故障，不应影响另一台机组的运行；厂用电故障影响停运的机组应能在短期内恢复运行；全厂性公用负荷应分散接入不同机组的厂用母线或公用负荷母线。在厂用电系统接线中，不应存在可能导致发电厂切除多于一个单元机组的故障点，更不应存在导致全厂停电的可能性。

（2）接线简单清晰、投资少、运行费低。由可靠性分析得知，过多的备用元件会使接线复杂，运行操作烦琐，故障率反而增加，投资运行费也增加。

（3）厂用电源的对应供电性。本机、炉的厂用电源由本机供电，这样，厂用系统发生故障时，只影响一台发电机组的运行，缩小了事故的范围，接线也简单；厂用电工作电源及备用电源接线，应能保证各单元机组和全厂的安全运行。

（4）接线的整体性。厂用电接线应与发电厂电气主接线密切配合，体现其整体性强。充分考虑电厂分期建设和连续施工过程中厂用电系统的运行方式，尤其对备用电源的接入和公用负荷的安排要全面规划、便于过渡，尽量减少改变接线和更换设备。

（5）设置足够的交流事故保安电源，当全厂停电时，可以快速启动和自动投入向保安负荷供电。另外，还要设计符合电能质量指标的交流不间断电源，以保证不允许间断供电的热工负荷和计算机系统 DCS 用电。

（二）厂用负荷的运行方式

厂用负荷根据它所对应机械的工作特点的不同，有连续、短时、断续、经常和不经常等几种。运行中应根据厂用负荷运行方式的不同，分别确定巡视与维修的要求。

各种厂用负荷运行方式的特点如下："经常"性负荷是指负荷与正常生产过程密切相关，一般每天都要使用的电动机；"不经常"性负荷是指正常时不用，只在检修、事故和机炉起停期间使用的电动机；"连续"性负荷是指每次连续带负荷运转 2h 以上的负荷；"短时"性负荷是指每次连续带负荷运转在 10～120min 之间的负荷；"断续"性负荷是指每次使用时的工作方式是由带负荷到满负荷又停止，如此反复周期性地工作，而每个工作周期均不超过 10min 的负荷。

（三）厂用机械负荷之间的联锁

所谓厂用机械负荷之间的联锁，是指在电厂生产过程中，根据生产的需要，当某个机械投入或退出运行时，要求相应的机械设备也必须相应地改变其工作状态。例如工作水泵事故跳闸或水泵出口压力降低时，根据生产的需要，要求联锁装置必须使备用水泵自动投入。厂用机械负荷之间的运行与备用联锁要求，通常在电动机的二次控制回路中或 DCS 系统中采用不同控制接线来实现。

（四）高压公用负荷电源的引接

发电厂中有些负荷是为全厂服务的公用系统，如输煤系统、化水系统、除灰、污水处理等，容量很大，这部分负荷称为公用负荷。

汽轮发电机组高压厂用电系统常用的有两种供电方案，如图 10-7 所示。

图 10-7（a）为不设 6kV 公用负荷段，将全厂公用负荷分别接在各机组 A、B 段母线上，优点是公用负荷分接于不同机组高压厂用变压器上，供电可靠性高，投资省，但也由于公用负荷分接于各机组工作母线上，机组工作母线停电时，将影响公用负荷的备用。

图 10-7（b）为单独设置两段公用负荷母线，集中供全厂公用负荷用电，该公用负荷段正常由启动备用变压器供电，公用负荷集中，无过渡问题，各单元机组独立性强，便于各机组厂用母线停电。其缺点是由于公用负荷集中，并因启动备用变压器要用工作变压器作备用（若无第二台启动备用变压器作备用时），故工作变压器也要考虑在启动备用变压器检修或故障时带公用段运行。因此，启动备用变压器和工作变压器均较图 10-7（a）中高压厂用变压

器分支的容量大，配电装置也增多，投资较大。

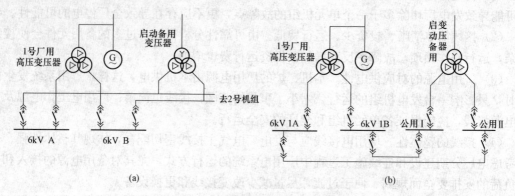

图 10-7　高压厂用电系统常用供电方案

(a) 不设 6kV 公用负荷段；(b) 设 6kV 公用负荷段

（五）高压厂用电接线基本形式

在火力发电厂中，锅炉的辅助设备多、用电量大，为了提高厂用电供电可靠性，厂用电系统接线通常采用单母线接线，并按炉分段的接线原则，将厂用电母线按锅炉台数分成若干的独立段，各独立母线段分别由工作电源和备用电源供电，并装设备用电源自动投入装置，如图 10-8 所示。

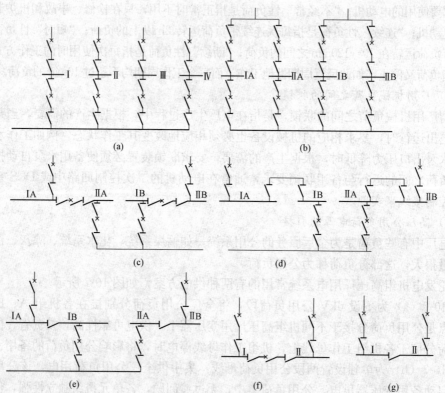

图 10-8　高压厂用母线的连接方式

(a) 专用备用电源；(b) 一炉两段，同一变压器；(c) 采用断路器分段；(d) 采用隔离开关分段；
(e) 采用一组隔离开关分段；(f) 两段母线经断路器连接；(g) 两段母线经隔离开关连接

厂用母线按炉分段的优点是：

（1）同一台锅炉的厂用电动机接在同一段母线上，既便于管理又方便检修；

（2）可使厂用母线事故影响范围局限在一机一炉，不致过多干扰正常机组运行；

（3）厂用电回路故障时，短路电流较小，可使用成套的高低压开关柜可配电箱。

当锅炉容量较大（400t/h 及以上）时，同一机炉的厂用机械多采用双套，此时每台锅炉由两段母线供电，并将双套辅助电动机分接在两段上，图 10-9 所示为采用低压分裂绕组变压器供电的接线方式。

辅助设备的工作电源与备用电源应分别取自不同的母线段，正常运行时不允许并列运行（同期并列操作例外），各分段的母线上负荷尽可能分

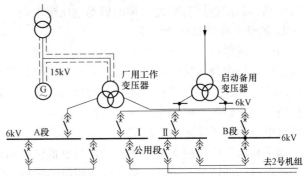

图 10-9 采用低压分裂绕组变压器供电的接线形式

配均匀。在生产过程中相互关联的设备（例如一台锅炉的高压辅机），在机组正常运行中，应使用由本机组直接供电的厂用电源。

（六）低压厂用电系统

380V 低压系统为中性点直接接地系统，当发生单相接地故障时，中性点不发生位移，保护装置立即动作于跳闸，电动机停止运转；大机组电厂低压厂用电系统现广泛采用 PC—MCC 接线。

PC 称为动力中心（Power Center）；MCC 称为电动机控制中心（Motor Control Center）。在以往发电厂中，由于采用的设备可靠性不高，一旦设备发生故障，将引起厂用电部分或全部消失，因此，为了获得较高的可靠性，不得不采用如低压厂用备用变压器、增加厂用母线段之间的联络线等，导致厂用电接线复杂。在新建电厂中，由于设备制造水平的提高，设备本身可靠性高，因此，厂用电接线设计为简单的接线，以可靠的设备保证供电的可靠性，这有利于电厂的自动控制。在低压厂用变压器的配置上，低压厂用工作变压器、低压厂用公用变压器均成对设置，采用互为备用方式，不另设专用的备用变压器，即每台机组各段四台低压工作变压器，两台互为备用，供给本机组的机、炉负荷。每台机设两台除尘变压器，分别接在 6kV 的 A、B 母线段上，互为备用；每台机设一台照明变压器，接在 6kV 工作 A 段上。两台机设一检修变压器，接在 6kV 公用 B 段上，与照明变压器备用。每台机装设一台低压公用变压器，供给机组的公用负荷，两台公用变压器互为备用。厂区输煤变压器、化水变压器、除灰变压器、厂前区变压器、综合水泵房变压器、厂区循环水变压器均成对设置，采用互为备用方式。

四、厂用电压水平校验及电压调整计算

发电厂的厂用电动机多采用直接启动方式启动。电动机启动电流较大，会造成启动时母线电压降低。因异步电动机的转矩在频率不变情况下与外加电压成正比，若电压过低，将会使启动时间过长，由于发热与温升的影响对电动机不利，启动时间过长还要影响其他负荷的正常供电。因此，要求电动机启动时电源电压不应过低。

为保证人身安全和发电厂正常运行，要求发电厂一类负荷的电动机能实现自启动。所谓"自启动"，是指厂用电源短时消失（一般小于 $0.5 \sim 1s$）后，若电源再恢复送电时，电动机应能自行启动。为保证厂用一类负荷电动机自启动，必须进行电动机自启动电压校验。

1. 电动机正常启动

电动机在正常启动时，通常是逐台启动的。为保证所有电动机均能正常启动，则要求一段母线上所接最大容量的电动机正常启动时，厂用母线电压不低于额定电压的 80%，对容易启动的电动机启动时，要求厂用母线电压不低于额定电压的 70%；对启动特别困难的电动机启动，若制造厂有明确合理的启动电压要求时，应满足制造厂的要求。

2. 成组电动机自启动电压校验

为保证发电机组的安全可靠运行，一般应保证一类负荷的电动机均能可靠自启动。在实际运行中，厂用母线突然失去电压后，电动机仍处于惰走状态，而一般经较短的时间间隔即可恢复供电。这时，电动机都还具有较高的转速，比较容易启动，故对厂用母线电压的最低允许值，要求较单个电动机正常启动时的电压值低。通常要求成组电动机自启动时，高压厂用母线电压不低于额定电压的 65%～70%。

如果高压厂用母线无电动机启动，只有低压厂用母线上的电动机启动，即只有低压电动机单独自启动的情况，当低压单个或成组电动机启动时，为保证电动机可靠启动，要求母线电压不低于额定电压的 50%。

如果低压厂用变压器串接在高压厂用变压器下，高、低压电动机同时自启动的情况，即低压母线与高压母线串接启动。在这种情况下，由于高压母线电压降低较多，使低压厂用电动机的自启动情况变得更严峻，因此，要求在低压母线与高压母线串接自启动时，低压母线电压不低于额定电压的 55%。

3. 电压调整

高压备用变压器采用有载调压分裂变压器，其高压电源由 220kV 系统引接，220kV 系统电压变化范围为 220～242kV，6kV 母线电压要求不超过额定电压值的±5%。最严重情况为：

（1）电源电压最高（242kV），高压备用变压器空负荷；

（2）电源电压最低（220kV），高压备用变压器满负荷。

五、火电厂厂用电接线方式实例及分析

1. 大型火电厂的厂用电接线

图 10-10 所示为大型火电厂厂用电接线。厂用电工作电源从发电机出口端引接，经分裂绕组高压厂用工作变压器供电给厂用 6kV Ⅰ、Ⅱ、Ⅲ、Ⅳ 段母线，厂用变压器高压侧不装设断路器，发电机、主变压器之间以及厂用变压器高压侧之间均用封闭母线连接。厂用备用电

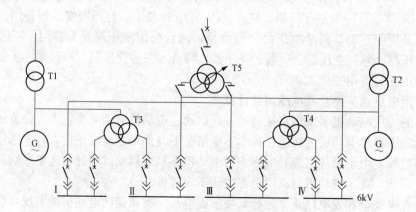

图 10-10　大型火电厂厂用电接线

G—发电机；T1、T2—主变压器；T3、T4—工作高压厂用变压器；T5—备用高压厂用变压器

源引自与系统联系较紧密的 110kV 母线（即发电厂升高电压中较低的一级电压），经高压厂用备用变压器分别接到四个高压厂用工作母线段上，构成对两台机组厂用电的明备用。高压厂用备用变压器也用作全厂启动电源，当全厂停运而重新启动时，首先投入高压厂用备用变压器，向各工作段和公用段送电，一般应选用带负荷调压变压器作为高压厂用备用变压器。

选择大型火电厂的厂用变电器时，应注意其联结组别，升压变压器的联结组别为 YNd11，因此升高电压与发电机电压的相位相差为 30°。运行中需要投入厂用备用变压器时，为了避免厂用电停电，厂用备用变压器与工作变压器总有一段时间并联运行，为此，当高压厂用备用变压器的联结组别为 YNd11 时，高压厂用工作变压器的联结组别必须是 Yyn。

2. 中型热电厂的厂用电接线

图 10-11 所示为某中型热电厂厂用电接线图。该电厂共装设两台电动机三台锅炉，因此高压厂用母线按锅炉数分三段，厂用高压为 6kV，通过 T3、T4、T5 三台高压工作厂用变压器分别接到发电厂主母线的两个工作母线上。由于机组容量不大，低压厂用母线分为两段。备用电源采用明备用方式，即专门设置高压备用厂用变压器 T6 和低压备用厂用变压器 T9。为了提高厂用电运行可靠性，在运行方式上，可将电厂的一台升压变压器（如 T2）与高压厂用备用变压器 T6 均接到备用主母线上，将所在段的母联断路器 2QF 接通，这样可使高压厂用备用变压器与系统的联系更加紧密，并很少受到主母线故障的影响。

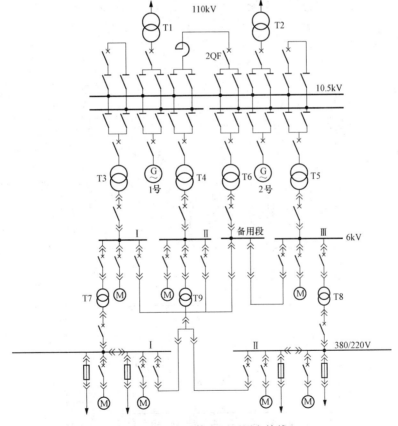

图 10-11　中型热电厂厂用电接线

对厂用电动机的供电，可分为分别供电和成组供电两种方式。图 10-11 中所示的高压电动机的供电电路为分别供电方式，即对每台电动机均敷设一条电缆线路，通过专用的高压开关柜或低压配电盘进行控制。55kW 及以上的Ⅰ类厂用负荷和 40kW 以上的Ⅱ、Ⅲ类厂用重要机械的电动机，均采用分别供电方式。图 10-11 中低压Ⅰ、Ⅱ段的其他馈线表示去车间的专用盘，为成组供电方式，即数台电动机只占用一条线路，送到车间专用盘后，再分别引接电动机，对一般不重要机械的小电动机和距离厂用配电装置较远的车间（如中央水泵房）的电动机，这种供电方式最为适宜，可以节省电缆，简化厂用配电装置。

3. 水电厂厂用电接线方式实例及分析

水电厂的厂用机械数量和容量均比同容量火电厂少得多，因此厂用电系统也较简单。但是，在水电厂仍有重要的Ⅰ类厂用负荷，如调速系统和润滑系统的油泵，发电机的冷却系统等，因此对其供电可靠性必须要充分考虑。

对于中小型水电厂，一般只有 380/220V 一级电压，厂用电母线采用单母线分段，且全厂只设两段，两台厂用变压器以暗备用方式供电。

对于大型水电厂，380/220V 厂用母线按机组分段，每段均由单独的厂用变压器自各发电机端引接供电，并设置明备用的厂用备用变压器。距主厂房较远的坝区负荷用 6kV 或 10kV 电压供电。

图 10-12 所示为大型水电厂的厂用电接线，该接线中，机组的厂用负荷与全厂性公用负

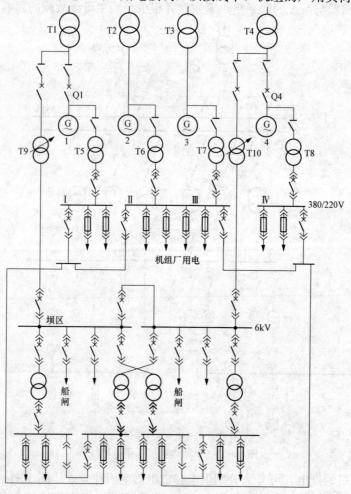

图 10-12　大型水电厂的厂用电接线

荷分别由不同的厂用变压器供电。每台机组的厂用负荷采用 380/220V 电压，分别由厂用变压器 T5～T8 供电，从各自的发电机出口处引接。各段的厂用备用电源（明备用）由公用段引接。6kV 公用厂用系统为单母线分段接线，由高压厂用变压器 T9、T10 供电，备用方式为暗备用方式。此外，还在两台发电机的出口装设了断路器 QF1、QF4，这样，即使在全厂停运时，仍能通过 T1 或 T4 从系统取得电源。

六、变电站的站用电

变电站的站用电负荷比电厂厂用电负荷小得多，站用电负荷主要有主变压器的冷却设备、蓄电池的充电设备或硅整流电源、油处理设备、照明、检修器械以及供水水泵等用电负荷。因此，变电站的站用电接线很简单，站用变压器的二次侧为 380/220V 中性点接地的三相四线制。

大容量枢纽变电站，大多装设强迫油循环冷却的主变压器和同步调相机，为保证供电可靠性，应装设两台站用变压器，分别接到变电站低压侧不同的母线段上，如图 10-13（a）所示。

中等容量变电站中，站用电重要负荷为主变压器冷却风扇，站用电停电时，由于冷却风扇停运，会使变压器负荷能力下降，但它仍能供给重要负荷用电，因此允许只装设一台站用变压器，并应能在变电站两段低压母线上切换。

对于采用复式整流装置代替价格昂贵、维护复杂的蓄电池组的中小型变电站中，控制信号、保护装置、断路器操作电源等均由整流装置供电。为了保证供电的可靠性，应装设两台站用变压器，而且要求将其中一台接到与电力系统有联系的高压进线端，如图 10-13（b）所示。

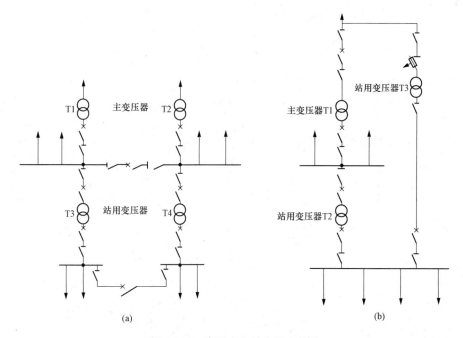

图 10-13　降压变电站自用电接线

（a）大型变电站自用电接线；（b）无蓄电池变电站自用电接线

习　题

10-1　什么是厂用电？什么是厂用电率？降低厂用电率有什么意义？

10-2　发电厂厂用电负荷按其重要性分为哪几类？各类厂用负荷对供电电源有什么要求？

10-3　发电厂厂用电供电电压有几级？

10-4　火力发电厂的厂用母线设置为什么采用机炉对应原则？每台锅炉设置几段母线？

10-5　什么是厂用工作电源、备用电源、启动电源、保安电源、不停电电源？

10-6　可靠的备用电源对发电压的运行有什么意义？什么是明备用？什么是暗备用？

10-7　厂用工作电源和备用电源有哪几种引接方式？如何提高工作和备用电源的供电可靠性？

10-8　备用电源自动投入装置和不间断交流电源的作用是什么？

10-9　对厂用电接线有哪些基本要求？

10-10　交流保安电源和不停电电源如何取得？

10-11　什么是电动机的自启动？运行中应保证哪类电动机可靠自启动？

10-12　发电厂和变电站的自用电在接线上有何区别？

第十一章 配 电 装 置

配电装置是发电厂和变电站的重要组成部分。配电装置分为屋内配电装置、屋外配电装置和成套配电装置。本章主要介绍配电装置类型、特点及应用。

第一节 概 述

一、配电装置的作用和分类

（一）配电装置的作用

根据电气主接线的接线方式，由开关设备、母线装置、保护和测量电器、必要的辅助设备等构成，按照一定技术要求建造而成的特殊电工建筑物，称为配电装置。

配电装置的作用是正常运行时进行电能的传输和再分配，故障情况下迅速切除故障部分恢复运行。对电力系统运行方式的改变以及对线路、设备的操作都在其中进行。因此，配电装置是发电厂和变电站用来接受和分配电能的重要组成部分。

（二）配电装置的类型

配电装置的型式，除与电气主接线及电气设备有密切关系外，还与周围环境、地形、地貌以及施工、检修条件、运行经验和习惯有关。随着电力技术的不断发展，配电装置的布置情况也在不断更新。

配电装置的类型很多，大致可分为以下几类：

（1）按电气设备安装地点的不同：可分为屋内配电装置和屋外配电装置。

（2）按组装方式的不同：可分为装配式配电装置和成套式配电装置。

（3）按电压等级的不同：可分为低压配电装置（1kV 以下）、高压配电装置（1～220kV）、超高压配电装置（330kV 及以上）。

二、配电装置的基本要求

配电装置的设计和建造，应认真贯彻国家的技术经济政策和有关规程的要求，同时应满足以下几个基本要求：

（1）安全：设备布置合理清晰，采取必要的保护措施。如：设置遮栏和安全出口、防爆隔墙、设备外壳底座等保护接地。

（2）可靠：设备选择合理、故障率低、影响范围小，满足对设备和人身的安全距离。

（3）方便：设备布置便于集中操作，便于检修、巡视。

（4）经济：在保证技术要求的前提下，合理布置、节省用地、节省材料、减少投资。

（5）发展：预留备用间隔、备用容量，便于扩建和安装。

三、配电装置的有关术语和图

（一）配电装置的有关术语

1. 安全净距

为了满足配电装置运行和检修的需要，各带电设备应相隔一定的距离。在各种间隔距离中，最基本的是带电部分对接地部分之间和不同相的带电部分之间的空间最小安全净距，即所谓 A_1 和 A_2 值。在这一距离下，无论是在正常最高工作电压还是在出现内、外过电压时，都不致使空气间隙击穿，如图 11-1 所示。

安全净距取决于电极的形状、过电压的水平、防雷保护、绝缘等级等因素，A 值可根据电气设备标准试验电压和相应电压与最小放电距离试验曲线确定。

一般来说影响 A 值的因素：220kV 以下电压等级的配电装置，大气过电压起主要作用；330kV 及以上电压等级的配电装置，内过电压起主要作用。采用残压较低的避雷器时，A_1 和 A_2 值可减小。

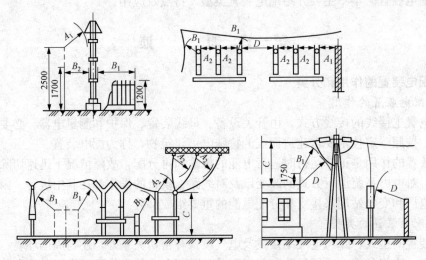

图 11-1 屋外配电装置安全净距示意

在设计配电装置确定带电导体之间和导体对接地构架的距离时，还要考虑减少相间短路的可能性及减少电动力。例如：软绞线在短路电动力、风摆、温度等因素作用下，使相间及对地距离的减小；隔离开关开断允许电流时，不致发生相间和接地故障；减小大电流导体附近的铁磁物质的发热。对 110kV 及以上电压等级的配电装置，还要考虑减少电晕损失、带电检修等因素，故工程上采用的安全净距，通常大于表 11-1 和表 11-2 的数值。我国 DL/T5352—2006《高压配电装置设计技术规程》规定的屋内、屋外配电装置的安全净距见表 11-1 和表 11-2。

表 11-1 屋内配电装置的安全净距 单位：mm

符号	适用范围	额定电压（kV）									
		3	6	10	15	20	35	60	110J	110	220J
A_1	（1）带电部分至接地部分之间。 （2）网状和板状遮栏向上延伸线距地 2.3m，与遮栏上方带电部分之间	75	100	125	150	180	300	550	850	950	1800
A_2	（1）不同相的带电部分之间。 （2）断路器和隔离开关的断口两侧带电部分之间	75	100	125	150	180	300	550	900	1000	2000

符号	适用范围	额定电压（kV）									
		3	6	10	15	20	35	60	110J	110	220J
B_1	（1）栅状遮栏至带电部分之间。 （2）交叉的不同时停电检修的无遮栏带电部分之间	825	850	875	900	930	1050	1300	1600	1700	2550
B_2	网状遮栏至带电部分之间	75	200	225	250	280	400	650	950	1050	1900
C	无遮栏裸导线至地面之间	375	2400	2425	2450	2480	2600	2850	3150	3250	4100
D	平行的不同时停电检修的无遮栏裸导线之间	875	1900	1925	1950	1980	2100	2350	2650	2750	3600
E	通向屋外的出线套管至屋外通道的路面	4000	4000	4000	4000	4000	4000	4500	4500	5000	5500

表 11-2　　　　　　　　　　**屋外配电装置的安全净距**　　　　　　　　单位：mm

符号	适用范围	额定电压（kV）								
		3～10	15～20	35	60	110J	110	220J	330J	500J
A_1	（1）带电部分至接地部分之间。 （2）网状和板状遮栏向上延伸线距地 2.5m，与遮栏上方带电部分之间	200	300	400	650	900	1000	1800	2500	3800
A_2	（1）不同相的带电部分之间。 （2）断路器和隔离开关的断口两侧带电部分之间	200	300	400	650	1000	1100	2000	2800	4300
B_1	（1）栅状遮栏至带电部分之间。 （2）交叉的不同时停电检修的无遮栏带电部分之间。 （3）设备运输时，其外廓至无遮栏带电部分之间。 （4）带电作业时的带电部分至接地部分之间	950	1050	1150	1400	1650	1750	2550	3250	4550
B_2	网状遮栏至带电部分之间	300	400	500	750	1000	1100	1900	2600	3900
C	（1）无遮栏裸导线至地面之间。 （2）无遮栏裸导线至建筑物、构筑物顶部之间	2700	2800	2900	3100	3400	3500	4300	5000	7500
D	（1）平行的不同时停电检修的无遮栏裸导线之间。 （2）带电部分与建筑物、构筑物的边沿部分之间	2200	2300	2400	2600	2900	3000	3800	4500	5800

注　J 是指中性点直接接地系统。

2. 间隔

间隔是配电装置中最小的组成部分，其大体上对应主接线图中的接线单元，以主设备为主，加上所谓附属设备一整套电气设备称为间隔。

在发电厂或变电站内，间隔是指一个完整的电气连接，包括断路器、隔离开关、TA、

TV、端子箱等，根据不同设备的连接所发挥的功能不同又有很大的差别，比如有主变压器间隔、母线设备间隔、母联间隔、出线间隔等。

如：出线以断路器为主设备，所有相关隔离开关，包括接地开关、TA、端子箱等，均为一个电气间隔。母线则以母线为一个电气间隔。对主变压器来说，以本体为一个电气间隔，至于各侧断路器各为一个电气间隔。GIS（SF₆ 封闭式组合电器）由于特殊性，电气间隔不容易划分，但是基本上也是按以上规则划分的。至于开关柜等以柜盘形式存在的，则以一个柜盘为电气间隔。

3. 其他

（1）层。层是指设备布置位置的层次。配电装置有单层、两层、三层布置。

（2）列。一个一个间隔排列的次序即为列。配电装置有单列式布置、双列式布置、三列式布置，如：双列式布置是指间隔布置在主母线两侧。

（3）通道。为便于设备的操作、检修和搬运，配电装置在布置时设置了维护通道、操作通道、防爆通道。凡用来维护和搬运各种电器的通道，称为维护通道；如通道内设有断路器（或隔离开关）的操动机构、就地控制屏等，称为操作通道；仅和防爆小室相通的通道，称为防爆通道。

（二）配电装置图

为了表示整个配电装置的结构、电气设备的布置以及安装情况，一般采用三种图进行说明，即：平面图、断面图、配置图。

1. 平面图

平面图按照配电装置的比例进行绘制，并标出尺寸；图中标出房屋轮廓、配电装置间隔的位置与数量、各种通道与出口、电缆沟等。平面图上的间隔不标出其中所装设备。

2. 断面图

断面图按照配电装置的比例进行绘制，用以校验其各部分的安全净距（成套配电装置内部除外）；图中表示配电装置典型间隔的剖面，表明间隔中各设备具体的布置以及相互之间的联系。

3. 配置图

配置图是一种示意图，可不按照比例进行绘制，主要用于了解整个配电装置中设备的布置、数量、内容；对应平面图的实际情况，图中标出各间隔的序号与名称、设备在各间隔内布置的轮廓、进出线的方式与方向、通道名称等。

第二节　屋内配电装置

屋内配电装置是将电气设备和载流导体安装在屋内，避开大气污染和恶劣气候的影响，其特点是：

（1）由于允许安全净距小而且可以分层布置，因此占地面积较小。

（2）维修、巡视和操作在室内进行，不受气候的影响。

（3）外界污秽的空气对电气设备影响较小，可减少维护的工作量。

（4）房屋建筑的投资较大。

大、中型发电厂和变电站中，35kV 及以下电压等级的配电装置多采用屋内配电装置。

但 110kV 装置有特殊要求（如变电站深入城市中心）和处于严重污秽地区（如海边和化工区）时，经过技术经济比较，也可以采用屋内配电装置。

一、屋内配电装置的类型

屋内配电装置的结构形式，与电气主接线、电压等级和采用的电气设备形式等有密切的关系，其分类方法很多，本节中主要按以下两种方法说明。

（一）按照布置形式分类

按照配电装置布置形式的不同，一般可分为单层式、二层式和三层式。

目前，单层式一般用于出线不带电抗器的配电装置，所有的电气设备布置在单层房屋内。单层式占地面积较大，通常可采用成套开关柜，主要用于单母线接线、中小容量的发电厂和变电站。

二层式一般用于出线有电抗器的情况，将所有电气设备按照轻重分别布置，较重的设备如断路器、限流电抗器、电压互感器等布置在一层，较轻的设备如母线和母线隔离开关布置在二层。其结构简单，具有占地较少、运行与检修较方便、综合造价较低等特点。

三层式配电装置是将所有电气设备依其轻重分别布置在三层中，具有安全、可靠性高、占地面积小等特点，但其结构复杂、施工时间长、造价高，检修和运行很不方便，因此，目前我国很少采用三层式屋内配电装置。

（二）按照安装形式分类

屋内配电装置的安装形式一般有两种：装配式和成套式。其中，将各种电气设备在现场组装构成配电装置称为装配式配电装置。目前，需要安装重型设备（如：大型开关、电抗器）的屋内配电装置大都采用装配式。

由制造厂预先将各种电气设备按照要求装配在封闭或半封闭的金属柜中，安装时按照主接线要求组合起来构成整个配电装置，这就称为成套式配电装置。其特点是：

（1）装配质量好、运行可靠性高。

（2）易于实现系列化、标准化。

（3）不受外界环境影响，基建时间短。

成套式配电装置按元件固定的特点，可分为固定式和手车式；按电压等级不同，可分为高压开关柜和低压开关柜。

由于装配式屋内配电装置和成套式配电装置所涉及的内容较多，因此本节重点讨论装配式屋内配电装置的有关问题，成套式配电装置在本章第三节中加以说明。

二、装配式屋内配电装置的布置要求

在进行电气设备配置时，首先应从整体布局上考虑：

（1）同一回路的电气设备和载流导体布置在同一间隔内，保证检修安全和限制故障范围。

（2）满足安全净距要求的前提下，充分利用间隔位置。

（3）较重的设备如电抗器、断路器等布置在底层，减轻楼板荷重，便于安装。

（4）出线方便，电源进线尽可能布置在一段母线的中部，减少通过母线截面的电流。

（5）布置清晰，力求对称，便于操作，容易扩建。

下面仅就具体设备、间隔、小室和通道等介绍装配式屋内配电装置的几个有关问题。

（一）母线及隔离开关

母线一般布置在配电装置的上部，其布置一般有三种方式：水平、垂直和三角形布置。

母线水平布置可以降低配电装置高度，便于安装，通常在中小型发电厂或变电站中采用。母线垂直布置时，一般用隔板隔开，其结构复杂，且增加配电装置的高度，一般适用于 20kV 以下、短路电流较大的发电厂或变电站。母线三角形布置适用于 10～35kV 大、中容量的配电装置中，结构紧凑，但外部短路时各相母线和绝缘子机械强度均不相同。

母线相间距离 a 取决于相间电压、短路时母线和绝缘子的机械强度及安装条件等。6～10kV 母线水平布置时，$a \approx 250 \sim 350mm$；垂直布置时，$a \approx 700 \sim 800mm$；35kV 母线水平布置时，$a \approx 500mm$；110kV 母线水平布置时，$a \approx 1200 \sim 1500mm$。同一支路母线的相间距离应尽量保持不变，以便于安装。

双母线或分段母线布置中，两组母线之间应设隔板（墙），以保证有一组母线故障或检修时不影响另一组母线工作。为避免温度变化引起硬母线产生危险应力，当母线较长时应安装母线温度补偿器，一般铝母线长度为 20～30m 设一个补偿器；铜母线长度为 30～50m 设两个补偿器。

母线隔离开关一般安装在母线的下方，母线与母线隔离开关之间应设耐热隔板，以防母线隔离开关误操作引起的飞弧造成母线故障。两层以上的配电装置中，母线隔离开关宜单独布置在一个小室内。

（二）断路器及其操动机构

断路器通常设在单独的小室内。按照油量及防火防爆的要求，断路器（含油设备）小室的形式可分为敞开式、封闭式及防爆式。敞开式小室完全或部分使用非实体的隔板或遮栏；封闭式小室四壁用实体墙壁、顶盖和无网眼的门完全封闭；若封闭式小室的出口直接通向屋外或专设的防爆通道，则为防爆式小室。

一般 35kV 及以下的屋内断路器和油浸互感器，宜安装在开关柜内或用隔板（混凝土墙或砖墙）隔开的单独小间内；35～220kV 屋内断路器与油浸互感器则应安装在用防爆隔板隔开的单独小间内，当间隔内单台电气设备总油量在 100kg 以上时，应设贮油或挡油设施。

断路器的操动机构与断路器之间应该使用隔板隔开，其操动机构布置在操作通道内。手动操动机构和轻型远距离操动机构均安装在壁上；重型远距离控制操动机构则装在混凝土基础上。

（三）互感器和避雷器

电流互感器无论是干式或油浸式，都可以和断路器放在同一小室内，并且应尽量作为穿墙套管使用，以减少配电装置体积与造价。

电压互感器经隔离开关和熔断器接到母线上，它需占用专门的间隔，但在同一间隔内，可装设几个不同用途的电压互感器。

当母线接有架空线路时，母线上应装避雷器。电压互感器与避雷器可共用一个间隔，两者之间应采用隔板（隔层）隔开，并可共用一组隔离开关。

（四）电抗器

限流电抗器因其质量大，一般布置在配电装置第一层的电抗器小室内。电抗器小室的高度应考虑电抗器吊装要求，并具备良好的通风散热条件。按其容量不同有三种不同的布置：三相垂直、品字形和三相水平布置，如图 11-2 所示。通常线路电抗器采用垂直或品字形布置。当电抗器的额定电流超过 1000A、电抗值超过 5％～6％时，宜采用品字形布置。额定电流超过 1500A 的母线分段电抗器或变压器低压侧的电抗器，则采用三相水平布置。

由于 V 相电抗器绕组绕线方向与 U、W 两相电抗器绕组绕线方向相反，为保证电抗器动稳定，在采用垂直或品字形布置时，只能采用 UV 或 VW 两相电抗器上下相邻叠装，而不允许 UW 两相电抗器上下相邻叠装在一起。为减少磁滞与涡流损失，不允许将固定电抗器的支持绝缘子基础上的铁件及其接地线等构成闭合环形连接。

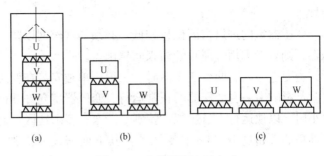

图 11-2 电抗器的布置方式
(a) 垂直布置；(b) 品字形布置；(c) 水平布置

（五）电容器室

运行经验表明，1000V 及以下的电容器可不另行单独设置低压电容器室，而将低压电容器柜与低压配电柜布置在一起。

高压电容器室的大小主要由电容器容量和对通道的要求所决定，通道要求应满足表 11-3 中的规定。电容器室的建筑面积，可按每 100kvar 约需 4.5m² 估算。电容器室应有良好的自然通风，如不能保证室内温度不超过 40℃ 时，应增设机械通风装置。若电容器容量不大时，可考虑设置在高压配电装置或无人值班的高、低压配电室内。

表 11-3 配电装置室内各种通道最小宽度（净距） 单位：mm

通道分类 布置方式	维护通道	操 作 通 道		防爆通道
		固 定 式	手 车 式	
一面有开关设备	800	1500	单车长＋900	1200
二面有开关设备	1000	2000	双车长＋600	1200

（六）变压器室

变压器室的最小尺寸根据变压器外形尺寸和变压器外廓至变压器室四壁应保持的最小距离而定，按规程规定不应小于表 11-4 所列的数值（对照图 11-3）。

表 11-4 变压器外廓与变压器室四壁的最小距离 单位：mm

变压器容量（kVA）	320 及以下	400～1000	1250 及以上
至后壁和侧壁净距 A	600	600	600
至大门净距 B	600	800	1000

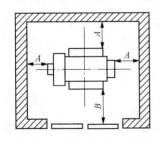

图 11-3 变压器室尺寸

变压器室的高度与变压器的高度、运行方式及通风条件有关。根据通风的要求，变压器室的地坪有抬高和不抬高两种。地坪不抬高时，变压器放置在混凝土的地面上，变压器室的高度一般为 3.5～4.8m；地坪抬高时，变压器放置在抬高的地坪上，下面是进风洞，地坪抬高高度一般有 0.8、1.0m 及 1.2m 三种。变压器室高度一般也相应地增加为 4.8～5.7m。变压器室的地坪是否抬高由变压器的通风方式及通风面积所确定。当变压器室的进风窗和出风窗的面积不能满足通风条件时，就需抬高变压器室的地坪。

变压器室的进风窗因位置较低，必须加铁丝网以防小动物进入；出风窗，因位置高于变压器，则要考虑用金属百叶窗来防挡雨雪。

当变电站内有两台变压器时，一般应单独安装在变压器室内，以防止一台变压器发生火灾时，影响另一台变压器的正常运行。变压器室允许开设通向电工值班室或高、低压配电室的小门，以便运行人员巡视，特别是严寒和多雨地区，此门材料要求采用非燃烧材料。对单个油箱油重超过1000kg的变压器，其下面需设贮油池或挡油墙，以免发生火灾，使灾情扩大。

变压器室大门的大小一般按变压器外廓尺寸再加0.5m计算，当一扇门的宽度大于1.5m时，应在大门上开设小门，小门宽0.8m，高1.8m，以便日常维护巡视之用。另外，布置变压器室时，应避免大门朝西。

（七）电缆构筑物

电缆隧道及电缆沟是用来放置电缆的。电缆隧道为封闭狭长的构筑物，高1.8m以上，两侧设有数层敷设电缆的支架，可放置较多的电缆，人在隧道内能方便地进行电缆的敷设和维修工作。但其造价较高，一般用于大型电厂。电缆沟则为有盖板的沟道，沟宽与沟深不足1m，敷设和维修电缆必须揭开盖板，很不方便。沟内容易积灰和积水，但土建施工简单、造价较低，常为变电站和中、小型电厂所采用。

众多事故证明，电缆发生火灾时，烟火向室内蔓延，将使事故扩大。故电缆隧道（沟）在进入建筑物（包括控制室和开关室）处，应设带门的耐火隔墙（电缆沟只设隔墙）。同时也可以防止小动物进入室内。

（八）通道和出口

配电装置的布置应便于设备操作、检修和搬运，故需设置必要的通道。在本章第一节中已简单介绍通道的相关内容。一般情况下，维护通道最小宽度应比最大搬运设备大0.4～0.5m；操作通道的最小宽度为1.5～2.0m；防爆通道的最小宽度为1.2m。

为了保证运行人员的安全及工作便利，不同长度的屋内配电装置室，应有一定数目的出口。当配电装置长度大于7m时，应有两个出口（最好设在两端）；当长度大于60m时，在中部适当宜再增加一个出口。同时，配电装置室的门应向外开，并装弹簧锁，相邻配电装置室之间如有门，应能向两个方向开启。

三、屋内配电装置实例

（一）110kV屋内配电装置

图11-4为二层二通道单母线分段110kV的屋内配电装置的断面图。母线三相采用水平布置，主母线居中，旁路母线靠近出线侧。母线隔离开关均为竖装。底层每个间隔分为前后两个小室，分别布置断路器及出线隔离开关。所有隔离开关均采用V形。上下层各设有两条操作维护通道。楼层的母线隔离开关间隔采用轻钢丝网隔开，以减轻土建结构。间隔宽度为7m，跨度为15m，采用自然采光。

（二）220kV屋内配电装置

我国的220kV配电装置在80年代前都采用屋外配电装置，只有个别工程采用屋内配电装置。这是因为220kV屋内配电装置的电气设备体积较大，需要建造庞大的配电楼，建筑费用增加甚多。近年来，鉴于在严重污秽地区建设220kV屋外配电装置，污闪事故很难避免，而污闪事故多为永久性事故，造成的停电损失相当大，此外，城市的购地价格越来越高，在市区建设 220kV 配电装置更需注意节约用地和美化环境，因而有些工程在精心设计、降低造价的条件下，采用了屋内配电装置。

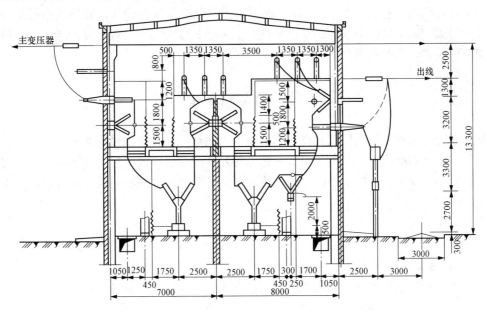

图 11-4 二层二通道单母线分段带旁路 110kV 屋内配电装置布置图

GY 变电站因为紧靠发电厂和钢厂，地位狭窄，锅炉的烟灰、冷却塔的水雾、高炉和焦炉的化学气体对原有 220kV 屋外电气设备造成严重污染，清扫的工作量很大，容易造成闪络事故，对钢厂、煤矿等重要负荷的供电安全不能保证。为了隔绝污染，防止事故，不得不改建为屋内配电装置，如图 11-5 所示。为了不使配电楼面积过于庞大，采用了占地面积小

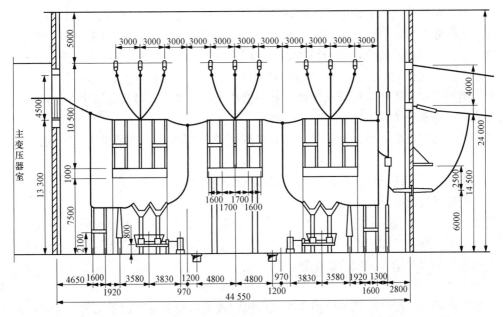

图 11-5 GY 变电站 220kV 屋内配电装置（E 形）断面（间隔宽度：12m）图

的敞开式组合电器（包括隔离开关—电流互感器组合电器和隔离开关—隔离开关组合电器），配电装置为双层双母线带旁路隔离开关双列式布置，双母线采用软导线作三列 E 形布置，使每一间隔可以双侧出线。为了降低配电楼的高度，将断路器作低式布置，其活动围栅斜设于支墩上，再把阀型避雷器作下挖 1.6m 布置。虽然采取了这些措施，但该屋内配电装置楼（2 回主变压器进线，3 回出线）的跨度仍达 44.5m，长度为 48m，楼房高度为 24m，该配电楼耗用三材较多，共耗用钢材 292t，水泥 710t。

第三节　成套式配电装置

成套式配电装置是制造厂成套供应的设备，由制造厂预先按主接线的要求，将每一条电路的电气设备（如断路器、隔离开关、互感器等）装配在封闭或半封闭的金属柜中，构成各单元电路分柜。安装时，按主接线方式，将各单元分柜（又称间隔）组合起来，就构成整个配电装置。

成套式配电装置的特点：

（1）成套式配电装置有金属外壳（柜体）的保护，电气设备和载流导体不易积灰，便于维护，特别处在污秽地区更为突出。

（2）成套式配电装置易于实现系列化、标准化，具有装配质量好、速度快，运行可靠性高的特点。由于进行定型设计与生产，所以其结构紧凑、布置合理、缩小了体积和占地面积，降低了造价。

（3）成套式配电装置的电器安装、线路敷设与变配电室的施工分开进行，缩短了基建时间。

成套式配电装置的分类：

（1）按柜体结构特点，可分为开启式和封闭式。开启式的电压母线外露，柜内各元件之间也不隔开，结构简单，造价低；封闭式开关柜的母线、电缆头、断路器和测量仪表均被相互隔开，运行较安全，可防止事故的扩大，适用于工作条件差，要求高的用电环境。

（2）按元件固定的特点，可分为固定式和手车式。固定式的全部电气设备均固定于柜内；而手车式开关柜的断路器及其操动机构（有时还包括电流互感器、仪表等）都装在可以从柜内拉出的小车上，便于检修和更换。断路器在柜内经插入式触头与固定在柜内的电路连接，并取代了隔离开关。

（3）按其母线套数，可分为单母线和双母线两种。35kV 以下的配电装置一般都采用单母线。

（4）按其电压等级又可分为高压开关柜和低压开关柜。

一、低压成套配电装置

低压成套配电装置是电压为 1000V 及以下电网中用来接受和分配电能的成套配电设备。

一般说来，低压成套配电装置可分为配电屏（盘、柜）和配电箱两类；按控制层次可分为配电总盘、分盘和动力、照明配电箱。

1. 低压配电屏

我国生产的低压配电屏基本以固定式（即固定式低压配电屏）和手车式（又称抽屉式低压开关柜）两大类为主。过去生产的有离墙布置的双面维护屏 BSL 型和靠墙布置的单面维护屏 BDL 型系列，现在生产的产品有 PGL 型、GGL 型和 GHL 型等低压配电屏。本节仅介绍以下几个常见的系列产品。

（1）BSL 型低压配电屏。BSL（双面维护）系列低压配电屏是一种最简单的配电装置。在面板上装有测量仪表，中部设有闸刀开关的操作手柄，屏面下部有两扇向外开的门，内装继电器和二次线端子排。母线布置在屏顶，闸刀开关、熔断器、低压断路器、电流互感器等都装在屏后，上端装有电能表，如图 11-6 所示。BSL 系列的分断能力为 15kA。

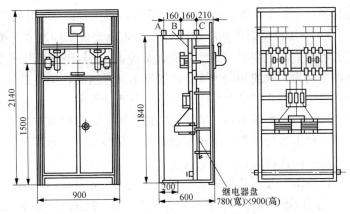

图 11-6　BSL 型离墙式低压配电屏外形及内部结构

（2）PGL 型交流低压配电屏。PGL 型交流低压配电屏为开启式双面维护的低压配电装置，适用于发电厂、变电站和工矿企业频率 50Hz、额定电压 380V 及以下低压配电系统，作动力、照明配电之用。其型号的意义为：P—低压开启式；G—元件固定安装、固定接线；L—动力用。

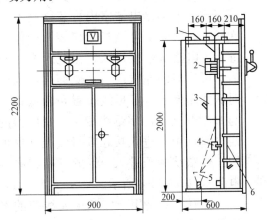

图 11-7　PGL 型交流低压配电屏结构
1—母线及绝缘框；2—闸刀开关；3—低压断路器；
4—电流互感器；5—电缆头；6—继电器

PGL 型交流低压配电屏采用薄钢板及角钢焊接结构，如图 11-7 所示，屏前有门，屏面上方有仪表板，为可开启的小门，仪表板上装设指示仪表，维护方便。在屏后构架上方，主母线安装子绝缘框上，并设有母线防护罩，以防止上方坠落的金属物造成母线短路。

多屏并列时，屏与屏之间加装隔板，可以减少屏内故障扩大的可能；在始端屏与终端屏的左右两侧，可加装防护板。

PGL 型低压配电屏的结构设计比较合理、电路配置安全、防护性能好、分断能力高。PGL 系列的分断能力为 30kA。

（3）GHL 型固定式低压配电屏。属封闭式双面维护的低压配电装置，适用于发电厂、变电站和工矿企业频率 50Hz、额定电压 380V 及以下三相四（或五）线制系统，作动力、照明配电之用。其型号的意义为：G—封闭式开关柜；H—电气元件固定和插入混合安装式；L—动力用。

GHL 型配电屏为组合式结构，这种结构避免了因焊接而产生的变形和应力：框架外形尺寸、零部件外形尺寸及开口尺寸，均按模数（$M=20$）变化，零部件通用性高，适应性强。框架分为母线室、继电器室，一次元件回路间均用铁板间隔。柜顶后部为母线室，柜底安装 N 线和 PE 线，柜顶前部为继电器室，内装继电器等二次元件，前面小门上安装仪表、信号元件等。柜中用隔板分离一次元件和总母线，以保证线路安全，防止事故扩大。柜内各元件通过 PE 线可靠接地，柜底用绝缘板封闭，以防止小动物侵入。

（4）GCD 型低压抽屉式开关柜。GCD 型低压抽屉式开关柜为密封结构，分为功能单元室、母线室和电缆室。其型号的含义为：G—封闭式低压开关柜；C—抽出式；D—动力用。电缆室内为二次线和端子排。功能室由抽屉组成，主要低压设备均安装在抽屉内。若回路发生故障时，可立即换上备用的抽屉，迅速恢复供电，开关柜前面的门上装有仪表、控制按钮和低压断路器操作手柄。抽屉有联锁机构，可防误操作。

这种柜的特点是：密封性能好，可靠性高，占地面积小，但钢材消耗较多，价格较高。它将逐步取代固定式低压配电屏。

（5）BFC 型低压抽屉式开关柜，又称配电中心。适用于发电厂和变电站的三相 50Hz、380V 低压配电系统。其型号的含义为：B—低压配电；F—封闭式；C—抽屉式。这种开关柜的密封性能好、结构紧凑、可靠性高，主要设备均装在抽屉或手车上，回路发生故障时，可立即换上备用的抽屉或小车，可迅速恢复供电。

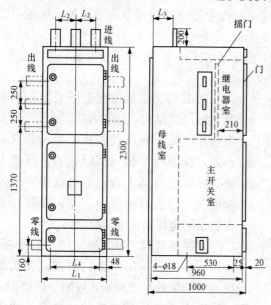

图 11-8　BFC-20A 型开关柜结构

BFC 型低压抽屉式开关柜产品系列较多，下面以 BFC-20A 为例介绍。BFC-20A 型开关柜分为五种规格，基本结构形式相同。主开关装在中部的主开关室内，且为抽屉式。上部继电器室内可装继电器等二次元件，门面上可装指示仪表、操作按钮等。主电路从柜顶进入，在柜内经主开关后，可从柜的左（或右）侧伸出，也可同时从两侧伸出。零母线布置在柜底部，可与 B 型开关柜的零母线相接，变压器的零线电缆从柜底进入接在零母线上（也可应用户要求从柜顶进入，组成三相四线制主电路），如图 11-8 所示。

抽屉主要是用来安装单元线路的电器元件，按 250、500、750、1000mm 的不同高度，以重叠的方式组装在封闭式的柜体内，因此可以组成多种柜体。主电路的进出线为插接式（1000mm 的抽屉分为插接式和固定式两种）。柜体间隔可安装不同规格的抽屉和控制板，并设有滑道，每个间隔对应有门，门与抽屉中的低压断路器（自动开关）均设有机械联锁，只有当开关处于分闸位置时，门才能打开，门打开后自动开关合不上。抽屉的拉出或插入是利用摇把转动丝杠实现的。辅助电路接线室中安装控制电路接插件及零母线。主母线室中安装水平母线、垂直母线及各抽屉回路输出母线。

2. 照明、动力配电箱

低压配电箱相当于小型的封闭式配电盘（屏），供交流 50Hz、500V 房屋或户外的动力和照明配电用。内部装有开关、闸刀、熔丝等部件，其尺寸大小多有不同，视内装部件的多少而定。

（1）照明配电箱。XM 类照明配电箱适用于非频繁操作照明配电用。采用封闭式箱结构，悬挂式或嵌入式安装，内装小型断路器、漏电开关等电器。有些产品并装有电能表和负荷开关。照明配电箱的盘面布置和盘后接线，如图 11-9 所示。配电箱可以是板式，也可以是箱式。

目前常用照明配电箱的型号、安装方式、箱内电器及适用场合见表 11-5。

表中照明配电箱的型号含义为：第一单元代表产品名称，X—低压配电箱；第二单元代表安装形式，X—

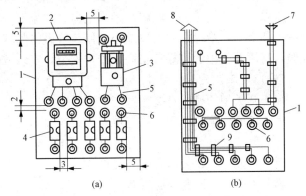

图 11-9　照明配电盘（单位：cm）

（a）盘面布置；（b）盘后接线

1—盘面；2—电能表；3—胶盖闸；4—瓷插式保险；
5—导线；6—瓷喷嘴（或塑料嘴）；
7—电源引入线；8—电源引出线；9—导线固定卡

悬挂式，R—嵌入式；第三单元代表用途，M—照明用。XM-34-2 的含义为：照明用的配电箱，型号为 3，进线主开关极数为 4，出线回路数为 2。

表 11-5　　　　　常用照明配电箱的安装方式、箱内电器及适用场合

型　号	安装方式	箱内主要电器元件	适用场合
XM-34-2	嵌入、半嵌入、悬挂	DZ12 型断路器	工厂企业、民用建筑
XXM-□	嵌入、悬挂	DZ12 型断路器，小型蜂鸣器等	民用建筑
PXT-□	嵌入、悬挂	DZ6 型断路器	工厂企业、民用建筑
XRM-□	嵌入、悬挂	DZ12 型断路器	工厂企业、民用建筑

（2）动力配电箱。动力配电箱是将电能分配到若干条动力线路上去的控制和保护装置。其形式主要可分为开启式和封闭式两种。目前产品具有多个系列，各制造厂都编有相应代号以方便选用，选用时应注意参考厂家的样本资料。

XL（F）系列动力配电箱的全型号含义如下：

第一单元　第二单元　第三单元　第四单元　第五单元　第六单元　第七单元

XL（F）-□—□　　　　□　　　　□　　　　□　　　　□　　　　□

XL（F）的文字含义为：（封闭式）动力配电箱。

第一单元——设计序号。

第二单元——60A 回路数。

第三单元——100A 回路数。

第四单元——200A 回路数。

第五单元——400A 回路数。

第六单元——刀开关的数量及形式。

第七单元——有无电压表，1—有，0—无。

二、高压成套配电装置

高压开关柜也称为高压成套配电装置，以断路器为主体，将检测仪表、保护设备和辅助设备按一定主接线要求都装在封闭或半封闭的柜中。以一个柜（有时两个柜）构成一条电路，所以一个柜就是一个间隔。柜内电器、载流部分和金属外壳互相绝缘，绝缘材料大多用绝缘子和空气，绝缘距离可以缩小，使装置做得紧凑，从而节省材料和占地面积。根据运行经验，高压开关柜的可靠性很高，维护安全，安装方便，已在 3～35kV 系统中大量采用。

（一）高压开关柜的型号

高压开关柜的型号有 2 个系列的表示方法：

第一单元　第二单元　第三单元　第四单元　第五单元
　□　　　　□　　　　□　　　　□　　　　（F）

第一单元——G 表示高压开关柜。

第二单元——F 表示封闭型。

第三单元——代表形式，C—手车式，G—固定式。

第四单元——代表额定电压（kV）或设计序号。

第五单元——F 表示防误型。

第一单元　第二单元　第三单元　第四单元
　□　　　　□　　　　□—　　　□

第一单元——高压开关柜，J—间隔型，K—铠装型。

第二单元——代表类别，Y—移开式，G—固定式，

第三单元——N 表示户内式。

第四单元——代表额定电压，kV。

举例：KGN-10 型号含义为：表示金属封闭铠装户内 10kV 的固定式开关柜。GFC-10 型号含义为：表示手车式封闭型的 10kV 高压开关柜。

（二）高压开关柜的种类

我国目前生产的 3～35kV 高压开关柜，按结构形式可分为固定式和手车式两种。手车柜目前大体上可分为铠装型和间隔型两种，铠装型手车的位置可分为落地式和中置式两种。

固定式高压开关柜断路器安装位置固定，采用隔离开关作为断路器检修的隔离措施，结构简单；断路器室体积小，断路器维修不便。固定式高压开关柜中的各功能区相通而且是敞开的，容易造成故障的扩大，其检修时采用母线和线路的隔离开关进行隔离。

手车式高压开关柜高压断路器安装于可移动手车上，断路器两侧使用一次插头与固定的母线侧、线路侧静插头构成导电回路；检修时采用插头式的触头隔离，断路器手车可移出柜外检修。同类型断路器手车具有通用性，可使用备用断路器手车代替检修的断路器手车，以减少停电时间。手车式高压开关柜的各个功能区是采用金属封闭或者采用绝缘板的方式封闭，有一定的限制故障扩大的能力。

高压开关柜通常具有"五防"功能：防止误分、误合断路器；防止带负荷分、合隔离开关或带负荷推入、拉出金属封闭式开关柜的手车隔离插头；防止带电挂接地线或合接地开关；防止带接地线或接地开关合闸；防止误入带电间隔，以保证可靠的运行和操作人员的安全。

1. KGN-10 型固定式开关柜

KGN-10 型固定式开关柜具备"五防闭锁"功能，适用于三相交流 50Hz，额定电压 3～10kV，额定电流 2500A 的单母线系统，用以接收和分配电能。该开关柜为金属封闭式结构，

柜体骨架由角钢或钢板弯制焊接而成，柜内用接地的金属隔板分成母线室、断路器室、电缆室、操动机构室、继电器室及压力释放通道，如图 11-10 所示。母线室在柜体后上部。为了有效地利用空间，母线呈三角形排列，带接地开关的隔离开关也装在本室，以便与主母线进行电气连接。

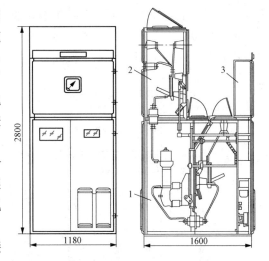

图 11-10　KGN-10 型开关柜结构
1—断路器室；2—母线室；3—继电器室

断路器室在柜体后下部，断路器传动部分通过上下拉杆和水平轴在电缆室与操动机构连接，并设有压力释放通道，断路器灭弧时，气体可经排气通道将压力释放。

电缆室在柜体的下部中间，除作电缆连接外，还装有带接地开关的隔离开关。

操动机构室在柜体前下部，内装操动机构、合闸接触器、熔断器及联锁板等，机构不外露，其门上装有主母线带电指示氖灯显示器。

继电器室在柜体前部上方，室内的安装板和端子排支架，可装各种继电器。门上可安装指示仪表、信号元件、操作开关等。

KGN-10 型固定式开关柜为双面维护，前面维护检修二次部分、操动机构及其传动部分、程序锁及机械联锁、电缆和下隔离开关等；后面维护检修主母线、上隔离开关及断路器。后门上有观察窗，后壁装有照明灯，以便观察断路器的油面及运行情况。

2. XGN2-10 型固定式开关柜

XGN2-0 型固定式开关柜为金属封闭箱式结构，屏体由钢板和角铁焊成。由断路器室、母线室、电缆室和仪表室等部分构成。断路器室在柜体的下部。断路器由拉杆与操动机构连接。断路器下引接与电流互感器相连，电流互感器和隔离开关连接。断路器室有压力释放通道，以防止电弧燃烧产生的气体压力得以安全释放。母线室在柜体后上部，为减小柜体高度，母线呈"品"字形排列。电缆室在柜体下部的后方，电缆固定在支架上。仪表室在柜体前上部，便于运行人员观察。断路器操动机构装在面板左边位置，其上方为隔离开关的操作及联锁机构。

3. KYN1-12 型铠装开关柜

KYN1-12 型铠装开关柜为全封闭型结构，由继电器室、手车室、母线室和电缆室 4 个部分组成。各部分用钢板分隔，螺栓连接，具有架空进出线、电缆进出线及左右联络的功能。外形及内部结构如图 11-11 所示。

手车是由角钢和钢板焊接而成，分为断路器手车、电压互感器避雷器手车、电容器避雷器手车、站用变压器手车、隔离手车及接地手车等。断路器根据需要可配少油或真空断路器。相间采用绝缘隔板，电磁操动机构采用 CD10，弹簧操动机构采用 CT8。手车上的面板就是柜门，门上有观察窗及照明灯，能清楚地观看断路器的油位指示。门正中的模拟接线旁有手车位置指示旋钮，同时具有把手车锁定在工作位置、试验位置及断开位置的功能。旁边有按钮及分合闸位置指示孔，能清楚反映少油断路器的工作状态。手车底部装有接地触头及 5 个轮子，其中 4 个滚轮能沿手车柜内的导轨进出，当抽出柜后，另一附加转向小轮能使手车灵活转动。手车在试验位置可使用推进装置使手车均匀插入或抽出。该产品还具有手车可互换及防止不同类型"手车"误入其他柜内的措施。

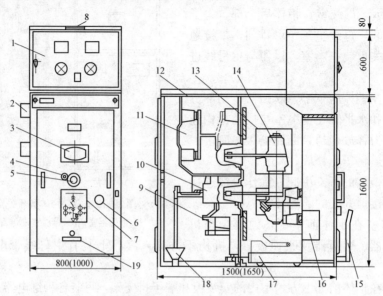

图 11-11　KYN1-12 型开关柜外形及内部结构
1—仪表室；2—一次套管；3—观察窗；4—推进机构；5—手车位置指示及锁定旋钮；6—紧急分闸旋钮；
7—模拟母线牌；8—标牌；9—接地开关；10—电流互感器；11—母线室；12—排气窗；13—绝缘隔板；
14—断路器；15—接地开关手柄；16—电磁式弹簧机构；17—手车；18—电缆头；19—厂标牌

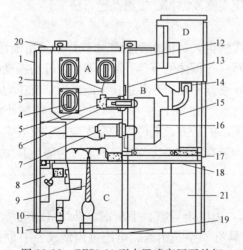

图 11-12　GZS1-10 型中置式高压开关柜
A—母线室；B—手车式断路器；C—电缆室；D—继电器仪表室
1—外壳；2—分支小母线；3—母线套管；4—主母线；
5—静触头装置；6—静触头盒；7—电流互感器；8—接地开关；
9—电缆；10—避雷器；11—接地主母线；12—装卸式隔板；
13—隔板（活门）；14—二次插头；15—断路器手车；16—加热装置；
17—可抽出式水平隔板；18—接地开关操作机构；19—板底；
20—泄压装置；21—控制小线槽

继电仪表室底部用 4 组减震器与柜体连成一体，前门可装设仪表、信号灯、信号继电器、操作开关等。小门装电能表或继电器，室内活动板上装有继电器，布置合理、维修方便，二次电缆沿手车室左侧壁自底部引至仪表继电器室。

4. GZS1-10 型中置式开关柜

中置式开关柜是在真空、SF_6 断路器小型化后设计出的产品，可实现单面维护。其使用性能有所提高，近几年来国内外推出的新柜型以中置式居多。

GZS1-10 型手车式开关柜整体是由柜体和中置式可抽出部分（即手车）两大部分组成。如图 11-12 所示，开关柜由母线室、断路器手车室、电缆室和继电器仪表室组成。手车室及手车是开关柜的主体部分。手车在柜体内有断开位置、试验位置和工作位置三个状态。开关设备内装有安全可靠的联锁装置，完全满足"五防"的要求。采用中置式形式，小车体积小，检修维护方便。母线室封闭在开关室后上部，不易落入灰尘和引起短路，出现电弧时，能有效将事故限制在隔室内而不向其他柜蔓延。由于开关设备采用中置式，电缆室空间较大。电流互感器、接地开关装在隔室后壁上，避雷器装设在隔室后下部。继电器仪表室内装设继电保护元件、仪表、带电检查指示器，以及特殊要求的二次设备。

5. HXGN-12ZF（R）型环网柜

环网柜是城市、农村电网改造工程、工矿企业、高层建筑、公共设施等部门作为环网供电单元和终端设备，是电能分配、控制和电气保护的最佳设备。

HXGN-12ZF（R）型箱式（固定式）金属封闭环网开关柜适用于三相交流 50Hz、额定电压 3～10kV 的配电系统。该柜采用空气绝缘，外壳采用钢板或敷铝锌板经双折边组合而成，柜内室与室之间均有钢板分隔，结构紧凑，"五防"功能可靠。柜后有两处压力释放孔，能够最大限度地保障人身安全和运行设备的可靠。

主开关采用真空负荷开关，可正装也可侧装，并有接地开关和隔离开关，弹簧操动机构既可电动也可手动，熔断器组合电器方案可代替造价昂贵，体积庞大的断路器柜。其安全性好，一次与二次可以完全隔离；主母线室与负荷开关室用接地金属板隔开；在负荷开关动静触头断口间设有接地的金属活门；柜体、负荷开关、金属活门之间设有可靠的机构联锁。安装容易，维修方便、体积小；操作简单替换容易，可以单独替换。

三、SF₆全封闭组合电器

近年来为了减少占地面积，六氟化硫全封闭组合电器得到了广泛应用，又称为气体绝缘全封闭组合电器（Gas-Insulator Switchgear，GIS）。它将断路器、隔离开关、母线、接地开关、互感器、出线套管或电缆终端头等分别装在各自密封间中，集中组成一个整体外壳，充以 $(3.039～5.065)\times10^5$Pa（3～5 大气压）的 SF₆ 气体作为绝缘介质。

目前，我国的 GIS 使用的起始电压为 110kV 及以上，并考虑在以下情况使用：①占地面积较小的地区，如市区变电站；②高海拔地区或高烈度地震区；③外界环境较恶劣的地区。我国西北电网建设的 750kV 工程，已采用 GIS 在变电站投入运行。

1. GIS 的主要特点

GIS 的主要优点是：

（1）可靠性高。由于带电部分全部封闭在 SF₆气体中，不会受到外界环境的影响。

（2）安全性高。由于 SF₆ 气体具有很高的绝缘强度，并为惰性气体，不会产生火灾；带电部分全部封闭在接地的金属壳体内，也不存在触电的危险。

（3）占地面积小。由于采用具有很高的绝缘强度 SF₆ 气体作为绝缘和灭弧介质，使得各电气设备之间、设备对地之间的最小安全净距减小，从而大大缩小了占地面积。

（4）安装、维护方便。组合电器可在制造厂家装配和试验合格后，再以间隔的形式运到现场进行安装，工期大大缩短。由于以上 3 个优点，因此，其检修周期长，维护工作量小。

GIS 的主要缺点是：

（1）密封性能要求高。装置内 SF₆气体压力的大小和水分的多少会直接影响整个装置运行的性能和人员的安全性，因此，GIS 对加工的精度有严格的要求。

（2）金属耗费量大，价格较昂贵。

（3）故障后危害较大。首先，故障发生后造成的损坏程度较大，有可能使整个系统遭受破坏。其次，检修时有毒气体（SF_6气体与水发生化学反应后产生）会对检修人员造成伤害。

2. GIS 的分类

（1）按结构形式分。根据充气外壳的结构形状，GIS 可分为圆筒形和柜形两大类。第一大类依据主回路配置方式还可分为单相—壳型（即分相型）、部分三相—壳型（又称主母线三相共筒型）、全三相—壳型和复合三相—壳型四种；第二大类又称 C—GIS，俗称充气柜，依据柜体结构和元件间是否隔离可分为箱型和铠装型两种。

（2）按绝缘介质分。可分为全 SF_6 气体绝缘型（F—GIS）和部分气体绝缘型（H—GIS）两类。

3. GIS 结构示例

GIS 由各个独立的标准元件组成，各标准元件制成独立气室，再辅以一些过渡元件，便可适应不同形式主接线的要求，组成成套配电装置。

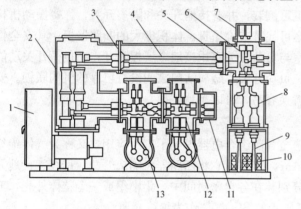

图 11-13　GIS 总体结构

1—操作装置；2—断路器；3—绝缘隔板；4—导体；
5—插入实指形触头；6、12—隔离开关；7、11—接地开关；
8—电缆接线端头；9—电缆；10—电流互感器；13—母线

一般情况下，断路器和母线筒的结构形式对布置影响最大。对于户内式全封闭组合电器：若选用水平布置的断路器，则将母线筒布置在下面，断路器布置最上面；若断路器选用垂直断口时，则断路器一般落地布置在侧面。对于户外 GIS，断路器一般布置在下部，母线布置在上部，用支架托起。如图 11-13 所示为 GIS 总体结构，简化 GIS 三维模型如图 11-14 所示。

GIS 外壳可用钢板或铝板制成，形成封闭外壳，有三相共箱式和三相分箱式两种。其功能有以下三点：

（1）容纳 SF_6 气体，气体压力一般为 0.2～0.5MPa。

（2）保护活动部件不受外界物质侵蚀。

（3）可作为接地体。

在设计 GIS 时，一般根据用户提供的主接线将 GIS 分为若干个间隔。所谓一个间隔是一个具有完整的供电、送电和其他功能（控制计量、保护等）的一组元器件。每个间隔可再划分为若干气室或气隔。气室划分应考虑以下因素：

（1）不同额定电压的元件必须分开。例如：断路器的额定电压常高于其他元件，应将它和其他气室分开。

（2）要便于运行、维护和检修。当发生故障需要检修时，应尽可能将停电范围限制在一组母线和一回线的区域，须注意以下几点：

1）主母线和备用母线气室应分开。

2）主母线和主母线侧的隔离开关气室应分开，以便于检修主母线。

3）考虑当主母线发生故障时，能尽可能缩小波及范围和作业时间，当间隔数较多时，应将主母线分为若干个气室。

　　4）为了防止电压互感器、避雷器发生故障时波及其他元件，以及为了现场试验和安装作业方便，通常将电压互感器和避雷器单独设气室。

　　5）由于电力电缆和 GIS 的安装时间常不一致，经常需要对电缆终端 SF_6 气体进行单独处理，所以电缆终端应单独设立气室，但可通过阀门与其他元件相连，以便根据需要灵活控制。

　　（3）要合理确定气室的容积。一般气室容积的上限是由气体回收装置的容量决定的，即要求在设备安装或检修时，能在规定的时间内完成气室中的气体处理；下限则主要取决于内部电弧故障时的压力升高，不能造成外壳爆炸。

　　（4）有电弧分解物产生的元件与不产生电弧分解物的元件分开。

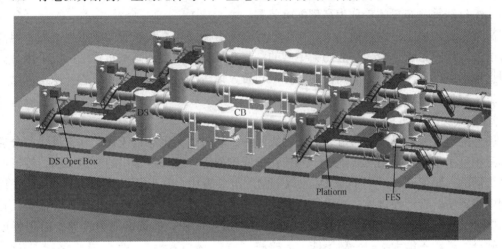

图 11-14　简化 GIS 三维模型

第四节　屋 外 配 电 装 置

屋外配电装置是将电气设备安装在露天场地基础、支架或构架上，其特点是：

（1）土建工作量和费用较小，建设周期短。

（2）扩建比较方便。

（3）相邻设备之间距离较大，便于带电作业。

（4）占地面积大。

（5）受外界环境影响，设备运行条件较差，需加强绝缘。

（6）不良气候对设备维修和操作有影响。

目前，110kV 及以上电压等级一般多采用屋外配电装置。

一、屋外配电装置的类型及其特点

根据电气设备和母线布置的高度，屋外配电装置可分为低型、中型、半高型和高型等。

1. 低型

电气设备直接放在地面基础上，母线布置的高度也比较低，为了保证安全距离，设备周围设有围栏。低型布置占地面积大，目前很少采用。

2. 中型

中型配电装置的所有电气设备都安装在同一水平面内，并装在一定高度（2～2.5mm）的基础上，使带电部分对地保持必要的高度，以便工作人员能在地面安全地活动。中型配电装置母线所在的水平面稍高于电气设备所在的水平面。

这种布置比较清晰，不易误操作，运行可靠，施工维护方便，投资少，是我国屋外配电装置普遍采用的一种方式。

中型配电装置按照隔离开关的布置方式可分为普通中型和分相中型。

3. 半高型和高型

高型和半高型配电装置的母线和电器分别装在几个不同高度的水平面上，并重叠布置。如果仅将母线与断路器、电流互感器等重叠布置，则称为半高型配电装置。凡是将一组母线与另一组母线重叠布置的，称为高型配电装置。

高型布置的缺点是钢材消耗大，操作和检修不方便。半高型布置的缺点也类似。但高型布置的最大优点是占地少，一般约为中型的一半，因此半高型和高型布置已广泛采用。有时还根据地形条件采用不同地面高程的阶梯形布置，以进一步减少占地和节省开挖工程量。

二、屋外配电装置的布置要求

1. 母线及构架

屋外配电装置的母线有软母线和硬母线两种。软母线为钢芯铝绞线、软管母线和分裂导线，三相呈水平布置，用悬式绝缘子悬挂在母线构架上。硬母线常用的有矩形的、管形的和分裂管形的。矩形硬母线用于 35kV 及以下的配电装置中；管形硬母线则用于 60kV 及以上的配电装置中，管形硬母线一般采用柱式绝缘子，安装在支柱上；管形母线不会摇摆，相间距离即可缩小，与剪刀式隔离开关配合可以节省占地面积，但抗振能力较差。由于强度关系，硬母线档距不能太大，一般不能上人检修。

屋外配电装置的构架，可由型钢或钢筋混凝土制成。钢构架经久耐用，机械强度大，可以按任何负荷和尺寸制造，便于固定设备，抗振能力强，运输方便，但钢结构金属消耗量大，需要经常维护。因此，全钢结构使用较少。钢筋混凝土构架可以节约大量钢材，也可满足各种强度和尺寸的要求，经久耐用，维护简单。钢筋混凝土环形杆可以在工厂成批生产，并可分段制造，运输和安装比较方便，但不便于固定设备。以钢筋混凝土环形杆和镀锌钢梁组成的构架，兼顾了二者的优点，目前已在我国 220kV 及以下的各类配电装置中广泛采用。

表 11-6 为中型屋外配电装置（软母线）在设计中采用的有关尺寸，这些尺寸能保证在多数情况下满足表 11-2 中最小安全净距的要求。例如：母线和进出线的相间距离以及导线到构架的距离，是按在过电压或最大工作电压的情况下，并在风力和短路电动力的作用下导线发生非同步摆动时最大弧垂处应保持的最小安全净距而决定的，另外，还考虑到带电检修的可能性。

2. 电力变压器

变压器基础一般做成双梁并铺以铁轨，轨距等于变压器的滚轮中心距。为了防止变压器发生事故时，燃油流散使事故扩大，单个油箱油量超过 1000kg 以上的变压器，按照防火要求，在设备下面需设置贮油池或挡油墙，其尺寸应比设备外廓大 1m，贮油池内一般铺设厚度不小于 0.25m 的卵石层。

表 11-6		中型屋外配电装置有关尺寸				单位：mm	
电压等级		35kV	60kV	110kV	220kV	330kV	500kV
弧垂	母　线	1000	1100	900~1100	2000	2000	3000
	出　线	700	800	900~1100	2000	2000	3000
线间距离	n 型母线架	1600	2600	3000	5500		
	门型母线架	—	1600	2200	4000	5000	8000
	出　线	1300	1600	2200	4000	5000	8000
构架高度	母线构架	5500	7000	7300	10500	13000	20000
	出线构架	7300	9000	10000	14500	17500~19000	27000
	双层构架	—	12500	13000	21000		
构架宽度	x 型母线架	3200	5200	6000	11000		
	门型母线架	—	6000	8000	14000~15000	20000	30000
	出　线	5000	6000	8000	14000~15000	20000	30000

主变压器与建筑物的距离不应小于 1.25m，且距变压器 5m 以内的建筑物，在变压器总高度以下及外廓两侧各 3m 的范围内，不应有门窗和通风孔。当变压器油重超过 2500kg 以上时，两台变压器之间的防火净距不应小于 5~10m，如布置有困难，应设防火墙。

3. 电气设备的布置

（1）断路器。按照断路器在配电装置中所占据的位置，可分为单列、双列和三列布置。若垂直出线和平行出线均呈三列布置，称为三列布置；当断路器布置在主母线两侧时，则为双列式布置；如将断路器集中布置在主母线的一侧，则称为单列布置。断路器的各种排列方式，必须根据主接线、场地地形条件、总体布置和出线方向等多种因素合理选择。

断路器有低式和高式两种布置。低式布置的断路器放在 0.5~1m 的混凝土基础上。低式布置的优点是：检修比较方便，抗震性能较好。但必须设置围栏，因而影响通道的畅通。一般中型配电装置把断路器安装在高约 2m 的混凝土基础上，断路器的操动机构须装在相应的基础上，采用高式布置。

（2）隔离开关和互感器。均采用高式布置，其要求与断路器相同。隔离开关的手动操动机构装在其靠边一相基础的一定高度上。为了保证电气设备和母线检修安全，每段母线应装设 1~2 组接地开关；断路器的两侧的隔离开关和线路隔离开关的线路侧，应装设接地开关。接地开关应满足动、热稳定。

（3）避雷器。避雷器也有高式和低式两种布置。110kV 及以上的阀型避雷器由于本身细长，如安装在 2m 高的支架上，其上面的引线离地面已达 5.9m，在进行试验时，拆装引线很不方便，稳定度也很差，因此，多采用落地布置，安装在 0.4m 的基础上，四周加围栏。磁吹避雷器及 35kV 的阀型避雷器形体矮小，稳定度较好，一般采用高式布置。

（4）电缆沟。屋外配电装置中电缆沟的布置，应使电缆所走的路径最短。电缆沟按其布置方向，可分为纵向和横向电缆沟。一般横向电缆沟布置在断路器和隔离开关之间，大型变电站的纵向电缆沟，因电缆数量较多，一般分为两路。

（5）其他。屋外环行道路应考虑扩建、运输大型设备的情况、变压器和消防设备的起吊等，应在主要设备近旁铺设行车道路。大、中型变电站内一般均应设置 3m 的环型道路，还应设置宽 0.8~1m 的巡视小道，以便运行人员巡视电气设备，电缆沟盖板可作为部分巡视小道。运输设备和屋外电气设备外绝缘体最低部分距地小于 2.5m，应设固定遮栏。同时，带电设备的上、下方不能有照明、通信和信号线路跨越和穿过。

三、屋外配电装置实例

屋外配电装置的结构形式与主接线、电压等级、容量、重要性有关，也与母线、开关等的类型相关，因此必须注意合理布置，保证最小安全净距，还需考虑带电检修的可能性。

1. 中型配电装置

（1）普通中型布置。普通中型配电装置的优点为：布置较清晰，不宜误操作；运行可靠，维修较方便；所用钢材较少，造价低。其最大缺点是占地面积较大。

图 11-15 所示为 220kV 双母线进出线带旁路、合并母线架、断路器单列布置的配电装置。该配电装置采用 GW4-220 型隔离开关和少油断路器，除避雷器外，所有电气设备均布置在 2～2.2m 的基础上；母线及旁路母线的边相，距离隔离开关较远，其引下线设有支持绝缘子；搬运设备的环形道路设在断路器和母线架之间，检修和搬运均方便，道路还可兼做断路器的检修场地；采用钢筋混凝土环形三角钢架，母线构架与中央门型架可合并，是结构简化；由于断路器单列布置，配电装置的进线（虚线表示）会出现双层构架，跨线较多，因而降低了可靠性。

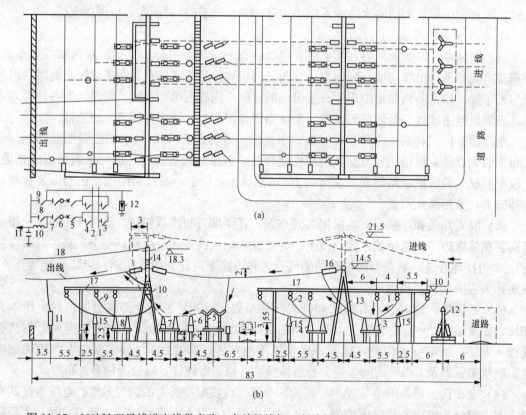

图 11-15　220kV 双母线进出线带旁路、合并母线架、断路器单列布置的配电装置（单位：m）

（a）平面图；（b）断面图

1、2—主母线；3、4、7、8—隔离开关；5—少油断路器；6—电流互感器；

9—旁路母线；10—阻波器；11—耦合电容器；12—避雷器；13—中央门型架；14—出线门型架；

15—支持绝缘子；16—悬式绝缘子串；17—母线构架；18—架空地线

（2）分相中型布置。分相布置是指隔离开关分相直接布置在母线正下方。图 11-16 所示为 500kV 一台半断路器接线分相中型布置的进出线断面图。采用硬管母线和单柱式隔离开关（又称剪刀式），可减小母线相间的距离，降低构架高度，减少占地面积，减少母线绝缘子串数和控制电缆长度。并联电抗器布置在线路侧，可减少跨线。断路器采用三列布置，一、二列间布置出线，二、三列间布置进线。接线布置简单、清晰。

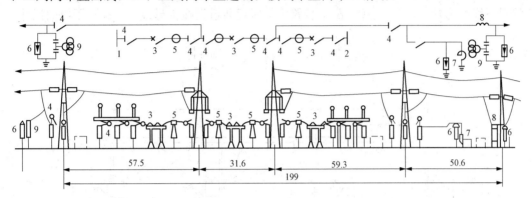

图 11-16 500kV 一台半断路器接线分相中型布置的进出线断面图（单位：m）

1、2—主母线；3—断路器；4—伸缩式隔离开关；5—电流互感器；6—避雷器；

7—并联电抗器；8—阻波器；9—耦合电容器及电压互感器

2. 半高型配电装置

图 11-17 为 110kV 单母线进出线带旁路半高型布置的进出线断面图，其将旁路母线和出线断路器、电流互感器重叠布置，占地面积为普通中型的 73.2%，耗钢量则为普通中型的 122.7%。由于将不经常带电运行的旁路母线、旁路断路器和隔离开关设在上层，而母线及其他电气设备的布置与普通中型相同，既节省用地，又减少高层检修的工作量。

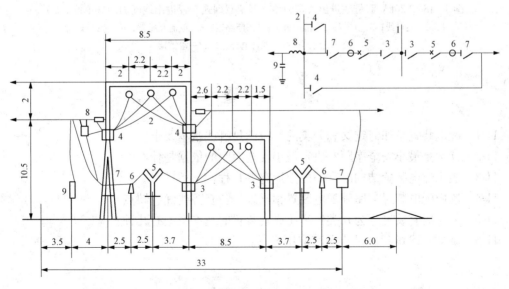

图 11-17 110kV 单母线进出线带旁路半高型布置的进出线断面图（单位：m）

1—母线；2—旁路母线；3、4、7—隔离开关；5—断路器；6—电流互感器；

8—阻波器；9—耦合电容器

3. 高型配电装置

高型配电装置按其结构不同可分为单框架双列式、双框架单列式、三框架双列式。

图 11-18 所示为 220kV 双母线进出线带旁路三框架双列式布置进出线断面图。该配电装置占地面积仅为普通中型的 46.6%，耗钢量降至 112.5%，间隔宽度为 15m。为便于操作检修，增设了旁路隔离开关的操作道路，利用旁路开关走道梁兼挂进出线导线。上层隔离开关的引下线改为软线，30°斜撑。配电装置内的搬运通道设在主母线下，缩小了纵向尺寸。

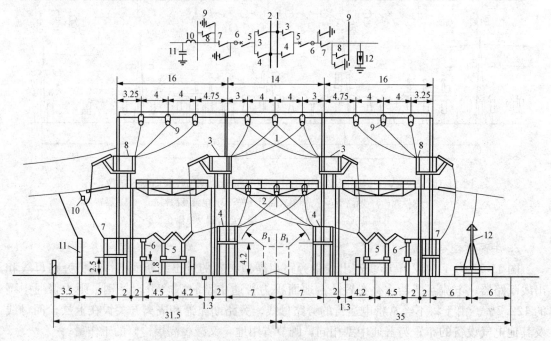

图 11-18　220kV 双母线进出线带旁路三框架双列式布置进出线断面图（单位：m）

1、2—主母线；3、4、7、8—隔离开关；5—断路器；6—电流互感器；9—旁路母线；
10—阻波器；11—耦合电容器；12—避雷器

习　题

11-1　配电装置是如何定义和分类的？应满足哪些基本要求？

11-2　什么是最小安全净距？决定最小安全净距的依据是什么？

11-3　表示配电装置结构时常用的图形有哪几种？

11-4　屋内配电装置与屋外配电装置相比较，各有哪些优、缺点？

11-5　低压成套装置分为几类？高压成套装置的基本类型有几种？

11-6　试述 GIS 的优、缺点及其应用范围。

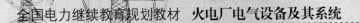

第十二章 接地和防雷装置

为了保证电力系统的正常运行和工作人员的人身安全及设备安全，电力系统中必须采取接地。发电厂和变电站中的接地，按作用可分为工作接地、保护接地和防雷接地。本章主要介绍触电及人身安全防护、保护接地原理及应用、防雷设备及接地装置的有关问题。

第一节 触电与人身安全

一、触电的含义

当人体触及带电体并形成电流通路，或带电体与人体之间由于距离近电压高产生闪击放电，或电弧烧伤人体表面对人体所造成的伤害都叫触电。

多数触电是由于人体触及带电体并在人体中形成电流通路造成的。

大量研究表明，电对人体的伤害主要来自电流。电流对人体的伤害可以分为两种类型：电伤和电击。

1. 电伤

电流流过人体外表对人体外部器官的伤害叫电伤。电伤是由电流的热效应、化学效应、机械效应等对人造成的伤害。电伤会在人体皮肤表面留下明显的伤痕，常见的有灼伤、电烙伤和皮肤金属化等现象。电伤通常都是非致命的。

（1）电灼伤。电灼伤是由于电流热效应产生的电伤，如带负荷拉隔离开关时的强烈电弧对皮肤的烧伤，电灼伤也称电弧伤害。电灼伤的后果是皮肤发红、起泡及烧焦、皮肤组织破坏等。

（2）电烙伤。电烙伤发生在人体与带电体有良好接触的情况下，在皮肤表面留下和被触带电体形状相似的肿块痕迹，有时在触电后并不立即出现，而是在一段时间后才出现。电烙伤一般不发炎或化脓，但往往造成局部麻木和失去知觉。

（3）皮肤金属化。皮肤金属化是指在电流作用下，熔化和蒸发的金属微粒渗入皮肤表层，使皮肤受伤害的部分变得粗糙、硬化或使局部皮肤变为绿色或暗黄色。

2. 电击

电流直接通过人体对人体内部造成人体器官造成的伤害称为电击，一般所说的触电就指电击。电击对人体的伤害很大，绝大多数的触电死亡都是由电击引起的。电击使人致死的原因有三个方面：

（1）流过心脏的电流过大、持续时间过长，引起心室纤维性颤动（Ventricular Fibrillation，VF，简称室颤）而致死。

（2）电流作用使人产生窒息死亡。

（3）因电流作用使心脏停搏而死亡。

电流通过人体，会引起麻感、针刺感、压迫感、打击感、痉挛、疼痛、呼吸困难、血压异常、昏迷、心律不齐、窒息、心室颤动等症状。心室颤动是小电流电击使人致命最多见和最危险的原因。发生心室颤动时，心脏每分钟颤动1000次以上，但幅值很小，而且没有规则，血液实际上已终止循环。

二、影响触电伤害的因素

1. 通过人体的电流

电流对人体的伤害程度与电流的大小、电流通过人体的持续时间、电流的流通途径、电流频率、人体电阻及电压高低都有关系。

通过人体的电流越大，人体的生理反应越明显，对人体的伤害越严重。按照电流作用在人体上呈现的状态，可以将电流分为三个级别。

（1）感知电流。感知电流是能引起人体感觉但无有害生理反应的最小电流。试验表明，不同的人、不同的性别。感知电流是不同的。一般感知电流约为1~3mA（有效值）。

（2）摆脱电流。摆脱电流是指人体触电后能自主摆脱电源而无病理性危害的最大电流。一般正常成年男性允许摆脱电流值为16mA，正常成年女性为10mA。

（3）致命电流。致命电流是指能引起心室颤动而危及生命的最小电流。试验表明，当电流大于30mA时才会发生心室颤动的危险，因此规定30mA为致命电流。

2. 触电时间

电流在人体内作用的时间越长，触电危险性越大，主要原因如下：

（1）人体电阻减小。触电时间越长，人体电阻因出汗等原因而降低，使通过人体的电流进一步增大，触电危险随之增加。

（2）能量积聚。触电时间越长，体内积累外界电能越多，伤害程度增高，引起心室颤动电流增加，危险增加。

（3）与易损期重合的可能性增大。在心脏搏动周期中，只有相应于心电图上约0.2s的T波（特别是T波前半部）这一特定时间对电流最敏感，该特定时间即易损期。电流持续时间越长，与易损期重合的可能性越大，中枢神经反射越强烈，危险性越大。

据统计，触电1~5min内急救，90%有良好的效果，10min内60%救生率，超过15min希望甚微。

3. 电流在人体内流通的途径

人体在电流的作用下，没有绝对安全的途径。电流的流通路径与触电伤害程度的联系很密切。电流通过头部可使人昏迷；通过脊髓可能导致瘫痪；通过心脏会造成心跳停止，血液循环中断；通过呼吸系统会造成窒息。

一般来说，以心脏伤害的危险性最大，因此流过心脏的电流越多的路径是危险的路径。左手至前胸是最危险的电流路径；右手至前胸、单手至单（双）脚都是很危险的路径；头至手、头至脚也是很危险的路径。脚至脚一般危险性小，但不等于没有危险，如跨步电压触电后摔倒电流可能流到要害部位而造成严重后果。

4. 人体本身的状况

人的健康状况和精神神态，对于触电的轻重程度也有极大的关系，患有心脏病、肺病、内分泌失常、中枢神经系统疾病及酒醉者等，其触电的危险性最大。所以，对于电气工作人员应当经常或定期进行严格的体格检查。

5. 电流种类的影响

不同种类电流对人体伤害的构成不同，危险程度也不同，但各种电流对人体都有致命危险。一般来说直流的危险性比交流的小。

不同频率的电流对人体的危害也不一样。研究表明，$50 \sim 60\text{Hz}$ 的交流电危害最大，低于或高于工频范围时，伤害程度会显著减轻。

6. 人体的电阻

人体电阻包括皮肤表面电阻和体积电阻。皮肤表面电阻是沿着人体皮肤表面所呈现的电阻，体积电阻是从皮肤到人体内部所构成的电阻。人体电阻是表面电阻与体积电阻的并联值。皮肤表面电阻在人体阻抗中占有较大的比例，人体的电阻不是固定不变的，与皮肤状况、接触电压、电源的频率、接触面积、其他因素有关。一般在干冷环境中，人体电阻为 $2\text{k}\Omega$ 左右；皮肤出汗时，约为 $1\text{k}\Omega$ 左右；皮肤有伤口时，约为 800Ω 左右。人体触电时，皮肤与带电体的接触面积越大，人体电阻越小。

三、安全电流和安全电压

（1）安全电流。通常把 30mA 作为安全电流值。

（2）安全电压。加在人体上一定时间内不使人直接致命或致残的电压称为安全电压。

一般情况下，人体触电时，如果接触电压在 36V 以下，通过人体的电流就不会超过 30mA，故安全电压规定为 36V；但在潮湿闷热的环境中，安全电压则规定为 24V 或 12V。国际标准规定安全电压额定值的等级为 42、36、24、12、6V。应注意的是，这个系列上限值在任何情况下，两导体间或任一导体与地之间均不得超过有效值 50V。

四、触电方式

1. 直接触电

（1）人体接触电气设备的任何一相带电导体所发生的触电，称为单相触电。

1）中性点直接接地系统的单相触电。如图 12-1 所示，设系统为低压系统，电压为 380/220V，人体的电阻为 1000Ω 时，通过人体的电流为 220mA，足以使人致命，以工作时穿合格的绝缘鞋和垫绝缘垫来防止触电事故发生。

2）中性点不接地系统的单相触电。如图 12-2 所示，电流以人体、大地、导线对地阻抗构成回路，通过人体的电流与线路的绝缘电阻及对地的电容有关。在低压系统中，对地电容很小，一般不致造成人体的伤害。而在高压系统中，线路对地电容较大，则通过人体的电流也较大，将危及人体的生命。

图 12-1　中性点直接接地系统的单相触电　　　图 12-2　中性点不接地系统的单相触电

（2）两相触电。人体同时接触带电的任何两相电源，不论中性点是否接地，人体受到的电压是线电压，触电后果往往很严重。如图 12-3 所示，设系统为低压 380/220V 系统，人体的电阻为 1000Ω 时通过人体的电流为 380mA 足以使人死命。多在带电时发生，由于相间距离小，安全措施不周全而造成，一旦发生危险性大。

2. 间接触电

(1) 接触电压触电。当电气设备的绝缘在运行中发生故障而损坏时，使电气设备本来在正常工作状态下不带电的外露金属部件（外壳、构架、护罩等）呈现危险的对地电压，当人体触及这些金属部件时，就构成接触电压触电。如图 12-4 所示，人体触及漏电设备的外壳加在人手与脚之间的电位差，此电位差称为接触电压。此触电情况与单相触电相同。为防止触电发生应戴绝缘手套、穿绝缘鞋。

图 12-3　两相触电

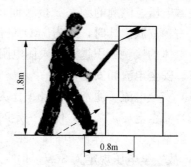

图 12-4　接触电压触电

图 12-5　跨步电压触电

(2) 跨步电压触电。人在有电位分布的故障内行走时，其两脚之间（一般为 0.8m 的距离）呈现出的电位差，此电位差称为跨步电压。跨步电压造成的触电称为跨步电压触电，如图 12-5 所示。为避免跨步电压触电造成对人体的伤害，安全规程规定，工作人员一般室内不得接近接地故障点 4m；室外不得接近接地故障点 8m。

3. 感应电压触电

由于带电设备的电磁感应和静电感应作用，会在附近停电设备上感应出一定的电位，其大小取决于带电设备的电压、停电设备与带电设备的位置对称性、平行距离、电气及几何对称度等。随着电力系统电压不断提高，超高压双回路及多回路同杆架设不断出现，感应电压触电的问题将变得更为突出。

另外，由于电力线路对通信等弱电线路的危险感应，还经常造成通信设备损坏甚至工作人员触电伤亡。

4. 剩余电荷触电

电气设备的相间绝缘和对地绝缘都存在电容效应。由于电容器具有储存电荷的性能，因此在刚断开电源的停电设备上，都会保留一定量的电荷，称为剩余电荷。若此时有人触及停电设备，就可能遭受剩余电荷电击。另外，如大容量电力设备和电力电缆、并联电容器等在摇测绝缘电阻后或耐压试验后都会有剩余电荷的存在。设备容量越大、电缆线路越长，这种剩余电荷的积累电压越高。因此，在摇测绝缘电阻或耐压试验工作结束后，必须注意充分放电，以防剩余电荷电击。

5. 静电触电

静电电位可高达数万伏至数十万伏，可能发生放电，产生静电火花，引起爆炸、火灾，也能造成对人体的电击伤害。由于静电电击不是电流持续通过人体的电击，而是由于静电放电造成的瞬间冲击性电击，能量较小，通常不会造成人体 VF 而死亡。但是其往往造成二次伤害，如高处坠落或其他机械性伤害，因此同样具有相当的危险性。

6. 雷电触电

雷电事故是指发生雷击时，由雷电放电而造成的事故。

7. 射频伤害

射频伤害即电磁场伤害。射频伤害是由电磁场的能量造成的，人体在交频电磁场作用下吸收辐射能量，会受到不同程度的伤害，其症状主要是引起人的中枢神经功能失调，明显表现为神经衰弱症状。如头晕、头痛、乏力、睡眠不好等，还能引起植物神经功能失调的症状，如多汗、食欲不振、心悸等。此外，还发现部分人有脱发、视力减退、伸直手臂时手指轻微颤动、皮肤划痕异常、男性性功能减退、女性月经失调等症状，还发现心血管系统有某些异常的情况。在特高频电磁场照射下，心血管系统症状比较明显，如心动过速或过缓、血压升高或降低、心悸、心区有压迫感、心区疼痛等。

8. 电气线路或设备事故

电气线路或设备故障可能发展成为事故，并可能危及人身安全。

五、产生触电事故的主要原因及预防措施

1. 触电原因

（1）缺乏用电常识，触及带电的导线。

（2）没有遵守操作规程，人体直接与带电体部分接触。

（3）由于用电设备管理不当，使绝缘损坏，发生漏电，人体碰触漏电设备外壳。

（4）高压导线断线落地，造成跨步电压引起对人体的伤害。

（5）检修中，安全组织措施和安全技术措施不完善，造成触电事故。

（6）其他偶然因素，如人体受雷击等。

2. 预防触电的措施

（1）工作人员思想上应高度重视、牢固树立并自觉贯彻"安全第一，预防为主，综合治理"的电力安全生产方针。

（2）要加强安全教育，认真学习并严格遵守操作规程。

（3）要采取必要的技术防护措施，如加强绝缘和屏护、采取保护接地或保护接零等。

第二节　保　护　接　地

一、基本概念

1. 地和对地电压

大地是一个电阻非常低、电容量非常大的物体，拥有吸收无限电荷的能力，而且在吸收大量电荷后仍能保持电位不变，因此适合作为电气系统中的参考电位体。这种"地"是"电气地"，并不等于"地理地"，但却包含在"地理地"之中。"电气地"的范围随着大地结构的组成和大地与带电体接触的情况而定。

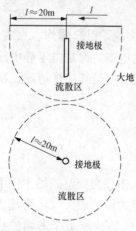

图 12-6 "地"示意图

与大地紧密接触并形成电气接触的一个或一组导电体称为接地极，通常采用圆钢或角钢，也可采用铜棒或铜板。如图 12-6 所示，当流入地中的电流 I 通过接地极向大地作半球形散开时，由于这半球形的球面，在距接地极越近的地方越小，越远的地方越大，所以在距接地极越近的地方电阻越大，而在距接地极越远的地方电阻越小。

试验证明：在距单根接地极或碰地处 20m 以外的地方，呈半球形的球面已经很大，实际已没有什么电阻存在，不再有什么电压降。换句话说，该处的电位已接近于零。这电位等于零的"电气地"称为"地电位"。若接地极不是单根而为多根组成时，屏蔽系数增大，上述 20m 的距离可能会增大。图 12-6 中的流散区是指电流通过接地极向大地流散时产生明显电位梯度的土壤范围。地电位是指流散区以外的土壤区域。在接地极分布很密的地方，很难存在电位等于零的电气地。

电气设备的接地部分，如接地的外壳和接地体等，与零电位的"大地"之间的电位差，就称为接地部分的对地电压。

2. 零线

在交流电路中，与发电机、变压器直接接地的中性点连接的导线，或直流回路中的接地中性线，称为零线。

在三相五线制系统中将零线又分为保护零线和工作零线，此时必须注意的是保护中性线需要另外设置，不得借用工作零线。如接法错误，当熔断器熔断或中性线断线时，设备外壳直接带上相电压，对运行人员来说十分危险。

二、接地的种类及作用

在电力系统中，为保证人身和设备的安全，电气装置的某些金属部分用接地线与埋设在土壤中的接地体相连接，称为接地。按其作用不同可分为工作接地、保护接地和防雷接地。

1. 工作接地

为了保证电气设备在正常和事故情况排除故障下都能可靠地工作而进行的接地，叫作工作接地。例如：变压器和旋转电机的中性点接地、防雷设备的接地。

2. 保护接地

由于电气设备的带电导体和操作工具的绝缘损坏，因而有可能使电气设备的金属外壳、钢筋混凝土杆和金属杆塔带电，为了防止其危及人身安全而设的接地，称为保护接地。

3. 防雷接地

为泄放雷电流而加装的接地。避雷针、避雷线和避雷器的接地就是防雷接地。

三、保护接地

1. 工作原理

保护接地是为了保证人身安全，防止发生触电事故而进行的接地。在中性点不接地系统中，如果电气设备的外壳不接地，当电气设备绝缘损坏，发生一相碰壳时，设备外壳电位将上升为相电压，人接触设备时，故障电流 I_E 将全部通过人体流入地中，这显然是很危险的，如图 12-7 所示。

当有保护接地，而人体触及电机外壳时，电流将同时沿着接地装置和人体流过，如图

12-7（b）所示。通过人体的电流是

$$I_m = I_E \frac{R_E}{R_m + R_E} \tag{12-1}$$

式中　R_m——人体电阻。

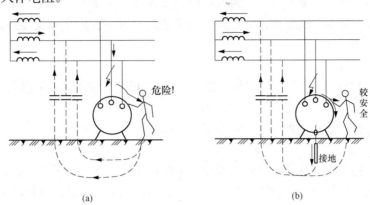

图 12-7　保护接地的作用

(a) 没有保护接地的电动机—相碰壳时；(b) 装有保护接地的电动机—相碰壳时

由式（12-1）可知，接地装置的电阻 R_E 越小，通过人体的电流就越小。通常 $R_E \leqslant R_m$，所以 $I_m \leqslant I_E$，当 R_E 极微小时，通过人体的电流几乎等于零。因此，适当选择接地装置的接地电阻 R_E，就可以保证人身的安全。

2. 适用范围

保护接地适用于三相三线制或三相四线制电力系统。

额定电压为 1000V 及以上的高压配电装置中的设备，一切情况下均采用保护接地。额定电压为 1000V 以下的低压配电装置中的设备，在中性点不接地电网中采用保护接地；没有中性线的情况下也可采用保护接地。

在供电系统中，凡由于绝缘破坏或其他原因而可能带有危险电压的金属部分，例如变压器、电动机、电气设备等的外壳和底座，均应采用保护接地。

四、保护接零

1. 工作原理

为防止因电气设备绝缘损坏而使人身遭受触电，将电气设备正常情况下不带电的金属外壳直接与零线相连接，这称为保护接零。保护接零原理如图 12-8 所示。

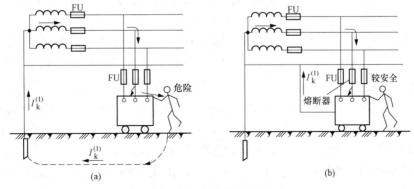

图 12-8　保护接零原理

在三相四线制中性点直接接地的低压系统中，采用保护接零措施后，当某一相绝缘损坏，使相线碰壳时，单相接地短路电流 I_k 则通过该相和零线构成回路。由于零线的阻抗很小，所以单相短路电流很大，它足以使线路上的保护装置（如熔断器 FU）迅速动作，从而将漏电设备与电源断开，既使人此时触及带电设备外壳，人与零线构成并联关系，由于零线电阻很小，流过人体的电流非常小，消除了触电危险，又能使低压系统迅速恢复正常工作，从而起到保护作用。

2. 适用范围

额定电压为 1000V 以下的低压配电装置中，在三相四线制中性点直接接地的 380/200V 电网中，电气设备的外壳广泛采用保护接零。

必须注意的是严禁在保护零线上安装熔断器或单独的断流开关。

3. 重复接地

在采用保护接零时，除在电源处中性点必须采用工作接地外，零线在规定的地点要采用重复接地。所谓重复接地，是指零线的一处或多处通过接地体与地作良好的金属连接，如图 12-9 所示。

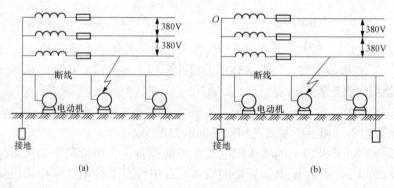

图 12-9　零线的重复接地
(a) 无重复接地；(b) 有重复接地

（1）作用。无重复接地时，当零线发生断线的同时，电动机一相绝缘损坏碰壳，这时，在断线处前面的电动机外壳上的电压接近于零值，而在断线处后面的电动机外壳上的电压接近于相电压值。有重复接地时，在断线处前后的电动机外壳上的电压是比较接近的，其值都不大，所以提高了保护接零的安全性。

这里需要指出，重复接地对人身并不是绝对安全的，最重要的在于尽可能使零线不发生断线事故，这就要求在施工和运行中要特别注意。

重复接地有集中重复接地与环形重复接地两种，前者用于架空线路，后者用于车间。

（2）设置原则。根据 GB/T 50065—2011《交流电气装置的接地设计规范》规定，在中性点直接接地的低压电力网中，架空线路的干线和分支线的终端以及沿线每 1km 处，零线应重复接地；电缆和架空线在引入车间或大型建筑物处，零线应重复接地（但距接地点不超过 50m 的除外）。

低压线路零线每一重复接地装置的接地电阻不应大于 10Ω。

在电力设备接地装置的接地电阻允许达到 10Ω 的电力网中，每一重复接地装置的接地电阻不应超过 30Ω，但重复接地不应少于三处。

零线的重复接地允许用自然接地体。

同一台发电机、变压器或同一母线供电的低压设备不允许同时采用保护接地、保护接零两种保护方式。

五、低压配电系统接地形式

在低压配电系统中，电气设备的接地目前我国现已广泛采用三大类供电方式，即：IT类、TN类和TT类。而TN类又可分为三个系统，即TN-C、TN-S、TN-C-S系统。各系统除了从电源引出三相配电线外，分别设置了电源的中性线（代号N）、保护线（代号PE）或保护中性线（代号PEN）。

1. IT 系统

IT系统即在中性点不接地系统或经阻抗（1000Ω）接地系统中将电气设备正常情况下不带电的金属部分与接地体之间作良好的金属连接，如图12-10所示。此供电方式可靠性较高，用电设备的各PE线之间无电磁联系。同时IT系统应装设灵敏的触电保护装置和绝缘监视装置，或单相接地保护。

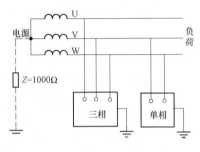

图 12-10　IT 系统

IT系统适用于对供电可靠性要求过高的电气装置中，如发电厂的厂用电、矿井等。

2. TN 系统

TN系统是指在中性点直接接地系统中电气设备在正常情况下不带电的金属外壳用保护线通过中性线与系统中性点相连接。按照中性线与保护线的组合情况，TN系统分为以下三种形式：

（1）TN-C系统。即保护接零，整个系统中的中性线N与保护线PE是合一的，如图12-11（a）所示。通常适用于三相负荷比较平衡且单相负荷容量较小的场所。

（2）TN-S系统。整个系统中的中性线N与保护线PE是分开的，如图12-11（b）所示。正常情况下，保护线上没有电流流过，因此设备外壳不带电。

（3）TN-C-S系统。整个系统中的中性线N与保护线PE部分是合一的，局部采用专设的保护线，如图12-11（c）所示。

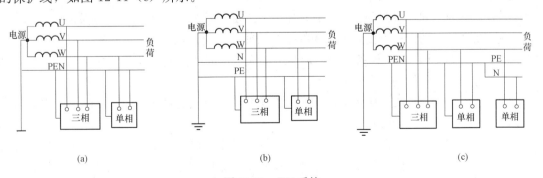

(a) (b) (c)

图 12-11　TN 系统

(a) TN-C 系统；(b) TN-S 系统；(c) TN-C-S 系统

在这三种形式中，TN-S系统具有更高的电气安全性，广泛使用于中小企业以及民用生活中。

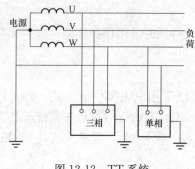

图 12-12　TT 系统

3. TT 系统

TT 系统是在中性点接地系统中，将电气设备外壳，通过与系统接地无关的接地体直接接地，如图 12-12 所示。

由于各设备的 PE 线分别接地，无电磁联系、无相互干扰，因此，适用于对信号干扰要求较高的场合，如对于数据处理、精密检测装置的供电等。而在中性点直接接地的 1000V 以下供电系统中，一般很少采用。

六、接地装置的技术要求

（一）保护接地方式的选择

1. 必须接地或接零的部分

电力设备的下列金属部分，除另有规定者外，均应接地或接中性线或接保护线：

（1）电机、变压器、电气设备、耦合电容器、电抗器和照明器具以及工器具等的底座及外壳。

（2）金属封闭气体绝缘开关设备和大电流封闭母线外壳。

（3）电气设备的传动装置。

（4）互感器的二次绕组。

（5）配电盘与控制台、箱、柜的金属柜架。

（6）屋内外配电装置的金属架构和钢筋混凝土架构以及靠近带电部分的金属围栏和金属门。

（7）交、直流电力电缆接线盒、终端盒的外壳和电缆的外皮，穿线的钢管等。

（8）装有避雷线的电力线路的杆塔。

（9）在非沥青地面的居民区内，无避雷线小接地短路电流架空电力线路的金属杆塔和钢筋混凝土杆塔。

（10）装在配电线路上的开关设备、电容器等电力设备的底座及外壳。

（11）铠装控制电缆的外皮、非铠装或非金属护套电缆的 1~2 根屏蔽芯线。

2. 不需接地或接零的部分

电力设备的下列金属部分，除另有规定者外，无需接地、接中性线或接保护线：

（1）在木质、沥青等不良导体地面的干燥房间内，交流额定电压 380V 及以下、直流额定电压 440V 及以下的电力设备外壳，但当维护人员可能触及电力设备外壳和其他接地物体时除外，有爆炸危险的场所也除外。

（2）在干燥场所，交流额定电压 127V 及以下，直流额定电压 110V 及以下的电力设备外壳，但有爆炸危险的场所除外。

（3）安装在配电盘、控制台和配电装置间隔墙壁上的电气测量仪表、继电器和其他低压电器的外壳，以及当发生绝缘损坏时，在支持物上下会引起危险电压的绝缘子金属底座等。

（4）安装在已接地的金属架构上的设备（应保证电气接触良好），如套管等，但有爆炸危险的场所除外。

（5）额定电压 220V 及以下的蓄电池室内支架。

（6）与已接地的机床底座之间有可靠电气接触的电动机和电气设备的外壳，但有爆炸危险的场所除外。

（7）由发电厂、变电站和工业企业区域内引出的铁路轨道，但运送易燃易爆物者除外。

（二）接地电阻

1. 接地电阻的概念

接地体或自然接地体的对地电阻和接地线的电阻总和，称为接地装置的接地电阻。其数值等于电气设备接地装置的对地电压与接地电流的比值。一般接地线的阻值很小，因此，接地电阻等于流散电阻（接地体的对地电压与通过接地体流入地中的电流的比值）。

当有冲击电流通过接地体流入地中时，土壤即被电离，此时呈现的接地电阻称为冲击接地电阻。任一接地体的冲击接地电阻都比按通过接地体流入地中工频电流时求得的电阻（称为工频接地电阻）小。

2. 接地电阻的允许值

当不同电压等级的电气设备共用一个接地装置时，接地电阻应符合其中要求的最小值。为保证接地电阻的可靠性，在设计接地装置时应考虑到接地极的发热、腐蚀以及季节变化的影响。接地电阻值应在流过短路电流时，一年四季都能满足要求。但防雷装置的接地电阻只需考虑雷雨季节中土壤干燥状态的影响。

根据设计规范的规定，对于各种电力设备的接地装置，其接地电阻允许值见表 12-1。

表 12-1　　　　　　　　　　接地电阻允许值

系统名称	接地装置特点		接地电阻（Ω）
大电流接地系统	一般电阻率地区		$R_E \leqslant 0.5$
	高电阻率地区		$R_E \leqslant 5$
小电流接地系统	仅用于高压电力设备的接地装置		$R_E \leqslant 250/I_E \leqslant 10$
	高压与低压电力设备共用的接地装置		$R_E \leqslant 120/I_E \leqslant 10$
	高电阻率地区	高压和低压电力设备	$R_E \leqslant 30$
		发电厂和变电站	$R_E \leqslant 15$
低压电力设备	一般设备		$R_E \leqslant 4$
	发电机、变压器等并联运行，总容量不大于 100kVA 时		$R_E \leqslant 10$
	重复接地		$R_E \leqslant 10$
	$R_d \geqslant 10\Omega$，重复接地不少于三处		$R_E \leqslant 30$
	TT、IT 系统，考虑 $U_E \leqslant 50V$		$R_E \leqslant 100$
独立避雷针	一般电阻率地区		$R_E \leqslant 10$

3. 降低接地电阻的措施

接地电阻的大小主要由土壤电阻、接地线、接地体等因素决定。

（1）土壤电阻。其大小用土壤电阻率表示，可通过公式计算

$$\rho = \Psi \rho_0 \tag{12-2}$$

式中　ρ_0——测量前无雨时实测的土壤电阻率，$\Omega \cdot m$；

Ψ——土壤电阻率季节系数，与土壤性质、干湿条件有关。

对土壤电阻率较高的地区可以采取下列措施：

1）附近有土壤电阻率较低的地方，可装设外引式接地体，但连接的接地干线不得少于

2 根。

2）如地下层 ρ 较小（例如有地下水等），可采用深井式接地。

3）扩大接地网的占地尺寸。

4）极特殊情况下可在土壤中加食盐或化学处理。

如果采取措施后仍然不能满足接地电阻的要求，只能采取加强等电位和铺设碎石地面以保证人身和设备的安全。

（2）接地线。在设计时为了节约金属，减少施工费，应尽量选择自然导体作接地线，只有当自然导体在运行中电气连接不可靠，以及阻抗较大，不能满足要求时，才考虑增设人工接地线或辅助接地线。

（3）接地体。由于土壤电阻系数比较固定，接地线的电阻又往往忽略不计，因而选用接地体是决定接地电阻大小的关键因素。

首先应选用自然接地体，当不能满足接地电阻允许值的要求时采用人工接地体。同时，为了降低接地电阻，往往用多根的单一接地极以金属体并联连接而组成复合接地极或接地极组。由于各处单一接地极埋置的距离往往等于单一接地极长度而远小于 40m，此时，电流流入各单一接地极时，将受到相互的限制，而妨碍电流的流散。换句话说，即等于增加各单一接地极的电阻。这种影响电流流散的现象，称为屏蔽作用，如图 12-13 所示。

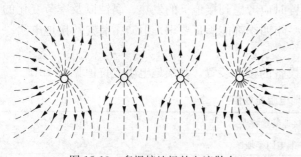

图 12-13　多根接地极的电流散布

（三）接触电压和跨步电压

1. 接触电压和跨步电压的概念

当电气设备发生接地故障，接地电流流过接地体向大地流散时，大地表面形成分布电位。在地面上离设备水平距离 0.8m 处与沿设备外壳离地面垂直距离 1.8m 处两点之间的电位差，称为接触电势 E_{tou}。人体接触该两点时所承受的电压，称为接触电压 U_{tou}，如图 12-14 所示，人站在距设备 0.8m 处，人触及外壳，人手与脚之间的电压为 U_{tou}。

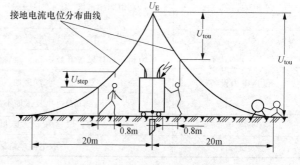

图 12-14　接触电压和跨步电压

在故障设备周围的地面上，水平距离为 0.8m 的两点之间的电位差，称为跨步电势 E_{step}。人在地面行走，两脚接触该两点（人的跨步一般按 0.8m 计算；大牲畜的跨步可按 1.0～1.4m 计算）所承受的电压，称为跨步电压 U_{step}。

考虑到人脚下的土壤电阻，接触电压和跨步电压应小于接触电势和跨步电势。

2. 接触电压和跨步电压的允许值

在大电流接地系统发生单相接地或同点两相接地时，其接触电势与跨步电势的允许值可近似地按下式计算

$$E_{tou} = (250 + 0.25\rho)\ /\!\!\sqrt{t} \tag{12-3}$$

$$E_{step} = (250 + \rho)\ /\!\!\sqrt{t} \tag{12-4}$$

式中　ρ——人脚所站地面的表层土壤电阻率，$\Omega \cdot m$；

　　　t——接地短路电流的持续时间，s。

对于 35kV 及以下的小电流接地系统，其接触电势与跨步电势的允许值可近似地按下式计算

$$E_{tou} = 50 + 0.05\rho \tag{12-5}$$

$$E_{step} = 50 + 0.2\rho \tag{12-6}$$

一般情况下，在小电流接地系统中，U_{tou} 和 U_{step} 的允许值低，这是因为当单相接地时，通过接地体的接地电流值虽然较小，但都不能立即切除，而是继续运行一段时间，当人体接触故障设备时，危险电压作用于人体的时间延长了。

在条件特别恶劣的场所，接触电压和跨步电压的允许值可以适当降低。

3. 提高接触电压和跨步电压的允许值的措施

为了保证人身安全，应采取措施减少接触电压和跨步电压，一般采用布置接地网使得电位分布均匀。通常将接地装置布置成环形，在环形接地装置内部加设相互平行的均压带，距离为 4～5m。

当接触电压和跨步电压超过规定值，又因地形、地质条件、经济因素等限制时，可因地制宜地采取以下措施：

（1）在电气设备周围加装局部的接地回路，在被保护地区的人员入口处加装一些均压带。

（2）在设备周围、隔离开关操作地点及常有行人的处所，地表回填电阻率较高的卵石或水泥层等。

随着电力系统的发展，电力网的接地短路电流日益增大，大接地电流系统的发电厂和变电站内，接地网电位的升高已成为重要问题，应将接地网边角处应做成圆弧形，并在接地网边缘上经常有人出入的走道处，应在该走道下不同深度装设两条与接地网相连的帽檐式均压带。图 12-15 所示为帽檐式均压带。

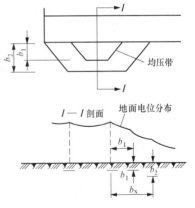

图 12-15　帽檐式均压带

七、接地装置

（一）接地装置的组成和作用

将发电厂、变电站、输电线路的电气装置的某些金属部分用导体（接地线）与埋设在土壤中的金属导体（接地体）相连接，称为电气装置的接地。埋入地中并直接与大地接触的金属导体，称为接地体。电气设备接地部分与接地体相连接的金属导体（正常情况下不通过电流）称为接地线。接地体和接地线统称为接地装置，是电力系统保护系统中重要的组成部分，对电气设备全和操作者的人身安全有重要作用。

1. 接地线

接地线可分为自然接地线和人工接地线，其寿命一般按 25～30 年考虑。

自然接地线包括工厂内部建筑物的金属结构，如梁、柱、构架等，生产用的金属结构如

吊车轨道，配电装置外壳，起重升降机的构架，布线的钢管，电缆外皮以及非可燃和爆炸危险的工业管道等。

采用自然接地线要严防其锈蚀、折断，用电缆金属外皮作为自然接地体一般应有 2 根，如只有一根且没有芯线可以利用，应与电缆平行敷设一根直径为 8mm 圆钢或 4mm×12mm 扁钢作为辅助接地线，其两端与电缆外皮相连。

对自然接地线的局部连接不可靠的地方，应另加直径为 5mm 或 3mm×8mm 扁钢并接。至于人工接地线，应考虑接地线的材料、机械强度，以及应在短路情况下进行热稳定校验。

2. 接地体

接地体可分为自然接地体和人工接地体。自然接地体是兼作接地用的直接与大地接触的各种金属构件、金属井管、钢筋混凝土建构筑物的基础、金属管道和设备，但可燃液体和气体的金属管道以及管道接缝处采用非导电性材料衔接密封的情况除外。经测量后，如果自然接地体已能满足所要求的接地电阻值，就不必另行敷设人工接地体。

在利用自然接地体时，一定要保证良好的电气连接。在建筑物钢结构的结合处，除已焊接者外，凡用螺栓连接或其他连接的，都要采用跨接焊接，跨接线一般采用扁钢。跨接线可选用 48mm² 以上的扁钢和直径 6mm 以上的圆钢。利用电缆的外皮作为自然接地体时，接地线线箍的内部须烫上约 0.5mm 厚的锡层。电缆钢铠与接地线线箍相接触的部分，必须刮拭干净。

接地体是专门作为接地用而埋于地中的金属导体，故又称人工接地体。人工接地体有两种基本结构：垂直埋设的接地体和水平埋设的接地体，如图 12-16 所示。一般情况下应以水平接地体为主，水平接地体可采用圆钢、扁钢，垂直接地体可采用角钢、圆钢等。

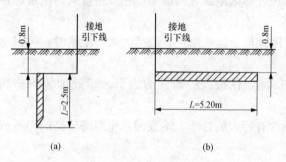

图 12-16 人工接地体埋设
（a）垂直接地体；（b）水平接地体

最常见的垂直接地体为直径 50mm、长度 2.5m 的钢管。若直径小于 50mm，由于钢管的机械强度较小，宜弯曲，不适于采用机械方式打入土中；若直径大于 50mm，如增大到 125mm 时，则散流电阻仅减少 1.5%，而钢材又耗费太多，不经济。若钢管长度小于 2.5m 时，散流电阻增多；若长度大于 2.5m 时，散流电阻又减少得并不显著。

为了减少外界温度变化对散流电阻的影响，所以埋入地下的接地体上部一般要离开地面 0.8m 左右。水平接地体长度一般以 5～20m 为宜。

（二）接地装置布置

按接地装置的布置，接地体分为外引式接地体和环路式接地体两种。接地线分为接地干线和接地支线。接地装置布置如图 12-17 所示。

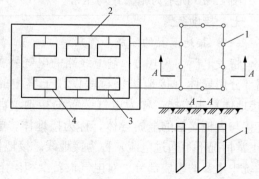

图 12-17 接地装置布置
1—接地体；2—接地干线；3—接地支线；4—电气设备

1. 接地装置布置的一般原则

在设计和装设接地装置时，应首先充分利用自然接地体，以节约投资和钢材。如果经实地测量自然接地体已经能够满足接地要求时，一般可不再装设人工接地装置（大电流接地系统的发电厂和变电站除外），否则装设人工接地装置作为补充。

人工接地装置的布置，应使接地装置附近的电位分布尽可能地均匀，尽量降低接触电压和跨步电压，以保证人身安全。如接触电压和跨步电压超过规定值时，应采取措施保证人员安全。

2. 接地装置的敷设

接地装置在敷设时应注意以下几点：

（1）为减少相邻接地体的屏蔽作用，垂直接地体的间距不宜小于其长度的 2 倍，水平接地体的间距不宜小于 5m。

（2）接地体与建筑物的距离不宜小于 1.5m。

（3）环形接地网之间的相互连接不应少于 2 根干线，接地干线至少应在两点与地网相连接。对大电流接地系统的发电厂和变电站，各主要分接地网之间宜多根连接。为了确保接地的可靠性，自然接地体至少应在两点与接地干线相连接。

（4）接地线沿建筑物墙壁水平敷设时，离地面宜保持 250～300mm 的距离。接地线与建筑物墙壁间应有 10～15mm 的间隙。

（5）接地线应防止发生机械损伤和化学腐蚀。与公路、铁道或化学管道等交叉的地方，以及其他有可能发生机械损伤的地方，对接地线应采取保护措施。在接地线引进建筑物的入口处，应设标志。

（6）接地线的连接需注意以下几点：

1）接地线连接处应焊接；

2）直接接地或经消弧线圈接地的变压器、发电机的中性点与接地体或接地干线连接，应采用单独的接地线，其截面及连接宜适当加强；

3）电力设备每个接地部分应以单独的接地线与接地干线相连接。

（7）接地网中均压带的间距应考虑设备布置的间隔尺寸、尽量减小埋设接地网的土建工程量及节省钢材。发电厂水平闭合式接地网及其电位分布如图 12-18 所示。

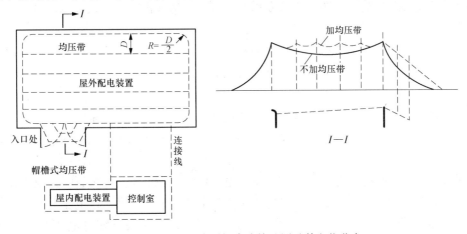

图 12-18 发电厂水平闭合式接地网及其电位分布

第三节　过电压及防雷设备

一、过电压定义及危害

电气设备在正常运行时，承受的是工作电压（会偏离额定电压但在允许范围内）。一般来说，电力系统的运行电压在正常情况下是不会超过最高工作电压的。但由于雷击或电力系统中的操作、事故等原因，使某些电气设备或线路上承受的电压大大超过正常运行电压，危及设备和线路的绝缘。电力系统中某部分电压超过设备的最高允许工作电压，危及电气设备绝缘的电压称为过电压。

过电压对电力系统的安全运行有极大的危害，如雷击会造成人员伤亡或造成电气设备、线路绝缘击穿损坏，中断供电，甚至引起火灾；由于操作不当引起的内部过电压同样会引起电气设备绝缘损坏，造成对电力系统的破坏。

二、过电压种类

电力系统的过电压分为外部过电压和内部过电压两大类。

1. 外部过电压

外部过电压与气象条件有关，是外部原因造成的，因此又称为大气过电压或雷电过电压。雷电过电压包括直击雷过电压、感应雷过电压、雷电反击过电压、雷电侵入波等，最危险的是直击雷过电压，雷过电压的大小取决于雷电流的幅值和被雷击线路或设备的波阻抗。在一定的雷电流幅值下，设备的波阻抗及接地电阻越小，直击雷过电压也就越小。

（1）直击雷过电压。指雷云直接对电气设备或电力线路放电，雷电流流过通路中的阻抗（包括接地电阻）产生冲击电压，引起的过电压。

（2）感应雷过电压。在电气设备（如架空电力线路）的附近不远处发生闪电，虽然雷电没有直接击中线路，但在导线上会感应出大量的和雷云极性相反的束缚电荷，形成雷电过电压。

（3）雷电反击过电压。雷云对电力架空线路的杆塔顶部放电或者对杆塔顶部的避雷线放电，雷电流经杆塔入地，在杆塔阻抗和接地装置阻抗上产生电压降，在杆城镇人口顶部出现高电位作用于导线绝缘之上，如果电压足够高，有可能造成击穿对导线放电，这种情况称为雷电反击过电压。

（4）雷电侵入波。因直接雷击或感应雷击在输电线路导线中形成迅速流动的电荷，对其前进道路上的电气设备造成威胁，称为雷电侵入波。

2. 内部过电压

内部过电压是由于电力系统内部能量传递或转化引起的，与电力系统内部结构、各项参数、运行状态、停送电操作和是否发生事故等因数有关。不同原因引起的内部过电压、其大小、波形、频率、延续时间并不相同，防范措施也有所不同。一般把内部过电压分为工频过电压、谐振过电压和操作过电压。其中工频过电压和谐振过电压又称为暂时过电压。谐振过电压包括线性谐振过电压、铁磁谐振过电压和参数谐振过电压。操作过电压包括切、合空负荷长线路或变压器过电压、开断感应电动机过电压、开断并联电容过电压和弧光接地过电压。

三、过电压防护

1. 直击雷过电压防护

为防止直接雷击电气设备，一般采用避雷针或避雷线。为防止直接雷击高压架空线路，一般多用架空避雷线（俗称架空地线）。避雷针或避雷线由金属制成，高于被保护物，有良好的接地装置，其作用就是将雷电引向自身并安全地将雷电流导入大地中，从而保护其附近比它低的设备免受直接雷击。避雷针一般用于发电厂和变电站，避雷线主要用于保护架空线路，也可用于发电厂升压变电站作为直击雷保护。

避雷针由上部的接闪器（针头）、中部的接地引下线及下部的接地体组成。避雷线由平行悬挂在空中的金属线（接闪器）、接地引下线和接地体组成。

避雷针、避雷线的保护原理是利用雷云对地放电先导阶段的选择性（选择向地面较高的物体发展进行）。放电初始阶段，离地较高，发展方向不受地面物体影响，放电发展到离地某一高度时，受地面物体影响而决定放电方向。避雷针（线）较高且良好接地，易因静电感应而积聚与雷电相反的电荷，使雷电与针（线）间电场强度增大放电路径引向针（线）直到对针（线）发生放电。在针（线）附近物体遭雷击可能性下降，起到了保护作用。

独立设置的避雷针与被保护物之间应有一定距离，以避免雷击避雷针时造成反击（雷电通过避雷针再侧击到附近设备）。

2. 雷电侵入波防护

对入侵雷电波的主要保护措施是设置阀型避雷器或氧化锌避雷器，以限制入侵雷电波的幅值。

过电压入侵主要是感应过电压形成后引起的。防止过电压入侵首先避免感应过电压的形成，要使电厂、变电站的三相母线或三相输配电线路远离易引雷的物体；再用变电站进线段保护对来波进行限制；然后用避雷器对电气设备作可靠保护。

四、过电压防护设备

避雷器作用是限制过电压以保护电气设备，其类型主要有保护间隙、阀型避雷器和氧化锌避雷器。保护间隙主要用于限制大气过电压，一般用于配电系统、线路和变电站进线段保护。阀型与氧化锌避雷器用于发电厂和变电站的保护，在220kV及以下系统中主要用于限制大气过电压，在超高压系统中还用于限制内部过电压或作为内部过电压的后备保护。

1. 保护间隙

保护间隙一般由两个相距一定距离的、敞露于大气的电极构成，将它与被保护设备并联，适当调整间极间的距离（间隙），使其击穿放电电压低于被保护设备绝缘的冲击放电电压，并留有一定的安全裕度，设备就可得到可靠的保护。

保护间隙是利用高温电弧使空气受热上升吹弧和利用电弧自身产生的电动力吹弧，最终使电弧熄灭。当雷电波入侵时，主间隙首先击穿，形成电弧接地。过电压消失后，主间隙中仍有正常工作电压作用下的工频电弧电流（称工频续流）。对中性点接地系统而言，这种间隙的工频续流就是间隙处的接地短路电流。由于这种间隙的熄弧能力较差，间隙电弧往往不能自行熄灭，将引起断路器跳闸。

保护间隙有过电压消失后间隙流过工频续流、伏秒特性陡且分散性大、有截波产生等缺点。

2. 阀型避雷器

阀型避雷器由装在密封瓷套中的间隙（又称火花间隙）和非线性电阻（又称阀片）串联

构成。阀片的电阻值与流过的电流有关，具有非线性特性，电流越大电阻越小。

正常情况下，火花间隙将带电部分与阀片隔开，当雷电波的幅值超过避雷器的冲击放电电压时，火花间隙被击穿，冲击电流经阀片流入大地，阀片上出现电压降（残压）。只要使避雷器的冲击放电电压和残压低于被保护设备的冲击耐压值，设备就可以得到保护，而且残压越低设备越安全。

阀型避雷器分普通型和磁吹型两类。普通型避雷器的火花间隙由许多单个间隙串联而成，单个间隙的电极由黄铜板冲压而成，两个电极间用云母垫圈隔开形成间隙，间隙距离为 $0.5\sim1.0\mathrm{mm}$，这种间隙的伏秒特性曲线很平坦且分散性较小、性能较好。单个间隙的工频放电电压约为 $2.7\sim3.0\mathrm{kV}$。避雷器动作后，工频续流电弧被许多单个间隙分割成许多短段，使其熄灭。

由于阀片电阻是非线性的，因而在很大的雷电压通过时电阻值很小、残压不高（不会危及设备绝缘）。当雷电流过去之后，在工频电压作用下，电阻值变得很大，因而大大地限制了工频续流，以利于火花间隙灭弧。利用阀片电阻的非线性特性，解决了既要降低残压又要限制工频续流的矛盾。

磁吹型避雷器的火花间隙也由许多单个间隙串联而成，但每个间隙的结构复杂，利用磁场使每个间隙中的电弧产生运动来加强去游离，以提高间隙的灭弧能力。磁场是由与间隙串联的线圈所产生，磁吹线圈两端设置的辅助间隙的作用是为了消除磁吹线圈在冲击电流通过时产生过大的压降而使其保护性能变差。在冲击电流作用下，主间隙被击穿，放电电流便经过辅助间隙、主间隙和电阻阀片而流入大地，使避雷器的压降不致过大。工频续流通过时，磁吹线圈上的压降减小，迫使辅助间隙中的电弧熄灭，工频续流也就很快转入磁吹线圈，产生磁场起吹弧作用。

阀型避雷器的阀片的主要作用是限制工频续流，使间隙电弧级在工频续流在第一次过零时熄灭。它们的电阻阀片是金刚砂（SiC）和结合剂烧结而成，称为碳化硅阀片。

目前我国生产的普通型避雷器有 FS 型和 FZ 型两种，FS 型避雷器的通流容量较小，主要用于保护小容量的 $3\sim10\mathrm{kV}$ 配电装置中的电气设备。FZ 型避雷器，其特性较好、通流容量较大，主要用于保护大中型变电站和电容器等设备。110kV 及以上电压等级的阀型避雷器，在其顶部装有均压环，以减少对地电容引起的电压不均匀现象。

磁吹型避雷器主要有 FCZ 电站型和保护旋转电机用的 FCD 型。

3. 氧化锌避雷器

氧化锌避雷器实际上是一种阀型避雷器，其阀片以氧化锌（ZnO）为主要材料，加入少量金属氧化物，在高温下烧结而成。氧化锌避雷器通过改进阀片来提高保护性能，氧化锌电阻片的通流容量为碳化硅的 4 倍。ZnO 阀片具有很好的伏安特性，在工作电压下 ZnO 阀片可看做是绝缘体。由于 ZnO 避雷器采用了非线性优良的 ZnO 阀片，使其具有许多优点，包括：

（1）无间隙、无续流。在工作电压下，ZnO 阀片呈现极大的电阻，续流近似为零，相当于绝缘体，因而工作电压长期作用也不会使阀片烧坏，所以一般不用串联间隙来隔离工作电压。

（2）通流容量大。由于续流能量极少，仅吸收冲击电流能量，故 ZnO 避雷器的通流容量较大，更有利于用来限制作用时间较长（与大气过电压相比）的内部过电压。

（3）可使电气设备所受过电压降低。在相同雷电流和相同残压下，SiC 避雷器只有在串联间隙击穿放电后才泄放电流，而 ZnO 避雷器（无串联间隙）在波头上升过程中就有电流流过，这就降低了作用在设备上的过电压。

（4）在绝缘配合方面可以做到陡波、雷电波和操作波的保护裕度接近一致。

（5）ZnO 避雷器体积小、质量轻、结构简单、运行维护方便。

目前生产的 ZnO 避雷器，大部分是无间隙的。对于超高压避雷器或需大幅降低残压比时，也采用并联或串联间隙的方法；为了降低大电流时的残压而又不加大阀片在正常运行时的电压负担，以减轻阀片的老化，往往也采用并联或串联间隙的方法。

习　题

12-1　什么是触电？触电有哪几种类型？

12-2　影响触电伤害程度的因素有哪些？

12-3　发生触电的原因有哪些？如何预防触电？

12-4　电气上的"地"是什么意义？什么是对地电压？

12-5　什么是接地？接地的目的是什么？

12-6　什么是保护接地和保护接零？各在什么条件下采用？

12-7　重复接地的作用是什么？其接地电阻值要求为多少？

12-8　什么是跨步电压和接触电压？其允许值各是多少？

12-9　什么是接地装置？应如何敷设？

12-10　什么是过电压？过电压有哪几种？

12-11　过电压如何防护？

第十三章　电气二次图的基本知识

在发电厂及变电站中，对一次设备进行测量、检查、控制及保护的电路称为二次电路。二次电路是电力系统安全、经济和稳定运行的重要保障，是具有多种功能的复杂网络，其内容主要包括测量监察回路、控制回路、继电保护及自动装置、调节回路、信号回路、操作电源与同期回路等。

描述二次电路的图（二次设备及其相互间的连接电路图），称为电气二次图。电气图纸是工程的语言，每一位电气工程技术人员都需要能熟练地读懂电气图，以便于开展工作，本章主要介绍二次电路图的基本内容，重点介绍电气二次原理接线图和二次电气安装接线图。

第一节　电气二次图的类型

一、电气二次图的类型

发电厂和变电站的电气二次图数量很多，为了便于利用、管理，按照其表达形式和用途的不同，一般将其分为以下几种：

（1）原理接线图。原理接线图是二次接线的原始图纸。表示二次回路的构成、相互动作顺序以及工作原理的图纸。原理接线图在本章第二节详细介绍。

（2）布置图。布置图指控制室的平面布置图，控制和保护屏的平面布置图，各种小母线布置图等。绘制布置图以发电厂和变电站的整体规划和有关原理图做依据，并且满足二次接线设计的有关规程。

（3）安装接线图。安装接线图以原理图和布置图为依据，按照设计的具体要求绘制，供二次屏配线和二次设备安装使用的图纸。它是制造厂家进行生产加工和现场安装的依据，也是现场运行、试验和检修的参考依据。安装接线图包括屏后接线图和端子排接线图。

（4）解释性图。解释性图是除了原理接线图、布置图和安装接线图以外根据实际需要绘制的图纸。常用的解释性图有表示生产工艺流程的示意图、表示操作及动作过程的逻辑框图、继电保护自动装置及测量仪表的配置图、二次电缆联系图及二次系统图等。

二、二次电气图的图形符号和文字符号

二次电气图中的元件和设备，规定必须使用国家统一规定的图形符号和文字符号表示。

1. 图形符号

电气图中的图形符号指用于图样或其他文件以表达一个设备或概念的图形、标记或字符。图形符号表示时均按无电压、无外力的作用状态表示。对于元件和设备的可动触点，通常表示在非激励或不工作的状态和位置。

图形符号分一般符号和方框符号两种。

（1）一般符号。表示一类产品和此类产品特征的一种通常很简单的图形符号。

（2）方框符号。表示元件和设备等的组合及功能的一种很简单的图形符号。二次电气图中常见的图形符号见表13-1。

表 13-1　　　　　　　　　　　　二次电气图中常用的图形符号

符号名称	图形符号	文字符号	符号名称	图形符号	文字符号
一般继电器		K	差动继电器	I-I	KD
电流继电器	I	KA	功率方向继电器		KW
反时限过电流继电器	t/I	KA	中间继电器		KM
带时限的电流继电器		KA	时间继电器	t	KT
低电压继电器	U<	KV	信号继电器		KS
过电压继电器	U>	KV	阻抗继电器	Z	KR
继电器线圈的一般符号	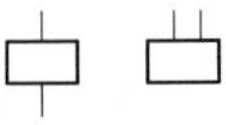		动合触点		
当需指出继电器为单线圈时	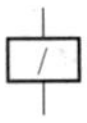		动断触点	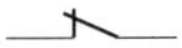	
继电器双线圈	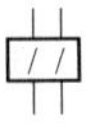		延时闭合的动合触点		
交流继电器线圈	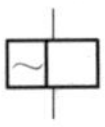		延时断开的动合触点		
电压线圈	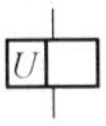 U		延时闭合的动断触点		
电流线圈	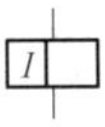 I		延时断开的动断触点		
切换触点	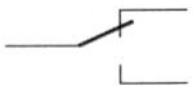		手动复归的动合触点		

2. 文字符号

为了区分不同的设备和元件，以及同类设备或元件中不同功能的设备和元件，电气图中，图形符号的旁边应标注相应的文字符号。文字符号分基本文字符号和辅助文字符号两种。基本文字符号分单字母文字符号和双字母文字符号。

单字母文字符号见表13-2。单字母文字符号是用拉丁字母将各种电气设备、装置和元件划分为24大类（"I"和"O"不作为文字符号使用），每类用一个专用的单字母符号表示。

表 13-2　　　　　　　　　　　　常用的单字母文字符号

字母种类	项目种类	举例
A	组件部件	分立元件放大器、磁放大器、激光器、微波激射器、印刷电路板，本表其他地方未提及的组件部件
B	变换器（从非电量到电量或相反）	热电传感器、热电池、光电池、测功计、晶体换能器、送话器、拾音器、扬声器、耳机、自整角机、旋转变压器

字母种类	项目种类	举　　例
C	电容器	
D	二进制单元 延迟器存储器件	数字集成电路和器件、延迟线、双稳态元件、单稳态文件、磁芯存储器、寄存器、磁带记录机、盘式记录机
E	杂项	光器件、热器件、本表其他地方未提及的元件
F	保护器件	熔断器、过电压放电器件、避雷器
G	发电机电源	旋转发电机、旋转变频机、电池、振荡器、石英晶体振荡器
H	信号器件	光指示器、声指示器
J	用于软件	程序单元、程序、模块
K	继电器	
L	电感器 电抗器	感应线圈，线路陷波器 电抗器（并联和串联）
M	电动机	
N	模拟集成电路	
P	测量设备	测量设备、指示器件、记录器件
Q	电力电路的开关	断路器、隔离开关
R	电阻器	可变电阻器、电位器、变阻器、分流器、热敏电阻
S	控制电路的开关选择器	控制开关、按钮、限制开关、选择开关
T	变压器	变压器、电压互感器、电流互感器
U	调制器 变换器	鉴频器、解调器、变频器、编码器、逆变器、整流器、电报译码器、无功补偿器
V	电真空器件 半导体器件	电子管、晶体管、晶闸管、二极管、三极管、半导体器件
W	传输通道波导、天线	导线、电缆、母线、波导、波导定向耦合器、偶极天线、抛物面天线
X	端子 插头 插座	插头和插座、测试塞孔、端子板、焊接端子片、连接片、电缆封端和接头
Y	电气操作的机械装置	制动器、离合器、气阀、操作线圈
Z	终端设备 混合变压器 滤波器、均衡器 限幅器	电缆平衡网络 压缩扩展器 晶体滤波器 衰减器、阻波器

　　双字母文字符号由一个表示种类的单字母文字符号和另一个字母组成，以便更详细和具体地表示设备和元件的作用。组合形式单字母文字符号在前，另一字母在后。例如：时间继电器用"KT"表示，中间继电器用"KM"表示。

　　辅助文字符号是用来表示设备、装置和元件以及线路的功能、状态和特征的，通常由英文单词的前一两个字母构成。辅助文字符号一般放在基本文字符号的后面，构成组合文字符号，也可以单独使用，例如，"ON"表示接通。常见的辅助文字符号见表13-3。

表 13-3 常用的辅助文字符号

序号	文字符号	名　称	英文名称	序号	文字符号	名　称	英文名称
1	A	电流	current	34	L	限制	limiting
2	A	模拟	analog	35	L	低	low
3	AC	交流	alternating current	36	LA	闭锁	latching
4	A AUT	自动	automatic	37	M	主	main
				38	M	中	medium
5	ACC	加速	accellerating	39	M	中间线	mid—wire
6	ADD	附加	add	40	M MAN	手动	manual
7	ADJ	可调	adjustability				
8	AUX	辅助	auxiliary	41	N	中性线	neutral
9	ASY	异步	asynchronizing	42	OFF	断开	open，off
10	B BRK	制动	braking	43	ON	闭合	close，on
				44	OUT	输出	output
11	BK	黑	black	45	P	压力	pressure
12	BL	蓝	blue	46	P	保护	protection
13	BW	向后	backward	47	PE	保护接地	protective earthing
14	C	控制	control	48	PEN	保护接地与中性线共用	protective earthing neutral
15	CW	顺时针	clockwise				
16	CCW	逆时针	counter clockwise	49	PU	不接地保护	protective unearthing
17	D	延时（延迟）	delay	50	R	记录	recording
18	D	差动	differential	51	R	右	right
19	D	数字	digital	52	R	反	reverse
20	D	降	down，lower	53	RD	红	red
21	DC	直流	direct current	54	R RST	复位	reset
22	DEC	减	decrease				
23	E	接地	earthing	55	RES	备用	reservation
24	EM	紧急	energency	56	RUN	运转	run
25	F	快速	fast	57	S	信号	signal
26	FB	反馈	feelback	58	ST	起动	start
27	FW	正、向前	forward	59	S SET	置位，定位	setting
28	GN	绿	green				
29	H	高	high	60	SAT	饱和	saturate
30	IN	输入	input	61	STE	步进	stepping
31	INC	增	increase	62	STP	停止	stop
32	IND	感应	induction	63	SYN	同步	synchronizing
33	L	左	left	64	T	温度	temperature

三、二次电气图的项目代号

项目指在电气图上用一个图形符号表示的基本件、组件、部件、功能单元、系统等，如继电器、配电系统等。

项目代号是用来识别图、图表、表格中和设备上的项目代号，并提供项目的层次关系、实际位置等信息的一种特定的代码。项目代号可以将图、图表、表格、技术文件中的项目和实际设备中的该项目一一对应和联系起来。一个完整的项目代号由 4 个具备相关信息的代号段组成，每个代号段都有特定的前缀符号。

（1）种类代号。是项目代号的核心部分，用于识别项目种类的代号，一般由字母代码和数字组成（字母代码必须是规定的文字符号），前缀符号为"－"。例如：－QS5 表示第 5 个隔离开关。

（2）高层代号。是系统或设备中对于给予代号的项目而言任何较高层次项目的代号，可以用任何选定的字符、数字表示，前缀符号为"＝"。例如：＝S3－QF2 表示 S 系统第 3 个子系统中的第 2 个断路器。

（3）位置代号。是项目在组件、设备、系统或建筑物中的实际位置的代号，通常由自行规定的拉丁字母或数字组成。使用时，应给出表示该项目位置的示意图，前缀符号为"＋"。

（4）端子代号。是用来同外电路进行电气连接的电器导电件的代号，一般用来表示接线端子、插头、插座、连接片等元件的端子，前缀符号为"："。

一个项目可以由一个代号段组成，也可以由几个代号段组成。

四、二次电气图的基本表示方法

（一）电路的表示方法

二次电气图中，导线或连接线的表示方法有多线表示法、单线表示法和混合表示法三种。

（1）多线表示法指每条导线或连接线用一条图线表示，以便详细地表达各线路或各相的内容，通常在各线路或各相不对称的情况用此表示法。

（2）单线表示法指两条或两条以上的导线或连接线用一条图线表示的方法，通常在几条线路或各相对称或连接方法相同的情况使用此表示法。

（3）混合表示法指在一个图中，一部分采用多线表示法，另一部分采用单线表示法，既有多线表示法准确、充分的特点，又有单线表示法精炼简洁的特点。

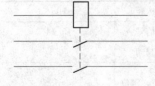

（二）电气元件的表示方法

电气图中，对于在驱动部分和被驱动部分之间采用机械连接的元件和设备，例如继电器的线圈和触点，有集中表示法、半集中表示法、分散（分开）表示法三种。

图 13-1　集中表示法

（1）集中表示法指把一个元件的各组成部分画在一起，并用一条直的虚线将它们连接起来。图 13-1 所示为一个继电器的集中表示法。

（2）半集中表示法指用一条打折的、分散的虚线将一个元件的各组成部分连接起来。图 13-2 所示为一个继电器的半集中表示法。

（3）分散表示法又称为分开表示法，指用相同的文字符号表示一个元件的各组成部分。图 13-3 所示为一个继电器的分散表示法。

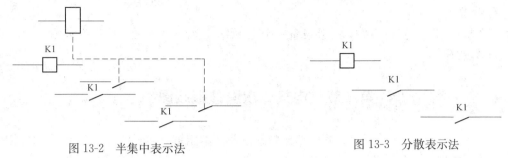

图 13-2 半集中表示法   图 13-3 分散表示法

（三）二次回路的编号

为了区别二次回路的功能，需要对二次回路进行编号，采用等电位原则进行，即连接同一点的导线用同一个编号。

1. 直流回路的编号

直流回路编号如图 13-4 所示。在直流回路中，编号时，从正电源出发，以奇数顺序编号，直到有降压的元件为止。如果最后一个降压的元件后面不是直接连接在负极，是通过连

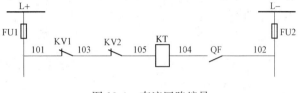

图 13-4 直流回路编号

接片、断路器或继电器等接在负极上，则下一步应当从负极开始以偶数顺序编号，至上述已有编号为止。

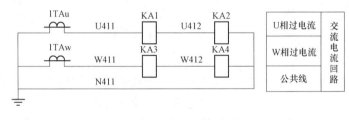

图 13-5 交流回路编号

2. 交流回路的编号

交流回路编号如图 13-5 所示。电流互感器与电压互感器二次回路的编号，由数字和表示相别的字母组成。使用时，按规定的编号范围依次编写即可，不分单双号。每组电流互感器分配 9 个号，分配方法是：电流互感器 TA1 用 U411～U419、V411～V419、W411～W419、N411～N419、L411～L419；TA6 用 U461～U469、V461～V469 等。每组电压互感器分配 9 个号，具体分配方法是：电压互感器 TV1 用 U611～U619、V611～V619、W611～W619、N611～N619、L611～L619；对 TV3 用 U631～U639、V631～V639 等。

五、二次电气图的阅读方法

二次电气图阅读时要根据以下原则进行：

（1）"先一次，后二次"。当图中同时存在一次接线和二次接线时，应先看一次部分中一次设备的性质、编号和位置，再看二次部分。

（2）"先交流，后直流"。当图中同时存在交流回路和直流回路时，一般应先看由电压互感器或电流互感器引出端的交流回路，直接反映一次接线的运行情况。

（3）"先电源，后接线"。因为在交流回路和直流回路中，二次设备的动作都是由电源驱动的。看图时，先要找到电源，再分析二次设备的动作情况。

（4）"先线圈，后触点"。先找线圈，再找与之对应的触点，根据触点的动作情况分析回

路的工作情况。

（5）"先上后下，先左后右，屏外设备一个也不漏"。看端子排图和屏后安装图，一定要配合展开图来看。

第二节　电气二次原理接线图

电气二次原理接线图是安装、调试和检修的重要技术图纸，也是绘制安装电气图的主要依据。它分为归总式和展开式两种。

一、归总式原理图

归总式原理图（简称原理图），是一种将二次回路与有关一次设备画在一起，以整体形式表示二次设备之间的电气连接，即用元件的集中表示法或半集中表示法，按电路实际连接关系绘制的图纸。

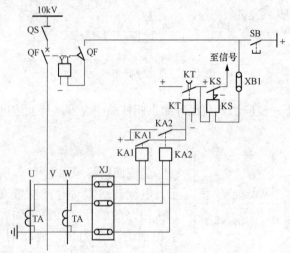

图 13-6　10kV 线路的过电流保护归总式原理图

图 13-6 所示为某 10kV 线路的过电流保护归总式原理图。图中，属于一次设备的有 10kV 母线、隔离开关、断路器、电流互感器连接一次系统与二次保护系统。保护装置由电流互感器 TA，电流继电器 KA1、KA2，时间继电器 KT，信号继电器 KS 等组成。工作原理和动作情况为：当 10kV 线路正常运行时，电流继电器 KA1、KA2 流过的电流值很小，继电器不动作。当 10kV 线路出现过大或短路电流时，电流互感器感应出大于动作值的电流，电流继电器 KA1、KA2 动作，其动合触点闭合，使时间继电器 KT 线圈得电，经过一定延时后（避免出现的是瞬时故障），其动合触点闭合，使信号继电器 KS 线圈和断路器跳闸线圈 YT 同时得电。信号继电器 KS 动合触点闭合发出信号，断路器跳闸线圈 YT 控制断路器主触点跳闸，切断一次系统的过大或短路电流，对一次系统进行保护，二次保护系统恢复为最初的保护状态。

通过以上分析可以看出，归总式原理图具有以下特点：

（1）用集中法画出的电路图直观而清楚地说明工作原理，但线条较多，用于简单电路。

（2）所有回路元件以整体形式绘在一张图上，相互连接的电流回路、电压回路以及直流回路，都综合画在一起。

（3）归总式原理接线图概括地给出了装置的总体工作概念，能够明显地表明各元件形式、数量、电气联系和动作原理，但对一些细节未表示清楚。例如：①接线不清楚，没有绘出元件内部接线；②没有元件引出端子的编号和回路编号；③没有绘出直流电源具体从哪组熔断器引出；④没有信号的具体接线。

所以，集中式原理图不便于阅读，更不利于指导施工。

二、展开式原理图

展开式原理图（简称展开图），是将二次设备按其线圈和触点的接线回路展开分别画出，各元件的表示方法用分散表示法，组成多个独立回路（如交流电压、电流回路、直流回路、信号回路等）的图纸。在展开式原理图中，属于同一仪表或继电器的电流线圈、电压线圈和触点分开画在不同的回路里，为了防止混淆，同一元件的各部分用相同的文字符号标识。

图 13-7 所示为某 10kV 线路的过电流保护展开式原理图。其工作原理和动作情况与图 13-4 完全一致，只是表示方法不同。从图 13-7 看出，展开式原理图一般分为交流电流回路、交流电压回路、直流操作回路、信号回路等几个部分组成。交流回路按 U、V、W 相序，直流回路按继电器动作顺序依次从上到下或从左到右排列。在每个回路旁边通常有文字说明，以方便阅读。在图 13-7 中，右侧为一次接线，表示一次接线情况和保护装置所连接的电流互感器在一次接线中的位置。左侧为保护回路，由交流电流回路、直流操作回路和信号回路三部分组成。阅读展开图时，同样先读一次，后读二次；先读交流，后读直流。

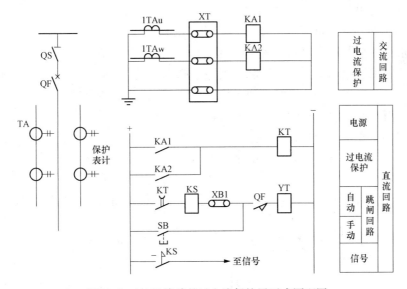

图 13-7　10kV 线路的过电流保护展开式原理图

展开式原理图具有以下特点：

（1）按二次接线图的每个独立电源来绘图。一般分为交流电流回路、交流电压回路、直流回路、继电保护回路和信号回路等几个主要组成部分。

（2）同一个电器元件的线圈和触点分别画在所属的回路内。但要采用相同的文字符号标出。若元件不止一个，还需加上数字序号，以示区别。属于同一回路的线圈和触点，按照电流通过的顺序依次从左向右连接。各行又按照元件动作先后，由上向下垂直排列，各行从左向右阅读，整个展开图从上向下阅读。

（3）在展开图的右侧，每一回路均有文字说明，便于阅读。

（4）展开图的接线清晰，易于阅读。

（5）便于掌握整套装置的动作过程和工作原理，特别是在复杂的继电保护装置的二次回路中，用展开图绘制优点更为突出。

第三节　电气二次安装接线图

为施工、维护运行的方便，还应绘制安装接线图。它是制造厂加工制造屏（台）和现场施工安装用的图纸，也是运行试验、检修的主要参考图纸。安装接线图中各电气元件及连接导线都是按照它们的实际图形、实际位置和连接关系绘制的。为了便于施工和检查，所有元件的端子和导线都加上走向标志。它一般包括单元接线图、屏面布置图和端子排图等几个组成部分。

一、单元接线图

单元接线图是表示成套装置或设备中一个单元结构内部连接关系的一种接线图。单元接线图通常按装置或设备的背面布置绘制，所以，又称为屏背面接线图。此图以屏面布置图为基础，并以二次电路图为依据绘制成的接线图。单元接线图标明了屏上各设备的图形符号、顺序编号和各设备端子之间的连接情况和设备与端子排之间的连接情况。

1. 单元接线图中项目的表示与布置

单元内的元件、设备等项目的表示按以下原则进行：

（1）一般采用框形图形表示，一些电阻、电容等，采用一般符号。

（2）各设备的引出端子，要按实际排列顺序画出，设备的内部接线，一般不需要画出，若有助于某些器件工作原理的了解和便于检查测试，可画出其内部结构。

（3）对于有些在背面看不到的屏正面设备，应用虚线画出。

单元接线图中各项目的布置必须按实际位置画出，上下、左右位置不能改变，但间距可以不按比例尺寸绘制。对于多面布线的接线图，可绘制多个面的接线图。

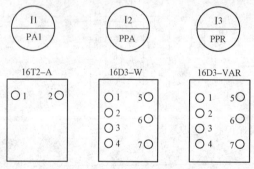

图 13-8　单元接线中项目标注示例

2. 项目的标注

在单元接线图中，项目的上方应有相应的标注。图 13-8 所示为单元接线图中项目标注示例，从图中可以看出项目标注的内容有以下几点：

（1）安装单位编号及设备顺序编号。

（2）与二次电路图一致的该项目的文字符号。

（3）与设备表一致的该项目的型号。

3. 导线的表示

导线去向和连接关系的表示法有连续表示法和相对标记法两种。连续表示法是将连接线首尾用导线连通的方法。相对标记法是将连接线在中间中断，在中断处标记所连端子的代号的方法。在接线图中，导线采用连续线表示，直观且方便，但是在导线较多的情况下，错综复杂，因此，大多采用相对标记法。图 13-9 所示为相对标记法示例。

二、屏面布置图

屏面布置图是一种采用简化外形符号（框形符号），表示屏面设备布置的简图，它是屏的一种正面视图。此图作为加工制造屏和安装屏上设备的主要依据，和单元接线图相结合，可供安装接线、查找，维护管理过程中核对屏内设备的名称、位置、用途及拆装、维修等用。

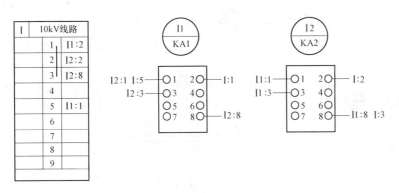

图 13-9　相对标记法示例

　　屏面布置图如图 13-10 所示，从图中，可以看出屏面布置图具有以下特点：

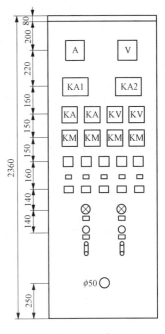

　　（1）屏面布置图中，各项目和设备通常用长方形、正方形、圆形等框形符号表示，个别符号也可用一般符号表示。例如指示灯、连接片等采用一般符号。

　　（2）屏面布置图中的符号大小及间距可以不按比例画出，例如较大的项目或设备可以缩小，较小的项目或设备可以放大，但一般尽量按比例绘制。

　　（3）图形符号旁边或内部标注相应的文字符号。

　　（4）通常屏面设备从上至下依次为各种指示仪表、光字牌、继电器、信号指示灯、控制开关和模拟线路。

三、端子排图

1. 端子

　　端子是二次接线中不可缺少的专门用来接线的配件，是用以连接器件和外部导线的导电件。屏内设备与屏外设备的连接通过端子连接，屏内设备之间的连接可以直接连接，也可以通过端子连接。

图 13-10　屏面布置图

　　端子的结构形式很多，根据用途的不同，可以分为以下类型：

　　（1）一般端子。用得最多的端子，供一个回路的两端导线连接用。

　　（2）连接端子。用于回路分支或合并，端子间进行连接用。

　　（3）试验端子。用于电流互感器二次绕组出线与仪表、继电器线圈之间的连接，可从其上接入试验仪表，对回路进行测试。

　　（4）连接型试验端子。用于在端子上需要彼此连接的电流试验回路中。

　　（5）特殊端子。可在不松动或不断开已接好的导线情况下断开回路。

　　（6）终端端子。用于端子排的终端或中间，固定端子或分隔安装单位。

图 13-11 所示为几种常见的端子。

2. 端子排

　　端子排由许多端子组合在一起构成。图 13-12 所示为端子排的排列样式及应用。对于端

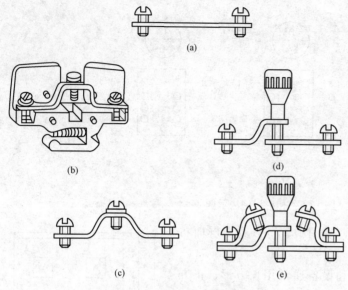

图 13-11　几种常见的端子

（a）一般端子导电片；（b）连接端子外形；（c）连接端子导电片；
（d）特殊端子导电片；（e）试验端子导电片

子排的排列，有如下原则：

（1）端子排一般采用竖向排列，并且应该排列在靠近本安装单位设备的那一侧。

（2）不同安装单位的端子应分别排列，不得混杂在一起。

（3）每一个安装单位端子排的端子应按一定顺序排列，以便寻找端子。排列次序竖向排列从上至下，横向排列从左至右依次为：交流电流回路→交流电压回路→信号回路→控制回路→其他回路。

3. 端子排接线图

图 13-13 所示为端子排接线图，表示单元或设备经过端子与外部导线的连接关系，通常

可以表示其与内部其他部件的连接关系，也可以不表示，但可给出相关文件的图号，以便查阅。

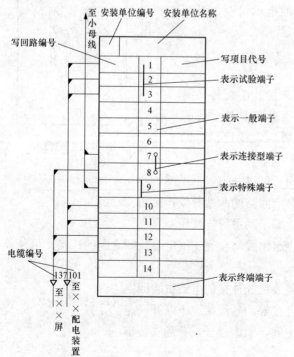

图 13-12　端子排的排列样式及应用

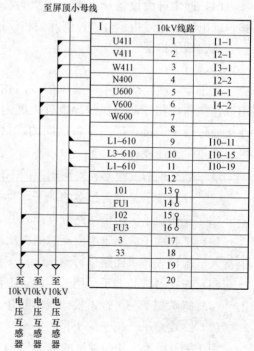

图 13-13　端子排接线图

习　题

13-1　什么是二次回路？二次回路主要包括哪些回路？

13-2　二次电气图有哪些类型？各有什么作用？

13-3　二次电气图中的图形符号分为哪几种？

13-4　二次电气图中的文字符号分为哪几种？

13-5　什么是项目代号？它有什么作用？

13-6　一个完整的项目代号由哪几个代号段组成？各有什么作用？

13-7　二次电气图中电气元件的表示方法有哪几种？

13-8　直流回路编号如何进行？

13-9　交流回路编号如何进行？

13-10　阅读二次回路图的原则是什么？

13-11　原理接线图分为哪些类型？各有什么特点？

13-12　单元接线图中导线的表示法有哪几种？各有何特点？

13-13　什么是端子？按用途的不同分为哪些类型？

13-14　什么是试验端子？什么是特殊端子？

13-15　什么是端子排？端子排排列的原则是什么？

第十四章 直 流 系 统

在发电厂和变电站中，向信号、控制、继电保护、同期等二次系统提供电能的电源称为操作电源。操作电源有直流操作电源和交流操作电源两大类，在变电站中，主要采用的是直流操作电源，本章将介绍直流操作电源的分类、组成及工作原理。

第一节 概　　　述

一、直流负荷

发电厂和变电站的直流负荷，按其用电特性的不同可分为经常负荷、事故负荷和冲击负荷三类。它们是选择直流电源的主要依据。

1. 经常负荷

经常负荷是指所有运行状态下，由直流电源不间断供电的负荷。包括：

(1) 经常带电的直流继电器、信号灯、位置指示器。

(2) 经常点亮的直流照明灯。

(3) 经常投入运行的逆变电源等。

一般说来，经常负荷在总的直流负荷中所占的比重是比较小的，约占总直流负荷的 5%。

2. 事故负荷

事故负荷是指正常运行时由交流电源供电，当发电厂和变电站的自用交流电源消失后由直流电源供电的负荷。包括：

(1) 事故照明。

(2) 汽轮机润滑油泵。

(3) 发电机氢冷密封油泵及载波通讯备用电源等。

3. 冲击负荷

冲击负荷是指直流电源承受的短时最大电流。包括：

(1) 断路器合闸时的冲击电流。

(2) 断路器合闸时所承受的其他负荷电流（经常负荷与事故负荷）。

直流操作电源容量的确定，必须以各类直流负荷容量的分析、统计和计算结果为前提。

二、对操作电源的基本要求

操作电源应满足以下基本要求：

(1) 应保证供电的高度可靠性。这是最基本的，最好装设独立的直流操作电源，如蓄电池组直流电源，以免交流系统故障而影响操作电源的正常供电。

(2) 具有足够的容量。能满足全厂（站）各种情况下对功率的需求。

（3）具有良好的供电质量。正常时，操作电源母线电压波动范围小于 5％额定值。事故时，不低于 90％额定值。失去浮充电源后，在最大负荷下的直流电压不低于 80％额定值。

（4）具有一定的经济性和实用性。要求其使用寿命、占地面积、维护工作量、设备投资、布置面积等合理。

另外，还要求操作电源具有接线简单、设备简化、设计安全可靠、技术先进、能满足变电站综合自动化和无人值班变电站的要求。

三、直流操作电源的电压

直流操作电源的常用电压有强电直流电压 220V 和 110V，另外，还有弱电直流电压 48V。具体采用哪种电压等级，要经过技术经济比较来确定。

四、直流操作电源的分类

发电厂、变电站的直流操作电源按电源性质的不同，可分为独立式直流电源和非独立式直流电源两大种。独立电源指不受外界影响的、供电相对独立的固定电源，有蓄电池直流电源和电源变换式直流电源两种；非独立电源则相反，有硅整流电容整流直流电源和复式整流直流电源两种。

1. 蓄电池直流电源

蓄电池是一种可以反复充电使用的化学电源。由多节蓄电池组成具有一定电压的蓄电池组，作为独立的直流操作电源，具有很高的稳定性和可靠性，广泛地使用于大、中型变电站和对可靠性要求较高的小型变电站。

2. 电源变换式直流电源

电源变换式直流电源框图如图 14-1 所示。该电源将厂用电 220V 交流电经过可控整流装置 U1 变为 48V 直流电，作为 48V 弱电直流操作电源使用，并对 48V 蓄电池组 GB 进行充电或浮充电；同时，将 48V 直流电源经过逆变装置 U2 变为 220V 交流电源，再经输出整流装置 U3 整流后，输出 220V 的直流电，作为强电直流操作电源。这种电源广泛地应用于中、小型变电站中。

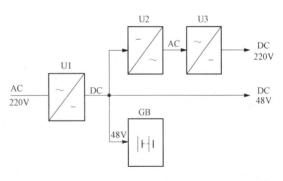

图 14-1 电源交换式直流电源框图

3. 硅整流电容储能直流电源系统

由于蓄电池直流操作电源价格昂贵，寿命有限，维护量大，在一些中、小型发电厂或变电站会采用硅整流电容储能直流电源，这种电源是一种非独立式的直流电源。它由硅整流设备和电容器组组成。在正常运行时，将发电厂变电站的交流电源经硅整流设备变为直流电源，作为操作电源并向电容器充电。在事故情况下，将电容器储存的电能向重要负荷（继电保护、自动装置和断路器跳闸回路）供电，以确保继电保护及断路器可靠动作。由于受到储能电容器容量的限制，这种操作电源在交流电源消失后，只能在短时间内向继电保护及自动装置以及断路器跳闸回路供电。该直流电源适用于 35kV 及以下电压等级的小型的变电站，或继电保护较简单的 110kV 及以下电压等级的终端变电站中。

4. 复式整流直流电源

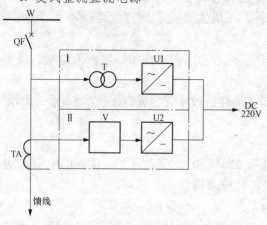

图 14-2　复式整流直流电源的结构框图

复式整流直流电源的结构框图如图 14-2 所示。这种直流操作电源是一种非独立式的直流电源，以发电厂变电站自用交流电源、电压互感器二次电压、电流互感器二次电流等为输入量的复合式整流设备。在正常运行状态下，由厂用变压器经整流取得直流 220V 电源；在事故情况下，由电流互感器的二次电流通过铁磁谐振稳压器变为交流电压，经整流提供操作电源，供给保护装置、断路器跳闸等重要负荷在紧急状况下使用。这种直流电源主要适用于线路多、继电保护复杂、容量大的变电站中。

第二节　蓄电池组直流系统

蓄电池组直流电源由于供电相对独立，不受一次电网事故的影响，在电网事故状态下能可靠地保证继电保护与自动装置的供电、提供事故照明、向信号回路提供电能等，具有很高的可靠性，同时它电压平稳、容量大，适用于各种直流负荷，因此在电力系统中得到了广泛的应用。

一、蓄电池

蓄电池是一种既能将化学能转化为电能，又能将电能转化为化学能的化学电源设备。主要由容器、电解液和正、负极板构成。

1. 蓄电池的分类

蓄电池分为酸性蓄电池和碱性蓄电池两大类。

酸性蓄电池按图 14-3 表示，碱性蓄电池按图 14-4 表示。

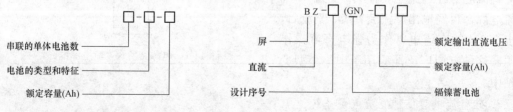

图 14-3　铅酸性蓄电池的型号标示　　　　图 14-4　镉镍碱性蓄电池的型号标示

2. 蓄电池的容量

容量和寿命是衡量蓄电池的主要指标，容量表示蓄电池储存电能的能力，充满电的蓄电池，放电到规定终止电压时，所放出的总电量，称为蓄电池的容量。单位通常以安·时（A·h）表示，蓄电池的容量与蓄电池极板的类型、电解液比重、放电电流的大小以及温度等因素有关。蓄电池充电后，由于电解液上下层比重不同，会形成一定的电势差，同时，电解液中含有的金属杂质沉淀在极板上会形成局部短路，因此蓄电池存在自放电现象。这一现象增加了蓄电池的内部损耗。

寿命是表示蓄电池容量衰退速度的一项指标，随着蓄电池的使用，蓄电池容量衰减是不可避免的，当容量衰减到一个规定值时，可以判定寿命终结。

3. 蓄电池的检测

根据 DL/T 724—2000《电力系统用蓄电池直流电源装置运行与维护技术规程》规定，无论酸性或碱性蓄电池，运行人员除了进行常规的外观、温度、电流、电压的巡检、测试外，为确保电池组的完好还需要定期进行核对性容量测试，检测中如果发现单只或整组电池容量小于额定容量的 80%，此时极板格栅已经腐蚀和膨胀，极板活性材料已经劣化，电解液已经开始干涸，则可视作电池损坏，必须进行更换。

二、蓄电池组

1. 蓄电池的结构

蓄电池组由多节蓄电池组成，具有一定的电压。蓄电池组由可调端电池和基本蓄电池两部分组成。通过可调端电池可以调节蓄电池组的电池个数，接入或退出部分电池。图 14-5 所示为端电池调节器的结构和接线图。

图 14-5 中，相互绝缘的金属片 1 依次连接到端电池间的抽头上。通过操作放电手柄 P1 和充电手柄 P2，分别带动可动触头 2 和 4，为

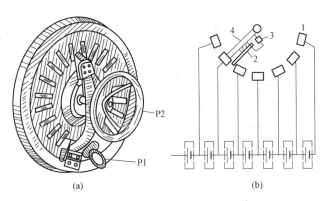

图 14-5 端电池调节器的结构和接线图
(a) 端电池调整器结构；(b) 端电池调整器接线图

防止在调整过程中，造成电路中断，使触头 2 和 4 通过电阻 3 连接。

2. 蓄电池组的运行方式

蓄电池的运行方式有充放电运行方式和浮充电运行方式两种。

充放电运行方式指将充好电的蓄电池断开充电设备，向直流负荷进行供电。为了保证供电的可靠性，当蓄电池放电到容量的 75%～80% 时，停止放电，再进行充电。通常放电终止电压为 1.75～1.8V，充电终止电压为 2.5～2.7V。这种运行方式充电放电频繁，蓄电池老化快，寿命短，运行维护工作量大，所以较少使用。

浮充电运行方式指正常时，蓄电池组和整流设备并接在直流母线上，整流设备一方面向直流负荷供电，一方面以较小的充电电流向蓄电池浮充电，以补充蓄电池的自放电，使蓄电池处于满充电状态。当交流系统或整流设备故障时，由蓄电池组向直流负荷供电，保证供电不间断。蓄电池按浮充电方式运行时，每三个月进行一次核对性放电，放出蓄电池容量的 50%～60%，最终电压将至 1.9V 为止。或者以 10h 放电率进行全容量放电，放电到终止电压为止。放电完后应进行一次均衡充电，以免浮充电流控制不准，造成硫酸铅沉积在极板上，影响电池的使用寿命。为避免端电池因经常处于自放电状态而引起硫化现象，必须半个月或一个月进行充电。为避免基本蓄电池过充电，可使端电池的充电电流等于负荷电流，或给端电池并联一个可调电阻，使端电池和基本蓄电池都以浮充电电流充电，或者用一套小容量硅整流器专门给端电池进行浮充电。在浮充电运行方式下，蓄电池的使用寿命长，工作可靠性高，维护工作量小，且整个直流系统设备使用率高，所以，在变电站中，广泛采用浮充

电运行方式。

三、蓄电池组直流系统

蓄电池直流系统的接线与蓄电池类型、运行方式和蓄电池组数等有关，由于在变电站中，广泛采用的是浮充电运行方式，以下介绍几种浮充电蓄电池组直流系统。

1. 铅酸蓄电池直流系统

图 14-6 为由一组铅酸蓄电池构成的直流系统。该运行方式为双直流母线Ⅰ和Ⅱ，系统装设一组蓄电池 GB，通过转换开关 QK1 和 QK2 可随意接至任一母线上，也可同时接在两条母线上。充电设备 U1 和 U2 尽量接在不同的交流电源上。

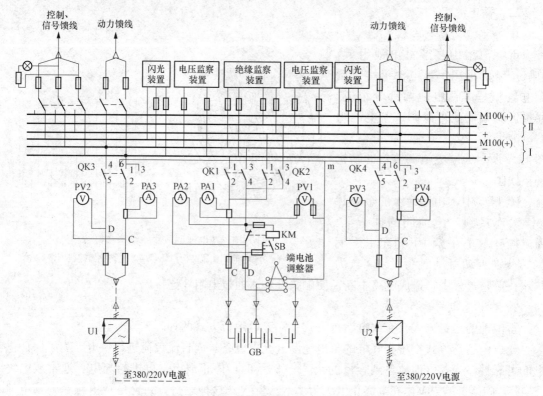

图 14-6 一组铅酸蓄电池构成的直流系统

正常运行时，充电设备负责向直流负荷供电，并向蓄电池浮充电。利用蓄电池内阻小，伏安特性平坦的特点，使其主要负担向冲击负荷的供电。在交流系统故障时，由蓄电池供电给直流负荷。

2. 镉镍蓄电池直流系统

图 14-7 为镉镍蓄电池构成的直流系统。该系统设有合闸母线和控制母线，一组镉镍电池，一台充电设备，蓄电池采用浮充电运行方式。两回交流电源，一回供合闸母线，另一回经整流后供控制母线，并作为电池的浮充电设备。

继电器 K1 是监视合闸装置输出电压的低电压继电器。若电压过低，K1 动断触点闭合，发出预告信号，并点亮"合闸母线电压过低"光字牌；继电器 K2 是监视浮充装置输出电压的低电压继电器。若浮充装置输出电压过低，K2 动断触点闭合，发出预告信号，并点亮"控制母线电压过低"光字牌；继电器 K3 是直流系统绝缘监察装置中的继电器，当绝缘降低或一点接地，K3 动断触点闭合，发出预告信号，并点亮"母线绝缘下降"光字牌。

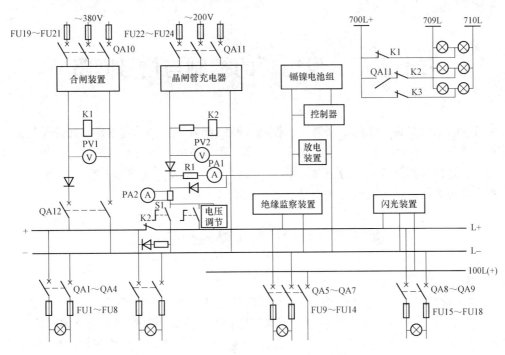

图 14-7　镉镍蓄电池构成的直流系统

 习　题

14-1　直流负荷分为哪些类型？各包括哪些负荷？

14-2　操作电源应满足哪些基本要求？

14-3　直流操作电源分为哪些类型？各有何特点？

14-4　什么是蓄电池？它分为哪几种？各有什么特点？

14-5　什么是蓄电池的容量？

14-6　蓄电池的运行方式有哪几种？各有何特点？

14-7　铅酸蓄电池和镉镍蓄电池组成的直流系统各有何特点？

第十五章 发电厂的控制与信号回路

发电厂的电气设备一般由断路器进行控制，断路器分、合都是利用操作元件通过控制回路对断路器的操作机构发出指令进行操作的。为了监视各电气设备和系统的运行状态，进行事故处理、分析和相互联系，经常采用信号装置。本章主要介绍发电厂、变电站的控制方式，断路器的控制回路，隔离开关的控制与闭锁及信号回路等。

第一节 发电厂变电站的控制方式

一、发电厂的控制方式

发电厂的控制方式可分为主控制室方式和机炉电（汽机、锅炉和电气）集中控制方式。

所谓主控制室方式，由于早期发电厂的单机容量小，常采用多炉对多机（如四炉对三机）的母管供汽方式，机炉电相关设备的控制采用分离控制，即设置电气主控制室、锅炉分控制室和汽轮机分控制室。主控制室为全厂控制中心，负责启停机和事故处理方面的协调和指挥。

所谓集中控制方式，对于单机容量为 20 万 kW 及以上的大中型机组，一般应将机、炉、电设备集中在一个单元控制室。机炉电集中控制的范围，包括主厂房内的汽轮机、发电机、锅炉、厂用电以及它们有密切联系的制粉、除氧、给水系统等，以便让运行人员注意主要的生产过程。至于主厂房以外的除灰系统、化学水处理等，均采用就地控制。在集中控制方式下，常设有独立的高压电力网络控制室（简称网控室），其实是一个升压变电站控制室，主变压器及接于高压母线的各断路器的控制与信号均设于网络控制室。

另外，发电厂设备的控制又可分为模拟信号测控方式和数字信号测控方式。目前，上述各种方式并存，但发展方向是集中控制和数字化监控。

二、变电站的控制方式

变电站的控制方式按有无值班员分为值班员控制方式、调度中心或综合自动化站控制中心远方遥控方式。即使对于值班员控制方式，还可按断路器的控制手段分为控制开关控制和计算机键盘控制；控制开关控制方式还可以分为在主控制室内的集中控制和在设备附近的就地控制。目前在经济发达地区，110kV 及以下的变电站通常采用无人值班的远方遥控方式，而220kV 及以上的变电站一般采用值班员控制方式，并常兼作其所带的低电压等级变电站的控制中心，称为集控站。另外，在大型的有人值班变电站，为减小主控室的面积，并节省控制与信号电缆，6kV 或 10kV 配电装置的断路器一般采用就地控制，但应将事故跳闸信号送入主控室。

另外，按控制电源电压的高、低压变电站的控制方式还可分为强电控制和弱电控制。前者的工作电压为直流 110V 或 220V；后者的工作电压为直流 48V（个别为 24V），且一般只用于控制开关所在的操作命令发出回路和电厂的中央信号回路，以缩小控制屏所占空间，而合跳闸回路仍采用强电。

第二节　断路器的控制回路

断路器是电力系统中最重要的开关电器，既可以在正常情况下接通或切断一次系统中的负荷电流，又可在系统故障的情况下切断故障电流。为了保证断路器在上述工况下迅速、可靠、正确地动作，设计了多种断路器控制回路，以实现对断路器合分操作或自动跳闸、重合闸的控制与监视。

一、断路器控制回路的组成

断路器控制回路的组成，因断路器所用操动机构的不同而异，典型的采用电磁操动机构的控制电路，可用图 15-1 所示的框图表示。

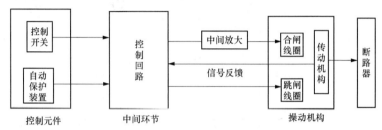

图 15-1　断路器控制回路框图

1. 控制元件

断路器的合闸、跳闸命令是由运行人员按下按钮或转动控制开关等控制元件发出的。目前多采用带有转动手柄的控制开关来发出合闸、跳闸命令。控制开关的种类较多，但其作用类似，即在开关达到不同位置时不同的触点接通，因而控制开关制造商都会提供产品的触点图表。传统的灯光监视控制回路常采用 LW2-Z 型控制开关，而音响监视控制回路采用 LW2-YZ 型控制开关。这两种开关的结构差异不大，后者的操作手柄内装有信号灯。

控制元件由手动操作的控制开关 SA 和自动操作的自动装置与继电保护装置的相应继电器触点构成。

手动操作的控制开关，目前强电控制的通常采用 LW2 系列组合式万能转换开关，又称为控制开关（SA），运行人员利用 SA 的不同位置发出操作命令，对断路器进行手动合闸和分闸的操作。LW2 系列控制开关的结构如图 15-2 所示。

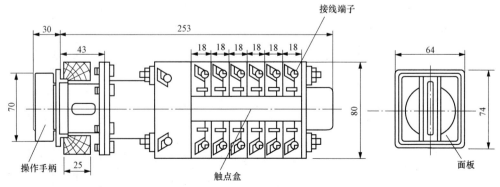

图 15-2　LW2 型控制开关结构

　　图中控制开关正面是一个面板和操作手柄，安装在屏正面，与操作手柄轴相连的有数个触点盒，安装在屏后，每个触点盒有四个静触点和两个动触点，由于动触点的凸轮和簧片形状的不同，手柄转动时，每个触点盒内定触点接通与断开的状态各不相同，每对静触点随手柄转动在不同位置时的工作状态，可采用控制开关的触点图表示。

　　LW2形系列控制开关手柄转动挡数一般为5挡，最多不超过6挡。本单元采用的是具有两个固定位置和两个操作位置的LW2-Z和LW2-YZ型控制开关，其工作状态见表15-1和表15-2。

表 15-1　　LW2-Z-1a、4、6a、40、20、20/F8 型控制开关触点图表

在"跳闸后"位置的手柄（正面）的样式和触点盒（背面）的接线图	合跳符号	○2·○3/4○	○5·6○/8○7	○9·○10/12○11	○13·14○/16○15	○18·19○/17○20	○22·23○/21○24
手柄和触点盒形式	F8	1a	4	6a	40	20	20
触点号位置	—	1-3 ┃ 2-4	5-8 ┃ 6-7	9-10 ┃ 9-12 ┃ 11-10	14-13 ┃ 14-15 ┃ 16-13	19-17 ┃ 17-18 ┃ 18-20	21-23 ┃ 21-22 ┃ 22-24
跳闸后 TD	▭	— ┃ •	— ┃ •	— ┃ — ┃ •	• ┃ — ┃ —	— ┃ • ┃ —	— ┃ — ┃ •
预备合闸 PC	▯	• ┃ —	• ┃ —	• ┃ — ┃ —	— ┃ — ┃ •	— ┃ — ┃ •	• ┃ — ┃ —
合闸 C	▱	— ┃ •	— ┃ •	— ┃ • ┃ —	• ┃ — ┃ —	— ┃ • ┃ —	— ┃ • ┃ —
合闸后 CD	▯	• ┃ —	• ┃ —	• ┃ — ┃ —	— ┃ — ┃ •	— ┃ — ┃ •	• ┃ — ┃ —
预备跳闸 PT	▭	— ┃ •	— ┃ •	— ┃ — ┃ •	— ┃ • ┃ —	— ┃ • ┃ —	— ┃ — ┃ •
跳闸 T	▱	— ┃ •	— ┃ •	— ┃ — ┃ •	• ┃ — ┃ —	— ┃ • ┃ —	— ┃ — ┃ •

表 15-2　　LW2-YZ-1a、4、6a、40、20、20/F1 型控制开关触点图表

在"跳闸后"位置的手柄（正面）的样式和触点盒（背面）的接线图	合跳符号	○2·○3/1○4	○6·5○/8○7	○10·9○/12○11	○14·15○/13○16	○18·19○/17○20	○22·23○/21○24	○26·27○/25○28
手柄和触点盒形式	F1	灯	1a	4	6a	40	20	20
触点号位置	—	1-3 ┃ 2-4	5-7 ┃ 6-8	9-12 ┃ 10-11	13-14 ┃ 13-16 ┃ 14-15	18-17 ┃ 18-19 ┃ 20-17	23-21 ┃ 21-22 ┃ 22-24	25-27 ┃ 25-26 ┃ 26-28
跳闸后 TD	▭	• ┃ —	• ┃ —	• ┃ —	• ┃ — ┃ —	— ┃ • ┃ —	— ┃ — ┃ •	• ┃ — ┃ —
预备合闸 PC	▯	— ┃ •	— ┃ •	— ┃ •	— ┃ • ┃ —	— ┃ — ┃ •	• ┃ — ┃ —	— ┃ • ┃ —
合闸 C	▱	— ┃ •	— ┃ •	— ┃ •	— ┃ • ┃ —	• ┃ — ┃ —	— ┃ • ┃ —	— ┃ — ┃ •
合闸后 CD	▯	— ┃ •	— ┃ •	— ┃ •	— ┃ — ┃ •	• ┃ — ┃ —	— ┃ — ┃ •	• ┃ — ┃ —
预备跳闸 PT	▭	• ┃ —	• ┃ —	• ┃ —	• ┃ — ┃ —	— ┃ • ┃ —	— ┃ • ┃ —	— ┃ — ┃ •
跳闸 T	▱	• ┃ —	• ┃ —	• ┃ —	• ┃ — ┃ —	— ┃ • ┃ —	— ┃ • ┃ —	— ┃ — ┃ •

由表 15-1 和表 15-2 可见，LW2-Z、LW2-YZ 型控制开关，手柄（Z 表示带有自动复位及定位、YZ 表示带自动复位和定位，手柄内带有信号等，1a、4、6a、40、20、20 为触点盒代号、F 表示方型面板）都具有六个位置，其合闸和分闸的操作都分两步完成，可以防止误操作。表中"•"表示手柄在该位置时，对应的定触点是接通的，"—"表示断开。

在断路器的控制电路中表示触点通断状况的图形符号如图 15-3 所示。其中水平线是开关的接线端子引线，六条垂直虚线表示手柄六个不同的操作挡位，即 PC（预备合闸）、C（合闸）、CD（合闸后）、PT（预备跳闸）、T（跳闸）和 TD（跳闸后），水平线下方的黑点表示该对触点在此位置时是闭合的。

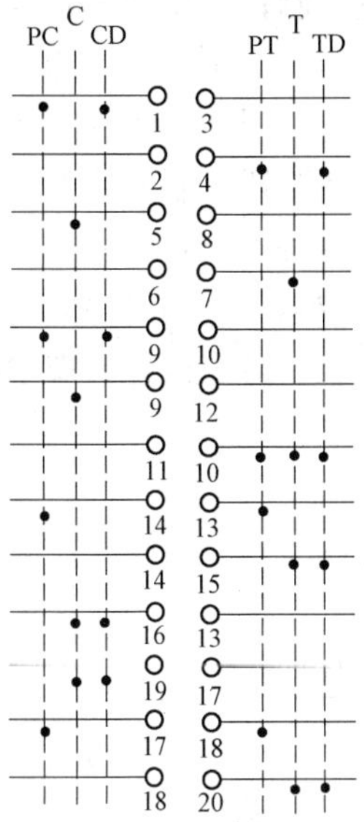

2. 中间环节

中间环节指连接控制、信号、保护、自动装置、执行和电源等元件所组成的控制回路。根据操动机构和控制距离的不同，控制电路的组成不尽相同。因断路器的合闸电流甚大，如电磁式操动机构，其合闸电流可达几十安培到几百安培，而控制元件和控制回路所能通过的电流往往只有几安培，二者之间须用中间放大元件进行转换，常用 CZ0-40C 型直流接触器去接通合闸回路。由于断路器的跳闸位置是自然状态，在合闸过程中断路器的分闸弹簧已积聚了能量，所以由合闸位置转跳闸位置时所需力矩较小且短促，不需中间放大元件。

图 15-3 LW2-Z-1a、4、6a、40、20/F8 型触点通断图形符号

3. 操动机构

断路器的操动机构有电磁式、弹簧式和液压式等，它们的控制回路都带有合闸线圈 YC 和跳闸线圈 YT。当线圈通电后，引起连杆动作，进行合闸或跳闸。操动机构中与控制电路相连的是 YC 和 YT。合闸时由于 YC 取用的电流很大（可达数百安培），控制回路电器容量满足不了要求，必须经过中间放大元件进行控制，即用 SA 控制合闸接触器 KM，再由 KM 主触头控制电磁操动机构的 YC。

二、断路器控制回路的基本要求

断路器的控制回路必须完整、可靠。因此，其应满足以下要求：

（1）分、合闸的操作应在短时间内完成。断路器的合闸和跳闸回路是按短时通电来设计的，操作完成后，应迅速自动断开合闸或跳闸回路以免烧坏线圈。为此，在合、跳闸回路中，接入断路器的辅助触点，既可将回路切断，同时，还为下一步操作做好准备。

（2）断路器既能在远方由控制开关进行手动合闸或跳闸，又能在自动装置和继电保护作用下自动合闸或跳闸。

（3）控制回路应具有反映断路器位置状态及监视控制回路的完好的信号。无论在正常工作或故障动作或控制回路出线断线故障时，能够通过 SA 手柄的位置、信号灯及相对应的声、光信号反映其工作状态。例如：手动合闸或手动跳闸时，可用红、绿灯发平光表示断路器为合闸或跳闸状态；红、绿灯发闪光即表示出现自动合闸或自动跳闸（目前变电站已很少用）。

（4）具有防止断路器多次合、跳闸的"防跳"装置。因断路器合闸时，如遇永久性故障、继电保护使其跳闸，此时，如果控制开关未复归或自动装置触点被卡住，将引起断路器

再次合闸继又跳闸，即出现"跳跃"现象，容易损坏断路器。因此，断路器应装设"电气防跳"或"机械防跳"装置。

（5）对控制回路及其电源是否完好，应能进行监视。控制回路使用的电压，有较高的直流电压（220V 或 110V）或较低的直流电压（48V 或 24V）。使用前一种电压进行控制，叫强电控制；使用后一种电压进行控制，叫弱电控制。一般常采用强电控制。

（6）对于采用气压、液压和弹簧操动机构的断路器，应有压力是否正常、弹簧是否拉紧到位的监视回路和动作闭锁回路。

断路器控制回路的接线方式较多，按监视方式可分为灯光监视的控制回路与音响监视的控制回路，前者应用的最为普及，而后者一般只用于在电气主接线的进出线很多的场合，以减少控制屏所用的空间。

三、灯光监视具有电磁操动机构的断路器的控制电路

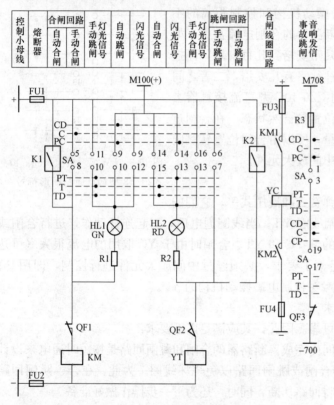

图 15-4 灯光监视具有电磁操动机构的断路器控制电路

采用灯光监视具有电磁操动机构断路器的控制电路如图 15-4 所示。图中±为直流电源小母线、M100（＋）是闪光小母线，当 M100（＋）通过某一中间回路与电源的负极接通时，会出现电位高、低的交替变化；M708 为事故音响小母线，当 M708 通过某一中间回路接到电源的负极时，会启动中音事故信号装置，发出事故音响信号；FU1～FU4 为熔断器，R 为附加电阻；KM 为合闸接触器；YC、YT 为合、跳闸线圈；K1、K2 分别为自动装置和继电保护装置的相应触点；SA 采用 LW2-Z-1a、4、6a、40、20、20/F8 型的控制开关；QF 为断路器的辅助触点，回路工作过程如下。

（一）手动控制

1. 合闸操作

合闸前，断路器处于跳闸位置，QF1、QF3 闭合、QF2 断开、SA 处于"跳闸后"位置，正电源（＋）经 FU1→SA11-10→GN→R1→QF1→KM→FU2→负电源（－）形成通路，绿灯 GN 发平光。

（1）将 SA 手柄顺时针方向扭 90°到预备合闸位置，此时 GN 经 SA9-10 接至闪光小母线 M100（＋）上，绿灯 GN 闪光，核对无误。

（2）将 SA 手柄顺时针方向扭 45°到"合闸"位置，SA5-8 接通，合闸接触器 KM 加上全电压励磁动作，KM1、KM2 闭合，使 YC 励磁动作，操动机构使断路器合闸，同时 QF1

断开，GN 熄灭、QF2 闭合，电流经（＋）→FU1→SA16-13→RD→R2→YT→FU2 到（－），红灯 RD 发平光。

（3）运行人员见 RD 发平光后，松开 SA 手柄，SA 回到"合闸后"位置，此时电流经（＋）→FU1→SA16-13→RD→R2→QF2→YT→FU2 到（－），红灯 RD 发平光。

2. 跳闸操作

（1）将 SA 手柄反时针方向扭 90°到"预备跳闸"位置，电流经 M100（＋）→SA14-13→RD→R2→QF2→YT→FU2 到（－），红灯 RD 闪光，核对无误。

（2）将 SA 手柄反时针方向扭 45°到"跳闸"位置、电流经（＋）→FU1→SA6-7→QF2→YT→FU2 到（－），全电压加到 YT 上使 YT 励磁动作，操动机构使断路器跳闸，QF2 断开，红灯 RD 熄灭，QF1 闭合，电流经 FU1→SA11-10→GN→R1→QF2→YT→FU2，绿灯 GN 发平光。

（3）运行人员见绿灯 GN 发平光后，松开 SA 手柄到"跳闸后"位置，电流经 FU1→SA11-10→GN→R1→QF2→YT→FU2，绿灯 GN 发平光。

（二）自动控制

1. 事故跳闸

自动跳闸前，断路器处于合闸位置，电路处于"合闸后"状态，即

（＋）→FU1→SA9-10→GN→R1→QF2→YT→FU2→（－）

SA16-13→RD→R2→QF2→YT

M708→R3→SA1-3→SA19-17→QF3→－700

由于 QF2 是闭合的，红灯 RD 发平光，QF1、QF2 是断开的，设有绿灯 GN 和音响信号发出。

当一次回路发生故障相应继电保护动作后，K2 闭合，短接了 RD 回路，使 YT 加上电压励磁动作，断路器跳闸，QF2 断开，RD 熄灭，QF1 闭合，GN 闪光，QF3 闭合，中央事故信号装置蜂鸣器 HAU 发出了事故音响信号，表明该断路器已事故跳闸。

2. 自动合闸

自动合闸前，断路器是断开的，电路处于"跳闸后"状态，即

（＋）→FU1→SA11-10→GN→R1→QF1→KM→FU2→（－）

M100（＋）→SA14-15→RD→R2→QF2→YT

此时 QF1 是闭合的，GN 发平光，QF2 是断开的，RD 不发光。

当自动装置动作使 K1 闭合时，短接了 GN 回路，KM 加上全电压励磁动作，使断路器合闸。合闸后 QF1 断开，GN 熄灭，QF2 闭合，RD 闪光，同时自动装置将启动中央信号装置发出警铃声和相应的光字牌信号，表明该断路器自动投入。

3. 监察信号

断路器及控制回路运行时必须进行监察，一般用 SA 手柄的位置，灯光和音响信号进行，由上分析可见：

（1）SA 手柄处于水平位置，GN 平光，表明断路器处于断开状态，同时说明合闸回路完好。

（2）SA 手柄处于垂直位置，RD 平光，表明断路器处于合闸状态，同时说明跳闸回路

完好。

（3）SA 手柄处于水平位置，RD 闪光，控制屏上"××自动投入"光字牌亮，表明断路器自动合闸。

（4）SA 手柄处于垂直位置，GN 闪光，同时中央信号屏上蜂鸣器响，表明断路器事故跳闸。

（5）运行中若 GN、RD 同时熄灭，表示电源或控制回路故障或 GN（RD）损坏，必须立即处理。

（6）闪光装置是根据 SA 手柄的位置和断路器的实际位置不对应的原则起动的。"预备合闸"和"预备跳闸"时，SA 手柄在垂直的水平位置，指示的是断路器应在合闸和跳闸状态，而此时断路器实际上分别是断开和合上的；自动合闸与事故跳闸时，SA 手柄在水平和垂直的位置，指示断路器应该是断开和合上的，但断路器实际上是合上和断开的。

（三）防止跳跃

图 15-4 的缺陷是没有防止断路器跳跃的功能。

1. 断路器的跳跃现象

所谓断路器的跳跃现象是指断路器在短时间内发生多次合、分的现象。特别是断路器合闸到永久性故障线路上时，SA5-8 触点接通，使断路器合闸。合闸瞬间，故障反应于继电保护装置，K2 闭合使断路器跳闸；此时运行人员仍将手柄维持在"合闸"位置，使断路器立即又合上，接着继电保护装置又使断路器跳闸，如此循环，形成了断路器的跳跃现象，一直到 SA 手柄弹回，SA5-8 触点断开为止。断路器的跳跃是不允许的，一是短时间内多次投、切故障电流断路器灭弧室不能熄弧而产生爆炸；二是多次分、合的冲击，可能损坏断路器；三是多次连续短路电流的冲击，使电网的工作受到严重的影响。为此一般必须装设必要的防跳设施。

2. 防止跳跃

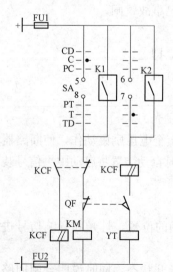

图 15-5 由防跳继电器构成电气防跳控制电路

断路器的防止跳跃，要求每次合闸操作时，只允许一次合闸，跳闸后只要手柄在"合闸"位置（或自动装置的触点 K1 在闭合状态），则应对合闸操作回路进行闭锁，保证不再进行第二次合闸。防跳可采用机械和电气的闭锁措施，图 15-5 所示为装有防跳继电器的断路器控制电路。

跳跃闭锁继电器 KCF（简称防跳继电器）具有两个线圈：电流启动线圈与电压保持线圈。图 15-5 除装有 KCF 外，其他部分与图 15-6 相同，只是 KCF 的电流线圈串联在跳闸线圈回路中，电压线圈与其自身的动合（常开）触点串联再与电路的合闸接触器 KM 相并联，另一对动断（常闭）触点与 KM 串联起闭锁作用。

当手动合闸于故障线路上时，短路使继电保护出口中间继电器触点 K2 闭合，电流经 K2→KCF→QF→YT，启动 YT 跳断路器，同时 KCF 启动，其动断触点断开，闭锁 KM 不能再动作，动合触点闭合，只要 SA5-8 接通，KCF 电压线圈始终带电吸合，闭锁 KM，直至运行人员松手，SA5-8 断开为止。自动合闸的防跳过程如出一辙。

在一些场合，可用图 15-6 所示的由跳闸线圈 YT 辅助触点来完成电气防跳功能。

图 15-6（a）中，当断路器刚一合就自动跳闸，跳闸过程中，动断触头断开，切断 KM 回路，不允许第二次合闸；动合触点闭合，将合闸脉冲送到 YT 进行保持闭锁。此种电气防跳的缺点是 SA 手柄合闸操作时间过长，YT 超过了允许的带电时间容易损坏。

图 15-6（b）中，正常时 YT 不带电，辅助动合触点 3 断开，辅助动断触点 4 闭合，当 YT 带电动作时，铁芯 1 被吸起，使断路器跳闸，同时辅助动合触点 3 闭合，辅助动断触点 4 断开。

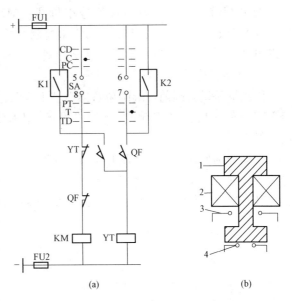

图 15-6　用跳闸线圈辅助触点构成的防跳电路
（a）防跳电路；（b）跳闸线圈辅助触点
1—铁芯；2—线圈；3—辅助动合触点；4—辅助动断触点

四、音响监视具有电磁操动机构的断路器控制电路

与灯光监视不同，具有音响监视的断路器控制电路中控制回路完全用音响加灯光来进行监视，断路器的实际位置，仍由灯光和 SA 手柄的位置进行监视。音响监视二次回路采用 LW2-YZ 型控制开关，且跳合闸回路共用控制开关手柄中的信号灯，其工作原理与灯光监视的断路器控制回路相似。图 15-7 所示为具有音响监视的断路器控制电路。

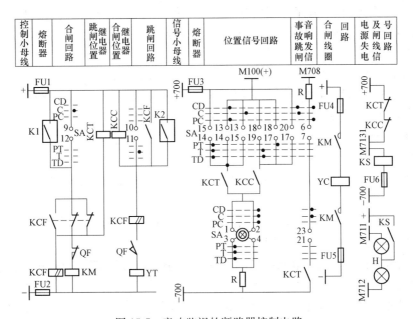

图 15-7　音响监视的断路器控制电路

图中 M711、M712 为预告信号小母线；M7131 为控制回路断线预告小母线；SA 为 LW2-ZY-1a、4、6a、40、20、20/F1 型控制开关；KCT、KCC 为跳闸位置继电器和合闸位置继电器；KS 为信号继电器；H 为光字牌，其他设备与图 15-4 相同。电路动作过程如下：

1. 断路器的手动控制

断路器手动合闸前，跳闸位置继电器 KCT 线圈带电，其常开触点 KCT 闭合，由＋700 经 FU3 SA15-14、KCT 触点、SA1-3 及 SA 内附信号灯、附加电阻 R 至－700，形成通路，信号灯发平光。

手动合闸操作时，将控制开关 SA 置于"预备合闸"位置，信号灯经 SA13-14、SA2-4，KCT 的触点接至闪光小母线 M100（＋）上，则信号灯发闪光。接着将 SA 置于"合闸"位置，其 SA9-12 接通，合闸接触器 KM 线圈带电，其动合触点闭合，合闸线圈 YC 带电，使断路器合闸。

断路器合闸后，控制开关 SA 自动复归至"合闸后"位置。此时，由于断路器合闸，合闸位置继电器 KCC 线圈带电，其动合触点闭合，由于＋700 经 SA20-17、KCC 的触点、SA2-4 及 SA 内附信号灯、附加电阻 R 至－700，形成通路，信号发平光。

手动跳闸操作时，先将控制开关 SA 置于"预备跳闸"位置，信号灯经 SA18-17、SA1-3，KCC 的触点接至闪光小母线上 M100（＋）上，信号灯发平光。再将 SA 置于"跳闸"位置，SA10-11，跳闸线圈 YT 带电，使断路器跳闸。断路器跳闸后，控制开关自动复归至"跳闸后"位置，信号灯发平光。

2. 断路器的自动控制

当自动装置动作，触点 K1 闭合后，SA9-12 被短接，断路器合闸。由 M100（＋）经 SA18-19、KCC 的触点、SA1-3 及内附信号灯、附加电阻 R 至－700，形成通路，信号灯闪光；当继电保护动作，保护出口继电器触点 K2 闭合后，SA10-11 被短接，跳闸线圈 YT 带电，使断路器跳闸。由 M100（＋）经 SA13-14、KCT 的触点、SA2-4 及 SA 内附信号灯、附加电阻 R 至－700，形成通路，信号灯发闪光，同时 SA6-7、SA23-21 和动合触点 KCT 均闭合，接通事故跳闸音响信号回路，发事故音响信号。

3. 控制电路及其电源的监视

当控制电路的电源消失（如熔断器 FU1、FU2 熔断或接触不良）时，跳闸和合闸位置继电器 KCT 及 KCC 同时失电，其动合触点 KCT、KCC 断开，手柄信号灯熄灭；其动断触点 KCT、KCC 闭合，启动信号继电器 KS，KS 的动合触点闭合，接通光字牌 H 并发出电源失电及断线预告信号，同时发出音响信号，此时通过指示灯熄灭即可找出故障的控制回路。值得注意的是，音响信号装置应带 0.2～0.3s 的延时。这是因为当发出合闸或跳闸脉冲瞬间，在断路器还未动作时，跳闸或合闸位置继电器会瞬间被短接而失电压，此时音响信号也可能动作。

当断路器、控制开关均在合闸（或跳闸）位置，跳闸（或合闸）回路断线时，都会出现手柄信号灯熄灭、光字牌点亮并延时发音响信号。

如果控制电源正常，信号电源消失，则不发音响信号，只是信号灯熄灭。

4. 音响监视方式

音响监视方式与灯光监视方式相比，具有以下优点：

（1）由于跳闸和合闸位置继电器的存在，使控制回路和信号回路分开，这样可以防止当回路或熔断器断开时，由于寄生回路而使保护装置误动作。

（2）利用音响监视控制回路的完好性，便于及时发现断线故障。

（3）信号灯减半。对断路器数量较多的发电厂和变电站不但可以避免控制太拥挤，而且可以防止误操作。

（4）减少了电缆芯数（由四芯减少到三芯）。

五、弹簧操动机构的断路器控制电路

弹簧操动机构的断路器控制电路如图 15-8 所示。图中，M 为储能电动机。

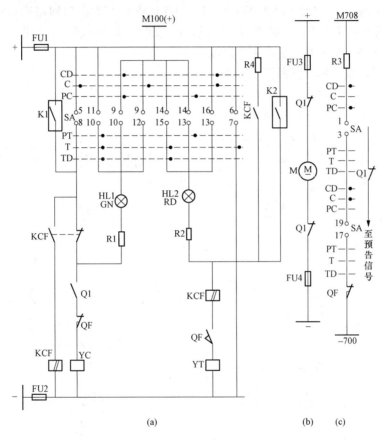

图 15-8　弹簧操动机构的断路器控制电路

（a）控制回路；（b）电动机启动回路；（c）信号回路

弹簧操动机构的断路器控制电路的工作原理与电磁操动机构的断路器相比，除有相同之处以外，还有以下特点：

（1）当断路器无自动重合闸后装置时，在其合闸回路中串有操动机构的辅助动合触点 Q1。只有在弹簧拉紧、Q1 闭合后，才允许合闸。

（2）当弹簧未拉紧时，操动机构的两对辅助动断触点 Q1 闭合，启动储能电动机 M，使合闸弹簧拉紧。弹簧拉紧后，两对动断触点 Q1 断开，合闸回路中的辅助动合触点 Q1 闭合，电动机 M 停止转动。此时，进行手动合闸操作，合闸线圈 YC 带电，使断路器利用弹簧存储的能量进行合闸，合闸弹簧在释放能量后，又自动储能，为下次动作做准备。

（3）当断路器装有自动重合闸装置时，由于合闸弹簧正常运行处于储能状态，所以能可靠地完成一次重合闸的动作。如果重合不成功又跳闸，将不能进行二次重合，当为了保证可靠"防跳"，电路中装有防跳设施。

电气防跳电路前已叙述，现讨论防跳继电器 KCF 的动合触点经电阻 R4 与保护出口继电器触点 K2 并联的作用。断路器由继电保护动作跳闸时，其触点 K2 可能较辅助动合触点 QF 先断开，从而烧毁触点 K2。动合触点 KCF 与之并联，在保护跳闸的同时防跳继电器 KCF 动作并通过另一对动合触点自保持。这样即使保护出口继电器触点 K2 在辅助动合触点 QF 断开之前就复归，也不会由触点 K2 来切断跳闸回路电路，从而保护了 K2 触点。R4 是一个 1～4Ω 的电阻，对跳闸回路无多大影响。当继电保护装置出口回路串有信号电气线圈时，电阻 R4 的限制应大于信号继电器的内阻，以保证信号继电器可靠动作。当继电器保护装置出口回路无串接信号时，此电阻可以取消。

六、液压操动机构的断路器控制电路

液压操动机构的断路器控制电路如图 15-9 所示。

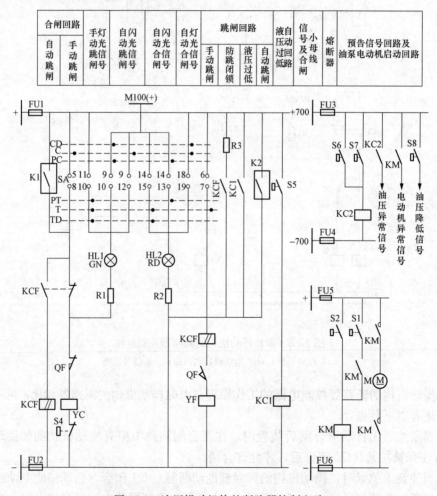

图 15-9　液压操动机构的断路器控制电路

图中，+700、−700 为信号小母线；S1～S5 为液压操动机构所带微动开关的触点，微动开关的闭合和断开，与操动机构中贮压器活塞杆的行程调整和液压有关；S6、S7 为压力表触点。以上触点的动作条件见表 15-3。KM 为直流继电器，M 为直流电动机，KC1、KC2 为中间继电器，其他设备与前相同。

表 15-3 微动开关触点及压力表触点的动作条件 单位：MPa

触点	微动开关触点					压力表触点	
触点符号	S1	S2	S3	S4	S5	S6	S7
动作条件	<17.5 闭合	<15.8 闭合	<14.4 闭合	<13.2 闭合	<12.6 闭合	<10 闭合	>20 闭合

此控制电路与电磁操动的控制电路相比，主要差别是液压操作的控制电路增设了液压监察装置。此装置有如下特点：

（1）为保证断路器可靠工作，油的正常压力应在 15.8～17.5MPa 的允许范围之内。运行中，由于漏油或其他原因造成油压小于 15.8MPa 时，微动开关触点 S1、S2 闭合。S2 闭合使直流接触器 KM 线圈带电，其两对动合触点 KM 闭合，一对启动油泵电动机 M，使油压升高，同时发电机启动信号；另一对通过闭合的微动开关触点 S1 形成 KM 的自保持回路。当油压上升到 15.8MPa 以上时，微动开关触点 S2 断开，KM 并不返回，一直等到油压上升至 17.6MPa，微动开关触点 S1 断开，KM 线圈失电压，油泵电动机 M 停止运转，这样就维持了液压在要求的范围内。

（2）液压出现异常时，能自动发信号。当油压降低到 14.4MPa 时，微动开关触点 S3 闭合，发油压降低信号；当油压降低到 13.2MPa 时，微动开关触点 S4 断开，切断合闸回路。当油压降低到 10MPa 以下或上升到 20MPa 以上时，压力表触点 S6 或 S7 闭合，启动中间继电器 KC2，其触点闭合，发油压异常信号。

（3）油压严重下降，不能满足故障状态下断路器跳闸要求时，应能自动跳闸。当油压降低到 12.6MPa 时，微动开关触点 S5 闭合，启动中间继电器 KC1，其动合触点闭合，使断路器自动跳闸且不允许再合闸。

七、传统的弱电控制回路

我国绝大多数发电厂和变电站的断路器控制回路和信号回路沿用强电控制，即控制与信号电源直流电压为 220V 或 110V，交流二次回路额定电压为 100V，额定电流为 5A，但从 1958 年起我国就开始在少数厂站尝试用弱电参数进行断路器的控制与监视，即二次回路的控制与信号的电源电压为直流 48、24V 或 12V，交流二次回路额定电压仍为 100V，额定电流一般为 0.5A 或 1A。传统的弱电控制分为弱电一对一控制，弱电有触点选择控制，弱电无触点选择控制和弱电编码选择控制等。实际上，目前在新建厂站中广泛应用的计算机监控系统也是一种弱电控制，它使用的参数更低。

传统的几种弱电控制方式的共同特点：①因弱电对绝缘距离、缆线的截面积都要求较小，控制屏（台）上单位面积可布置的控制回路增多，可缩小控制室的面积，电缆投资也小；②制造工艺要求较高，且运行中需要定期清扫，否则会因二次设备及接线之间的距离小而引发短路，这正是弱电控制使用较少的原因。

除了上述共同特点外，不同的弱电控制方式还有各自的特点。

（1）弱电一对一控制。它与强电一对一控制相类似，每一个断路器有一套独立的控制回路，但控制开关、信号灯、同步回路、手动跳闸继电器的工作线圈等（跳合闸发令部分）均为弱电，而手动跳合闸继电器的触点、跳合闸执行回路均处于强电部分。这种方式在电气一次进出线多的 500kV 变电站使用较多，使得整个变电站的控制屏（台）面能够缩至值班人员的视野之内。

图 15-10 所示为一简易的弱电一对一控制二次回路电路，图中无同步回路和"防跳"继电器。弱电控制小开关 SA 有四个位置，即合闸 C（按下手柄右转 45°），合闸后 CD、跳闸 T（手柄按下左转 45°）和跳闸后 TD，图中标有在 SA 处于不同位置时触点的接通情况，如 SA9-12 在与 C 对齐的横线上标有黑点，表示 SA 在转至"合闸"位置时接通。弱电控制开关的手柄内有小型信号灯，可表示断路器的位置。

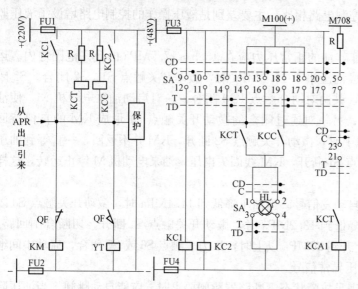

图 15-10　弱电一对一控制二次回路电路

SA—RLW 型弱电控制开关；KC1—合闸继电器；KC2—跳闸继电器；
KCC—合闸位置继电器；KCT—跳闸位置继电器；KM—合闸接触器；
YT—跳闸线圈；KCA1—事故信号继电器；APR—重合闸装置；HL—信号灯

图 15-10 电路的动作原理如下：①手动操作过程：当断路器处于跳闸位置时，跳闸位置继电器 KCT 线圈（220V 回路中）带电，其动合触点闭合，SA 手柄内的信号灯经 SA1-3、SA14-15 接通弱电电源而发平光。手动合闸时，SA 置于"合闸"位置，SA9-12 接通，合闸继电器 KC1 线圈带电，其动合触点（220V 回路中）闭合，启动合闸接触器 KM，使断路器合闸。合闸后，跳闸位置继电器 KCT 线圈失电，合闸位置继电器 KCC 线圈带电，其动合触点闭合，SA 手柄内的信号灯经 SA2-4、KCC 动合触点及 SA20-17 接通而发平光。手动跳闸过程与手动合闸过程相似；②自动跳合闸过程：当断路器在合闸位置时，控制开关在"合闸后"位置，若因故障继电器保护动作，使断路器自动跳闸，则跳闸位置继电器 KCT 经断路器辅助动断触点启动。此时，SA 手柄内信号灯经 SA13-14、KCT 动断触点、SA2-4 接通闪光电源 M100（＋），使信号灯 HL 闪光；同时由 SA5-7、SA23-21 接通事故跳闸音响信号回路，发音响信号。而自动合闸时发闪光信号，不发音响信号。

（2）弱电有触点选控和弱电无触点选控，二者都采用选线控制，区别是前者主要把带有触点的继电器作为逻辑电路的实现元件，而后者的弱电回路主要使用无触点的半导体元件。

所谓选线，是指每个断路器的操作都要通过选择来完成。每一条线路用一个简易的选择按钮（或选择开关）来代替常用的控制开关，仅在全厂（或一组母线的所有进出线）设置一个公用的控制开关。进行选择时，先操作选择按钮（或选择开关），使被控对象的控制回路接通，再转动公用的控制开关，即可发出分、合闸命令。选择按钮（或选择开关）可布置在控制屏台上的主接线模拟图上。这样的控制方式，只用一个控制开关或若干个小按钮去控制若干个对象，可达到缩小控制屏台的目的。

常用的控制屏台的结构有：①控制台与返回屏分开的结构；②屏台合一的结构。对主接线较复杂、被控对象较多时，常采用前一种结构。它是在控制台后面，设有独立的返回屏，上面布置模拟母线、断路器和隔离开关的位置信号、记录型表计及同步装置等，让值班人员可清楚了解和掌握运行情况。主接线比较简单的厂站具有较少的被控对象，常采用屏台合一结构。

（3）编码选控。所谓编码选控是对每台断路器事先编号，选线时只需在 0～9 号数字按键上一次输入选控对象的编号（如 36 号，应先按下 3 号再按 6 号按键），即可选中控制对象，然后再转动各路公用的控制开关，进行合闸或跳闸操作。这种选控方式也是弱电无触点选控，其最大优点是不再为每个控制对象设单独的选择按钮，在控制对象多时可使控制屏所占空间进一步缩小。

第三节　隔离开关的控制与闭锁

一、厂用电动机的联锁回路

当发电厂动力部分生产的工艺流程遭到破坏时，要求在生产过程中某些相互有紧密联系的厂用辅机之间建立某种联锁关系以满足电能生产连续性和安全可靠性的要求，即当某些辅机（或设备）正常工作状态被破坏时，立即通过电气二次回路迅速相应地改变另外一些辅机（或设备）的工作状态（投入或退出运行），这种实现联系关系的电气二次回路部分称为联锁回路。按照联锁的性质，可分为热工联锁和电气联锁。热工联锁是在生产过程中的参数（压力、温度等）发生变化危及安全、可靠运行时，由热工仪表装置实现的联锁；电气联锁是指利用开关电器的辅助触点或继电器来实现的联锁。厂用电动机的电气联锁又分为按生产工艺装置的联锁和同一类型辅机中工作与备用设备之间的联锁两类。

发电厂动力部分中按生产工艺流程要求构成联锁回路的特点是，"按序启动，联锁跳闸"。"按序启动"指的是辅机的电动机启动（手动或自动）时，必须按工艺流程的顺序才能启动，违反这一顺序，厂用电动机的断路器（或自动开关）就会合不上。在特殊情况下，需要单独实验某一电动机时，必须将联锁解除，才能不按上述工艺流程的顺序操作。"联锁跳闸"是指系统运行中某个环节的电动机跳闸，联锁将会使该系统按启动顺序排在该电动机之后的所有电动机跳闸，使系统部分或全部地停止运行，属于这类联锁最典型的是锅炉系统的辅机联锁。

（一）锅炉系统中各辅机的作用

1. 燃烧及风烟系统

锅炉的燃烧及风烟系统中主要的辅机包括旋转式空气预热器、引风机、送风机、一次风机和给粉机，且按锅炉容量不同设置的台数各不相同。

（1）旋转式空气预热器。空气预热器利用锅炉尾部烟气余热来提高进入炉膛的风温，可以改善锅炉的燃烧情况降低排烟温度，提高锅炉效率。旋转式空气预热器是利用蓄热板（波形板和定位板）轮流被烟气加热和向空气放热的方式运行，因此具有转动部分，相应设有旋转电动机及提供润滑的辅助设备。

（2）引风机。引风机用于将炉膛内燃烧所产生的烟气抽出，通过烟囱排向大气，维持锅炉炉膛及尾部烟道在负压下运行，防止烟气外漏。

（3）一次风机。对具有中间粉仓式锅炉，一次风机提供的空气经空气预热器加热后作为一次风，用于加热和输送煤粉到炉膛燃烧，或供直吹式制粉系统干燥原煤和输送煤粉到炉膛燃烧。

（4）送风机。送风机产生的压力空气经空气预热器加热后用于：①做二次风，在一次风将煤粉送入炉膛的同时，送入二次风、风煤混合，保证燃烧所需要的氧气，使燃烧达到完全燃烧；②向制粉系统供热风。

（5）给粉机。给粉机用于向锅炉提供煤粉，调整煤粉量以满足燃烧要求。

2. 制粉系统

发电厂一般是具有中间粉仓式的燃烧锅炉，每台锅炉配备 2～4 组完全独立的制粉系统，制粉系统辅机包括排粉机、磨煤机（含磨煤机的润滑油系统）和给煤机。给煤机向磨煤机送原煤，控制磨煤机的出力；磨煤机将原煤加热干燥后研磨成煤粉；排粉机将磨煤机内的风粉抽出，送到细粉分离器进行风粉分离，煤粉落入煤粉仓，剩余的风粉混合粉（含粉量约 10% 左右）作三次风送入炉膛参加燃烧，排粉机还需要维持制粉系统的负压，以防煤粉外漏。

（二）锅炉辅机联锁构成的原则

1. 制粉系统

制粉系统各辅机启动的顺序是

排粉机→磨煤机→给煤机

即先启动排粉机，开始送热风暖管，温度达到要求后启动磨煤机，最后启动给煤机供煤。按照"先开后停"的原则，停止制粉系统时，应先停给煤机，待磨煤机中的煤抽空后停止磨煤机，再停排粉机。若违反上述原则不加联锁进行操作，先停磨煤机或先停排粉机，将造成磨煤机的堵塞。所以制粉系统辅机的联锁原则是磨粉机跳了联锁跳给煤机，排粉机跳了联锁跳磨煤机和给煤机。

2. 燃烧和风烟系统

由于锅炉具有复杂的燃烧过程，运行中燃烧、风烟设备之间有密切的联系，若某一环节出现故障停运而其他环节仍维持运行，将造成运行的失调，酿成事故。若送风机或一次风机停止自运行，给粉机仍在给粉，将造成一次风管堵管或燃烧不完全，可能产生炉膛爆炸，或锅炉尾部烟道燃烧的恶果；若引风机停止运行而送风机、一次风机、给粉机和制粉机仍在运行，将造成炉膛正压，大量烟火外喷，严重威胁安全文明生产；若旋转式空气预热器停止旋转，而其他辅机仍在运行，将烧坏旋转式空气预热器。

因此，锅炉燃烧、风烟系统辅机启动顺序为

旋转式空气预热器→引风机→送风机→一次风机→给粉机

相应燃烧，风烟系统联锁跳的原则是：送风机和一次风机跳了应联锁跳给粉机；引风机跳了应联锁跳送风机、一次风机和给煤机；旋转式空气预热器跳了应联锁跳其他所有的辅机电动机。

3. 锅炉辅机联锁

锅炉辅机联锁按工艺流程要求启动的顺序为

旋转式空气预热器→引风机→送风机→一次风机→给粉机→排粉机→磨煤机→给煤机

相应锅炉辅机联锁是：

（1）旋转式空气预热器（指电动机，以下同）跳了应联锁跳引风机。

（2）引风机跳了联锁应跳风机和一次风机。

（3）送风机或一次风机跳了，应联锁跳给粉机和排风机。

（4）排粉机跳了应联锁跳磨煤机和给煤机。

（5）磨煤机跳了应联锁跳给煤机。

（三）锅炉辅机的联锁回路

1. 锅炉辅机联锁原理

下面以某台锅炉安装有旋转式空气预热器，引风机、送风机、一次风机各两台，给粉机四台，制粉系统四套为例说明锅炉辅机联锁的构成。各辅机的联锁是通过串、并联在电动机的合、跳闸回路中的联锁开关触点来实现的。锅炉控制屏（台）上设置了锅炉总联锁开关 SA 和各套制粉系统的联锁开关 SA1～SA4，辅机联锁原理如图 15-11 所示。两台旋转式空气预热器（KT）跳闸，联锁跳两台引风机（XF）；两台引风机均跳闸后联锁跳所有的送风机（SF）和一次风机（YF）；两台送风机或两台一次风机跳闸后联锁跳四台给粉机（FY）和四套制粉系统，以上联系跳闸是通过锅炉的总联锁开关 SA 实现的，每套制粉系统各设有联锁开关 SA1～SA4，制粉系统的联锁通过各自的联锁开关实现。

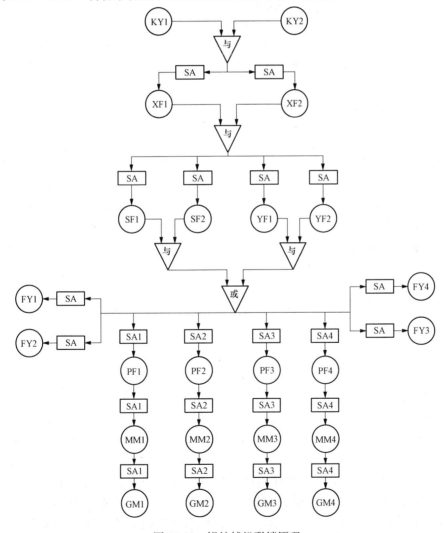

图 15-11　锅炉辅机联锁原理

2. 锅炉辅机的联锁回路

锅炉辅机按生产的工艺流程要求设置的联锁回路如图 15-12 所示。

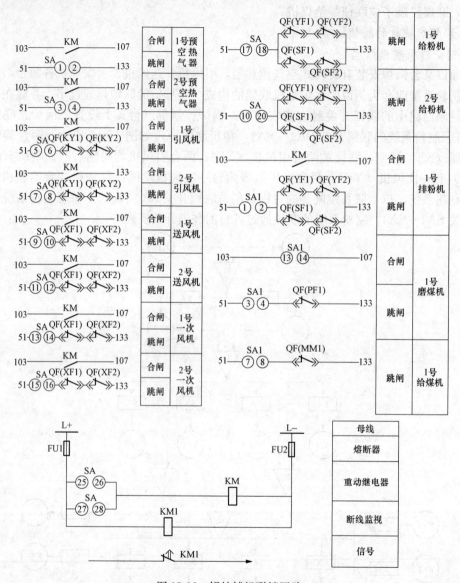

图 15-12 锅炉辅机联锁回路

由于各辅机联锁控制回路基本相同，图 15-12 中仅列出了各电动机的合闸回路和跳闸回路。SA 投入"联锁"位置时，SA1-2、SA3-4、SA5-6、SA7-8、…、SA23-24 接通，将各辅机的跳闸回路接入联锁。由于总联锁开关触点有限，故加装了重动继电器 KM 以增加触点数量，当 SA "解除"时，SA25-26、SA27-28 接通，KM 的动合触点闭合，解除上述各辅机的合闸联锁。图中 103、107 为合闸回路编号，该支路与热工仪表联锁支路（图中未画出）并联之后再串联在控制开关合闸触点（SA5-8）之后；51、133 是跳闸回路编号，该支路与控制开关的跳闸触点（SA6-7）相并联。1 号制粉系统联锁开关 1SA "联锁"时，SA1-2、SA3-4、SA5-6、SA7-8 接通，将各制粉机的跳闸回路接入联锁，SA1 "解除"时，SA13-14

接通，将1号磨煤机的合闸回路联锁解除。

二、隔离开关的操作闭锁回路

为了保证安全，隔离开关与相应的断路器、接地开关之间必须装设闭锁装置以防止误操作。隔离开关的操作闭锁装置有机械闭锁和电气闭锁两种。

1. 电气闭锁装置

电气闭锁装置通常采用电磁锁实现操作闭锁。电磁锁的结构如图15-13（a）所示，主要由电锁Ⅰ和电钥匙Ⅱ组成。电锁Ⅰ由锁芯1、弹簧2和插座3组成。电钥匙Ⅱ由插头4、线圈5、电磁铁6、解除按钮7和钥匙环8组成。在每个隔离开关的操作机构上装有一把电锁，全厂（站）备有2～3把电钥匙作为公用。只有在相应断路器处于跳闸位置时，才能用电钥匙打开电锁，对隔离开关进行合、跳闸操作。

电磁锁的工作原理如图15-13（b）所示，在无跳、合闸操作时，用电磁锁锁住操动机构的转动部分，即锁芯1在弹簧2压力作用下，锁入操动机构的小孔内，使操作手柄Ⅲ不能转动。当需要断开隔离开关QS时，必须先跳开断路器QF，使其辅助常闭触点闭合，给插座3加上直流操作电源，然后将电钥匙的插头4插入插座3内，线圈5中就有电流流过，使电磁铁6被磁化吸出锁芯1，锁就打开了。此时利用操动手柄Ⅲ，即可拉开隔离开关。隔离开关拉开后，取下电钥匙插头4，使线圈5断电，释放锁芯1，锁芯1在弹簧2压力作用下，又锁入操动机构小孔内，锁住操作手柄，需要合上隔离开关的操作过程与上类似。

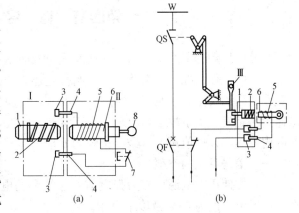

图 15-13 电磁锁的工作原理

（a）电磁锁结构；（b）电磁锁工作原理

Ⅰ—电锁；Ⅱ—电钥匙；Ⅲ—操作手柄

1—锁芯；2—弹簧；3—插座；4—插头；5—线圈；

6—电磁铁；7—解除按钮；8—钥匙环

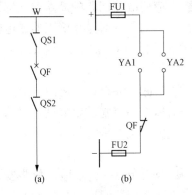

图 15-14 单母线馈线隔离
开关闭锁电路

（a）主电路；（b）闭锁电路

目前，我国生产的电磁锁有户内 DSN 和户外 DSW 型两种。

2. 电气闭锁回路

隔离开关的电气闭锁回路与电气一次接线方式有关，最简单的单母线馈线隔离开关闭锁回路如图 15-14 所示。YA1、YA2 分别为隔离开关 QS1、QS2 的闭锁开关（插座）。闭锁电路由相应断路器 QF 的合闸电源供电。断开线路时，首先断开断路器 QF，使其辅助常闭触点闭合，则负电源（—）接至电磁锁开关 YA1 和 YA2 的下端。用电钥匙使电磁锁开关 YA2 闭合，即打开了隔离开关 QS2 的闭锁，拉开隔离开关 QS2，取下电钥匙，使 QS2 在断开位置；再用电钥匙打开隔离开关 QS1 的电磁锁开关 YA1，拉开 QS1，然后取下电磁锁，使 QS1 在断开位置。

在双母线和带旁路母线的接线中，除了投入和断开线路的操作外，还需进行倒母线、代路及其他的操作，这些操作中线路开关、母联及旁路开关往往处于合闸位置时的进行隔离开关的切换操作，因此闭锁回路比较复杂，有关电路可以参看其他书籍，此处不再介绍。

为了保证安全运行，一般高压成套配电装置的闭锁装置应具有如下的"五防"功能：防止带负荷拉、合隔离开关；防止误分、合断路器；防止带接地误合断路器或隔离开关；防止带电挂接地线或合接地开关；防止误入带电间隔。

电气闭锁装置具有防止误拉、合隔离开关的优点，但是操作较麻烦，增加了连接用控制电缆的数目，而且其触点和连线上的缺陷不易被发现，屋外配电装置的电气闭锁装置因气候等因素会影响直流系统绝缘。

第四节 信 号 回 路

在发电厂和变电站中，为了使值班人员及时掌握电气设备的工作状态，须用信号及时显示出当时的工作情况，如断路器是合闸位置还是分闸位置，隔离开关在闭合位置还是在断开位置等。而当发生事故及不正常运行情况时，更应发出各种灯光及音响信号，帮助值班人员迅速判明是发生了事故还是出现了不正常运行情况，以及事故的范围和地点，不正常运行情况的内容等，以便值班人员做出正确的处理。在各车间之间，还需用信号进行互相联系。

一、信号系统的类型

(1) 按使用的电源可分为强电信号系统和弱电信号系统；前者一般为 110kV 或 220kV 电压；后者一般为 48V 及以下电压。

(2) 按信号的表示方法可分为灯光信号和音响信号，灯光信号又可分为平光信号和闪光信号以及不同颜色和不同闪光频率的灯光信号，音响信号又可分为不同音调或语音的音响信号。计算机集散系统在电力系统应用后，使信号系统发生了很大的变化。

(3) 按用途可分为如下类型。

1) 位置信号。指示开关电器、控制电器及其设备的位置状态的信号。如用灯光表示断路器合、跳闸位置；用专门的位置指示器表示隔离开关位置状态。

2) 事故信号。当电气设备发生事故（一般指发生短路），应使故障回路的断路器立即跳闸，并发出事故信号。事故信号由音响和灯光两部分组成。音响信号一般是指蜂鸣器或电喇叭发出较强的音响，引起值班人员的注意，同时断路器位置指示灯（在断路器控制回路中）发出闪光指明事故对象。

3) 预告信号。当电气设备出现不正常的运行状态时，并不使断路器立即跳闸，但要发出预告信号，帮助值班人员及时地发现故障及隐患，以便采取适当的措施加以处理，以防故障扩大。预告信号也有音响和灯光两部分构成。音响信号一般由有别于事故信号的音响——警铃发出，同时标有故障性质的光字牌灯光信号点亮。

常见的预告信号有：发电机和变压器过负荷；汽轮机发电机转子一点接地；断路器跳闸、合闸线圈断线；变压器轻瓦斯保护动作、变压器油温过高、变压器通风故障；发电机强行励磁动作；电压互感器二次回路断线；交、直流回路绝缘损坏发生一点接地、直流电压过高或过低及其他要求采取措施的不正常情况，如液压操动机构压力异常等。

　　4）指挥信号和联系信号。指挥信号是用于主控室向其他控制室发出操作命令，如主控室向机炉控制室发"注意""增负荷""减负荷""发电机已合闸"等命令。联系信号是用于各控制室之间的联系。

　　预告信号和事故信号装设在主控室的信号屏上，它们是电气设备各种信号的中央部分，称为中央信号。中央信号装置按其音响信号的复归方式可分为就地复归和中央复归；按其音响信号的动作性能可分为重复动作和不能重复动作。中央复归能重复动作的信号装置，主要是利用冲击继电器为核心的电磁式集中信号系统实现的，也有采用触发器数字集成电路的模块式信号系统。而其发展方向是用计算机软件实现信号的报警，并采用大屏幕代替信号屏。

　　在发电厂和有人值班的大、中型变电站中，一般装设中央复归能重复动作的事故信号和预告信号。在驻有值班的变电站，可装设中央复归的简单的事故信号装置和能重复动作的预告信号装置，并应在屋外配电装设音响元件，在无人值班的变电站，一般只装设简单的音响信号装置，该信号装置仅当远动装置停用并转为变电站就地控制时才投入。

二、信号系统的基本要求

　　发电厂和变电站的信号系统应满足以下要求：

　　（1）断路器事故跳闸时，能及时发出音响信号（蜂鸣器），并使相应的位置指示灯闪光，信号继电器掉牌，亮"掉牌未复归"光字牌。

　　（2）发生不正常情况时，能及时发出区别于事故音响的另一种音响（警铃声），并使显示故障性质的光字牌点亮。

　　（3）对事故信号、预告信号能进行是否完好的试验。

　　（4）音响信号应能重复动作，并能手动及自动复归，而故障性质的显示灯仍保留。

　　（5）大型发电厂和变电站发生事故时，应能通过事故信号的分析，迅速确定事故的性质。

　　（6）对指挥信号、联系信号等，应根据需要装设。其装设原则是应使运行人员迅速、准确地确定所得到信号的性质和地点。

三、事故信号

　　事故信号的作用是当因电力系统事故，断路器发生跳闸后，启动蜂鸣器发出音响。实现音响的方式较多，有交流，有直流，有直接动作，有间接动作；音响解除的方式有个别解除和中央解除；动作连续性又有重复动作和不能重复动作之分。

　　1. 简单的事故信号装置

　　图 15-15 所示是最简单、不能重复动作的、就地复归事故信号装置的电路。

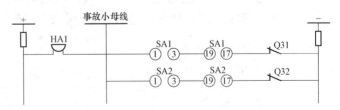

　　图中 HA1 为蜂鸣器，SA 为控制开关，Q3 为断路器的辅助触点。控制开关在"合闸后"位置，其触点 1-3、19-17 是接通

图 15-15　就地复归的事故音响信号电路图

的。当任何一台断路器自动分闸时，利用断路器和控制开关位置不对应原则，将信号回路负电源与事故音响小母线接通。蜂鸣器 HA1 即发出音响，为了解除音响，值班人员要找到指示灯发闪光的断路器，并将其控制开关手柄扭转到相对应位置上去，随着闪光的消失，音响

信号也被解除。若再有其他断路器自动分闸，音响信号才能再次动作。显然，这种事故信号装置不能中央复归，也不能重复动作，解除音响时也不能保留信号灯闪光，只能用在电压不高，出现少的小型变电站中。

2. 中央复归不能重复动作的事故信号装置

在发生事故时，通常希望音响信号能够快速解除，以免干扰值班人员进行事故处理，而灯光信号则需要保留一段时间，以便判断故障的性质和发生的地点。这就要求音响信号最好能在一个集中的地点手动解除或经一定时间后自动消失。

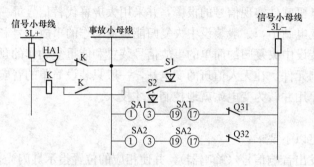

图 15-16　中央复归不能重复动作的事故信号装置电路

图 15-16 所示为中央复归不能重复动作的事故信号装置电路。它与图 15-15 的差别是，增加了一个中间继电器 K 和两个按钮（S1 和 S2，S1 是试验按钮，S2 是解除按钮）。

当某一台断路器事故分闸时，由于控制开关和断路器的位置不对应，使信号小母线 3L+ 经蜂鸣器 HA1、中间继电器 K 的动断触点与事故小母线是接通的，蜂鸣器立即发出音响。值班人员听到音响后，只需按下解除按钮 S2，音响立即解除。因为当按下 S2 时，电路从 3L+ 经 K 的线圈和 S2，到 3L- 接通。中间继电器 K 的线圈有电压，K 动作并通过自身的动合触点实现自保持，其动断触点将蜂鸣器回路切断，使音响解除。继电器 K 的自保持回路，则在断路器位置和控制开关位置对应后，才自动解除。按钮 S1 与断路器和控制开关的不对应回路并联，可试验蜂鸣器是否完好。

图 15-16 所示电路的缺点是不能重复动作，就是说当第一次音响发出后，值班人员利用解除按钮 S2 将音响解除，而不对应回路尚未复归，自保持回路还未解除，此时如果因连续事故又有第二台断路器事故分闸，事故音响不能再次启动，因而第二台断路器的分闸可能不被值班人员所发现。因此，这种电路只适用于断路器数量较少的发电厂和变电站。

3. 中央复归能重复动作的事故信号启动回路

具有中央复归重复动作的中央信号电路的主要元件是冲击继电器，它可接收各种事故脉冲，冲击继电器有各种不同的类型，但其共同点是都有接收信号的元件（脉冲变流器或电阻）以及相应的执行元件。事故信号的启动回路如图 15-17 所示。

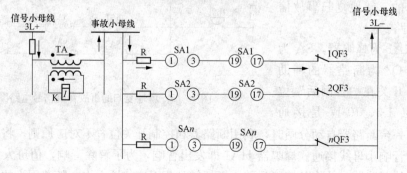

图 15-17　事故信号启动回路

图中，3L+、3L− 为信号电源小母线，TA 为脉冲变流器，K 为执行元件脉冲继电器，SA 为控制开关。

对于图 15-17 的事故信号自动回路，当系统发生事故，断路器 1QF 跳闸时，接于事故小母线与 3L− 之间的不对应自动启动回路接通（即事故小母线经电阻 R、SA1 触点 1-3、19-17、断路器辅助动断触点（QF3 至 3L−），在变流器 TA 的一次侧将流过一个持续的直流电流（矩形脉冲），而在 TA 的二次侧只有一次侧电流从初始值达到稳定值的瞬变过程中才有感应电势产生，对应二次侧电流是一个尖峰脉冲电流，此电流使执行元件的继电器 K 动作，K 动作后再启动中央事故信号电路。当变流器 TA 中直流电流达稳定值后，二次绕组中的感应电动势即消失。当这次事故音响已被解除，执行元件的继电器 K 已复归，而相应断路器和控制开关的不对应回路尚未复归、第二台断路器 2QF 又自动跳闸，第二条不对应回路（即由事故小母线经电阻 R、SA2 触点 1-3、19-17、断路器辅助动断触点 2QF3 至 3L−）接通，在事故小母线与 3L− 之间又并联一支启动回路，从而使脉冲变流器 TA 的一次侧电流发生变化（每一并联支路均串有限流电阻 R），二次侧感应脉冲电动势，使继电器 K 再次启动事故音响装置，所以该装置能重复动作。

4. JC-2 型冲击继电器构成的事故信号

（1）JC-2 型冲击继电器的内部电路及工作原理。

JC-2 型冲击继电器的内部电路如图 15-18 所示。

图中，KP 为极化继电器，此继电器具有双位置特性，其结构如图 15-19 所示。线圈 1 为工作线圈，线圈 2 为返回线圈，若线圈 1 按图示极性通入电流时，根据右手螺旋定则，电磁铁 3 及与其连接的可动衔铁 4 的上端呈 N 极，下端呈 S 极，电磁铁产生的磁通与永久磁铁产生的磁通互相作用，产生力矩，使极化继电器动作，触点 6 闭合（图中位置）。如图若线圈 1 中流过相反方向的电流或在线圈 2 中按图示极性通入电流时，可动衔铁的极性改变，触点 6 复归。

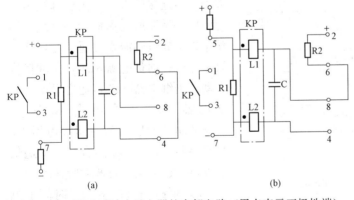

图 15-18　JC-2 型冲击继电器的内部电路（黑点表示正极性端）
(a) 负电源复归；(b) 正电压复归

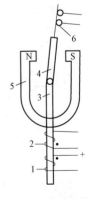

图 15-19　极化继电器结构
1—工作线圈；2—返回线圈；3—电磁铁
4—可动衔铁；5—永久磁铁；6—触点

JC-2 型冲击继电器是利用电容充放电启动极化继电器的原理构成。启动回路动作时，产生的脉冲电流自端子 5 流入，在电阻 R1 上产生一个电压增量，该电压增量即通过继电器的两个线圈 L1 和 L2 给电容器 C 充电，充电电流使极化继电器动作（电流从线圈 L1 同名端流入，从线圈 L2 同名端流出）。当充电电流消失后，极化继电器仍保持在动作位置。极化继电器的复归有两种方式，一种为负电源复归，即冲击继电器接于正电源端［见图 15-18 (a)］时，端子 4 和 6 短接，将负电源加到端子 2 来复归，其复归电流从端子 5 流入，经电阻 R1、线圈 L2、电阻 R2 至端子 2 流出。另一种方式为正电源复归，即冲击继电器接于负电源端［见图 15-18 (b)］时，端子 6 和 8 短接，将正电源加到端子 2 来复归，其复归电流从端子 2 流入，经电阻 R2、线圈 L1、电阻 R1 至端子 7 流出。

此外，冲击继电器还具有冲击自动复归特性，即当流过电阻 R1 的冲击电流突然减小或消失时，在电阻 R1 上的电压有一减量，该电压减量使电容器经极化继电器线圈放电，其放电电流使极化继电器冲击返回。

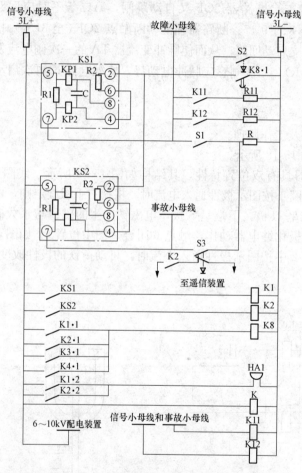

图 15-20　JC-2 型冲击继电器构成的事故信号电路

（2）JC-2 型冲击继电器构成的事故信号电路。由 JC-2 型冲击继电器构成的中央事故信号电路如图 15-20 所示。

1）事故信号的启动。当断路器事故跳闸时，事故信号启动回路（即事故小母线与 3L- ）接通，给出脉冲电流信号，使冲击继电器 KS1 启动。其动合触点 KS1 闭合，启动中间继电器 K1，其动合触点 K1·1 闭合后启动时间继电器 K8，动合触点 K1·2 闭合自动启动蜂鸣器 HA1，发出音响信号。

2）发遥信。冲击继电器 KS2 的端子 7 所连接的事故音响小母线是专为向中心调度所发遥信的小母线。当断路器事故跳闸需要发遥信时，该事故小母线接通负电源 3L- ，脉冲信号启动冲击继电器 KS2，随之启动中间继电器 K2。动合触点 K2·1、K2·2 闭合分别启动时间继电器 K8 和蜂鸣器 HA1，K2 闭合将启动遥信装置，发遥信至中心调度所。

3）事故信号的复归。时间继电器 K8 被启动后，其触点 K8·1 经延时后闭合，将冲击继电器的端子 2 接负电源，冲击继电器 KS1 和 KS2 复归。动合触点 KS1 和 KS2 断开，中间继电器 K1 或 K2 失电，随之蜂鸣器 HA1 失电压，从而实现了音响信号的延时自动复归。此时，整个事故信号电路复归，准备下次动作，按下音响解除按钮 S2，也可实现音响信号的手动复归。

4）6～10kV 配电装置的事故信号。6～10kV 均为就地控制，当 6～10kV 断路器事故跳闸，同样也要启动事故信号，6～10kV 配电装置设置了两段事故音响信号小母线（见图 15-

20下部），每段上分别接入一定数量的启动回路（图中未画）。当任一段上的任一断路器事故跳闸，事故信号继电器 K11 或 K12 动作，其动合触点 K1·1 或 K1·2 闭合启动冲击继电器 KS1，发出音响信号。另一对动合触点 K1·1 或 K1·2 闭合，点亮光字牌。如图15-25 所示，指明事故发生在 Ⅰ 段或 Ⅱ 段。

5）事故信号的重复动作。当第二台断路器连续事故跳闸，冲击继电器第二次启动，发出音响信号，实现了音响信号的重复动作。

6）音响信号的试验。为了确保中央事故信号经常处于完好状态，在回路中装设了音响试验按钮 S1、S3。按下 S1 或 S3，冲击继电器 KS1 或 KS2 启动，蜂鸣器发出声响，再经延时解除音响，从而实现了手动模拟断路器事故跳闸的情况。当用 S3 进行模拟试验时，其动断触点断开遥信装置，以免误发信号。

7）事故信号回路的监视。当熔断器熔断或接触不良时，电源监察继电器 K 线圈失电，其动断触点 K（预告信号电路中）闭合，点亮"事故信号回路熔断器熔断"光字牌，并启动预告信号电路。

5. ZC-23 型冲击继电器构成的事故信号

（1）ZC-23 型冲击继电器的内部电路工作原理。ZC-23 型冲击继电器的内部电路如图 15-21 所示。图中，TA 为脉冲变流器；KR1 为执行元件（单触点干簧继电器）；KR2 为中间继电器（多触点干簧继电器）；V1、V2 为二极管；C 为电容器。执行元件 KR1 的结构如图 15-22 所示。

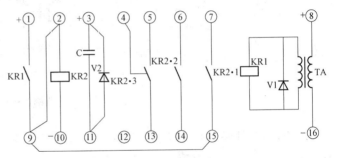

图 15-21 ZC-23 型冲击继电器内部电路

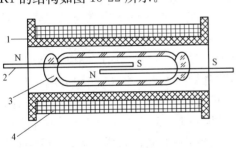

图 15-22 干簧继电器结构

1—线圈架；2—舌簧片；3—玻璃管；4—线圈

干簧继电器中的干簧管是一个密闭的玻璃管，其舌簧触点是烧结在与簧片热膨胀系数相适应的红丹玻璃管中，管内充以氮等惰性气体，以防止触点污染及电腐蚀。舌簧片由铁镍合金做成，具有良好的导磁性和弹性。舌簧触点表面镀有金、铑、钯等金属，以保证良好的通断能力，并延长使用寿命。舌簧片既是导电体又是导磁体。当在线圈中通入电流时，在线圈内部有磁通穿过，使舌簧片磁化，其自由端所产生的磁极性正好相反。当通过的电流达到继电器启动值时，干簧片靠磁的"异性相吸"而闭合，接通外电路，当线圈的电流降低到继电器的返回值时，舌簧片靠自身的弹性返回，触点断开。干簧继电器的一个很突出的特点是动作无方向性，并且灵敏度高，消耗功率少，动作速度快，结构简单，从而得到广泛的应用。

ZC-23 型冲击继电器的基本原理是利用串接在直流信号回路中的微分变流器 TA，将回路中持续的矩形电流脉冲变成短暂的尖峰电流脉冲，去启动干簧继电器 KR1，干簧继电器 KR1 的动合触点闭合，去启动中间继电器 KR2。变流器 TA 一次侧并联的二极管 V2、电容器 C 起抗干扰作用，并联于 TA 二次侧的二极管 V1 的作用是：把由于一次侧电路突然减少或消失时产生的反向电动势所引起的二次电流旁路掉，使其不流入干簧继电器线圈。这是因为干簧继电器动作无方向性，任何方向的电流都能使其动作。

（2）ZC-23 型冲击继电器构成的事故信号。由 ZC-23 型冲击继电器构成的事故信号电路如图 15-23 所示。

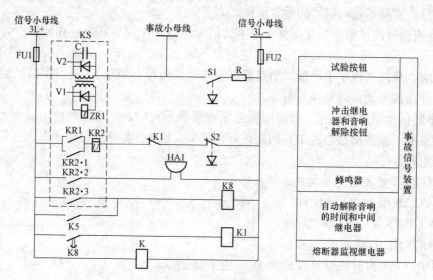

图 15-23　ZC-23 型冲击继电器构成的事故信号电路

1）事故信号的启动。当系统发生事故，是断路器跳闸时，对应事故单元启动回路接通，给出脉冲电流信号，经变流器 TA 微分后，送入干簧继电器 KR1 的线圈中，其动合触点 KR1 闭合，启动出口中间继电器 KR2，使 KR2·2 闭合启动蜂鸣器 HA1，发出音响信号。当干簧继电器 KR1 线圈中的尖峰脉冲电流消失后，交流器二次侧感应电动势消失，干簧继电器 KR1 触点返回，而中间继电器 KR2 靠其动合触点 KR2·1 实现自保持。

2）事故信号的复归。中间继电器 KR2 的动合触点 KR2·3 启动时间继电器 K8，其动合触点经延时后闭合，启动中间继电器 K1。K1 的动合触点断开，KR2 线圈失电，其三对动合触点全部返回，音响信号停止，实现了音响信号的延时自动复归。此时，启动回路的电流虽没有消失，但已到稳定，干簧继电器 KR1 不会再启动中间继电器 KR2，冲击继电器 KS 所有元件复归，准备下次动作。此外，按下音响接触按钮 S2，可实现音响信号的手动复归。

当启动回路的脉冲电流信号中途突然消失，由于变流器 TA 的作用，在干簧继电器 KR1 线圈中产生一个返回脉冲，但此返回脉冲被二极管 V1 旁路掉，干簧继电器 KR1、中间继电器 KR2 都不会动作。

事故信号电路的试验可通过按下试验按钮 S1 实现。

事故信号的重复动作和监视原理与 JC-2 型类似，不再赘述。

四、预告信号

当设备不正常运行时，利用预告信号装置发出音响和灯光信号，帮助值班人员及时发现，以便采取适当措施加以处理，防止不正常运行扩大造成事故。

预告信号一般由反映该回路参数变化的单独继电器启动，例如过负荷信号由过负荷信号继电器启动；轻瓦斯动作信号由变压器轻瓦斯继电器启动；绝缘损坏由绝缘监察继电器启动；直流系统电压过高和过低由直流电压监察装置中的相应的过电压继电器和低电压继电器启动等。

预告信号一般习惯上分为瞬时预告信号和延时预告信号两种。对某些当电力系统中发生短路时可能伴随发出的预告信号，如过负荷、电压互感器二次回路断线等，应带延时发出音响信号，这样当外部短路切除后，这些由系统短路所引起的信号就会自动消失，而不让它再发出警报，以免分散值班人员的注意力。以往为了简化二次接线，变电站一般不设延时预告信号，发电厂将预告信号设为瞬时预告信号和延时预告信号两种。但多年运行经验表明，预告信号没有必要分为瞬时和延时两种，而只将预告信号回路中的冲击继电器带有 0.2～0.3s 延时，即可满足以往延时信号的要求，又不影响瞬时预告信号。

（一）预告信号的启动

图 15-24 所示为预告信号启动电路。S 为转换开关，HL 为光字牌，K 为保护装置的触点。

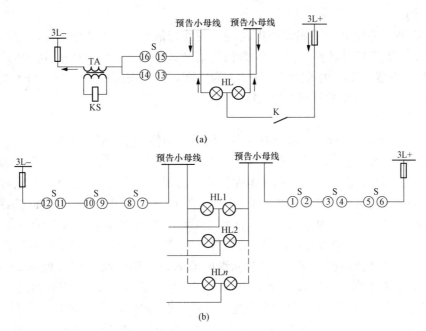

图 15-24　预告信号启动回路
(a) 预告信号启动回路；(b) 光字牌检查回路

对于图 15-24 (a) 预告信号启动回路，与图 15-17 事故信号启动回路相比，脉冲变流器 TA 仍能接受故障信号脉冲，并转换为尖脉冲使继电器 KS 动作，但启动回路及重复动作的构成元件不同，具体区别有以下几点：

（1）事故信号是利用不对应原理，将信号电源与事故音响小母线接通来启动；而预告信号是利用相应的继电保护装置出口继电器动合触点 K 与预告信号小母线接通来启动。此时转换开关 S 在"工作"位置，其触点 13-14、15-16 接通。当设备发生不正常运行状态（如变压器油温过高）时，相应的保护装置的触点 K 闭合，预告信号的启动回路接通，（即3L+

经触点 K，光字牌 HL 接至预告小母线上，再经过 S 的触点 13-14、15-16，变流器 TA 至 3L-)，使 KS 动作，并点亮光字牌 HL。

(2) 事故信号是在每一启动回路中串接一电阻启动的，重复动作则是通过突然并入一启动回路（相当于突然并入一电阻）引起电流突变而实现的；预告信号是在启动回路中用光字牌代替电阻启动，重复动作则是通过启动回路并入光字牌实现。

对于图 15-24（b）的光字牌检查回路，当检查光字牌的灯泡是否完好时，可将转换开关 S 由"工作"位置切换至"试验"位置，通过其触点 1-2、3-4、5-6、7-8、9-10、11-12，将预告信号小母线分别接至 3L+、3L- ，使所有接在预告信号小母线上的光字牌都点亮。任一光字牌不亮，则说明内部灯泡损坏，可及时更换。需要指出，在发出预告信号时，同一光字牌内的两个灯泡是并联的，在灯泡前面的玻璃框上标注"过负荷""瓦斯保护动作""温度过高"等表示不正常运行设备及其性质的文字。灯泡上所加的电压是其额定电压，因而发光明亮，而且当其中一只灯泡损坏时，光字牌仍能显示。在检查时，两只灯泡是相互串联的，每只灯泡上所加的电压是其额定电压的一半，灯光较暗，如果其中一只灯泡损坏，则不发光，这样可以及时的发现已损坏的设备。由于灯泡的使用寿命较短，目前已逐步改用发光二极管代替灯泡。

图 15-25 所示为用 JC-2 型冲击继电器构成的预告信号电路。图中，KS3 为预告信号脉冲继电器；S 为预告信号转换开关；S3 为预告信号试验按钮；S4 为预告信号的复归按钮；KT2 为时间继电器；K3 为中间继电器；K4 为熔断器的监视继电器；K5 和 K6 为 10kV 配电装置预告信号中间继电器；HA 为电铃。

(二) 预告信号的动作原理

图 15-25 中的预告小母线一般布置在中央信号屏和各个控制屏的屏顶。

(1) 回路的启动。正常时转换开关 S 处于"工作"位置，其触点 13-14、15-16 接通，当设备出现不正常的运行状况时，相应的继电保护装置动作，其触点闭合。如事故信号装置断电时，事故信号电源监察继电器 K 失电，即图 15-25 中的动断触点闭合，形成下面的回路：3L+→K→并联双信号灯→预告信号小母线→S 的 13-14 及 15-16 双路触点→冲击继电器 KS3 触点 5→经 KS3 触点 7→3L- 形成通路，使相应双灯光字牌点亮，显示"事故信号装置熔断器熔断"。同时 KS3 的动合触点闭合，启动时间继电器 KT2，动合触点 KT2 经 0.2~0.3s 的短延时闭合后，启动中间继电器 K3，触点 K3·2 闭合启动警铃 HA，发出音响信号。

(2) 预告信号的复归。预告信号是利用事故信号电路的时间继电器 K8 延时复归的。K3 的另一触点 K3·1 启动时间继电器 K8（见图 15-20 事故信号电路），K8·2 延时闭合，将反向电流引入 KS3，使 KS3 复归，自动解除音响，实现了音响信号的延时自动复归。按下音响解除按钮 S4，可实现音响信号的手动复归。当故障在 0.2~0.3s 内消失时，由于冲击继电器 KS3 的电阻 R1（见图 15-18）突然出现了一个电压减量，冲击继电器 KS3 冲击自动返回，从而避免了误发信号，KS3 复归后，光字牌仍亮着，直到不正常现象消失，继电保护复归（如 K 断开），灯才会熄灭。

(3) 预告信号回路的监视。预告信号回路的熔断器由熔断器监视继电器 K4 监视。正常时，K4 线圈带电，其延时断开的动合触点 K4·1 闭合，白色的熔断器监视灯 WH 发平光。当预告信号回路中的熔断器熔断或接触不良时，K4 线圈失电，其动断触点 K4·2 延时闭合，将 WH 切换至闪光小母线 4L+ 上，使 WH 闪光。

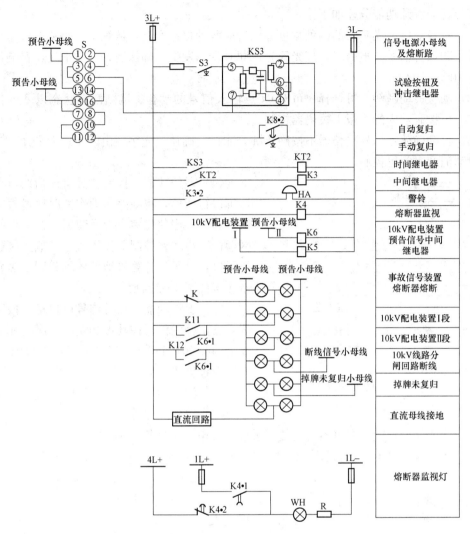

图 15-25　预告信号电路

预告信号电路的试验时通过按下试验按钮 S3 来实现的。

6～10kV 配电装置设置了两段预告信号小母线，当接于这两段上的预告信号启动回路接通时，预告信号继电器 K5 或 K6 启动，其动合触点闭合接通光字牌，指明异常运行发生在Ⅰ段或Ⅱ段。

预告信号回路的重复动作及光字牌的检查原理已说明，不再赘述。

五、新型中央信号装置介绍

微机控制的新型中央信号除具有常用的中央信号装置的功能外，信号系统由单个元件构成积木式结构，接收信号数量没有限制。

信号装置采用微机闪光报警器，除具有普通报警功能外，还具备报警信号的追忆、记忆信号的掉电保护、报警方式的双音双色、报警音响的自动消音等特殊功能。装置的控制部分由微处理器、程序存储器、数据存储器、时钟源、输入输出接口等组成微机专用系统。装置的显示部分（光字牌）采用新型固体发光平面管（冷光源）。

该装置的特殊功能分述如下：

（1）双音双色：光字牌的两种颜色分别对应两种报警音响，从视觉、听觉上可明显区别事故信号和预告信号。报警时，灯光闪光，同时音响发生；确认后，灯发平光，音响停；正常运行为暗屏运行。

（2）动合、动断触点可选择：可对 64 点输入信号的动合、动断触点状态以 8 的倍数进行设定，由控制器内的主板上拨码器控制。

（3）自动确认：信号报警器不按确认键，能自动确认，光字牌由闪光转为平光、音响停止，自动消音时间可控制。

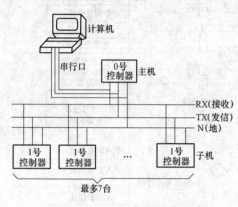

图 15-26　多台控制器连接

（4）通信功能：控制器具有通信线，可与计算机进行通信，将断路器动作情况通过报文形式给计算机。当使用多个信号装置时，通信线可并网运行，由一台控制器作主机，其他控制器分别作子机，且子机计算机地址各不相同。多台控制器连接如图 15-26 所示。

（5）追忆功能：报警信号可追忆，按下追忆键，已报警的信号按其报警先后顺序在光字牌上逐个闪亮（1 个/s），最多可记忆 2000 个信号，追忆中报警优先。

（6）清除功能：若需要清除报警器内记忆信号，操作清除键即可。

（7）掉电保护功能：报警器若在使用过程中断电，记忆信号可保存 60 天。

（8）触点输出功能：在报警信号输入的同时，对应输出一动合触点，可起辅助控制的作用。

习　题

15-1　断路器控制回路应满足哪些基本要求？

15-2　断路器控制回路包含哪些基本回路？

15-3　什么是灯光监察和音响监察，各有什么特点？

15-4　发电厂、变电站中应设置哪些信号装置，各有什么作用？

15-5　什么是发电厂和变电站的中央信号，共分几类？

15-6　事故信号和预告信号分别是如何启动，如何试验，如何复归？

第十六章 测量监察装置

为了监视一次设备的工作状态，反映一次设备的运行参数，根据需要装设各种电气仪表，组成发电厂和变电站的测量系统。测量监察装置用于监视电气设备和动力设备的工作情况，了解和掌握电能的输送和分配情况，以便及时调节、控制设备的运行状态，分析和处理事故。测量监察装置的配置要充分考虑运行监视的需要，做到技术先进、经济合理、使用方便。本章主要介绍发电厂测量与监察回路、交流绝缘监察装置和直流绝缘监察装置的工作原理及应用等。

第一节 测 量 回 路

对一次设备进行测量、保护、监视、控制和调节的设备称为二次设备，它包括测量仪表、继电保护、控制和信号装置等。二次设备通过电压互感器和电流互感器与一次设备相互关联。二次回路是由二次设备组成的回路，它包括交流电压回路、交流电流回路、断路器控制回路和信号直流回路、继电保护回路、自动装置直流回路以及测量与监察回路等。

发电厂测量与监察回路由各种电气测量仪表、监测装置、切换开关及其网络构成，指示或记录主要电气设备的运行参数，作为生产调度和值班人员掌握主系统的运行情况进行经济核算和故障处理的主要依据。

一、测量监察回路的作用及配置

（一）作用

发电厂的测量监察回路，主要供运行人员了解和掌握电气设备及动力系统的工作状况、以及电能的输送分配情况，以便及时调节、控制设备运行状态，分析和处理异常及事故。因此，测量监察回路对保证电能质量、保证发电厂的安全运行，具有重要作用。

测量监察回路通过测量仪表实现，而测量仪表是通过互感器反映一次系统状况的。要实现测量与监察，需要正确地配置互感器和仪表。

（二）配置

1. 电流互感器的配置

电流互感器的配置应满足测量仪表、继电保护和自动装置的要求。

按系统类型：①在中性点直接接地的三相电网中，电流互感器按三相配置；②在中性点非直接接地的三相电网中，电流互感器按两相配置。但当35kV线路采用距离保护时，应按三相配置。

按设备类型：①凡装有断路器的回路均应装设电流互感器；②未装断路器的发电机和变压器的中性点以及发电机和变压器的出口等回路中，应装设电流互感器。发电机和变压器回路应按三相配置。

2. 电压互感器的配置

电压互感器的配置，除应满足测量仪表、继电保护和自动装置的要求外，还应考虑同期装置和绝缘监察装置的要求。

（1）发电机出口电压互感器按三相配置，供测量、保护及同期用。其辅助二次绕组接为开口三角形，发电机未并列前作绝缘监察用。发电机自动励磁装置配置专用电压互感器，以获得较大的功率。容量在 200MW 及以上的发电机中性点经电压互感器一次绕组接地，其二次绕组接入高电阻，作为发电机定子接地保护的电源。

（2）三绕变压器低压侧电压互感器按两相配置，接成 VV 接线，供低压侧断路器分闸后供同期监视用。

（3）每段工作母线和备用母线都必须装设电压互感器，供测量、保护及同期用。6～10kV 母线电压互感器按三相配置。35kV 及以上母线电压互感器按三相配置。

（4）线路另一侧有电源时，出线断路器线路侧的电压互感器按一相配置，供同期或重合闸用。

3. 电气测量仪表的配置

电气设备的运行参数有电流、电压、频率、功率、电能、温度和绝缘电阻等。因此，应装设的电气测量仪表有电流表、电压表、频率表、有功功率表和无功功率表、有功电能表和无功电能表温度计、绝缘电阻表等。仪表的种类、个数和准确度等级应符合 DL/T 5137—2001《电测量及电能计量装置设计技术规程》。

二、测量回路图

测量回路通常采用展开图的形式，以交流电流回路和交流电压回路来表示。

1. 测量仪表的交流电流回路

电气元件（如一台发电机、一组变压器、一条线路、一组电容器或断路器等）常有一个单独的电流回路。

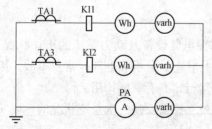

图 16-1　6～10kV 线路交流电流回路

测量仪表、保护装置和自动装置一般由单独的电流互感器或单独的二次绕组供电。当测量仪表和保护装置共用一组电流互感器时，应防止测量回路开路引起继电保护的误动作。其交流回路中，可将它们的电流线圈按相串联，即电流继电器 KI、有功电能表和无功电能表与电流表 TA1 串联在回路中，如图 16-1 所示。

当几种仪表接于同一组电流互感器时，其接线顺序一般为先指示和积算式仪表，再接记录仪表，最后接变送仪表。

2. 测量仪表的交流电压回路

在电力系统中，每一组主母线均装设一组电压互感器。接在同一母线上所有元件的测量仪表、继电保护和自动装置都由同一组电压互感器的二次侧取得电压。为了减少电缆联系，采用了电压小母线。各电气设备所需要的二次电压可由电压小母线上引接。

图 16-2 所示是 V 相接地的 35kV 电压互感器二次回路接线。二次侧 V 相接地方式，这是由于发电厂中一般常用的 ZZQ-1～ZZQ-5 型同期装置要求 35kV 电压互感器二次侧 V 相接地，这样可以简化同期系统接线及减少同期开关挡数。图中电压互感器二次绕组接成星形，

第三绕组接成开口三角形。

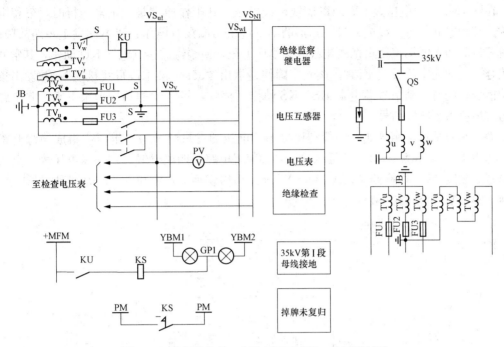

图 16-2 V 相接地的 35kV 电压互感器二次回路接线

TV$_u$、TV$_v$、TV$_w$—电压互感器二次绕组

TV$_u'$、TV$_v'$、TV$_w'$—电压互感器第三绕组；PV—电压表；

GP1—光字牌；KU—信号继电器；FU1～FU3—熔断器；

JB—击穿保险；S—辅助开关

图中，FU1～FU3 是用以保护电压互感器二次绕组的熔断器。V 相接地点设在 FU2 之后，以防中性线发生接地故障时烧毁 V 相绕组。二次绕组中性点经击穿保险 JB 接地。在正常运行情况下，中性点处于绝缘状态。但当 V 相熔断器 FU2 熔断时，三相电压失去平衡，中性点电压升高，将 JB 的放电间隙击穿而接地。

从图中可以看到：①V 相用电缆芯线直接引至电压小母线 VS$_v$；②U 相、W 相和中性线 N 经电压互感器一次侧隔离开关的辅助触点 S 分别引至电压小母线 VS$_{ul}$、VS$_{wl}$、VS$_{N1}$。这是为了防止在电压互感器停电或检修时二次侧向一次侧反馈。中性线上采用两对 S 触点并联是为了防止其辅助触头接触不良。

第二节 交流绝缘监察装置

一、交流系统的绝缘监察

为了监视一次设备的工作状态，反映一次设备的运行参数，根据需要装设各种电气测量仪表，组成发电厂和变电站的测量系统。在中性点非直接接地的三相交流系统中，由于绝缘损坏常出现接地故障，为了监视发生一相接地，都必须装设交流绝缘监察装置。

交流绝缘监察装置一般为全厂（全站）各小电流接地网络电压母线所共用，通过切换开关选择测量。

二、绝缘监察装置原理

在图 16-2 中，电压表 PV 用以监视母线电压。其工作原理是：正常运行时，三相电压对称，其相量和为零，接成开口三角形的第三绕组两端没有电压；当电网发生短路故障时，接成开口三角形的第三绕组两端出线 3 倍零序电压，使绝缘监察继电器 KU 动作，其常开触点闭合，接通光字牌 GP1 回路，该光字牌便显示出"35kV 第 I 段母线接地"，并发出预告音响信号，同时启动信号继电器 KS。KS 动作后掉牌，将 KU 的动作记录下来，并由触点发出"掉牌未复归"信号。

为了判断是哪一相接地，一般利用接于相电压的三只绝缘检查电压表组成绝缘监察装置。如图 16-3 所示为 6～35kV 母线绝缘监察装置电路，四段母线共用一组电压表（电压表表面是双刻度的）。切换开关 SA1 和 SA2 分别用以切换 35kV 和 6～10kV 各段母线电压。切换开关 SA1 和 SA2 一般处于断开位置。

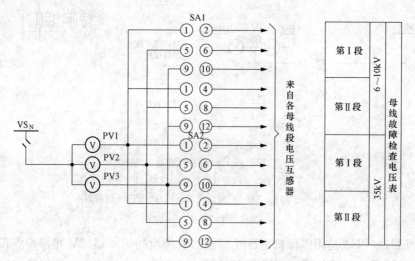

图 16-3　6～35kV 母线绝缘监察装置电路

PV1～PV3—电压表；SA1、SA2—转换开关（LW2-H-4，4/F7-8x）

变电站的电压互感器二次侧一般采用零相接地。如果站内设有同期装置，可另装中间隔离变压器或采用 V 相与零相并存的同期接线。零相接地的电压互感器二次接线只需取消图 16-3 中的 V 相接地点和击穿保险 JB，改为中性点直接接地即可。

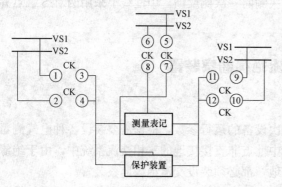

图 16-4　手动切换开关的双母线电压切换回路

当主母线为双母线且一次元件由一条母线切换到另一条母线时，其测量仪表及保护装置必须切换到相应母线电压互感器的电压小母线上。此时，可操作电压互感器一次绕组的隔离开关辅助触点自动进行切换，也可装设手动切换开关。图 16-4 就是用手动切换开关的双母线电压切换回路。

每一主母线上所接元件都处于同电位，所以电压表是按母线设置的，各安装单位无需再装设电压表。各元件的有功功率表、无功功率表、有功电能表和无功电能表都按相并联连接在电压小母线上。

第三节　直流绝缘监察装置

直流绝缘监察是指带电的直流系统对地之间绝缘的监察。正常状态下，直流系统的正、负极对地绝缘。如果直流系统中有一极对地绝缘电阻降低或发生直流接地时，并不构成直流电源正、负极间的短路，对电路正常运行没有直接的影响。因此，也允许其短时接地。但如果不及时排除对直流系统将是一个事故隐患。因为如果发生另一点接地，造成两点接地，则可能导致二次电路及继电保护的误动作，引起断路器跳闸，造成停电事故。

发电厂直流系统分布较广，系统复杂并且外露部分较多，工作环境多样，易受外界环境因素的影响，造成直流系统绝缘水平降低，甚至可能使绝缘损坏而发生接地。发电厂的直流系统与继电保护、信号装置、自动装置以及屋内配电装置的端子箱、操动机构等连接。因此，直流系统比较复杂，发生接地故障的机会较多。当发生一点接地时，无短路电流流过，熔断器不会熔断，所以可以继续运行。但当另一点接地时，可能引起控制回路、信号回路、继电保护等不正确动作。甚至熔断器熔断，使直流系统供电中断，造成严重后果。因此，在直流系统中装设绝缘监察装置是非常必要的。

一、直流系统的绝缘监察

（一）基本要求

（1）直流绝缘监察装置应能正确反映直流系统中任一级绝缘电阻下降。当绝缘电阻降至 $15\sim20k\Omega$ 及以下时，应发出灯光和音响预告信号。

（2）直流绝缘监察装置应能测定绝缘电阻下降的极性（正极或负极），以及绝缘电阻的大小。

（3）直流绝缘监察装置应有助于绝缘电阻下降点（接地点）的查找。

（二）绝缘监察装置原理

绝缘监察装置种类有很多，下面主要介绍两种绝缘监察装置。

1. 电磁型绝缘监察装置

这种装置包括信号电路部分和测量电路部分，两者都是根据直流电桥原理构成的。

（1）信号电路的工作原理。信号电路如图16-5（a）所示。图中 $R_1=R_2=1k\Omega$，与正极绝缘电阻 $R(+)$ 和负极绝缘电阻 $R(-)$ 组成电桥的四个桥臂，继电器 K1 接在电桥的对角线上，相当于电桥的检流计。

直流系统正常时，电桥平衡，K1 中无电流或只有很小的电流。因此，K1 不会动作。当某一极绝缘电阻下降时，电桥将失去平衡，K1 中流过的电流增大。绝缘电阻下降增多，流过 K1 的电流也增大。当绝缘电阻达到或低于 $15\sim20k\Omega$，K1 动作，发出灯光和音响信号，将引起值班人员的注意。

（2）绝缘电阻下降的极性测量电路。根据信号电路发出的预告信号，值班人员可利用该电路来判断绝缘电阻下降的极性，即正极或负极。电路如图16-5（b）所示，它是由转换开关 SA 和高内阻电压表 PV1 组成。

SA 有三个操作位置，分别是"+""-"和"m"，PV1 对应可测量出正极对地电压 $U(+)$、负极对地电压 $U(-)$ 和直流母线电压 $U(m)$。若 $U(+)=0$，$U(-)=0$，表示直流系统正常；若表明负极绝缘电阻下降。若当 $U(+)=U(-)$ 时，表明负极接地；若 $U(+)=0$，$U(+)\geqslant U(-)$，表明正极绝缘电阻下降。若 $U(+)=0$，$U(+)=U(-)$ 时，表明正极接地。

（3）绝缘电阻测量电路。测量电路如图 16-5（c）所示。图中 $R_3=R_4=R_5=1\mathrm{k}\Omega$，和 $R(+)$、$R(-)$ 构成直流电桥。PV2 是一个高内阻磁电式电压表，盘面采用双刻度，即电压刻度和欧姆刻度，用于测量直流系统总的绝缘电阻，也称为绝缘检查电压表。SM1 是一个转换开关，通常位于"S"位置。

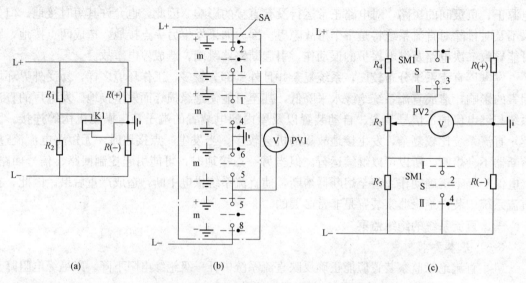

图 16-5　绝缘监察装置的信号电路和测量电路
（a）信号电路；（b）绝缘电阻下降的极性测量电路；（c）绝缘电阻测量电路

直流系统正常情况下，R_3 的触头位于中间，故电桥平衡，欧姆刻度指向∞。当正极绝缘电阻下降后，将 SM1 置于"I"位置，将 R_4 短接，调整 R_3 使电桥平衡，读取 R_3 上的百分数 X；再将 SM1 置于"II"位置，读取绝缘检查电压表的欧姆读数，则

$$R(+)=\frac{2R}{2-X} \tag{16-1}$$

$$R(-)=\frac{2R}{X} \tag{16-2}$$

当负极绝缘电阻下降后，将 SM1 置于"II"位置，将 R_5 短接，调整 R_3 使电桥平衡，读取 R_3 上的百分数 X；再将 SM1 置于"I"位置，读取绝缘检查电压表的欧姆读数 R（直流系统对地总绝缘电阻），利用下面公式可计算出 $R(+)$ 和 $R(-)$，即

$$R(+)=\frac{2R}{1-X} \tag{16-3}$$

$$R(-)=\frac{2R}{1+X} \tag{16-4}$$

（4）绝缘监察装置电路。图 16-6 所示是接在分段直流母线上的绝缘监察装置电路。由图可以看出，装置中对每一段直流母线都配有一套信号电路，而测量电路只有一套，两母线共用。但当两母线并联运行时，只投一套信号电路，两母线并联运行时，QK1 和 QK2 动断触点打开，K1 对应的信号电路切断。这样设计的目的是为了避免影响监察装置的灵敏度和

降低直流系统的工作可靠性。图 16-6 中的 SM 转换开关是用于切换测量电路的投切母线段。

电磁型绝缘监察装置接线简单，价格便宜，应用广泛。其缺点是：当正负极绝缘电阻同时降低时，不能发出信号，只能发现直流系统绝缘性能降低或接地，不能确定具体的接地点。对查找直流系统接地，没有指导作用。

2. 电子型绝缘监察装置

为了能自动查找直流系统一点接地，不少科技工作人员开展了广泛的研究，提出了多种探测方法，如低频探测法、变频探测法和差流

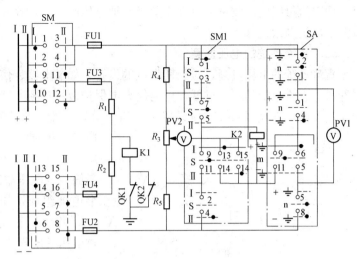

图 16-6　电磁型绝缘监察装置电路

探测法等，并且已开发出相应产品，投入工程实际中使用。下面介绍一种基于低频探测法的电子型绝缘监察装置工作原理。

电子型绝缘监察装置的原理接线如图 16-7 所示。装置中有低频信号发生器，产生一个低频小信号加在直流母线与地之间。在直流屏的各馈线回路上装有互感器。正常运行情况下，由于低频信号没有构成通路，所以各馈线上的互感器二次输出为零。当某一馈线回路的绝缘电阻下降或接地，形成低频信号通路。低频信号将在该馈线上的互感器一次侧通过，互感器二次侧将产生一个微弱的低频小信号。该信号经滤波放大，相位比较等环节处理，使信号装置动作，发出相应信号。利用数码可显示出现绝缘电阻下降或接地的直流馈线的名称和编号。

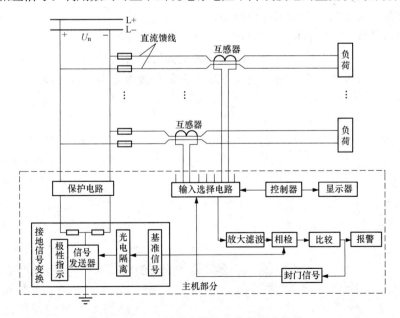

图 16-7　电子型绝缘监察装置原理接线

　　装置内部对信号的处理还可以采用单片微机系统，这种装置往往是一种多功能装置，还可实现直流母线电压测量、直流正负极对地电压测量、计算和显示各级绝缘电阻值以及监察直流电压过高或过低等功能。

二、直流系统的电压监察

　　直流系统的电压过高，对长期带电的设备，如继电器、信号灯等，会造成损坏或缩短使用寿命；直流系统的电压过低，可能使继电保护装置和断路器的操动机构出现拒动或不正确动作。因此，在直流系统中应设置电压监察装置，监视直流系统的电压。当电压过高或过低，应发出相应信号，通知值班人员，及时采取相应措施。

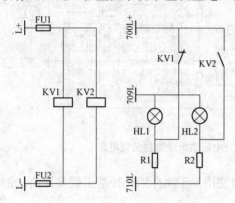

图 16-8　电磁型电压监察电路

　　最简单的电压监察装置是由低电压继电器和过电压继电器组成，如图 16-8 所示。低电压继电器 KV1 的动作电压整定为直流母线额定电压的 0.75 倍，过电压继电器 KV2 的动作电压整定为直流母线额定电压的 1.25 倍。直流母线电压在（0.75～1.25）U_n工作范围内时，KV1 动断触点和 KV2 动合触点打开，无信号发出。当电压过低，KV1 动作，其动断触点闭合，点亮对应光字牌，并发出音响预告信号。当电压过高，KV2 动作，其动合触点闭合，点亮对应光字牌，并发出音响预告信号。

习　题

16-1　测量监察装置的作用是什么？有哪些类型？

16-2　交流绝缘监察装置的工作原理是什么？如何应用？

16-3　直流绝缘监察装置的工作原理是什么？有什么作用？

16-4　发电厂和变电站中互感器和测量仪表是如何配置的？

16-5　直流系统发生一点接地、交流系统发生单相接地应当如何处理？

第十七章 同 期 回 路

发电厂中，发电机组的投入运行操作是经常进行的操作。在系统正常运行时，随着负荷的增加，要求备用发电机迅速投入系统，以满足用户用电量增长的要求；在系统发生事故时，会失去部分电源，要求将备用机组快速投入电力系统制止系统崩溃。这些情况均要进行同期操作，将发电机组安全可靠、准确快速地投入，确保系统的可靠、经济运行和发电机的安全。本章主要讲述同期方式和同期点的选择、同期系统接线和准同期装置等。

第一节 同期方式和同期点的选择

在变电站或发电厂网控室中，同期操作可解决系统中分开运行的线路断路器正确投入的问题，实现系统并列运行，以提高系统的稳定、可靠运行及线路负荷的合理、经济分配。发电厂中发电机组的并列方法为准同期和自同期两种。GB/T 14285—2006《继电保护和安全自动装置技术规程》规定："在正常运行情况下，同期发电机的并列应采用准同期方式；在故障情况下，水轮发电机可以采用自同期方式。"

一、同期点的设置及其同期特点

（一）同期点设置

在发电厂、变电站诸多断路器中，只有断路器两侧电压来自不同电源时，该断路器才须经同期装置进行同期并列操作进行合闸，这些断路器称为同期点。同期点应装设在：

（1）系统联络线上。

（2）三绕组变压器的各电源侧。

（3）220、500kV 母线分段、母线联络、旁路断路器。

（4）一个半断路器（3/2）接线的各断路器。

（二）同期点的同期特点

同期点断路器的合闸操作，严格地分类可分为"差频并网"和"同频并网"。"差频并网"是指在发电厂中，将一台发电机与另一台发电机同期并网、一台发电机与另一个电力系统的同期并网、两个电气上没有联系的电力系统并网。其特征是在同期点两侧电源的电压、频率不相同，且由于频率不相同，使得两电源之间的相角差也不断地变化。进行差频并网是要在同期点两侧电压和频率相近时，捕获两侧相角差为零的时机完成并列。"同频并网"是指断路器两侧电源在电气上原已存在联系的系统两部分通过此并列点再增加一条通路的操作，如线路断路器或双母线系统的母线联络或分段断路器，一个半断路器接线的各串中的某个断路器等。其主要特征是在并网实现前同期点两侧电源的电压可能不相同，但频率相同，且存在一个固定的相角差，这个相角差即为功角，其数值取决于并网前两电源间连接电路的电抗值和传输的有功功率值，从本质上讲，同频并网只不过是在有电气联系的两电源间再增加一条连线。

"同频并网"无法按准同期的三个条件进行，因为三个条件中除了存在电压差需要检测外，频率差不存在，相角差（功角）已客观存在，也就是说这种并网注定要在一定电压差和相角差下进行。问题是多大的电压差和多大的功角可以并网，超过多大的值就不能并网。因为电压差的数值决定了并网时两电源间的无功功率冲击值，功角的数值决定了并网时两电源间通过该连线的潮流冲击值，这种冲击实质上是并网瞬间系统潮流进行了一次突发性再分配。不难想到，这种突发性的潮流再分配，可能会引起继电保护误动作，更严重的是在新投入的线路所分流的有功功率超过了其稳定极限导致线路因失步而再次跳闸。而以前我们未认真地分析其后果，认为两个系统原来就连在一起，并非是真正意义的并网，只要合上断路器就可以了。因此，以往在大多数发电厂和变电站中对可能发生同频并网的断路器只设一套手动准同期装置，再配置一个同期检查继电器解决相角闭锁问题。但在实际运行操作过程中，由于这种不加功角校核的手动同频并网诱发继电保护误动及系统振荡的例子屡见不鲜。一些电厂遇到这一问题时，不得不采取先把发电机停了，然后在无压情况下手动合上线路，再在发电机的断路器上进行自动准同期操作，这样要进行繁复的倒闸操作，延误了同期时间，浪费大量的电力和资源。

此外，在设计中也忽视了对电厂内的断路器并网性质进行分析，实际上有些断路器只可能发生差频并网的问题，有些断路器只可能发生同频并网的问题，而有些断路器在运行方式不同时，有时会是差频并网，有时会是同频并网。现以一个大、中型发电厂的主接线图 17-1 为例来说明，图中标注的"D"为差频并网点，标注的"S"为同频并网点，而在运行方式变化时某些同频并网点也会出现差频并网方式，标注"D，S"，因此，只用手动准同期方式并列，不能满足要求，必须借助自动准同期装置解决这一问题。

（三）同期点的分析

1. 接双母线的发电机—变压器组高压侧断路器 QF1（QF2）

QF1（QF2）是一个差频并网同期点。以发电机 G2 为例。发电机在断路器 QF2 断开时是个独立的电源，并网时 QF2 两侧的电压存在频差，故是差频并网点。其操作步骤为发电机 G2 启动前厂用电由备用变压器 T9 经 QF22 和 QF23 供电，开机成功后厂用电将由高压厂用变压器 T7 供电。此时，通常的操作是发电机 G2 开机成功后即通过 QF2 进行差频并网，随后通过同期装置或快切装置合上 QF20 或 QF21，再断开 QF22 和 QF23。即将 T7 厂用工作变压器去置换启动备用变压器。

2. 出线断路器 QF5、QF7、QF8、QF11、QF14、QF17、QF19 及旁路断路器 QF6

当出线 1 和出线 2～出线 7 均不构成电气连接关系时，QF5 断路器是一个差频并网同期点。以出线 1 为例，只要出线 2～出线 7 中任一条出线的对端通过其他线路与出线 1 构成电气连接关系，则 QF5 就是同频并网同期点（其余断路器类推）。旁路断路器 QF6 可以代替任意线路，故与线路断路器同样考虑。

3. 接一个半断路器接线的断路器 QF9、QF10（QF15、QF16）

以发电机 G3 为例，开机并网前 QF9 及 QF10 都在断开状态，如通过 QF9 并网，则 QF9 为差频同期点。完成并网后必须合上 QF10，而此时 QF10 则是同频并网同期点，因 QF10 是实现将发电机 G3、出线 3 连接的系统与发电机 G4、出线 4～出线 7 连接的系统进行合环操作。如果发电机 G3 先通过 QF10 并网（QF9 在断开状态），则 QF10 为差频同期点。完成并网后合上 QF9 的操作则是同频并网操作。因此在主接线中利用某串相邻两个断路器进行并网操作时，先操作的断路器为差频并网，后操作的断路器为合环同频并网。

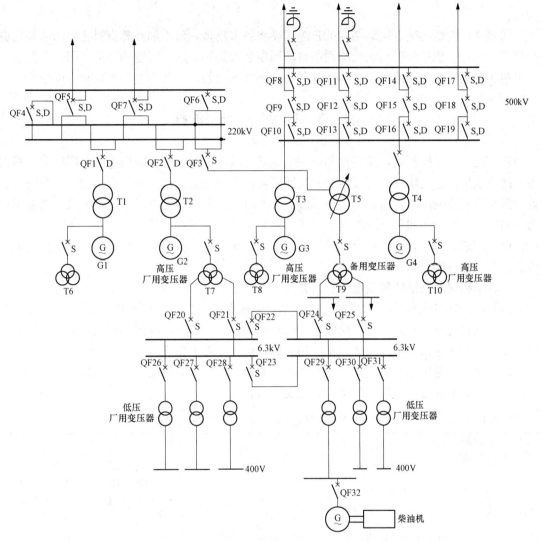

图 17-1　大中型发电厂主接线的"同频并网"和"差频并网"点分析

S—同频并网点；D—差频并网点

二、同期点同期操作要求

为适应各个同期点同期操作的要求，必须使用能满足以下工况的同期装置。

（1）能提供发电机或发电机变压器组差频并网用装置，可供设主控制室的发电厂为多台发电机差频并网同期用，也可供 1 台发电机专用（大容量机组实现 DCS 控制时）、差频并网同期用。有自动调频、调压功能，与 DCS 有通信接口。

（2）供发电机、线路或供发电机、厂用电或供电线路、厂用电系统用的差频及同频并网用装置先行自动识别同期点当前的并网性质，然后按确定的流程实施差频或同频并网操作。对发电厂中的发电机同期装置应具有调频、调压和与 DCS 通信接口要求。对变电站可以不要调压、调频功能，但要有变电站监控系统通信接口和向调度所提供"并网条件不满足"的遥信信号。

对线路的同期装置，除具备正常自动同期合闸功能外，还应具有与自动重合闸配合的功能。

同频并网的情况随着网络结构的日趋紧凑将越来越多，而不加计算盲目合闸的后果也更为严重。现在一些单位研制的线路用的自动同期装置是解决这一问题的良策，而且也促进了变电站实行真正的无人值班，当然设计部门和调度部门的认真介入也是不可缺少的条件。

第二节 同期系统接线

在准同期并列操作时，需要检测同期电压是否满足并列条件。同期电压是同期点（断路器）两侧电压经过电压互感器变换和二次回路切换后的交流电压。为了全站配有一套同期装置，需要把同期电压引到同期电压小母线上。所以，通常把同期电压小母线上的二次电压称为同期电压。整个同期系统由两部分组成，一大部分是同期电压引入部分，它向同期电压小母线提供同期电压；另一大部分是进行同期并列操作的手动准同期装置和捕捉同期装置，它所需的同期电压取自同期电压小母线。

一、单相同期系统的同期电压引入方式

同期电压的引入与变电站的电气主接线、同期点的设置、电压互感器的二次侧接地方式、中性点接地方式有关。单相同期系统接线的特点是同期电压取待并和运行系统的单相电压（相电压或线电压）和公用接地相，相应的同期装置为单相式。

由于变电站电压互感器二次侧接地方式一般为中性点直接接地，变电站各个典型同期点的同期电压的引入方式及相应的相量图见表 17-1。

表 17-1　　典型同期点的同期电压的引入方式及相应的相量图

同步点	运行系统	待并系统	说　　明
中性点直接接地系统间母线联络断路器			利用电压互感器辅助二次绕组（开口三角形绕组）的 W 相电压 $\dot{U}_{W'N}$ 和 U_{WN}
中性点直接接地系统线路间断路器			利用电压互感器辅助二次绕组（开口三角形绕组）的 W 相电压 $\dot{U}_{W'N}$ 和 U_{WN}
YNd11 变压器两侧断路器			运行系统（一次高压星形侧）取母线电压互感器辅助二次绕组的 W 相电压 $\dot{U}_{W'N}$；待并系统（二次低压三角形侧）取电压互感器二次绕组线电压 $\dot{U}_{WV}$。但 $\dot{U}_{WV}$ 无接地点，需增设 100V/100V 隔离变压器，在其二次侧 V 相接地

续表

同步点	运行系统	待并系统	说　明
中性点非直接接地系统线路断路器			运行系统取线路侧接在相间的电压互感器二次绕组线电压 $\dot{U}_{W'V'}$，V 相接地；待并系统取母线电压互感器二次绕组线电压 $\dot{U}_{WV}$ 并经隔离变压器后 V 相接地

二、同期系统接线

1. 220kV 双母线接线的同期系统接线

220kV 双母线接线同期系统如图 17-2 所示。

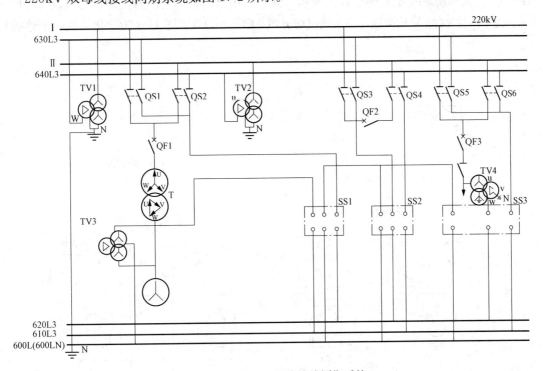

图 17-2   220kV 双母线接线同期系统

（1）主变压器高压侧断路器同期电压引入。当利用主变压器高压侧断路器 QF1 进行同期并列时，运行系统侧（一次高压星形侧）同期电压由母线电压互感器 TV1 或 TV2 的辅助二次绕组 W 相电压引至电压小母线 630L3 或 640L3，经隔离开关 QS1 或 QS2 的辅助触头，再经同期开关 SS1 的触点引至同期电压小母线 620L3，待并系统侧（二次低压三角形侧）同期电压由机端电压互感器 TV3 二次绕组（二次绕组 V 相接地）W 相电压经同期开关 SS1 触点引至同期电压小母线 610L3。

（2）母联断路器同期电压的引入。当利用母联断路器 QF2 进行同期并列时，其运行和待并系统两侧同期电压都是由母线电压互感器 TV1 和 TV2 的辅助二次绕组 W 相电压引至电压小母线 630L3、640L3，分别经隔离开关 QS3、QS4 的辅助触点、同期开关 SS2 两对触点引至同期小母线 620L3、610L3 上。

（3）出线断路器同期电压的引入。当利用线路断路器 QF3 进行同期并列时，运行系统侧同期电压由线路电压互感器 TV4 的辅助二次 W 相电压经同期开关 SS3 触点引至同期小母线 620L3，待并系统侧同期电压由母线电压互感器 TV1 或 TV2 辅助二次绕组 W 相电压引至电压小母线 630L3、640L3，分别经隔离开关 QS5 或 QS6 辅助触点、同期开关 SS3 触点引至同期电压小母线 610L3 上。

2. 发电厂高压厂用电系统的同期系统接线

大容量发电厂将厂用电系统的断路器作为同期点，虽然断路器的二次接线较复杂，但能保证断路器在符合同期条件时才能合闸，运行操作可靠。大容量发电厂因有的高压启动备用变压器由附近发电厂或变电站取得电压；有的虽来自本电厂系统电源，但有可能出现两个系统解列的情况。如果有不同期合闸可能时，厂用高压工作变压器和启动备用变压器的断路器应为同期点。其同期系统接线如图 17-3 所示（6kV 厂用启动备用变压器正常带公用负荷。所用电压互感器的二次侧 V 相接地，各接地点均引到 600L0 小母线，图 17-3 为简化接线，未连线）。

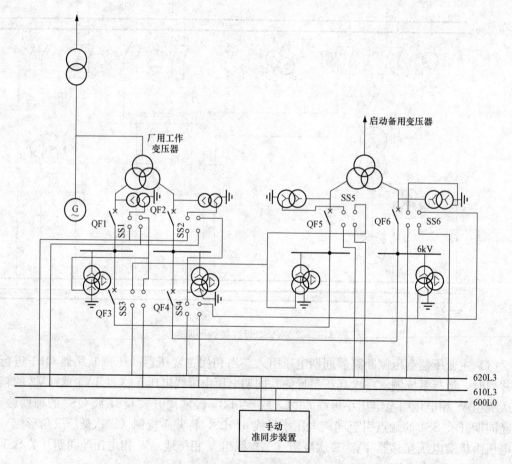

图 17-3　高压厂用电系统的同期系统接线

图 17-3 中，厂用工作变压器 6kV 侧设 VV 接线电压互感器作为同期回路用电压的接线，有时也可取发电机出口的电压互感器二次侧电压，但工程设计中要考虑厂用变压器的联结组别。

第三节　准同期装置

一、概述

准同期方式的主要优点是操作时冲击电流可以很小，对电网不会产生大的扰动，对发电机组不会损伤，是发电厂和变电站中最广泛使用的同期方式。

准同期并列点——断路器，其主触头闭合瞬间产生的冲击电流和扰动主要决定于该瞬间的脉振电压 $U_d(t)$ 和滑差角频率 ω_d，所以准同期方式要对 ω_d 和 $U_d(t)$ 进行监视，根据断路器的合闸时间选择最理想的合闸脉冲发出时间，使断路器的主触头闭合时，两端电压的 ϕ 接近或等于 0。因此，准同期装置要解决以下问题：

(1) 电压幅值差小于允许值，即 $\Delta U = U_d = (U_G - U_S)$ 小于允许值，即

$$U_d < U_{dy} \tag{17-1}$$

式中　U_{dy}——电压差允许值。

(2) 频率差小于允许值，即 $\Delta f = f_G - f_S$ 小于允许值，或滑差周期 T_d 大于允许值

$$T_d > T_{dy} \tag{17-2}$$

式中　T_{dy}——滑差周期的允许值。

如滑差允许值规定为 0.2%，则允许频差 ω_{dy} 为

$$\omega_{dy} = 0.2 \frac{2\pi f_e}{100} = 0.2\pi \ (\text{rad/s})$$

$$T_{dy} = \frac{2\pi}{\omega_{dy}} = 10 \ (\text{s})$$

(3) 合闸相角差 φ 的控制。最理想的合闸瞬间是同期点两侧电压相量重合的时刻，即 $\varphi = 0°$。考虑合闸回路控制电器和断路器操动机构合闸的固有动作时间 t_K，因此在两电压相量重合之前提前 t_K 发出合闸命令，即所谓的导前时间 $t_{dq}(t_K = t_{dq})$。这样就能确保在 $\varphi = 0°$ 时发电机并入系统。

常用准同期装置的原理采用恒定越前相角和越前时间两种。恒定越前相角的同期装置是采用并列点两侧电压相量重合点之前的一个角度 φ_{dq} 发出合闸脉冲。恒定越前时间同期装置则采用重合点之前的一个时间 t_{dq} 时发出合闸脉冲。前者只有在一特定频差时才能实现零相角差并网，而后者却可保证在任何频差时都可在零相角差实现并网。

准同期装置有手动准同期和自动准同期两种。

手动准同期装置是将供同期操作用的表计和操作开关装在同期小屏或中央信号屏上，运行操作人员监视同期屏的电压表、频率表及整步表，靠经验人为的判断合闸时间，操作断路器合闸。但是，手动准同期装置存在以下重大弊端：

(1) 存在重大的安全隐患。由于操作人员技术不娴熟，加之紧张，经常出现在大相角差下并网，不仅给机组带来冲击，有时更为严重的是会诱发扭振。扭振不是单纯的机械问题，而是在某种特定的情况下电网与转子轴系机械系统发生的电磁共振，即所谓次同期谐振。在此特定情况下，如果出现短路或不良并网，则将导致电气系统通过发电机定子产生电磁力矩作用于发电机轴系机械系统，而轴系机械系统又通过转子的角位移及角速度影响电气系统，形成谐振。定子的电磁力矩和转子轴系的扭矩不断增加，它们相互间的这种能量交换最终引

起转子轴系的严重损坏。短路和不良并网是诱发扭振的重要原因，而手动同期导致非同期并网的概率比短路高很多。因此，提高同期操作的质量及自动化程度显得尤为重要。特别是对担当调峰、调频任务的发电厂，由于并网频繁，多次不良并网操作给发电机组带来的累积损伤是严重的。

（2）延误并网时间。手动同期操作复杂，靠人的感觉来操作，延误很长时间，由于误并列所带来的严重后果是众所周知的，因而运行操作人员存在恐惧感，导致紧张、犹豫，以致延误并网时机。拖长并网时间在系统稳定储备不够时将带来严重后果，这在系统事故情况下尤为有害，此外长时间并网过程还将造成大量的能源消耗。

（3）手动准同期装置一般是几台机组共用一套，各机组之间的控制电缆较多，接线复杂，同期小屏与发电机组断路器的控制地点距离较远，由于视觉误差，可能引起同期操作错误。

自动准同期装置是专用的自动装置，能够自动监视电压差、频率差及选择最理想的时间发出合闸脉冲，使断路器在零相角差时合闸。同时设有自动调节电压和频率单元，在电压差和频率差不合格时发出控制脉冲。频差不满足要求时，自动调节原动机的转速，减小或增加频率，即通过控制原动机的调速器（DEH）实现。电压差不满足要求时，自动调节发电机的电压使电压接近系统的电压，即通过控制发电机励磁调整装置（AVR）来实现的。

自动准同期装置分半自动准同期装置和自动准同期装置两类。半自动准同期装置不设转速与电压调节单元，只设合闸命令控制单元。前者由运行值班人员对 DEH 和 AVR 进行操作，当频率差、电压差满足要求时，准同期装置自动发出合闸脉冲，将断路器合闸。自动准同期装置则具有均压控制、均频控制和合闸控制的全部功能，将待并发电机和运行系统的 TV 二次电压接人自动装置后，由它实现监视、调节并发出合闸脉冲，完成同期操作的全过程。

对大容量机组，机炉电集控采用 DCS，并设自动准同期装置，能完成机组启动到并网的全过程，同时给出各步骤的信号指示，如果准同期装置或调压及调频装置有问题，都可以停止同期操作，并发信号，故应该是可靠的。有些自动准同期装置设有电压、频率、相角、加速度等闭锁，且有整步表指示同期过程，例如 SID-2 系列的自动准同期装置面板不仅提供了远胜于组合同期表的智能同期表，还提供了多台自动准同期装置互为备用的功能，这比手动准同期更为可靠。但目前为了照顾一些运行习惯，有些中小容量机组，仍保留一套手动准同期装置作为一种备用手段。

准同期装置的功能可分三大类：

一类为用于发电厂发电机的自动准同期装置，要检测系统和发电机的电压差、频率差和相角差，同时能自动对发电机的电压和频率进行调节，符合上述全部条件时给发电机发出断路器合闸脉冲，发电机并入系统。

二类为用于发电厂、变电站的线路、母线分段联络断路器，检测并列点两侧的压差、频差和相角差，并能区别是差频并网还是同频并网，如为同频并网，应当在功角及电压差为允许范围内时，给断路器发出合闸脉冲，使两系统合环并列。

三类为用于线路、旁路断路器的自动准同期捕捉和无压检定。前者为检测两系统间的电压差、频率差和相角差，在电压差和频率差符合同期条件，计算相角差过零点越前时间给断路器发出合闸脉冲。后者为线路断路器的重合闸回路，其中一侧无电压或任何一侧无电压时，即给断路器发出合闸脉冲。

二、微机型自动准同期装置

常规的电磁式或晶体管式自动准同期装置具有两方面的缺陷。一方面，由于电路原理的缺陷造成导前时间不稳定，同期速度慢而不能实现精确快速同期；另一方面，由于温度、湿度等环境条件及元件老化造成元件参数漂移不稳定，上述缺陷给系统带来了很大危害。而基于数字和逻辑运算的微型计算机，可以用数学模型描述任何物理过程。微机型自动准同期装置正是可以通过描述同期过程的数学模型快速、精确地求解同期操作的各种问题，如导前时间问题、均频均压控制问题，捕捉第一次并网时机问题等，消除了模拟式同期装置带来的问题。

1. 微机型同期装置的基本功能

同期装置必须严格按准同期的三要素来设计，即应在待并侧与系统侧的电压差及频率差满足要求的前提下，确保相角差为零时将发电机平滑地并入电网。更确切地讲，应在电压差及频率差满足要求时捕获第一次出现的零相差将发电机并入电网。微机型自动准同期装置在精确捕捉同期时机、均频、均压控制等方面都具有优越的功能。具体功能如下：

（1）适应 TV 的不同相别和电压值。并列点断路器两侧的 TV 二次侧电压是同期装置的输入信号源，同期装置应能任意取用 TV 不同的相别和不同的电压值。也就是说同期装置可以不依赖外部转角电路和相电压及线电压的转换电路。这将大大简化二次线的设计工作量及同期接线。这一功能也使得人们能正确给定两侧的 TV 二次侧电压的实际额定值，而可任意选择 TV 二次侧电压的额定值是 100V 或 $\dfrac{100}{\sqrt{3}}\text{V}$。

（2）有良好的均频与均压控制品质。同期装置的均频与均压控制应具备自适应的控制品质。它们应根据频率差和电压差的绝对偏差及其变化率随时调整控制力度，以期快速且平滑地使偏差值达到整定范围。此外，在断路器合闸瞬间，由于存在着频率差和电压差，必然会出现在系统间有功功率和无功功率的交换，功率的流向是由频率和电压高的那一侧流入频率和电压低的这一侧。而对此侧电源来讲，就输入了逆功率，危及电源系统。因此同期装置在实施控制时应能设置成不产生逆功率的控制方式。

（3）确保在相角差为零度时同期。在同期的三个条件中电压差及频率差的存在虽然会产生同期时的短暂功率交换，但不大的差值对发电机而言并不是很可怕的，毕竟发电机在设计其结构时就能够适应在运行中经受负荷突减或突增的冲击。然后对于同期时的相角差却应倍加注意，相角差的存在，意味着在同期瞬间，发电机定子所产生的电磁转矩在极短的时段内要强迫转子纵向磁轴与其取向一致。不难想象一个数百吨重的转子是在很短时段内立即旋转一个相当于相差的电角度会产生巨大的机械转矩冲击，这会导致发电机转子绕组及轴系的机械损伤。这种冲击有时甚至会引起电气系统和转子轴系机械系统出现扭振，扭振所产生的破坏有时是惊人的。

（4）不失时机地捕获第一次出现的同期时机。同期装置必须在算法上确保能捕获第一次出现的同期时机，以确保快速同期。同期快速性的重要意义不仅在事故情况下显得很重要，同时也能获得良好的经济性。尤其是在变电站不能进行均压、均频控制，能处于捕捉同期并网状态，这点尤为重要。

（5）应具备低压和高压闭锁功能。系统事故会引发电压下降和升高，TV 断线或熔断器会导致同期装置误判，此时都应使同期装置进入闭锁状态，以避免产生后果严重的误同期。

（6）能及时消除同期过程中的同频状态。同期装置在差频并网时，两侧系统频率相同或很相近时是不能并网的，即使此时相角差保持在零度也不能同期。原理很简单，一旦同期装置发出合闸脉冲后相角差又拉大了，就会造成大的冲击。因此，同期装置在检测到并列点两侧电压同频时必须控制电源调速器，破坏当前的同频状态。一般应进行加速控制，以免同期时出现逆有功功率。

（7）应具备接入发电厂分布式控制系统（DCS）的通信功能。DCS系统已成为发电厂实现自动化的重要方式，所有被控设备都配备有与之相应的控制器，这些控制器在物理上分散到各被控设备旁，各控制器独立完成对生产过程的特定控制功能并与上位计算机保持上传下达的通信任务。自动准同期装置就应是这种控制器的角色，它通过现场总线与上位计算机相连。上位机可根据工艺流程启动或退出同期装置，并在同期过程中获取必要的信息构造生动的画面，使远在集控室的值班员能监视同期的全过程。

（8）应能自动在线测量并列点断路器合闸回路动作时间。恒定导前时间是自动准同期装置的重要整定值，它关系到同期时的冲击大小。仅靠断路器检修时所测得的数据是不准确的，因随着断路器运行时间的加长，其数值会发生变化。而且导前时间还应包含合闸回路中其他环节（如中间继电器、接触器等）的动作时间。因此，同期装置具有在线测量合闸回路动作时间就尤为重要。

（9）应赋予更多便于设计和使用的功能。为便于设计和使用，同期装置应增加以下功能：

1）自动转角功能。同期接线设计的一个重要问题就是同期点选择，选择的原则是并列点断路器两侧TV的二次侧电压应能正确反映一次回路电压的相位关系。如果找不到合适的电压（相序和电压相同），则需要增设转角变压器。微机同期装置应自动完成转角功能。

2）复合同期表功能。同期装置应提供同期中压差、频率差及相角差的明确显示，使运行人员能清晰监视同期操作的进程。这种显示能便于了解装置的工作状态，甚至在特殊情况下要起到同期表的作用。

3）调试校验功能。同期装置的调试和校验是维修人员最关心的一项工作，以往需要配备工频信号发生器、频率表、相位表等仪器设备才能调试，而微机同期装置可以内置精确的信号源和提供电量的测试读数，这一功能把装置的智能化程度提到一个更高的水平。

4）检查外接电路的功能。同期装置在现场的接线正确与否关系到装置是否能投入正常运行，为了方便对外电路的检验，同期装置应具备通过外接端子排进行检查外部接线的功能。

5）提供录波的相关电量。同期装置并网质量的鉴别方法一般是从录波进行分析，因此同期装置应能提供相关电量供录波之用。主要电量是脉振电压和装置合闸出口继电器的触点。

2. 微机型同期装置的基本原理

系统并网可分为差频并网和同频并网两种模式。差频并网要求在同期点断路器两侧的电压差和频率差满足整定值的情况下捕捉到第一次出现零相角差时完成断路器合闸。同频并网是同期点断路器两侧为同一系统，具有相同的频率，但存在电压差和相角差，检测功角小于整定角度且电压差满足要求时，控制断路器合闸。微机型自动准同期装置具有实现差频和同频并网的两种功能，它首先判断并网模式（即差频还是同频），如为差频时则按差频并网方式处理；当判断为同频时，则按同频并网方式处理。它的原理框图如图 17-4 所示，整个装置由以下七部分组成。

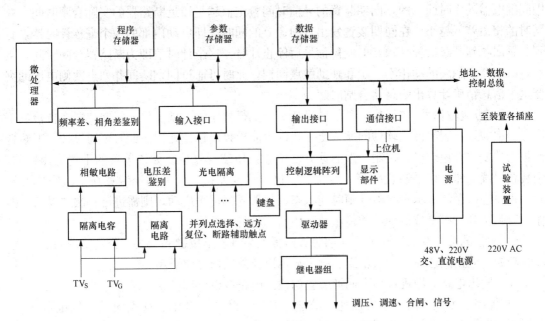

图 17-4 微机自动同期装置的原理框图

（1）微型计算机。由单片机、存储器及相应的输入/输出接口电路构成。同期装置运行程序存放在程序存储器（可擦除可编程只读存储器 EPROM）中，同期参数整定值存放在参数存储器（带电可擦可编程只读存储器 EEPROM）中。装置运行过程中的采样数据、计算中间结果及最终结果存放在数据存储器（静态随机存储器 RAM）中。输入/输出接口电路为可编程并行接口，用以采集并列点选择信号、远方复位信号、断路器辅助触点信号、键盘信号、电压差越限信号等开关量，并控制输出继电器实现调压、调速、合闸、报警等功能。

（2）频率差、相角差鉴别电路。频率差、相角差鉴别电路用以从外界输入装置的两侧 TV 二次侧电压中提取与相角差有关的量，进而实现对准同期三要素中频率差及相角差的检查，以确定是否符合同期条件。且其测量值作为调频调压的依据。来自并列点断路器两侧 TV_S 及 TV_G 的二次侧电压经过隔离电路后通过相敏电路将正弦波转换为相同周期的矩形波，通过频率差、相角差鉴别电路对矩形波电压的过零点检测，获取计算待并系统及运行系统侧的频率 f_G、f_S 的信息，进而获得频率差 Δf_D、角频率差 ω_D。

（3）电压差鉴别电路。电压差鉴别电路用以从外部输入装置的 TV_S 及 TV_G 两侧 TV 二次侧电压中提取电压差超出整定值的数值及极性信号，进而实现电压差值及极性的检查，且其测量值作为调压的依据。

（4）输入电路。自动准同期装置的输入信号除并列点两侧的 TV 二次侧电压外还要输入如下开关量信号：

1）并列点选择信号。在确定即将执行并网的并列点后，首先要通过控制台上每个并列点的同期开关（或由上位机控制的相应继电器）从同期装置的并列点选择输入端送入一个开关量信号，这样同期装置接入后（或复位后）即会从参数存储器中调出相应的整定值（如导前时间、允许频率差、电压差等），进行并网条件检测。

2）断路器辅助触点信号。并列点断路器辅助触点是用来实时测量断路器合闸时间（含中间继电器动作时间）的，同期装置的导前时间整定值越是接近断路器的实际合闸时间，并网时的相角差就越小。在同期装置发出合闸命令的同时，即启动内部的一个毫秒计时器，直到装置回收到断路器辅助触点的变位信号后停止计时，这个计时值即为断路器合闸时间。当然，断路器主触头的动作不一定和辅助触点同期。此时可通过同期瞬间并列点两侧电压的突变这一信息精确计算出断路器合闸时间。

3）远方复位信号。"复位"是使微机从头再执行程序的一项操作，同期装置在自检或工作过程中如果出现硬件、软件问题或受干扰都可能导致出错或死机。此时可通过按一下装置面板上的复位按钮或设在控制台上的远方复位按钮使装置复位。如果装置的干扰为短暂的，则装置继续工作，如果装置故障，复位后，仍出错或死机。此外同期装置在上次完成并网后，程序进入循环显示断路器合闸时间状态，如果要其再次启动，则需进行一次"复位"操作，直到接到一次复位命令后才又重新开始新一轮的并网操作。

4）面板的按键及拨码开关。同期装置面板上装有若干按键和开关，分别实现均压功能、均频功能、同期点选择、参数整定、频率显示以及外接信号源类型。

（5）输出电路。微机自动准同期装置的输出电路有以下四类：

1）控制输出。控制命令由加速、减速、升压、降压、合闸、同期闭锁等继电器执行，同期闭锁继电器是进行装置试验时闭锁合闸回路的。

2）信号输出。装置异常及失电信号报警是由继电器发出，同期装置的任何软件和硬件故障都将启动报警继电器动作，触发中央音响信号，具体故障类别同时在同期装置的显示器上显示。

3）录波输出。为了评价同期装置参数整定值设置的正确性，需要在同期装置并网过程中进行录波，脉振电压及同期装置合闸出口继电器触点能最确切的描述并网过程。因此，这两个电量是同期装置供录波用的输出量。

4）显示输出。同期装置面板上有两个显示部件，一个指示并网过程的相角差变化，也反映滑差的极性和大小的同期表。一个显示器主要用来显示参数整定值、频率差及电压差越限状况、出错信息、并列系统频率等。

（6）电源。自动准同期装置使用专门设计的广域交直流两用高频开关电源。电源可由48～250V交直流电源供电。装置内部因电路隔离的需要，使用了若干个不共地的直流电源。选择并列点的外部同期开关触点（或继电器触点），取用由装置中的一个不与其他电源共地的直流电压作驱动光电隔离器的电源，以免产生干扰。

（7）试验装置。为便于自动准同期装置的试验，提供了专用的试验开发装置，或装置内部自带试验模块，其功能如下：

1）产生模拟待并侧及系统侧TV二次侧电压的信号。

2）有多路模拟多个并列点同期开关触点的同期点选择开关。

3）由多个按键组成的控制键盘可实现设置或修改同期参数整定值；修改并列点断路器编号；检查同期装置的全部开关、按键、数码管、发光二极管、继电器、同期表是否正常。

习　题

17-1　发电厂中发电机组的并列方法有哪两种？

17-2　发电机采用准同期并列时应该满足哪些条件？

17-3　发电厂设置同期点的原则是什么？

17-4　试述准同期操作的主要步骤。

17-5　准同期装置的功能有哪些？

参 考 文 献

[1] 陈利. 发电厂及变电所二次回路. 北京：中国电力出版社，2007.

[2] 阎晓霞，苏小林. 变配电所二次系统. 2版. 北京：中国电力出版社，2007.

[3] 宋美清. 农网配电营业工（高级技师）. 北京：中国电力出版社，2011.

[4] 卢文鹏. 发电厂变电站电气设备. 2版. 北京：中国电力出版社，2007.

[5] 王国光. 变电站综合自动化系统二次回路及运行维护. 北京：中国电力出版社，2005.

[6] 熊信银. 发电厂电气部分. 4版. 北京：中国电力出版社，2009.

[7] 陶苏东. 荀堂生，张盛智. 电气设备及系统. 北京：中国电力出版社，2006.

[8] 程书华. 电机与控制. 北京：中国电力出版社，2009.

[9] 国家电网公司农电工作部. 农村供电所人员上岗培训教材. 北京：中国电力出版社，2006.

[10] 肖艳萍. 发电厂变电站电气设备. 北京：中国电力出版社，2008.

[11] 大唐国际发电股份有限公司. 全能值班员技能提升指导丛书　电气分册. 北京：中国电力出版社，2008.

[12] 胡志光. 发电厂电气设备及运行. 北京：中国电力出版社，2008.